U0253140

1981年，作者（后排左一）与中国农大校长沈其益（前排左一）、工程院院士邱式邦（中间一排左一）、广东省农科院植保所所长伍尚忠（前右一）访问英国East Malling研究所。

1981年，作者（后排左二）与著名教授胡秉方（中间站立者）、李进（后排右三）、胡志辉（后排左一）访问美国DOW氏公司的农药生物学实验室。

1983年，作者（后排右三）与中国农大校长沈其益（前排右二）、蒋书楠教授（前排左二）、邱式邦院士（前排左三）访问英国Long Ashton研究所，前排右三为Hislop教授，后排左二为Byrde教授。

1985年，作者(前排右三)与中国农大著名教授黄可训（前排右四）、杨奇华（前排右二）等参加天津市手压式树干注液机鉴定会。

1986年，作者（左一）与著名农药化学家徐义宽（中）、徐子成（右）参加第三届中日农药学术讨论会。

1987年，作者（中右二）、中国农大校长沈其益（中右三）、曹赤阳研究员（中左四）杨奇华教授（前左一）、黄可训教授（前左二）参加马尼拉国际植保大会。

1993年，作者（左二）与张广学院士（右一）、中国农大管致和教授（右二）、中国科学院盛承发研究员（右三）在山东汶上参加棉铃虫统一防治工程试验鉴定会。

1995年，作者（左一）参加第九届国际昆虫学大会时介绍手动吹雾器，后二为Matthews教授。

1995年，作者（右一）在曼谷与泰国农业部官员讨论喷雾器械的更新问题。

1995年，作者（左一）在曼谷与泰国专家及农场主讨论喷雾器性能及更新换代问题。

1997年，作者（左）出席联合国粮农组织AGSE／AGPP联合专家组会议，与美国国家技术标准委员会顾问Treishler教授合影。

1997年，作者在安徽舒城考察撒滴剂施药技术的试验示范现场。

植物化学保护与农药应用工艺

——屠豫钦论文选

金盾出版社

内 容 提 要

　　本书是曾荣获"国家级有突出贡献的中青年专家"和"有突出贡献的老科技工作者"荣誉称号的中国农业科学院植物保护研究所屠豫钦研究员有代表性的论文集,内容涵盖了农药创制、农药毒理、农药剂型和农药使用技术等方面的学术研究、科技创新、理论探讨和实际工作总结,从一个侧面反映了我国几十年来农药剂型、器械及农药施用技术的发展历程和经验教训,也蕴含着对发展我国农药科学技术的真知灼见,对年轻一代植物保护科技工作者具有借鉴和参考作用。本书文字通俗简练,内容丰富,附有较多的图表资料,适合广大植物保护科技工作者和农业院校相关专业师生阅读,亦可作为广大农民提高农药科学知识水平的读物。

图书在版编目(CIP)数据

　　植物化学保护与农药应用工艺——屠豫钦论文选/屠豫钦著．—北京:金盾出版社,2008.9
　　ISBN 978-7-5082-5228-5

　　Ⅰ. 植… Ⅱ. 屠… Ⅲ. 植物保护-药剂防治-文集 Ⅳ. S481-53

　　中国版本图书馆 CIP 数据核字(2008)第 129632 号

金盾出版社出版、总发行
北京太平路 5 号(地铁万寿路站往南)
邮政编码:100036 电话:68214039 83219215
传真:68276683 网址:www.jdcbs.cn
北京金盾印刷厂印刷
万龙印装有限公司装订
各地新华书店经销
开本:850×1168 1/32 印张:20.375 彩页:4 字数:489 千字
2008 年 9 月第 1 版第 1 次印刷
印数:1—6000 册 定价:40.00 元
(凡购买金盾出版社的图书,如有缺页、
倒页、脱页者,本社发行部负责调换)

序

屠豫钦先生是新中国成立后培养的第一位农药学专业硕士研究生。时光如梭，光阴荏苒，至今他已经为我国植物化学保护工作的发展辛勤耕耘了 60 个春秋，为我国农药创制、农药毒理、农药剂型和农药使用技术的科技创新做出了重要贡献。

二十世纪五、六十年代，我国的农药科学技术和农药生产尚处于艰难的起步阶段，西方国家对我国实行严格的技术封锁。他从我国实际情况出发，打破常规，根据元素硫的理化特性，创造性地把我国祖先留下来的传统黑火药改变成为农用杀菌剂硫黄烟剂，并在我国小麦产区大规模推广应用，获得了巨大的经济效益和社会效益。

小麦锈病是严重威胁我国粮食安全的重大生物灾害。党中央和国务院高度重视小麦锈病的防治工作，周恩来总理曾先后做出了一系列重要指示。屠先生积极响应党和政府的号召，他独辟蹊径，把磷肥厂副产物氟硅酸开发成小麦锈病防治药剂加以应用，为农民提供了价格低廉的药剂和小麦锈病的防治方法。

随着我国农药工业的不断发展，农药已成为植物病虫害防控的重要手段。屠豫钦先生敏锐地预测农药使用技术将成为制约我国农药应用水平提高的关键因素。他于 20 世纪 80 年代初在国家科委支持下率先在中国农业科学院植物保护研究所建立了农药使用技术研究课题组，旨在通过发展提高农药有效利用率的新技术，降低农药消耗量和减轻环境污染。为解决我国常规大容量、大雾滴喷雾技术所导致的农药药液流失严重、防治效果低下并严重污染环境等问题，他创造性地把双流体雾化原理应用于传统手动喷雾器,开发成功背负手动气力雾化技术,并发明了手动微量弥雾器。

屠豫钦先生学术思想活跃,敢于打破常规,从不故步自封。他始终坚持以解决我国农业生产实际问题为方向,以"服务于农民"为目标,长期深入田间地头,了解农民对植物保护工作的实际需求,创造性地开展了多项独特的研究工作。他先后发表学术论文120多篇,出版著作10余部,获得多项国家和省部级科研成果奖励,并被授予"国家级有突出贡献的中青年专家"荣誉称号。

在八十寿诞之际,屠先生出版了他的论文选,这是一件值得庆贺的事。作为中国农业科学院植物保护研究所的后来人,我们为有这样的前辈而感到自豪和骄傲。以屠先生为代表的老一代科学家,几十年如一日,克服种种困难,为植物保护事业贡献了毕生的精力。他们永远是我们学习的榜样!

中国农业科学院植物保护研究所所长
中国植物保护学会副理事长　　吴孔明

2008 年 7 月 25 日

自　序

　　我投身农药科学研究工作已近 60 个春秋。对这门科学引起向往是在少年时期对于能点燃发烟而熏杀蚊虫的蚊烟香发生兴趣而开始萌芽的,后来知道了蚊烟香能杀死蚊虫的原因是除虫菊花粉被点燃后所产生的烟。自然科学的诱惑力俘获了我年轻的心。也是天缘巧合,1950 年,我从北京大学转校就读于北京农业大学(现中国农业大学)土壤农化系的农药专业,正式与农药科学结了缘。1951 年,我接受的第一项任务便是农业部要求对我国的 10 多种除虫菊花品种进行有效成分除虫菊素的含量分析,以作为国家组织大面积栽植时选择品种的依据。黄瑞纶教授把这项工作交给了我。但测定的结果表明,除虫菊花中除虫菊素含量最高的品种不过 1.44 ％,低的只有 0.80％,这意味着大量种植除虫菊要占用大片农田,将与农业争地。这项工作的全部报告送交了农业部作为决策依据,没有公开发表,只有分析结果被收录在黄瑞纶教授的专著《杀虫药剂学》中。该项研究还包括了干菊花的排气压缩打包技术及打包设备和操作条件的研究。完全没有想到会有这样的巧合,我的研究生论文题目也是与除虫菊有关的除虫菊素增效剂芝麻素的研究(已发表)。

　　我一直热衷于从事基础理论化学研究,参加工作后曾经在从事基础理论化学研究还是应用性化学研究之间发生过剧烈摇摆。最终还是在我们党的服务于农民的思想指引下走上了应用性化学研究的道路。特别是到西北农学院(现西北农林科技大学)从事植物化学保护课的教学工作以后,坚定了走应用性研究的道路的决心。同时也认识到,应用性研究其实也包含着理论性研究的丰富内涵。植物化学保护是一门涉及多种学科的综合性科学，蕴藏着丰富的创新发明契机。

此后，如何服务于农民一直成为我开展各项科研工作的立题依据，也是进行科研工作的动力之源。我利用暑假或教学工作之余，经常去农村考察和驻点访问调查，对我的科研工作和教学工作都有极大的裨益，也是摄取创新灵感的重要源泉。一次在全国著名植棉劳模张秋香的生产队访问时，发现她这片棉田长得特别高大茂密，人行其中，几可没顶，打药十分困难。她问我有什么好办法？我立即想到了施放烟剂。但是，棉田的面积比麦田小得多，施放烟剂有许多困难。此情此景激发了我的一种新设想：可否把大块烟剂化整为零，研发一种可抛掷的小型片状烟剂？施药者可不必下田。这就是我后来研究发明划燃式片状烟剂的起源。这项发明完全是出于农民在生产中所遇到的难题和劳模给我的启发以及我在这样的棉田中实地考察所获得的直接信息。

西北旱塬地区严重缺水，许多地方村子里的水多是"窖藏水"，下雨天的水积存在预先挖好的地窖中用草板把孔盖上备用。一次去榆林调查访问，也发现地区农科所中竟只有一台工农-16型的手动喷雾器，足见他们平常很难采取喷雾法防治病虫害。这些情况使我想到，课堂上讲的喷雾法，实际上存在很多问题。联想到我国是一个水资源不足的国家，而且常规喷雾法的水浪费非常严重，消耗的劳动力也非常巨大。这些问题成为我后来坚持多年研究开发手动微量弥雾器（最初称为手动吹雾器）的重要原因。我确信，手动微量弥雾器的推广应用，有朝一日必将引起农药喷雾技术方面的一次历史性的发自农民内心的技术革命要求，这种情况已经在有些地区呈现了。因为它几乎节省了95％以上的喷雾用水量，并且节省了50％以上的农药用量，其经济效益和社会效益不言而喻。

在各种病虫害大流行时期到农村第一线去访问农民，常常会看到农民在病虫害的猖狂施虐面前束手无策，叫天不应，呼地不灵。此情此景对于一个以病虫害防治研究为己任的科技工作者的确是对心灵的极大冲击和鞭笞：我们该如何去帮助他们？他们需要怎样的帮助？

因此，在科研工作中我考虑得最多的是怎样采用最普通的农药和最省力的施药方法去获取最满意的效果。因为化学是一门涉及领域十分宽广的科学，可以探索开发的天地十分广阔。剂型和制剂的研究开发又给农药增添了巨大的能量，能够把农药和化学防治技术的威力进一步扩大提高。加之施药器械方面也存在很大的改革开发空间。如何充分利用这些基本知识和技术，在大量的生产实践中不断探索创新、研究开发一些适合于我国农民使用的廉价的符合国情的防治病虫害的手段，可做的事情很多。

半个世纪以来的实践使我深深体会到，要进行创新和发明，最重要的是要有一种创新和发明的激情，就是要有为农民做一些切实有效的工作的激情，这是取之不尽的思维源泉。我国的农民还很贫穷，向他们推荐的新农药和新技术应该是他们能够接受的。合成新农药固然重要，但是国内外的事实证明，现在要研究合成一种真正意义上的新农药，难度极大，研发的成本极高，商品的价格也很高。我认为，所谓的老农药，其实它们的潜能并没有开发完毕，还有很多值得深入展开研究探索的广阔空间。多菌灵是一个很老的杀菌剂品种，但是我在毒理研究中发现，通过很简单的分子重组，在不改变多菌灵分子结构的情况下，它的理化性状却发生了重大变化，变成了一种具有独特的化学溶菌作用的新化合物。这种毒理作用是我在试验研究工作中对一种奇特的毒理学现象进行了持续的反复观察研究后才发现的，它是一种新的杀菌作用原理，新化合物的杀菌谱也大为扩展。硫黄是一种千年的老杀菌剂，但是把它开发成为烟态硫和硫黄油雾剂以后，其用途和施药工效大幅度提高。氟硅酸通常被视为磷肥厂废液，但经过深入研究开发以后却发现它是当时最好、最便宜的无机杀菌剂,非常适合于我国国情。关于氟硅酸脲,尽管起初有些人不承认它是新化合物和新农药,但最终被学术界确认为中国自主发明创制的具有独特结晶构造的新的分子合成物、新的杀菌剂并获得了国家发明奖,而它只是氟硅酸加尿素所形成的很简单的新分子化合物,价格低廉。这种研究开发的方法在国际上也有不少先例。

一个典型的历史案例是,克死螨原来只是著名的杀螨剂,而日本把它简单地溶解在盐酸中变为水溶性的克死螨盐酸盐之后,却变成了能防治鳞翅目害虫水稻螟虫和棉铃虫的著名药剂——杀虫脒。防治棉铃虫时,一个生长季节只需喷洒一次杀虫脒就能控制棉铃虫的发生发展。

日本还曾经把日常生活用品碳酸氢钠(小苏打)开发成为一种优良而廉价的防治白粉病的药剂,并通过电镜和生理生化理论研究阐明了它的作用机制。在英国召开的国际植保大会上展出时引起了国际农药界人士的很大兴趣。他们还从味精中分离出有除草作用的成分,经过进一步开发后成为新型除草剂。日本的著名农药学专家山本 出等由此提出了所谓"软农药"的新概念,就是指这类农药或其原材料实际上对人是无害的。这无疑是一条极有意义的新农药研发道路。我研发的氟硅酸和氟硅酸脲其实也应属于此类软农药,因为氟硅酸是国际上许多大城市配加在自来水中的防龋剂。

类似的事例必定很多,有待于年轻的农药科技工作者去继续深入探索开发。我觉得对这类软农药包括新剂型的开发研究,应给予高度关注,因为这将为开发廉价而实用的新农药、新剂型和新的使用技术提供很多的机遇。"于无声处听惊雷",可能从很平常的物质中会发现和发明新农药和新剂型。此外,也无须为了追逐国际大农药公司的潮流而过快地淘汰老农药,包括高毒农药,因为完全有可能从剂型方面和使用技术方面探索出降低农药毒性的办法,这方面的成功事例已经不少。中国的农药应该探索中国自己的发展道路,而不是只有"与国际接轨"一条道。

在本书选辑的有关论文中,我把自己在小麦锈病防治中的烟态硫新剂型、硫黄原油的油雾机新施药机械、氟硅酸和氟硅酸脲新产品的研究开发以及手动微量弥雾器等研究开发创新的过程在引言或后记中作了较详细的补充说明,是为了说明这些开发创新的思路是如何从病虫害防治工作的实践中萌生和形成的。但愿这些经验或许对于后来的年轻工作者们有所帮助和启示,这是我的心愿。对于农药毒理学、农药使用技术决策、我国农药科学的发展趋向以及我国的农药科学技术发展,我也发表过一些论文陈述愚见,提出了农药宏观毒理学、农药使用技术整体决策系统、农药应用工艺学等观点和主张。这些看法和思路,或可供同行们参考和批评,因此也分别作了选辑,以备通览。

我没有对农药科学做出什么重要的学术贡献,仅仅在某些实用性的农药和剂型以及施药器械和农药应用工艺方面做了一点工作,诚心希望这些工作能够对我国农民有所帮助,对我国农村的农药科学使用技术水平的提高有所奉献。

毛泽东同志说过:"有所发现,有所发明,有所创造,有所前进"。他用这四句话来表达他对科技工作者的期望和勉励。"有所发现"是四句话的核心,而要有所发现,必须通过坚持不懈的深入生产实践,聆听农民的实际需求,进行科学的分析解读,并持之以恒地进行深入的科学研究,就能够从实际工作中有所发现,继而想出办法,再从科学理论方面加以阐明提高,以求有所发明。

愿与同行共勉。

屠豫钦
2008 年 7 月 20 日

作者简介

屠豫钦先生 1947 年毕业于上海大同大学附中高中部后考入北京大学学习,1949 年院系调整后到北京农业大学(现中国农业大学)土壤农化系农药专业学习,1953 年研究生毕业后任教于西北农学院(现西北农林科技大学),曾任昆虫教研室副主任及陕西省青年联合会委员。1973～1976 年借调至西北大学化学系。1976～1978 年调至四川省农药研究所,1979 年随所迁至北京中国农业科学院植物保护研究所工作,任农药研究室主任兼农药合成研究课题组组长,建立了农药使用技术研究课题组后兼任组长,任植物保护研究所学术委员会副主任、中国农业科学院学位评定委员会委员等职。受聘为北京市人民政府专家顾问团第四至第六届顾问。1983～1990 年担任国家植保农药使用技术科技攻关项目主持人,1996～1999 年受聘为国家环境保护总局污染控制司专家组成员。1997 年受聘为联合国粮农组织 AGSE 专家组专家,1997～1999 年担任联合国 UNIDO/UNDP 溴甲烷取代物及取代技术国际合作项目中方主持人及中国专家组组长。中国植物保护学会第三至第六届常务理事兼副秘书长及农药分会主任。1989～2000 年当选为中国农机工业协会植物保护机械专业协会理事。历任《农药译丛》通信编委、《世界农业》、《植物保护学报》、《农药学学报》编委。1996～2006 年担任农业部全国高优农产品及实用农业技术(项目)评价委员会植物保护组评委。中国农业科学院老科技工作者协会专家组成员。在长期科研工作中发现了农药雾滴沉积运动中的叶尖优势现象、细雾滴及细粉粒沉积运动的热致迁移效应、在杀菌剂毒理学研究中首次发现了化学溶菌作用现象并开发成功化学溶菌作用杀菌剂、创制了新型杀菌剂氟硅脲,提出了农药宏观毒理学和农药使用技术整体决策系统等新概念。在1952~2007年间发表了论文和研究报告122篇,出版著作13种。曾获农业部科技成果奖7项,四川省重大科技成果奖1项,国家发明奖1项,均为第一主持人。曾获科技图书出版物奖2项。先后获国家专利7项。1982年获陕西省人民政府颁发的"陕西省劳动模范荣誉纪念证",1986年获国家人事部颁发的"国家级有突出贡献的中青年专家"称号;2006年获中国科协老科学技术工作者协会授予全国十名"有突出贡献的老科技工作者"荣誉称号之一。

目 录

1. 小麦锈病的化学防治研究工作(一) …………… (1)

引言 ………………………………………… (2)

烟态硫(Ⅰ) ……………………………… (10)

烟态硫(Ⅱ) ……………………………… (21)

2. 小麦锈病的化学防治研究工作(二) ………… (34)

引言 ………………………………………… (35)

利用磷肥厂副产氟硅酸防治小麦锈病的研究 ……… (40)

引言 ………………………………………… (59)

氟硅酸(脲)的晶体结构 ………………… (63)

3. 水稻田的农药使用技术研究 ………………… (72)

引言 ………………………………………… (73)

稻田适宜采用的施药技术 ………………… (75)

防治水稻螟虫的杀虫双大粒剂使用技术 ……… (84)

引言 ………………………………………… (94)

杀虫双和杀虫单水剂的撒滴法使用技术 ……… (97)

4. 温室大棚施药技术的研究 …………………… (104)

引言 ………………………………………… (105)

百菌清烟雾片剂防治保护地黄瓜霜霉病初报……… (107)

引言 ………………………………………… (118)

粉尘法施药技术的原理和实践………………… (120)

5. 农药使用技术问题之研究和手动吹雾器(微量弥雾技术)

之创制 …………………………………… (129)

略论我国农药使用技术的演变和发展动向……………(130)

现代农药使用技术的发展动向对我国植保机械的要求

………………………………………………………(139)

农药雾粒沉积特性与吹雾技术之研发……………(152)

关于手动吹雾器的研究…………………………(172)

NARROW-ANGLED SOLID CONE NOZZLE

UTILIZED FOR IMPROVEMENT OF DEPOSITION

CHARACTERISTICS OF SPRAY DROPLETS

………………………………………………………(189)

6. 棉花田的农药使用技术 ………………………(198)

棉田农药喷洒技术的研究………………………(199)

7. 农药的剂型问题 ………………………………(220)

农药剂型和制剂与农药的剂量转移………………(221)

农药的剂型问题与我国农药工业的发展…………(229)

试论我国农药剂型研究开发中的若干问题………(253)

再论我国农药剂型研究开发中的若干问题………(259)

三论我国农药剂型研究开发中的若干问题………(266)

8. 农药的毒理学问题与农药使用技术决策 ………(277)

毒理学须遵循马克思主义辩证法…………………(278)

论农药的宏观毒理学……………………………(287)

从昆虫毒理学的学科范畴谈昆虫毒理学的发展方向……(302)

解决我国棉铃虫问题的根本出路…………………(312)

农药使用技术的整体决策与农药的宏观毒理………(321)

田间环境条件和植物吸水力与1059内吸药效的关系 …(355)

9. 天然源农药的研究开发 ………………………(372)

天然源农药的研究利用——机遇与问题…………(373)

10. 小规模农户的施药器械问题 …………………(388)

小规模个体农户的农药施药器械问题……………(389)

11. 卫生用农药剂型及城市害虫防治问题 ··············· (416)

卫生用农药剂型与施药器械的互作关系··············· (417)

12. 农药的对靶喷洒技术 ··············· (427)

农药的对靶喷洒技术及其意义··············· (428)

IMPLICATIONS OF BIOLOGICAL AND PESTICIDAL

BEHAVIOUR IN CHEMICAL CONTROL OF PESTS

··············· (439)

农药对靶喷洒技术研究初报··············· (452)

The effect of leaf shape on the deposition of spray

droplets in rice ··············· (463)

农药雾滴在吊飞昆虫不同部位的沉积分布初探··············· (476)

农药使用技术规范化研究进展··············· (481)

13. 农药与环境安全问题 ··············· (494)

关于农药与环境问题的反思··············· (495)

农药安全问题、各国立法动向以及农药和药械企业的贡献

··············· (504)

14. 农药科学的发展 ··············· (516)

农药学··············· (517)

农药科学的发展与社会进步··············· (525)

农业病虫害防治策略理念与农药使用的技术政策问题

··············· (537)

农药和化学防治的"三 E"问题··············· (554)

正确认识化学农药的问题··············· (563)

中国农药科学五十年··············· (574)

参加世界贸易组织前夕的中国农药行业··············· (587)

西部大开发对中国农药与化学防治的期望··············· (604)

农药的科学使用问题与农药应用工艺学··············· (611)

附 录··············· (619)

（一）屠豫钦部分论文报告……………………………………（619）

（二）屠豫钦著作……………………………………………（627）

1

小麦锈病的化学防治研究工作(一)

引　言

锈病暴发——需要快速便捷的防治方法

20世纪50年代末至60年代初期,小麦锈病在我国大流行,小麦损失严重。著名劳动模范、育种专家赵洪章教授培育成功的高产优质良种碧蚂一号小麦也未能躲过这一劫。

猖獗的锈病当时被有些人士称之为"黄祸"(图1-1-1)。在锈病大暴发时人员进入麦田,杏黄色的锈病菌孢子粉末会使人员浑身粘上一层黄色的粉。严重发生时,从麦地里刮起来的风都会染上淡淡的黄色,像是一股不祥的妖风。

图1-1-1　小麦锈病大发生时期的田间锈病严重状态

(1960,陕西周至,笔者摄)

在锈病大暴发时期，一切其他的防治措施都无济于事，只能依靠农药这种"快速反应部队"进行全面化学防治。

赵洪章教授颇有所感地说：育种工作十分重要，然而想通过育种工作选育出不仅具有优良的农艺性状，而且具有高产优质的品质，口感又好（那时期农民特别喜欢碧蚂一号，它产量高，而且加工的面食口感极佳），还能抗病虫害的好品种，不仅工作量很大，需要很长的选育周期，难度极大。病虫害的发生往往猝不及防，需要依靠你们研究农药的人通过化学防治来控制。希望你们能为我们所选育成功的好品种"保驾护航"。

连续几年的锈病在全国大流行，把许多优良的小麦品种击垮，严重威胁着我国的粮食生产，震动了党中央和国务院，周恩来总理亲自抓这件事并先后做出了一系列重要指示。关于农药问题，周总理明确指出：农药的价格必须低廉并且好用，要让农民买得起而且用起来方便。周总理短短的几句话，为农药科技工作者指明了工作的方向和道路。当时我在西北农学院担任植物化学保护课的教学工作，院长康迪同志说：锈病来势迅猛，麦田喷药太慢也很困难，你是研究农药的，能不能想想办法？

防治小麦锈病是我参加工作以后所面对的第一场重大挑战。摆在面前的紧迫任务是，能否找到快速而便捷的施药方法和便宜的农药？

1957年前后我已经着手研究合成新的防治锈病的农药，并已经合成了几种新化合物。当时国内许多研究机构和高等院校都在进行锈病防治药剂的合成研究开发工作。然而所有的有机合成化合物成本都很高，没有一种能符合"价格低廉、好用"的要求。喷药方法更是一大难题，国内还只有手动喷雾器可用。

周总理的指示和院长的启发点破了我脑子里固有的那种循规蹈矩式的科学研究方程式。面对锈病的猖狂为害，难道就没有别的路可走吗？应该去做一番探索。

当时国内没有几种杀菌剂可用,特别是所有这些杀菌剂都必须加水喷雾,每 667 平方米(亩)田需要喷洒 80～100 升药水甚至更多,667 平方米田需要往返 4、5 次补加药水才能喷完。这正是小麦生长中后期喷药操作很困难的一个重要原因,不仅因为麦行狭窄行走困难,而且多次往返出入麦田对小麦的机械损伤很严重,这也是农民害怕喷药的重要原因。

　　为了了解农民的想法,我骑车访问了渭河北岸的绛帐县和渭河南岸的周至县的农民。

　　"你们认为怎样喷药比较好?"

　　"还是政府派飞机来喷药最好!"原来 1959 年农业部为了迅速压制住锈病的迅猛发展势头,提高锈病防治的速度,第一次派了安-2 飞机到周至进行过一次飞机喷洒石硫合剂防治小麦锈病的示范试验。飞机喷药工效当然很高,无须农民下田,但是示范的结果并不满意,还需修专用跑道供飞机升降,挖很大的坑作药液配制槽,要毁掉一大片农田。

**图 1-1-2 陕西周至县的飞机防治锈病现场(1959)西北
农学院师生与农民听取机械师讲解**

"不论咋样，最好不要再让我们背着喷雾器下田喷药了!"

图 1-1-3　安-2 飞机正在进行石硫合剂喷洒作业(笔者摄)

飞机喷洒农药的工效无疑是最高的。但是施放烟雾的工效也很高，仅次于飞机喷洒。此时一个大胆的想法从我心中浮起：是否可以考虑采用烟雾法？这想法对我产生了很大诱惑，向院长报告后得到了支持。烟雾的强大运动扩散能力是毋庸置疑的，问题是用什么杀菌剂来加工成烟雾？如何施放烟雾？烟雾是否能够在麦田中沉降？有没有风险？……

烟态硫的创制和开发

在当时的各种农药杀菌剂中，硫黄制剂使用最普遍。硫黄的物理化学性质表明它适于加工成烟态的农药，而且硫黄产量很大，价格低廉。它是一种性质稳定的元素单体硫，安全性没有问题，对环境也没有危害，只要不发生燃烧即可，而这也正是一个技术关键。

把元素硫加工成烟，加热是必需条件。硫黄有多种同素异形体，常见的是斜方硫，在 444.6℃ 沸腾汽化，气态硫如果在一定条件下迅速冷却，就能够变成颗粒极细的硫黄烟。

农药烟剂的加工早有成功的方法。1956 年我已经制备了六六六和滴滴涕的烟剂，但是这种化学发热剂的氧化剂太强，硫黄极易燃烧。因此研究的重点集中到如何选择化学发热剂的问题上。改用了氧化能力较弱的硝酸钾后，效果果然比较好，从盖上预留的小孔中喷出的是浓密的白烟！硫黄烟剂就这样诞生了。

硝酸钾的成功应用使我联想起我国四大发明之一的黑火药。黑火药的三个组成部分就是硫黄、硝酸钾（火硝）和木炭粉。这样的巧合让我立即想到：只要仔细调整硫黄烟剂的组分配比，就可能直接把黑火药转变为硫黄烟剂，把祖先发明的黑火药转变成今天的农用杀菌剂硫黄烟剂，应该是一件很有意思的科技再发明。

黑火药作为炸药，其中硫黄的比例不能超过12％，若把硫黄的比例提高到20％以上，就只会燃烧而并不爆炸。而提高硫黄的含量恰恰是我们所希望的，作为农药制剂，硫黄的含量越高越经济。经过研究和试验，结果发现硫黄的含量提高到50％～60％，便可产生很浓密的烟。而硫黄的比例越高，烟剂的安全性也越好，但是超过60％则很难发烟。这种巧合恐怕是农药剂型和制剂研究中难得一遇的，也是一件很有趣的事。

从黑火药转变而成的硫黄烟剂所产生的烟称为"烟态硫"。烟态硫的超细微粒粒径为0.5～3微米。这种分散在空气中的超细分散体系即所谓的硫黄气溶胶。气溶胶微粒的特性是无孔不入，能够在作物的株冠层中自由通透，也能进入狭小的缝隙中，所以气溶胶是一种工效很高、物理性能优良的物质形态。

剩下的事就是要看硫黄烟云是否能够沉降到麦田里。

硫黄油雾剂（机）的创制和开发 *

除了防治小麦锈病外，硫黄制剂还可以防治白粉病、红蜘蛛、蓟马等多种病虫害。

---

* 此项研究工作未发表

红蜘蛛是苹果园中很重要的害螨。但是使用发烟罐比较困难。是否可以改为使用拖拉机施放硫黄油雾？国际上用拖拉机废气施放农药油雾是一项很成熟的技术,但是还没有施放硫黄油雾剂的报告。我希望直接施放硫黄原药的油雾剂,因为硫黄在112.8℃就能够熔融成为液体状态,流动性极好,应该可以充分利用这一点进行一项技术创新。

硫黄的熔点很窄,超过熔融点就会变成橡胶态硫,不能再自由流动。而低于熔融点则不能充分熔融。为此设计了一种舌状熔硫器,组装在当时的一种 ZT-25 型拖拉机上,准确地调控拖拉机废气的温度,通过舌形熔硫器便能使硫黄熔融,然后通过一特别设计的文丘利喉管,终于把硫黄变成了硫黄油雾(图 1-1-4)。在小麦田里试用的效果也很好,但是不如烟态硫的覆盖面积大。不过在树

图 1-1-4 用自行研发的硫黄油雾喷射机从 ZT-25 拖拉机上向麦田喷洒硫黄油雾 (1960,西北农学院头道塬麦田,笔者摄)

冠体积很大的果园中使用,效果很好,缺点是拖拉机的体积太大,不便于进入果园。于是,我选用了一种小型自走式园圃耕耘机,在这种机具上加装了一组硫黄原油雾化器,也取得了很满意的效果(图 1-1-5)。用硫黄原油产生的硫黄油雾剂和油雾发生机在国际上均属于我国的自主技术创新和发明。这项技术至今应仍有重要用途。由于教学工作和其他研究工作的缘故,没有继续做下去。尚未发表论文和研究报告,在此仅顺便作一简要介绍,供参考。

图 1-1-5　用自行设计的自走式园圃耕耘机向苹果园喷洒硫黄油雾
(1960,西北农学院苹果园,笔者摄)

20 世纪 80 年代以后,由于新型内吸性杀菌剂大量涌现,硫黄制剂没有内吸作用,逐渐淡出了防治锈病的市场,但是硫黄仍然是一种廉价的安全农药,在小麦锈病大流行和红蜘蛛、白粉病暴发为害时仍然是一种快速有效的手段。在温室大棚、果园、棉花田、小麦田中也有很好的效果,还有广阔的开发创新天地,列此备考。

图 1-1-6 从 ZT-25 拖拉机上向棉花田喷洒硫黄油雾剂
(1960,西北农学院棉花田,笔者摄)

烟 态 硫（Ⅰ）

——硫黄烟剂之配制及其某些理化性状之观测

硫黄是用于防治农作物病虫害历史最久的药剂之一。由于来源广、价格低，使用较方便，而且对人、畜、植物均较安全，因此至今仍旧是一种通用的农药。

迄今为止，硫黄的使用形态仅限于液剂和粉剂两种，使用的技术亦仅限于喷液法和喷粉法。我国目前施药机具的数量不足，对于喷液法和喷粉法有很大的限制。因此，不少地方都采取了泼浇、洒、点等不正确的施药方法来弥补施药机具之不足。但是这些方法由于不能很好地分散药剂、不能使药剂均匀地覆盖在植物上，因此效果极差。

本项研究之目的，在于探索一种新的使用形态。这种使用形态既应有很好的分散度以便能在植物上造成均匀的覆盖，同时应该避免使用药械以适应施药机具不足的情况。因此很自然地考虑到了烟态硫这种使用形态。

根据硫黄的物理化学性质，我曾在1958年底初步提出了烟态硫的设计方案。并且首次用通用的化学发热剂（氯酸钾、蔗糖）初步制得了烟态的硫。但是这种化学发热剂过于猛烈，往往引起明火燃烧。同时它们的价格比较昂贵而且不易获得。因此，我想可以考虑改用黑火药作化学发热剂。黑火药的原料各地农村均极易获得，而且群众对于黑火药的制法和性质亦很熟悉。硫黄之沸点为 444℃。黑火药之爆炸温度为 457℃[1]。这是黑火药可能用作硫黄烟剂之发热剂的一个根据。但是黑火药的爆速必须降低。因此采取了降低硝炭比的办法达到了这个目的。黑火药之硝炭比为 4.6～5：1。经研究，决定把它降低到 3：1。此外，硫黄烟剂中的主剂是硫黄，其含量远远超出了黑火药中硫黄的含量。这一点恰巧也有利于降低黑火药之爆速。

经过数十次的试验研究以后，在 1959 年初找到了"A-042"型的化学发热剂配方，接着又找到了另外一种"A-048"型发热剂的配方。

关于烟态硫，至今还没有看到过任何文献报道。曾经在仓库和窖中使用过的所谓"硫黄熏烟"，同烟态硫完全不是一种东西。前者是把硫黄燃烧，使之产生二氧化硫而起作用。而烟态硫所产生的是元素态的硫。

本文之目的在于论述硫黄烟剂的配制方法，烟态硫的某些物理化学性质以及烟态硫对病虫害的效能之初步观察结果。

硫黄烟剂之配方及发烟性能

设计成功的两种硫黄烟剂之配方见表1。

表 1　两种类型的硫黄烟剂之配方

烟剂组分	"A-042"型		"A-048"型	
	组成分细度	组成分含量(%)	组成分细度	组成分含量(%)
硫黄粉	40 目	57.14	40 目	53.33
硝酸钾	60 目	28.57	60 目	20.00
硝酸铵	—	—	60 目	13.33
木炭粉	100 目	9.52	100 目	13.33
玉米粉	20 目	4.76	—	—

"A-042"型烟剂不用硝酸铵，不容易吸潮，因此便于保存。

"A-048"型烟剂含有硝酸铵,如保管不善则易于吸潮。但是利用了硝酸铵可以降低成本,因为硝酸铵比硝酸钾便宜得多(根据农村价格,火硝每斤 1 元多,硝酸铵每斤约为 0.2 元)。此外,硝酸铵还有利于硫黄成烟。因为硝酸铵在发生热分解时会全部变成气体[2]:

$$NH_4NO_3 \xrightarrow{\text{热分解}} H_2O\uparrow + NH_3\uparrow + NO_2\uparrow$$

这种气体对于形成的烟态硫产生一种很大的推力,使烟态硫急速排出发烟罐。同时由于这些气体大都是对氧惰性的,因此也有一种防止烟态硫燃烧的作用。

对硫黄烟剂中的硫黄成烟情况进行了测定。测定方法如下:把发烟完毕的残渣磨碎使其能全部通过 60 目筛孔。用四分法取出小样,在烧瓶中用过量的亚硫酸纳之 25% 水溶液煮沸回流 2 小时。冷却过滤后,加 37% 浓度的甲醛溶液,振摇后用 80% 的醋酸中和,仍以 0.1N 的碘溶液滴定之[3,4]。计算元素硫的残留量。然后从烟剂的总含硫量中减去残留硫量,计算为硫黄的成烟率。

根据此法测得"A-042"型烟剂之成烟率为 92.23%,"A-048"型烟剂之成烟率为 94.50%。这个分析也证明,"A-048"型由于使用了硝酸铵而有利于烟态硫之形成。

硫黄烟剂之发烟性能同发烟罐之质料有一定的关系。发烟罐如果是由导热性差的质料制成,则发热剂所放出的热能可以充分地被硫黄所利用,因而发烟较快而且成烟率较高。反之,如果发烟罐导热性很强,则发热剂所放出的热就会有一部分散失掉,不能充分地被硫黄利用,因而发烟较慢,成烟率也较低。于是用同样尺寸的素土罐(用黄土捏成后烘干)、瓦罐、竹罐、纸罐分别进行放烟,每罐装烟剂 100 克。结果如表 2。可见,以素土罐的发烟性能为最好。

表2 各种质料的发烟罐中的硫黄烟剂发烟性能

烟罐种类	发烟时间	烧失率*（%）
素土罐（黄土）	6分35秒	58.15
瓦 罐	7分30秒	54.73
竹 罐	7分50秒	45.26
纸 罐（马粪纸）	11分	40.55
铁 罐	13分	40.10

硫黄烟剂之发烟性能同烟剂含水量也有一定关系。烟剂中所含的水分越多，则发烟越慢而且成烟率也越低。试验结果见表3。

表3 烟剂含水量同发烟性能的关系

烟剂含水量（%）		发烟时间	烧失率
给 定	实 测*	（100克）	（%）
0.0	0.2	易起焰	69.10
1.0	0.8	3分14秒	60.00
3.0	3.6	4分31秒	56.23
5.0	6.0	6分02秒	52.70
7.0	7.6	不能发烟	—
9.0	8.8	不能发烟	—

*用蒸馏式水分测定器测定。一次取样50克

根据上述结果可见，为了提高成烟率和发烟速率，应该注意控制烟剂含水量在5%以下，并且选用素土罐。

当烟剂含水量在0.8%以下时，在发烟的后期往往容易起焰。但是如果注意烟剂的装罐方式，可以避免起焰。发烟罐的形状应做成长筒形，其直径与高之比例为1∶2～2.5左右。烟剂装入以后，拍紧。其上部至少应留下1/3的空间，不宜装满。发烟罐口应

加盖,盖中央留1个1厘米左右的孔以便出烟。参考图1。

硫黄烟剂须用药粉引芯引发。药粉引芯之配方为100目炭粉1份同80～100目硝酸钾粉3～4份相混合。

烟态硫的理化性状之观测

1. 烟态硫的形态 烟态硫是白色的烟,在空气中成为一种气溶胶体系。用玻片受烟后在显微镜下观察,此种烟乃由极其微小的圆球形透明颗粒所组成。这种圆球形硫黄颗粒似乎是一种过冷液滴,并不是固体。这种过冷液滴似乎具有弹性硫的特

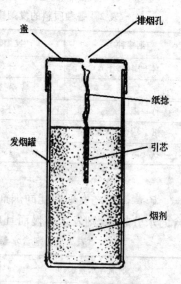

图 1　发烟罐剖视图

征,有很强的黏着性能(图2)。在空气中搁置数日以后,会渐渐晶化。晶化以后,形成菱形的结晶和单斜晶。

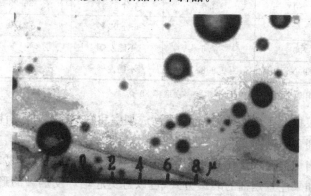

图 2　硫黄烟剂之颗粒形状及粒度　（200 倍显微镜观测）

2. 烟态硫的细度 烟态硫的细度通常在 0.5～3 微米,少数达到 4～5 微米,还有在 0.5 微米以下的。但细度同单位空间内烟的浓度有一定的关系,见表 4。

3. 烟态硫之沉积能力 在密闭室内施放烟剂,沉积率较高。沉积密度同烟剂用量有关,见表 5。表 5 的数字表明,在每立方米 0.1 克的使用量下,在玻片正面所沉积的烟态硫已足以很好地抑制条锈菌孢子的萌发。

表 4 硫黄烟剂之使用浓度同烟态硫细度(微米)之关系

烟剂之使用浓度 (g/m³)	正 面		反 面		侧 面	
	最 大	最 小	最 大	最 小	最 大	最 小
0.025	2.5	0.5	1.8	0.5	1.9	0.5
0.050	4.0	0.5	1.7	0.5	2.7	0.5
0.100	5.0	0.5	1.3	0.5	2.8	0.5

表 5 烟态硫之沉积能力及其抑制条锈孢子萌发的能力

烟剂之使用浓度 (g/m³)	正 面			反 面			侧 面			对照条锈孢子萌发率(%)
	沉积密度(万粒/厘米²)	条锈孢子萌发率(%)	抑菌率(%)	沉积密度(万粒/厘米²)	条锈孢子萌发率(%)	抑菌率(%)	沉积密度(万粒/厘米²)	条锈孢子萌发率(%)	抑菌率(%)	
0.025	58.7	37.2	35.7	14.3	47.7	17.4	16.1	46.7	19.3	57.9
0.050	110.3	21.4	72.8	20.5	54.7	30.4	39.6	49.8	36.7	78.7
0.100	228.3	6.8	90.9	80.5	45.8	39.2	98.9	44.6	40.8	75.4

由表 5 可见,烟态硫具有多向沉积能力。在正、反、侧各个方向上都有很高的沉积密度。

在田间条件下,烟态硫的沉积率受到许多自然因子的影响。

尽管如此,烟态硫仍能在植株上作有效的沉积。表6是在西农农作一站大田施放硫黄烟剂的结果。图3是把表6数据经过统计以后所绘得的曲线图。在图中同时列出了各点上沉积的烟态硫对条锈菌孢子的抑菌力,表明这两个数据是相对应的。

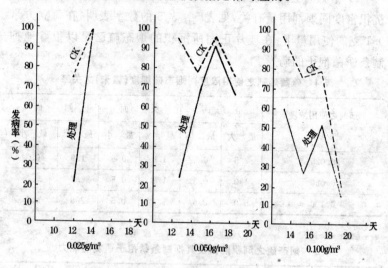

图3 烟态硫在小麦植株上的残留能力

表6 在田间条件下硫黄烟粒之沉积密度

距离(米)	颗 粒 数					
	第一次放烟(5月9日)			第二次放烟(5月18日)		
	正 面	反 面	侧 面	正 面	反 面	侧 面
20	358.8	76.95	65.30	244.9	32.70	33.40
40	95	22.80	31.45	167.7	100.0	27.55
60	88.15	8.15	38.60	134.4	90.0	26.30
80	74.95	—	50.15	86.14	25.90	34.90

距离(米)	颗 粒 数					
	第一次放烟(5月9日)			第二次放烟(5月18日)		
	正 面	反 面	侧 面	正 面	反 面	侧 面
100	41.55	14.15	19.50	94.70	57.28	81.95
120	43.95	39.30	12.65	71.45	34.70	15.70
140	12.15	2.65	34.65	56.00	44.90	57.50
160	18.95	29.30	45.45	166.4	47.60	36.20
180	11.60	13.45	4.80	101.1	39.15	45.95
200	42.65	28.95	24.50	134.0	91.62	19.00

注:用40×15×镜头检查,表中数字乘以"1626",即得每平方厘米面积内的颗粒数

4. 烟态硫在植物上的黏着力　用生物测定方法检查了烟态硫在小麦植株上的黏着力。盆栽小麦先在放烟室内受烟,然后移置露地。经过一定时间后接种条锈菌(喷粉法)。然后定期检查植株发病情况。同未受药的对照植株相比,用防治效率来表示烟态硫的残留情况,其结果见图3。试验和观察的结果表明,在每立方米0.1克硫黄烟剂的用量下,烟态硫在田间条件下即可保持一定的残效期(4~5天)。

烟态硫的药效同其他硫制剂之比较

比较了烟态硫同其他硫制剂对于小麦锈病及苹果红蜘蛛的防治效力。对小麦锈病的试验采取了孢子萌发率试验法。对于苹果红蜘蛛的药效试验是在果园中大规模进行的。其结果见表7,表8,表9。从这些初步的比较试验可知,硫黄烟剂防治锈病和红蜘蛛的效力不亚于石硫合剂而且甚或超过之。

表 7　几种硫制剂对小麦(50K)叶锈菌孢子的效力

药剂种类	药剂浓度		孢子萌发情况			抑菌率
			总孢子数	萌发孢子数	萌发率(%)*	(%)
"A-042"型	0.3 克/米³	正	696	3	0.43	99.28
硫黄烟剂		反	515	85	16.51	72.54
(含硫 50%)		侧	591	1	0.17	99.71
胶态硫 50%	稀释 300 倍		157	5	3.18	94.71
石硫合剂	0.5°Be′		171	0	0	100
对　照	—		567	341	60.14	—

＊在湿箱中萌发 7 小时的结果

表 8　几种硫制剂对小麦(碧蚂一号)条锈病菌孢子的效力

药剂种类	药剂浓度		孢子萌发情况			抑菌率
			总孢子数	萌发孢子数	萌发率(%)*	(%)
"A-042"型	(a. i.) 0.25 克/米³	正	1164	11	0.94	95.39
硫黄烟剂		反	406	20	4.92	75.89
(含硫 50%)		侧	237	4	1.69	91.71
胶态硫 50%	稀释 300 倍		353	6	1.70	91.67
石硫合剂	0.5°Be′		388	0	0	100
对　照	—		877	179	20.41	—

＊在湿箱中萌发 28 小时的结果

表 9　几种药剂对苹果红蜘蛛的药效＊

药剂种类	苹果红蜘蛛死亡率(%)			
	树冠上层	树冠中层	树冠下层	平　均
硫黄烟剂(A-048)	92.60	90.50	77.50	88.60
石硫合剂(0.5°Be′)	82.40	70.49	81.38	78.64
油雾剂(柴油)	85.30	90.90	86.80	88.00

＊1960 年 7 月 14 日,晴天,早晨,本院西苹果园。

硫黄烟剂在正常发烟(不起焰)的情况下,对植物是安全的。在苹果园及麦田中使用,均未发现药害。在一个体积为 1 立方米的熏蒸柜中施放"A-042"型硫黄烟剂 10 克。结果供试小麦(碧蚂一号)并无任何药害迹象。

讨 论

1. 硫黄烟剂的各种原料之细度,如果再提高,对于发烟是有益的。在表 1 中给定的细度均在 100 目以下,主要是考虑到在目前农村中的技术条件下,磨得太细有一定困难。我们设计的这种烟剂,希望交给群众自行配制而不投入工厂生产,因此必须考虑到农村目前的技术条件。硝酸钾同硝酸铵磨细尤为困难。在使用硝酸铵的情况下,建议把它同硝酸钾一齐混合磨碎,要比较方便些。硫黄比较容易粉碎。但是 100 目以上的细粉就已经有絮结现象,对于下一步的混合不利(絮结的硫黄粉团很不容易打散,因而不容易和发热剂混合均匀)。但是如能把细度提高到 80 目左右,还是好的。木炭粉很容易粉碎到 100 目以上。同时,木炭粉的细度极关重要,因此,应保证细度在 100 目以上。

2. 硫黄烟剂各原料之混合,应该先把发热剂混合均匀。最后再把硫黄混入。这样做的目的在于使木炭粉同氧化剂(硝酸盐)及玉米粉较紧密地结合在一起。这样,在引发烟剂时就比较顺利。如果把各种原料一次混合,则有些氧化剂就不容易同木炭粉密接,而被大量的硫黄粉所隔离,因而引发较为困难。发热剂是否混合均匀,可以用光滑的篾片把混合物压平后检查有无白色的(氧化剂)颗粒来判断。或者用手指捻混合物,如炭黑不沾手,就表示木炭粉已同氧化剂紧密结合了。

3. 关于烟剂的含水量问题,根据武功地区的情况,我们发现在春夏季节烟剂含水量通常就已达到 5% 左右。但在冬季,由于气候干燥,含水量往往较低。因此,在冬季要注意防止发生起焰现象。建议根据本文表 3 的数据对烟剂的含水量加以控制。并且对于发烟罐的形状及烟剂装填方式加以严格要求。

4. 关于硫黄烟剂之引发,须用药粉引芯。引芯之用量,一次应不少于1克,压成柱状埋入烟剂(见图1)。引芯之用量同烟剂之多少无关。因此,发烟罐装填量大者,引芯之消耗量就比较少。但是对于装填量较大的发烟罐来说,多埋几支引芯可以加快其发烟速度。

5. 本文列举的数据表明烟态硫在植株上有很好的沉积能力。但在田间自然条件下,由于小气候的影响,沉积率不如室内高。但从表6和图2中可看出,沉积率仍旧是不低的。在田间提高放烟量或适当掌握放烟技术,当可相应地提高沉积率。这一问题将另文探讨。

烟 态 硫（Ⅱ）

——硫黄烟剂大田使用时的烟云流动规律

自 1959 年 2 月设计成功硫黄烟剂[1]以来，已经过了一年的时间。今年以来，由于硫黄烟剂日益为群众所重视，在陕西省农林厅赵厅长及中农部植保局高局长的直接关怀和督促下，我们在 1960 年 5 月进行了一系列的大田放烟试验，目的在于观测烟云的大田流动规律并测定大田药效。

由于当时大田已普遍发病，而盆栽小麦的人工接种试验未获成功，结果只在载玻片大田受烟后的抑制孢子萌发能力方面获得了一些数据。

但是从硫黄烟粒的大田分布密度与孢子萌发率两者之间的很好的对应性来看，硫黄烟剂之大田使用效果是可以肯定的。这一点将有助于各地确立对硫黄烟剂大田使用效果之信心，对于目前正在陕西省各地广泛开展的硫黄烟剂大田试验工作，也会有所帮助。

（一）试验材料及方法

本试验所用的硫黄烟剂是 A-048 型硫黄烟剂[1]。这种烟剂发烟迅速、均匀，在配制正确时没有起火的危险，而且不用玉米粉，节省了 1/3 的火硝用量，所以成本较低，较受群众欢迎。

A-048 型烟剂的发烟罐是长筒形花盆，口径 8～10 厘米，高 15～16 厘米，用黄土做成盖子，盖上有 1～2 个直径 1 厘米的孔。

烟剂装罐后放烟时，用 1：4 的木炭粉和火硝粉的混合物作引发剂(引芯)，引发剂的用量为烟剂重量的 0.5%～1%。引发剂直接装在烟剂中央的直径 6 毫米左右的洞中。然后插上 1 枚硝纸捻。

为了捕获烟粒进行烟粒分布密度的观察，制作了载玻片支架(图 1)。每一支架上安放 1 组载玻片，作为两个重复。每一组包括三块载玻片，一片直立以便从侧面捕获烟粒，另外两片互相贴合后水平放置，以便其中一片从上面捕获烟粒，另一片从下面捕获烟粒。

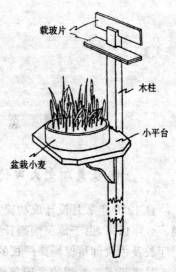

载玻片

木柱

小平台

盆栽小麦

图 1　载玻片支架

在支架上还有一个小平台，以便安放供盆栽试验用的小花盆。风向风速的观测是用国产的京钟牌杯式 58 · 11 型风向风速仪进行的。供试的生物材料是侵染碧蚂一号小麦的条锈病菌以及其侵染寄主碧蚂一号小麦。

从田间取回受烟载玻片以后，撒上条锈病菌的孢子，经过 1 小时以后，加蒸馏水 3 滴，在通气湿室中进行孢子萌发。经过 10 小时左右，观察并统计孢子萌发率。

通气湿室是我系魏岑同志设计的，孢子萌发率比湿箱或钟罩湿室中的萌发率高。通气湿室的构造见图 2。

在整个试验中，大田布置是一个重要环节。

在布置载玻片支架及布置发烟罐前，首先测定风向，根据风向，在和风向平行的方向布置载玻片支架。第一支架距发烟罐 20 米，以后每隔 20 米布置 1 个支架。支架直接插在土内，使载玻片及小花盆与麦株顶端相齐。

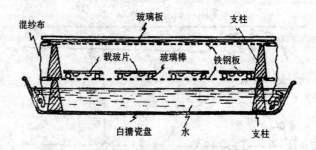

图 2 通气湿室(剖视图)

发烟罐布置成 1 条发烟线,发烟线应与风向垂直。发烟罐之间的距离,要根据风速及气温逆增层的厚度来决定。我们根据下列关系来决定:

$$\frac{A}{V \times T \times W \times H} = d$$

其中,

A——每罐烟剂中所能释放出的硫黄量(克)

V——风速(米/秒)

T——每罐烟剂之放烟时间[注](秒)

W——发烟罐之间的距离(米)

H——气温逆增层(或烟云)的高度(米)

d——烟云密度(或有效成分之空间密度)(克/米³)

可见,在 A、T、H 等数值衡定的情况下,风速增加则烟云密度降低,反之则 d 增高。在 A、V、T、H 等数值衡定的情况下,烟罐间的距离(W)增加时,烟云密度也降低,反之则 d 增高。

[注] 烟罐之发烟时间,和烟罐中一次装烟量之大小成为反相关,即单位重量烟剂之放烟时间随装烟量之增大而相应地减少。所以应该事先测定一罐烟剂的放烟时间。

在几次试验性放烟中,d 是按照 0.3 克/米³ 来要求的。根据 V、T、H 等数值决定 W 的数值。d 值是根据室内放烟试验结果而

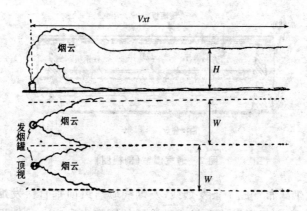

图 3　烟云流动情况示意图

得到的经验数值。

(二)试验结果及分析

1. 水平气流的变化和烟云流动的相关性　水平气流方面的主要问题是风向和风速。在 1959 年的多次大田放烟中,失败的根本原因就是风向的变化。我们是在太阳落山时放烟的,但当烟罐开始发烟后,风向常常忽然发生变化,因而烟云不能按照预定的方向覆盖到试验区的小麦上。因此连续一个月进行了风向日变化的观测。观测的结果见图4。

根据观测的结果可以确信,风向的变化并不是杂乱无章而是有一定的规律。就武功杨凌地区头道塬的情况来说,在 24 小时内,风向顺着逆时针的方向发生有规律的变化。早晨是西北风,中午是西风略偏南,傍晚是东南风,夜间又转为北风。

1960 年的观测,进一步证实了这一规律。

据此,可以根据风的日变化规律而选择放烟的适当时间,使风按照预定计划把烟云吹送到试验区中去。而今年内的多次放烟都证实了这个预想。

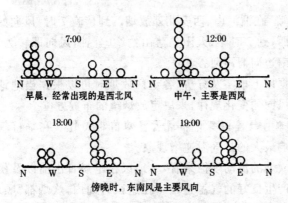

早晨，经常出现的是西北风　　　　中午，主要是西风

傍晚时，东南风是主要风向

图 4　武功头道塬地区的风向日变化图

在多次放烟中我们也注意到这样的现象：在坡地上以及在河滩地区，风向的日变化规律格外鲜明。在上午，风从塬下往塬上吹，从河谷往河滩上吹。在下午太阳落山时，风向刚刚逆转，即从塬上往塬下吹，从河滩地往河中吹。例如，在 1959 年 4 月 27 日（晴天）的一次傍晚放烟中，7 时监测风向为东风偏南，并逐渐向东北方向偏转。到 7 时半时，太阳已经落山约一刻钟，风向即转为正北，并且在数小时内始终保持正北风。

在阳坡地的放烟中，在太阳落山时，烟云也都是如预计的那样往坡下吹送，没有例外。

根据地形分析，这种风向变化是合理的。在晴天的早晨，塬上地区首先接受阳光的热辐射而使该地区的空气变热，但塬下地区尚保持着相对的低温状态，使该地区的空气也保持着冷空气的状态。因此，就产生了冷空气向热空气地区流动的"上塬风"。

河谷地区，由于河水蓄热能力较强，热容量大，而河滩地区蓄热能力很差，热容量小，因此在早晨风向河滩上吹，而傍晚，则风向河中吹送。

这个规律，在西安郊区的放烟中也得到了证实。1960 年 4 月

28 日傍晚,在渭河南、西安北郊放烟。到傍晚 7 时,风向始终保持为南偏西,到 7 时半,太阳已落山约 20 分钟,风向即转为正南,即由渭河南边向渭河河谷吹送。

根据以上事实及分析,各地区放烟时可以根据当地地形基本上掌握风向的变化规律,来决定放烟罐的布置方位。

2. 垂直气流的变化和烟云流动的相关性　在垂直气流中对烟云影响最大的是气温逆增现象。

从炊烟的流动规律来看,本地区在早晨日出前以及傍晚日落后均能产生良好的气温逆增。在这段时间内,炊烟都"顺地溜"而不往上升。

1956 年 4 月中旬,我们用 1/10 度刻度的温度计测定了麦地的气温逆增,结果见图 5。表明在晴天太阳落山时,麦丛表面上是有逆增层出现的。

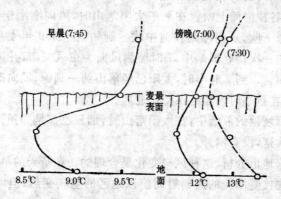

图 5　气温逆增曲线　(西农农作一站麦田)

但是,逆增层的形成在极大程度上取决于大气候。根据我们的初步体验,在晴天的晚上或正常的阴天的傍晚,都能形成逆增层。但如果高空有冷气流过境,则风向极不稳定,而且逆增层的厚度也会增大,以至于不利于放烟。

从 1956 年 5 月份以来的近 20 次大田放烟过程中,由于气温逆增层太厚或不出现逆增层而使放烟失败的,只有一次。这一次放烟是在夜间进行的,该日气象气候条件是:白天是晴天,晚间多云转阴天。

可见,在正常平稳的天气下,只要在日落后或日出前放烟,逆增层是极少发生问题的。

除了平稳的阴天以外,一般白天不能放烟,根本原因就是白天不出现气温逆增。

3. 地形和地貌与烟云流动规律的相关性 根据某些报告[2,3],由于低洼地区和谷地有"冷气湖",因此在这些地区容易积存烟云。

这个问题还没有进行专门研究,事先也未予注意。但在统计大田放烟的试验数据时,发现烟粒分布密度的递减曲线是不规则的,而统计孢子萌发率的结果,却证明这种不规则的递减曲线基本上并非统计的误差(因为孢子萌发率和烟粒分布密度两者之间的对应性很好),这引起了我们的注意。

在试验地实际观测调查的结果发现,凡是烟粒密度本来应该低而实际上反而高的地方,都是洼地或植株生长衰弱,植株矮小而稀疏的地方。

这个现象对于地势极不平整的地区来说,是需要加以注意的。

4. 烟粒的分布密度和距离的相关性 根据推理,离开发烟罐越远,则烟粒分布密度就应该越小。这个预想和试验结果是相符合的。但从试验数据也可以看出,烟粒分布密度的变化有很大的波动(参阅表 1)。只是在经过统计分析以后,才看出了烟粒分布密度和距离之间的相关性(见表 2,图 6)。

表 1 在不同距离上硫黄烟粒之沉落密度 *

距离（米）	颗粒数					
	第一次放烟（5月9日）			第二次放烟（5月18日）		
	正 面	反 面	侧 面	正 面	反 面	侧 面
20	358.8	76.95	65.30	244.9	82.70	33.40
40	95	22.80	31.45	167.7	100.0	27.55+
60	88.15	8.15	38.60	134.4	90.0	26.80
80	74.95	—	50.15	86.14	25.90	34.90
100	41.55	14.15	19.50	94.70	57.28	81.95
120	43.95	39.30	12.65	71.45	34.70	15.70
140	12.15	2.65	34.65	56.00	44.90	57.50
160	18.95	29.30	45.45	166.4	47.60	36.20
180	11.60	13.45	4.80	101.1	39.15	45.95
200	42.65	28.95	24.50	134.0	91.62	19.00

* 用 40×15× 镜头检查，表中数字乘以"1626"，即得每平方厘米面积内的颗粒数

表 2 烟粒在不同距离上的沉落密度之统计

距离（米）	颗粒数					
	第一次放烟			第二次放烟		
	正 面	反 面	侧 面	正 面	反 面	侧 面
20～60	180.7	35.96	45.12	181.3	90.90	29.2
40～80	86.03	—	40.06	129.4	71.90	29.8
60～100	68.22		36.08	105.1	57.70	47.8
80～120	53.48	18.70	27.43	84.10	39.30	44.2
100～140	32.55	23.75	22.26	74.10	68.90	51.7
120～160	25.02	—	30.92	98.00	88.10	36.4
140～180	14.23	15.13	28.30	107.8	90.20	46.6
160～200	24.40	23.90	24.91	133.8	113.6	33.7

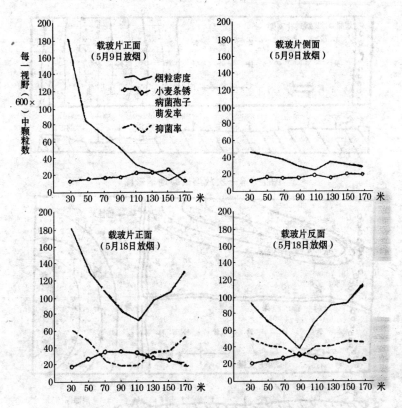

图 6　烟粒密度、孢子萌发率、抑菌率之统计曲线

　　从表 2 及图 6 看出,烟粒分布密度和距离基本上是反相关,但是在有些范围内却并不是反相关。

　　根据地势和地形的观测,明确了这是低洼地所引起的变化。在两次大田放烟的试验地上都有大块的低洼地(见图 7,图 8),因此用前述统计方法不能把这个因素排除(小块的零星低洼地所造成的误差可以通过上述统计法加以排除或缩小)。

　　从上述观察和统计结果看来,在进行试验的气象气候和地理

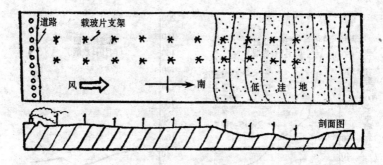

图 7 第一次放烟试验地地形图

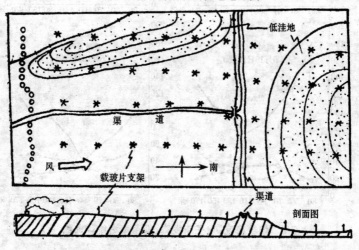

图 8 第二次放烟试验地地形图

因素的条件下,烟云流动和烟粒分布密度是有规律的,如果不考虑地理因素、不运用必要的统计方法,那么一大堆参差不齐的原始数据就可能使人们得出错误的结论来——即认为烟云的流动似乎是无规律的,不可知的。

5. 烟粒的分布密度和抑菌力之间的相关性

在受烟载玻片上进行小麦条绣病菌孢子萌发率的测定,并计

· 30 ·

算为抑菌率。结果见表3。

表3 锈病菌孢子在受烟载玻片上的萌发率

距离（米） 孢子萌发率	第一次放烟			第二次放烟（5月18日）					
	正 面	反 面	侧 面	正 面		反 面		侧 面	
				萌发率	抑菌率	萌发率	抑菌率	萌发率	抑菌率
20～60	13.15	13.75	11.48	17.68	60.1	21.4	51.6	27.2	38.6
40～80	14.90	11.63	15.58	26.8	40.7	25.6	42.2	35.4	20.0
60～100	15.45	7.75	12.43	34.8	24.1	26.4	40.4	34.6	21.8
80～120	14.88	12.28	13.15	36.0	18.7	31.4	29.1	36.8	16.9
100～140	20.60	14.32	16.45	35.3	20.3	26.4	40.4	30.0	32.2
120～160	20.70	13.76	13.80	28.8	35.2	25.9	41.5	29.9	32.5
140～160	24.52	9.40	17.46	27.4	38.1	22.9	48.3	26.2	40.8
160～180	10.82	9.68	13.43	20.1	54.6	24.5	44.6	27.0	39.0

　　从测定结果可以看出，载玻片上条锈病菌孢子萌发率和载玻片上硫黄烟粒的密度呈反相关，而抑菌率则与烟粒密度呈正相关（参阅图6）。这个结果明确地显示，在田间使用硫黄烟剂可以获得肯定的效果，只要使植株上沉降足够数量的硫黄烟粒。后者是可以通过调节发烟罐之间的距离（W）而达到目的。

　　表3中所列的数字，还不是最后的数字。从这些数字看来，对条锈病菌孢子的抑菌率是不高的。但这显然是药量的问题。确定烟云流动的有效路程以后，便可以最后确定有效药量。

　　目前，对于烟云的有效行程还没有得到一个明确的数据。最初预计有效行程为400米左右（是在少量烟剂放烟时观测到的），但大量放烟的结果，发现在1公里外烟云仍很浓。

　　根据各次放烟的情况看来，在风基本稳定的情况下，当风速为1米/秒时，烟云的有效行程应该可以超过1公里。这样，发烟罐之间的距离（W）就应该缩小到半米左右，或者把每罐烟剂量增加到 1 千克左右。这样才能使烟云密度保持在 0.3 克/米³ 左右。在试验中，可能就是由于烟云行程远超过预计的 400 米，而 W 未缩小，A 也未加大，因而实际上烟云密度 d 降低。

这里顺带提出一个问题，即烟剂的使用范围问题。从各种迹象看来，烟剂在大田中使用时，适宜在大面积上使用，而不宜于在零星小块农田上使用。大致上说来，使用烟剂的经济价值和使用面积成为正比。即使用的面积越大则经济价值越高。

(三)讨　论

1. 关于放烟方式方法问题　陕西省蒲城县在今年把硫黄烟剂交给爆竹加工厂制成花炮形式，以便于人用手拿在麦地中边走动边放烟。兴平县采取在地头走动放烟，他们认为只要让烟雾从麦子上掠过就行了。

但是根据本文所揭示的烟云行为看，这种使用方式是有缺点的。首先，烟和粉剂或液剂不同，后者受气流的影响较小，因而基本上可以指到哪里喷到哪里。但烟受气流的影响很大，烟的行动方向完全决定于风向和气温逆增情况。如果气温逆增层的厚度是 1 米，烟云的厚度就不大可能低于 1 米。如果风向是东风，烟也就不可能往东流动。因此，希图用人的走动来改变烟云的流动方向是不可能的。

其次，烟雾态使用法的重要优点之一，就是它的吹送距离特别大，为其他各种药剂使用法所望尘莫及。如果还是要人拿着发烟罐在地里走动放烟，就没有什么特殊价值了。并且这种放烟法不可能很好地控制药量。

第三，拿着发热的烟罐在茂盛的麦田中走动，也不安全。

因此，放烟的方式最好还是采取上风头定点放烟。在放烟过程中完全可以根据风向的忽然变动而临时调整放烟罐的方位。

2. 关于发烟速度问题　较多的人喜欢发烟速度慢些，主张采取"沤烟"的办法,使烟慢慢地长时间地散发。农民看见发烟时间很长的烟剂时也说"好",认为这种烟剂"劲大"。

我们觉得这个问题值得认真研究。我们的看法倾向于快速发烟。理由是:

①发烟慢的烟剂,其有效成分释放不完全,在残渣中残留的有效成分较多,不经济。

②浓密的烟云有助于增强气温逆增,亦即便于形成覆盖植物的烟云。稀疏的烟不容易形成比较稳定的烟云。而发烟迅速的烟剂所产生的烟是比较浓密的。

③烟雾态药剂的"劲",不决定于发烟时间的长或短,而决定烟云密度和沉降在植物上的药粒。对于杀虫烟剂来说,浓密的烟云尤为重要,因为浓密的烟云可使飞翔的害虫容易受药而中毒。

3. 关于放烟的适宜时间问题　放烟最适宜的时间,一般来说应该是地面气温逆增最显著和风速较小的时候。总的目的就是为了形成一个连续的烟云。这种时间,各地区会有所不同,必须就各地区的具体气象气候及地理因素进行判定。

逆增层的厚度要根据作物情况来选择利用。对于高秆作物来说,逆增层厚些是比较有利的;反之,对于低秆作物则要求逆增层薄些。

在正常的平稳天气下,逆增层在日落时开始形成,但比较厚。此后即随时间之不断延长而逐渐变薄。因此,可以选择一个适当的时间来使烟云达到一定的高度。就武功、杨凌地区的小麦地(5月份)来说,在夜间9~10时放烟是比较好的,此时烟云厚度比麦株稍高。但是如果天气有剧烈变化时,逆增层就往往被扰乱。

日出前放烟也很好,并且气流更为稳定,惟一的缺点是露水太大。根据我们的观察,叶片上有露水时,烟粒不容易紧密地黏着在叶片上,而只形成一层松的容易剥落的硫黄烟粒。

2

小麦锈病的化学防治研究工作(二)

引　言

氟硅酸杀菌剂的研发

对于小麦锈病，无机硫制剂的作用方式比较单一，只有接触杀菌作用和微弱的熏蒸杀菌作用。对于已经潜伏在小麦植株内部的锈病菌菌丝繁殖没有杀伤作用。是否有可能研发出具有内吸作用或内渗作用的无机杀菌剂？在锈病防治方面，更需要开发一种具有内吸作用或内渗作用的杀菌剂，在小麦发病前或发病后喷施均可发挥作用。

注意的中心集中到无机氟杀菌剂上。因为氟化钠和氟硅酸钠是当时使用量很大的两种无机化学杀菌剂，价格也便宜。氟硅酸钠成为首选目标，因为它是当时防治小麦锈病的主要农药品种之一，并且表现有微弱的内吸作用，价格低廉，药源充足。但是由于它的理化性状和在作物上的运动行为，不利于内吸作用的发挥并且容易引起药害。

从毒理学方面看，氟硅酸钠分子的毒力部分是六氟化硅（$SiF_6^=$），钠离子并无毒力，并且反而成为六氟化硅离子渗透进入小麦植株内部的障碍。植物生理学的研究表明，当叶片表面处于酸性条件下时，叶片容易吸收阴离子（即六氟化硅离子）；叶片表面处于碱性条件下时，则更容易吸收阳离子（即钠离子）。既然钠离子并非杀菌作用的有效部分，如果除去钠离子，把氟硅酸钠还原成为氟硅酸，情况将会如何？

这是一个大胆的构想，因为它完全"违背"了学术界早已公认的一个观点……

对于学术禁区的挑战

西蒙斯(Simons)在 1950 年的《氟化学》一书中就引用了乌尔和克伦浦纳的一个论断:"用于保护作物的氟硅酸盐在水中的溶解度必须很低,其 pH 值应尽可能地高。"这个论断被公认为氟硅酸盐类化合物作为农药使用时的一个禁区。把氟硅酸钠还原为氟硅酸直接用作杀菌剂,无疑是完全违背了这一禁区的规定。因为氟硅酸恰恰是一种可以无限溶于水中的强酸性化合物。因此,当后来这项研究取得成功并在杭州一次全国农药学术讨论会上报告后,有的专家认为这是"不可思议的事!"

可是,如果不去涉猎、不去探索,禁区将永远是禁区。

1963 年暮春,我用实验室的高纯度试剂氟硅酸做了一次试探性的观察试验。把配制好的氟硅酸水溶液涂抹在室外小麦抗病性观察圃的已发生小麦锈病的麦叶上。一天以后观察,并未发现麦叶有任何药害现象,却发现麦叶的病斑周围出现了典型的淡黄色的"枯条反应"的失绿区,这说明氟硅酸确实有内吸杀菌作用。"禁区"似乎被撕开了一丝裂缝。接着用喷雾器在发病麦田上喷洒了系列浓度的氟硅酸水溶液,并配加了湿润助剂。两天以后的田间观察发现,在所有的病斑周围均出现了典型的条锈病病斑的"枯条反应"区。孢子堆中的锈病菌孢子由杏黄色变为灰白色的枯死孢子,并且此后不再产生新鲜锈病菌孢子。这表明,锈病菌的孢子堆确实已经死亡。这次试验的结果,使参观的人们感到既吃惊又高兴。

但这次比较试验的结果无可辩驳地证明了氟硅酸的确是很有效的防治锈病的药剂,多年的学术禁区看来确实被撞开了。我们迅速成立了一个有师生参加的"用氟硅酸防治小麦锈病示范试验小组",分赴周围许多生产大队锈病发病区进行氟硅酸的田间防治效果试验。这次多点田间对比试验进一步证明了氟硅酸有确切无疑的防治效果,而小麦的生长丝毫无损。氟硅酸 0.05%～0.1%的低浓度药液即可取得 85%～95% 的防治效果,远高于当时常用的氟硅酸钠、敌锈钠(对氨基苯磺酸钠),它们的平均防治效果只有60%～70%,而所用的药液浓度则高达 0.25%～0.5%,远高于氟硅酸的使用浓度。

氟硅酸防治小麦锈病的优异药效已经是无可置疑的事实了。此时如何获得大量的廉价氟硅酸成为当时的重要问题。

氟硅酸是磷肥工业的大宗副产物

在科学研究的历程中,机遇和机会往往是研究工作取得成功的重要条件。我国的氟矿产储量约占世界的一半以上。而在磷矿石中就含有大量的氟化钙,在生产磷肥(即“普钙”)的过程中须加硫酸分解磷矿石,其中的氟化钙即同时被分解而产生四氟化硅气体 SiF_4 排出,这种气体对大气和环境是严重的污染源,必须导入水中吸收后变为氟硅酸和副产物硅胶再作排污处理。这样产生的氟硅酸的浓度为 8%～12%。一个年产普钙万吨的小磷肥厂,即可获得 1 000～2 000 吨这样的氟硅酸。若加水稀释 100～160 倍使用,即可处理 6.67 万～13.44 万公顷小麦田。而这种氟硅酸的售价十分低廉,当时每吨氟硅酸只收取需象征性的 20～50 元。显然,这就使氟硅酸具备了作为真正的廉价农药产品的决定性条件。当时没有任何农药的售价如此低。似乎应了当时这样的一种无法实现的愿望:“农药如果能像水那样便宜就好了。”

氟硅酸的回收一直是磷肥工业处理四氟化硅废气防止环境污染的重要措施。当氟硅酸被成功地用于防治锈病时,也为氟硅酸的回收利用打开了一条合理的广阔道路。喷洒在农田里的氟硅酸,进入土壤后便很快转变为极难溶解的氟化钙而稳定在土壤环境中(与自然界的萤石相似)。而大宗的氟硅酸副产物正好可以充分满足我国全国小麦锈病大流行时期的需求而绰绰有余。

进一步的研究还发现,同时生成的副产物硅胶(二氧化硅水合物),恰恰可以用作提高氟硅酸使用安全性水平和扩大氟硅酸使用范围的良好的稳定助剂。由此又延伸开发出了一些新的剂型和制剂品种,即氟硅酸硅胶膏剂、氟硅酸硅胶粉剂等,在锈病防治中均表现出很好的效果。氟硅酸粉剂的使用更提高了施药的速度和效率。后来的研究开发还发现,氟硅酸对于水稻白叶枯病、稻瘟病、油菜菌核病、苹果和梨的锈病、苹果树腐烂病等多种病害也有效,可惜这方面的进一步研究开发工作,由于种种原因和文革的干扰,此后没有精力再继续进行扩大试验研究。

副产品硅胶还是磷肥厂的一个重要污染源。硅胶在露天堆放场上干燥脱水后就成为质地极轻的微粉而极易随风飘扬进入空气。这种微粉被长时间吸入人体后,易引发一种慢性职业病"矽肺"。因此,氟硅酸在病虫害防治方面的开发利用研究对多方面工作都有好处。

所以综合利用磷肥厂的大宗副产品氟硅酸防治小麦锈病,从资源的合理综合利用以及大面积小麦锈病的流行防治等方面来说,都符合我国的实际需要。在全国新农药大田试验网的杭州会议上氟硅酸被确认为当时参比的各种药剂中效果最好的一种防治锈病的无机杀菌剂。1964 年,我曾经通过当时参加周总理召集的锈病病情汇报会的两位锈病专家向周总理递交了一份关于回收利用氟硅酸防治锈病的研究报告和建议,吁请政府尽快大力推广利用各地磷肥厂的副产物氟硅酸防治锈病,尽速控制住锈病的发展蔓延。若这项建议当时能够送上去,相信锈病的肆虐不会造成后来所知道的那样重大的损失!但是后来得知这份建议书根本没有转呈周总理,而是被扣压了,他们认为氟硅酸根本不可能控制锈病,这份建议书是"欺骗中央"……

氟硅酸制剂的大面积推广应用是 1978 年在四川省实现的。这年全省锈病大流行,省委书记赵紫阳了解了氟硅酸的效果后亲自批示"……防治锈病要用氟硅酸,全省生产过磷酸钙的厂都可以生产它,计委要抓一抓,这是涉及夺取明年丰收的大事。"在各有关部门的通力合作下,全省迅速展开了规模浩大的推广应用磷肥厂副产物氟硅酸防治锈病的行动,农业厅派出专车,带着我们相关人员从重庆沿铁路一路考察各地磷肥厂的氟硅酸的销售使用情况,直达广元。沿路看到各地农民纷纷去当地的磷肥厂购买氟硅酸,按照农业厅事先印好发放的使用说明书使用,取得了良好效果,当年增收小麦 2.5 亿多千克,为此这项成果获得了四川省政府颁发的"重大科技成果奖"。至 1982 年四川省在 16.13 万公顷发病麦田继续推广使用了 1 180 吨氟硅酸和 180 吨氟硅酸脲膏剂及 3 吨氟硅酸脲结晶原粉。若这项研究在 1964 年就及时送交国家采纳,全国将增产多少小麦!除了心中留下一丝唏嘘,几多悲愤,无限感慨,历史的功过是非又该如何评说?!

利用磷肥厂副产氟硅酸防治小麦锈病的研究

屠豫钦　魏　岑

小麦锈病仍是小麦生产上的一大威胁。抗锈育种工作虽已取得很大成绩,但锈菌生理小种的类型和组成也在相应地发生变化。近年来已有不少优良的抗锈品种陆续丧失了抗锈性[1,2]。除继续选育抗锈良种外,化学防治法对于控制小麦锈病仍将是一个重要手段。

自从 20 世纪 50 年代引进对氨基苯磺酸以来,我国先后试制了苯肼甲酸乙酯、冀保农、磷酰胺及氧化萎锈灵等 10 多种化学防治剂,并试用了各种镍盐。有些药效相当好。但是小麦锈病的化学防治,不仅要求药效好,还要求药源充足,成本低廉。否则实际上难以推广应用。上述药剂在原料和成本这两方面目前还难以满足要求,所以至今没有一种能大面积推广应用。

从 1960 年起,我们对小麦条锈病化学防治药剂进行了研制、筛选和田间施用技术的研究,目的在于寻找资源充足、价格低而药效较好的药剂。结果发现氟硅酸(代号"907",它是第 9 组化合物中的第 7 号)最好[3][4],接着又研制成功氟硅酸与尿素的复合物"氟硅脲"[以下氟硅酸与氟硅脲并提时简称"氟硅酸(脲)"]。1965年以来先后在 15 个省、直辖市、自治区进行田间试验,证明氟硅酸(脲)对小麦三种锈病均有较好的防治效果[5]。有些地区并成功地进行了大面积推广使用,效果很好[6,7],一些研究机关对氟硅酸

（脲）的防锈效果都做出了肯定的评价和结论[3,9,1]。

国际上还没有用氟硅酸（脲）防治小麦锈病的文献报告。我们是用田间毒理研究方法比较观察了氟硅酸钠的物理行为以后，提出了直接使用氟硅酸的设想并加以验证后而试验成功的。氟硅酸是磷肥厂（普钙）的大宗副产品。我国磷肥厂很多，副产品氟硅酸未能很好地加以利用。用它来防治锈病，也是对磷肥厂副产品的一种综合利用。一个年产普钙 5 万吨的磷肥厂每年大约可回收 12％氟硅酸 5 000～10 000 吨，可供 33.33 万～66.67 万公顷麦田防治一次之需。根据成本核算，12％氟硅酸每吨约 50 元，所以，用氟硅酸防治锈病，药源根本不成问题，价格也很低廉。

为了评价氟硅酸（脲）在防治小麦锈病方面的实际应用价值和发展前途，现将氟硅酸（脲）的研究和试用情况加以总结和讨论以求教于各方。

(一)氟硅酸(脲)的物理化学和生物学特性

早年氟硅酸钠曾用于防治小麦锈病。但由于它水溶性很差，在 17.5℃时每 100 克水溶液中只能溶解 0.65 克，25℃时为 0.75克，在 100℃时也仅溶解 2.42 克[34]，所以田间喷布的氟硅酸钠溶液经过雾化落到叶面上后很快就失水而析出氟硅酸钠结晶，不能发挥杀菌作用，也不能被植物吸收。用微量注射器滴加氟硅酸钠的 0.3％水溶液于覆蜡载玻片上，在气温为 28℃、空气相对湿度为86％下，于显微镜下观察液滴的变化，结果见表 1。可见液滴的挥干和析晶过程进行得相当快，在田间有风和阳光照射下必定更为迅速。

表1　0.3%氟硅酸钠水溶液在蜡面上的行为*

处　理	滴液量 (微升)	起始液滴直径 (毫米)	开始析晶时间 (分)	液滴挥干时间 (分)	备　注
不加 Sorpol	2 1 0.4	1.8 1.5 1.17	23 15 9	29 17 11	残剩结晶 晶粒最大的 66μm,小的在 17μm 以下
加 Sorpol (0.02%)	2.0 1 0.2	3.0 2.2 1.17	20 12 4	33 15 4	除残剩结 晶外,尚有 Sorpol 之油 珠

* 相对湿度 86%,温度 28℃,无风,无日光照射

　　叶面上这种结晶只有等到夜间结露以后再度溶于露水中,才能起杀菌作用。要是夜间无露水,则仍难起作用。所以氟硅酸钠的药效受气象条件的影响很大,在多风缺露水的情况下药效往往不佳。

　　1. 氟硅酸(脲)的物理化学特性　氟硅酸(脲)的性质与氟硅酸钠相反,它们都是强水溶性物质。氟硅酸通常只能以水溶液的形态存在。我们观察到,氟硅酸水溶液在空气中蒸发失去一部分水分后,即与空气湿度相平衡,形成一种不易挥干的残剩液珠。把2微升的 0.5%氟硅酸水溶液滴在蜡面上,在气温为 28℃、相对湿度为 86%下镜检。经过 65 分钟,药液收缩为 40～50 微米的液珠,经过 30 小时以后仍未发现可见的变化。如用 pH 0.5～5.5的试纸在此残剩液珠上压检,在试纸上即出现一枯黄色细斑点,相当于 pH0.5～1.0,1%的稀氟硅酸水溶液所形成的残剩液珠更为细小,为 10～20 微米。

　　如把覆蜡玻片放在红外线灯下,玻片附近气温为 41℃,相对湿度为 59%,85 分钟后取出玻片镜检,各处理(0.1%氟硅酸2微

升,1 微升,0.5 微升)都残留有残剩液珠,只是 0.5 微升的残剩液珠太细小,约 2～3 微米。

把载有残剩液珠的玻片放到 100％的湿室中,则可观察到液珠又吸收水分而逐渐增大。这种行为说明,只要空气保持适当的相对湿度(不低于 60％),氟硅酸水溶液就不会挥干,从而就能很好地发挥杀菌作用。这种性质使它能够适应多变的气象条件,因而田间药效表现比较稳定,也使它能够较快地被植物吸收。在1965 年青海的一次试验中,喷药后经过 3 小时遇中雨,并连续降水 20 多个小时。但 7 天后检查氟硅酸的药效仍较显著(见表2)。这说明喷药后 3 小时内大部分氟硅酸就已进入麦叶,所以 3 小时后的连续降水也未能严重降低其药效。

表 2　降水对氟硅酸药效之影响

药剂处理	6.26·病指* (同日喷药)	7.3·病指	防治效果(％) (绝对药效)
0.075％氟硅酸(化学纯试剂)	1.45	3.63	76.41
0.075％氟硅酸(磷肥厂副产品)	1.33	4.86	61.70
0.1％"灭锈一号"乳剂	0.93	10.28	
对　照	2.07	11.31	—

＊喷药后 3 小时降中雨,连续降水 20 余小时

1965,青海,小麦品种六月黄

氟硅脲水溶液也具有这种不易挥干的性质,这同氟硅脲结晶具有吸湿性有关。

氟硅酸(脲)水溶液这种不易挥干的性质使它有可能采取高效率的施药方法如弥雾,飞机喷雾乃至超低容量法。弥雾法已证明是成功的。

氟硅酸(脲)的水溶液为强酸性,其 0.1％(酸计)水溶液的 pH 在 1.5 以下。植物对无机盐的正、负离子有一种选择吸收和交替

吸收作用,在低的 pH 下主要吸收阴离子,pH 高则主要吸收阳离子。氟硅酸(脲)及氟硅酸钠的杀菌有效部分是 $SiF_6^=$ 离子。低的 pH 显然有利于 $SiF_6^=$ 离子的通透。Cochrane(1958)也曾指出:酸性毒物在低 pH 时较在高 pH 时几乎总是更为有效[35]。李禄先等研究敌锈酸(钠)的吸收作用时也发现有此现象[11]。

Uhl 及 KIumpner(1940)曾经强调:为了保护植物,最适宜的氟硅酸盐在水中溶解度要很低,pH 值应尽可能地高[33]。这一断言无疑完全排除了氟硅酸(脲)作为植物保护剂的可能性,很长时期来禁锢了人们的思想。其实,这种断言是有片面性的。他们只强调了高的水溶性及低的 pH 值对植物引致药害的可能性,而没有注意到化合物理化性质的改变也会导致毒理的改变。

氟硅脲是氟硅酸与尿素按 1:4 的分子比相结合的产物,分子式可用$[CO(NH_2)_2]_4 \cdot H_2SiF_6$ 表示。纯品含氟硅酸 37.49%、尿素 62.51%[12]。它是一种菱形结晶,极易溶于水、醇,室温下水溶度大于 60%,有吸湿性。在 78℃ 开始分解,释出氟硅酸,残留尿素。在水溶液中,氟硅脲中的氟硅酸的化学性质与游离氟硅酸基本相同。

氟硅酸(脲)不能与无机碱性物质以及碱金属盐和铵盐相遇,否则就会变成难溶性的碱金属和铵的氟硅酸盐,从而丧失了氟硅酸的物理特性,药效也会降低。

2. 氟硅酸(脲)的生物学特性　氟硅酸(脲)在 0.005% 的浓度下(均按 H_2SiF_6 计)即完全杀死小麦条锈菌及叶锈菌的夏孢子。在氟硅酸(脲)药液悬滴中孢子的橘黄色很快消失而变成灰白色并丧失萌芽能力。叶面喷布氟硅酸(脲)后,锈菌孢子堆逐渐转变为灰白色至灰黄色并干枯,放到湿箱中保湿,不能再产生孢子粉,未喷过氟硅酸(脲)的麦叶则能产生大量孢子粉。

在发病叶面喷布氟硅酸(脲)水溶液,0.05% 以上各浓度经过 4~6 天就能导致麦叶产生显著的枯死斑,即在孢子堆周围形成一个边缘清晰的失绿区（浅黄色），见图 1。0.02%浓度的药液也能引起枯死斑，但以后能恢复病症。

这种枯死斑的外观与敌锈酸（钠）所产生的枯死斑[13]完全相同。这种枯斑现象说明氟硅酸进入麦叶内部发生了内疗作用。表 2 的资料亦可说明氟硅酸是进入麦叶发生治疗作用的。

据此，在碧蚂一号小麦上进行了氟硅酸的小区药效测定。小区面积 20 平方米，人工接种，使各区发病基数近似。

图 1　喷氟硅酸（脲）以后条锈苗孢子堆周围呈现的枯死斑

定点调查，每页 5 点，调查发病基数后喷药。对照区除接种外，不作其他处理，结果见表 3 及图 2。

表 3　氟硅酸药效测定

药液浓度(%)	0.025	0.030	0.050	0.075	0.100
LogC×100	0.3979	0.4771	0.6990	0.8751	1.0000
防治效果(%)(绝对药效)	58.80	70.38	85.71	95.02	98.19
药效之机率值(P)	5.222	5.535	6.067	6.647	7.095

从图 2 回归线中可找出 50%药效的有效浓度为 0.022%，95%药效的有效浓度为 0.073%。

据此，我们提出氟硅酸防治小麦锈病的大田施药浓度范围为 0.05%～0.1%，从多年来各地大量的田间药效试验情况来看，它是符合实际情况的(见后文药效部分)。

(二)氟的残留毒性和环境污染问题

关于氟的毒性问题,应把无机氟同有机氟区别开。F 与 C 相联结的有机氟化合物中有些毒性极强,如氟乙酸钠、氟乙酰胺等,均属剧毒,毒性机制也与无机氟根本不同。本文不涉及有机氟的毒性问题。

无机氟是人、畜机体必需元

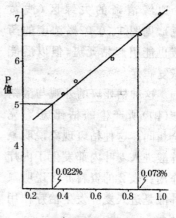

图 2　LogC×100

素之一,人体各部分含氟量见表 4[14]。各类农产品及鱼肉中都含有一定量的氟,如粮食中含氟 0.18~2.8 毫克/千克,水果中为 0.03~0.84(最高达 2.5)毫克/千克,蔬菜中为 0.02~0.9(最高达 7 毫克/千克);肉类中为 0.4~2 毫克/千克,鱼虾中为 0.4~50 毫克/千克,茶叶中则达 75~100(最高可达 400)毫克/千克[15,16]。

表 4　人体组织中的含氟量　(毫克/千克)

肝	6.4	骨	长　骨	495.0	甲状腺	5.5	血	血浆	0.50
肾	2.6		骨骺	118.7	精液	8.0		红血球	0.20
肺	4.4	牙	牙釉	1160~1800	卵巢	4.0	脊髓液		0.01
脑	7.0		牙质	560.0	肌肉	1.6	奶		0.50
胆汁	13.0	头发		150.0	睾丸	8.2	尿		0.20

无机氟只要摄取量得当,非但无害,而且还是人、畜机体所必需。已经研究清楚,人体对来自水中的氟吸收能力较强,吸收率高达 90%,而对于来自食物中的氟吸收率仅为 20%左右[14]。最近的一项研究(印度,1976)证明:两组试验人员每天从各种来源摄取

的氟的比例分别为：食品中 18.9% 和 16.6%，茶中 42% 和 40.6%，水中 39% 和 42.8%[17]。并证明人体也能排出氟，在每日摄入氟 3.74 毫克时，日排出氟量达 3.34 毫克，排出率 89.3%。

国际标准对饮水含氟量有规定：上限 0.8～1.7 毫克/升，下限 0.6～0.9 毫克/升[15]。我国规定为 0.5～1.0 毫克/升[18]。对于食品中的含氟量国际上并无统一规定，WHO/FAO 的农产品中残留量限额，亦未对氟做出规定。加拿大规定在蔬菜、水果中允许限量为 2 毫克/千克[18]，美国对 22 种农产品（蔬菜、水果）中的允许限量为 7 毫克/千克[36]，澳大利亚规定的也是 7 毫克/千克，并规定等待期为 7 天。在小麦上喷布氟硅酸(脲)以后究竟能造成多大残留？四川省卫生防疫站对 1978 年内江县及资中县银山区施用了氟硅酸的小麦种子进行了残留量测定，结果见表 5。

表 5 对内江县、资中县银山区小麦种子中氟含量分析*

检品来源	检品号	检出量 (毫克/千克)	检品来源	检品号	检出量 (毫克/千克)
内江县田家公社 八大队三小队	47	2.5	资中县银山区 大联公社二大 队一小队	53	未检出
				54	1.5
内江县高梁公社 八大队五小队	48	1.3		55	0.0
				56	2.3
高梁公社 十大队一小队	49	2.1	内江富溪公社 一大队六小队	51	未检出
江内县胜利公社 生产大队八小队	50	4.4	内江富溪公社 一大队九小队	52	未检出

*四川省卫生防疫站，1978，检出物按 H_2SiF_4 计量。根据国际标准按 F 计量，则表列检出量数字均须乘以 0.7911

山东化学石油研究所对烟台地区喷施氟硅脲的小麦进行了残留量测定，结果表明氟硅脲在小麦种子中的残留量也极低（以

H_2SiF_6 计,氟电极法)。

又,前中国农业科学院农药室及北京大学化学系曾经测定喷施了氟硅酸钠的小麦上的氟残留量,结果种子中仅为 $1\sim1.7$ 毫克/千克,麦秸中仅为 4.8 毫克/千克(但未喷药的麦秸中也有 3 毫克/千克)[19],可供参考。

以上各项测定表明均未有异常残留现象出现。施用氟硅酸(脲)也不会造成土壤中的严重污染和积累。如每 667 平方米施用 125 克氟硅酸全部进入耕作层(以土深 25 厘米计),则在此土层中造成的残留也仅为 0.2 毫克/千克左右。实际上施用磷肥所带入土中的氟远大于此。据计算(K. H. Wedepohl,1972),土壤每年从施肥中得到的氟(F)即达 $5\sim30$ 千克/公顷[37],相当于 $333\sim1\,998$ 克/667 平方米。四川省地理研究所的研究表明,用含氟 20 毫克/升以下的灌溉水,对作物的生长发育以及产量质量均无明显影响,也未造成果实以及秸草中的异常氟残留[20]。

从以上分析研究可以看出,用氟硅酸作农药并不会引起农产品中和环境中的氟污染,也无引致人、畜氟中毒之虞。

(三)氟硅酸的剂型、使用方法和药效

1. 喷雾 供喷雾用的有两种剂型:①氟硅酸"907"制剂,试验用的加工品有 10% 及 15% 两种规格。各地也有根据当地条件加工成其他规格的。它是氟硅酸的水溶液,配加了适量的湿展剂("磷辛十号"、"100 号"等非离子型),以保证药液在叶面上有良好的湿润展布性能[21]。②35% 氟硅脲可溶性晶粉. 含氟硅酸 35%(即"907-U"),其中已混配有湿展剂"磷辛十号"。

氟硅酸"907"制剂的药效试验见表 6,氟硅脲可溶性晶粉的药效见表 7。其中,

$$相对药效(\%)=\frac{对照区病指-施药区病指}{对照区病指}\times100$$

$$绝对药效(\%)=\frac{对照区病指增长值-施药区病指增长值}{对照区病指增长值}\times100$$

表6　氟硅酸水剂对小麦锈病的防治效果

锈病种类	小麦品种	药剂原始浓度	施药浓度(%)	施药次数	检查药效时间(药后日数)	相对药效(%)	绝对药效(%)	试验地点时间
条锈病	碧蚂一号	15%"九〇七"	0.05	1	11		93.51	陕西武功 1965
				2	11		98.82	
			0.10	1	11		94.51	
	六月黄	10%"九〇七"	0.075	1	8		100*	青海民和 1965
	碧玉麦	10%"九〇七"	0.075	1	8		100*	青海西宁 1965
	蚰包	15%"九〇七"	0.10	1			95.5	山东烟台 1972
				2			100*	
			0.075	1			92.0	
	不明	15%"九〇七"	0.15	1		88.89		新疆沙雅 1971
叶锈病	碧玉麦	14.5%"九〇七"	0.10	1	14		71.9	内蒙古巴盟 1968
				2	14		96.44	
	蚰包	15%"九〇七"	0.1	1		62.1	100	山东烟台 1971
				2		78.0	100	
	吉利	13%"九〇七"	0.1	2	9	53.08	99.13	浙江慈溪 1969
	不明	15%"九〇七"	0.075	不明		97.10		旅大 1971
			0.05			88.20		
	不明	15%"九〇七"	0.075	不明		64.20		丹东 1971
	碧玉麦	15%"九〇七"	0.075	1	8		100*	河北永年 1971
			0.10	1	8		100*	
	碧玉麦	15%"九〇七"	0.075	1	6	88.0	99.4	山东荣城 1977

续表 6

锈病种类	小麦品种	药剂原始浓度	施药浓度(%)	施药次数	检查药效时间(药后日数)	相对药效(%)	绝对药效(%)	试验地点时间
秆锈病	碧玉麦	14.5%"九〇七"	0.075	1 2	14 14		79.4 98.73	巴盟 1968
	68-5012	15%"九〇七"	0.10	1 2	20 20	71.5 80.0	74.52 83.21	烟台 1971
	蚰包	15%"九〇七"	0.10 0.075	1 2 1		60.5 86.4 59.2		烟台 1972
	谷麦	15%"九〇七"	0.025	3		58.8		湖南衡阳 1972

* 这些试验中绝对药效超过 100%，因为检查药效时原病斑已干缩，无法辨认。本表汇总时，凡超百者均按 100%计，以下各表中同此

表 7　氟硅脲对小麦锈病的防治效果

锈病种类	小麦品种	药剂原始浓度	施药浓度(%)	施药次数	检查药效时间(药后日数)	相对药效(%)	绝对药效(%)	试验地点时间
条锈病	蚰包	40%晶粉	0.066 0.08 0.10	1 1 1 2		84.0 46.4 52.0 71.6	93.6 91.6 100	烟台 1972
	北京8号	40%晶粉	0.05 0.10	1 1	11 11	73.5 88.8		河南濮阳 1972
	阿　勃	35%晶粉	0.075		8	90.95	94.61	四川合川 1978

锈病种类	小麦品种	药剂原始浓度	施药浓度(%)	施药次数	检查药效时间(药后日数)	相对药效(%)	绝对药效(%)	试验地点时间
秆锈病	蚰包	40%晶粉	0.066	1		53.7		烟台 1972
			0.08	1		64.4		
			0.10	1		63.7		
				2		85.7		
	谷麦	40%晶粉	0.05	1		59.9		湖南衡阳 1972
叶锈病	不明	35%晶粉	0.075	1	6	92.4	99.9	山东荣城 1977

2. 喷粉 最早加工的是氟硅酸吸合粉剂,设计含量是 4%,由于加工过程中的差错,施药后实测含量为 1.79%,在三河口等地大面积喷粉,每 667 平方米 1.5～1.75 千克,防治效果仅为 73%左右[22]。这种吸合粉剂由于贮存稳定性很差,未继续扩大试验。

1977～1978 年,我们用氟硅脲加工成 5%粉剂(以 H_2SiF_6 含量计),每 667 平方米喷 1 千克左右,药效就很好(表 8)。

表 8 氟硅酸(脲)粉剂喷粉法对小麦锈病的防治效果

粉剂种类	锈病种类	小麦品种	喷粉量(千克/667平方米)	药效检查日时间(喷后日数)	施药次数	防治效果(%)(绝对药效)	防治面积(667平方米)	试验地点时间
1.79%氟硅酸粉剂	条锈病	碧蚂一号	1.75	17～18	1	73.2	78	陕西临潼 1967
	条锈病	碧蚂一号	1.5	17～18	1	73.84	250	陕西华县三河口 1967
	秆锈病	蚰包	1.5	17	1 2*	64.51 84.51	0.8 0.5	烟台 1971

续表8

粉剂种类	锈病种类	小麦品种	喷粉量（千克/667平方米）	药效检查日时间（喷后日数）	施药次数	防治效果（%）（绝对药效）	防治面积（667平方米）	试验地点时间
5%氟硅脲粉剂	条锈病	6585-10	1	8	1	94.09	0.6	四川合川1978**

* 上午喷粉，傍晚遇雨，雨量10余毫米，334平方米翌日重喷粉，即作为二次喷粉的处理区

** 上午喷粉，晚间遇小雨，雨量1.2毫米，雨后未重喷

3. 弥雾法 用高浓度氟硅酸弥雾防治小麦锈病，是四川省农业局植保站1978年首次试验成功的。弥雾药液浓度2.45%（9.8%原酸按1:3加水稀释），每667平方米施药2千克，用东方红-18机动弥雾机。今摘录其试验结果于表9[7]，供参考。

表9 氟硅酸弥雾防治小麦条锈病效果*

处理	施药前病情		第一次药后药效（%）	第二次药后药效（%）	每667平方米产量（千克）	比对照增产率（%）
	病叶率（%）	病指（%）				
2.45%氟硅酸	18	46	100	100	271	21
饱和敌锈钠	43	51	65	75	248.5	11
1:3氯化钠	50	60	46	64	242	8.2
清水对照	13	28	—	—	224	

* 四川仁寿县鸭池公社1978

我所与合川铜溪区农科站合作，用1.3%氟硅酸弥雾（东方红-18机动弥雾机），额定施药量4升/667平方米，实际施药量约3.55升/667平方米，小麦品种为阿勃，施药面积约0.4公顷（6亩），在其中布置试验田为1 667.5平方米（2.5亩），药后10天检查药效，条锈病完全抑制，孢子堆萎缩。对照区病指增长值为

11.34％。但药后检查对照区品种为6585—10,故此项试验只供参考[23]。结果列于表10(图3,图4)。

表10 氟硅酸弥雾防治小麦条锈病效果*

点 号	药前病指（％）	药后病指（％）	病指增长值	绝对药效（％）	雾珠直径 μ（数学平均值）	雾珠密度个/平方公分（数学平均值）
1	4.1	1.82	0(-2.28)	100	211.6	44.6
2	3.8	3.76	0(-0.04)	100	232.4	57.4
3	2.8	3.47	0.67	94.09	247	27
4	2.6	2.6	0	100	333.2	43.7
5	5.5	3.4	0(-2.1)	100	211.6	48.7
平 均	3.76	3.01	0.15*			

*各点病指增长值出现负值者均计作"0",因为出现负值是由于药后检查时,原有孢子堆萎缩,有些无法辨认所致

＊＊试验在四川合川铜溪区铜溪公社进行

图3 氟硅酸的低量弥雾喷洒　（四川,1978)

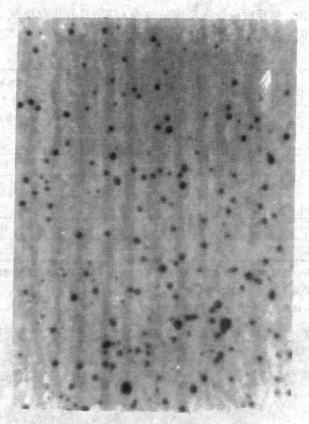

图4 细雾滴在麦叶上的均匀沉积分布

(四)氟硅酸制剂对小麦产量和生长的影响

1. 增产效果 本文所说的"增产效果"是指防治后的产量比未防治对照区的产量的增长比。

1965年我们在试验田碧蚂一号小麦上进行的药效试验中所测增产效果列于表11。各小区施肥、管理条件一致。结果说明,在对照区病情指数达到81%的情况下,氟硅酸防治锈病的增产效果很显著。

表 11　防治小麦条锈病后的小麦增产情况

药剂处理	病情指数(%)	绝对药效(%)	喷药次数	计产面积(米²)	小区产量(千克)	折合667平方米产量(千克)	产量增长(%)	千粒重(克)	千粒重增长(%)	备注
对照	80.91	—	—	60.8	10.64	116.55	—	24.70	—	
氟硅酸(0.05%)	7.53	93.51	1	61.6	14.24	153.95	32.09	33.45	35.42	此区倒伏
氟硅酸(0.05%)	4.23	98.82	2	63.8	15.11	157.7	35.40	32.21	30.40	
氟硅酸(0.1%)	5.18	94.51	1	65.1	15.435	157.85	35.43	34.60	40.08	

2. 药害问题　氟硅酸(脲)对锈菌的有效浓度范围为0.05%～0.10%。小麦对氟硅酸(脲)比较敏感的时期是扬花期；此时应停止喷药。在灌浆期由于气温显著升高,喷雾浓度应控制在0.05%～0.075%。在扬花期以前,0.05%～0.10%的喷雾浓度不会发生药害。在陕西关中麦区,扬花前各生育阶段的耐药力大致如下:拔节期——0.25%～0.30%,孕穗期——0.25%,抽穗期——0.15%～0.20%,齐穗期——0.15%。

在高温高湿的重庆地区,在抽穗期气温为 12.5℃ 时喷药,0.25% 的氟硅酸(脲)无药害;齐穗期,气温 28℃ 时喷布 0.15% 的氟硅酸(脲)亦无害。但在灌浆期,气温高达 33℃ 时喷 0.1% 的氟硅酸(脲)则叶缘或叶尖出现轻微药灼斑;而颖壳受害较重(局部失绿),但喷 0.075% 浓度则无药害[24]。

小麦的颖壳部分比较敏感,尤其在灌浆期。推测是因为灌浆期颖壳表层含有较多的硅胶质容易被氟硅酸溶蚀之故。在喷雾液中预先混入约 2% 的沉淀硅胶(磷肥厂的硅胶废渣)即可消除或显著减轻对颖壳的灼伤。

各地区的药效试验中有产量报告的见表12。

表 12　各地区进行药效试验的产量情况

试验单位	时间	防治对象	用药浓度（%）	用药次数	千粒重增加（%）	产量增加（%）
山东菏泽地区农科所	1971	叶　锈	0.075	不　明	4.44	10.65
河北省植保土肥所	1977	条　锈	不　明	不　明	6.6 (1.2～8.3)	16
浙江慈溪棉虫观测站	1971	叶　锈	0.05	3		52.26
浙江龙山小范方三队	1971	叶　锈	0.05	1 2 3		9.1 7.3 14
浙江庵东公社七三大队	1971	叶　锈	0.075	2		8.9
江西上饶专区农科所	1971	叶　锈 叶　锈	0.1 0.075 0.05	2 3 2 3 2 3		13.7 31.1 −14.2* 15.1 7.1 12.7
辽宁省农科所三十里堡公社	1971	叶　锈	0.05 0.075 0.1	1 1 1		20.5 5.1 17.9
北京市农科所	1970		0.05 0.1	1 1		14.16 41.36
四川省农业局植保站	1978	条　锈	2.45 （弥雾）	1		10.1～30.23 平　均 21.85

* 该所材料中说明,此处减产,是田块管理上的问题

在常量喷雾时,必须特别注意药液对麦叶的湿展性能。如果

药液不能在叶面湿展,往往形成药液的过量聚积,这就容易引致药害。如果湿展性能良好,即便药液浓度稍高也不致发生药害。麦叶的正面较难湿润。如果用"磷辛十号"作湿展剂,须达0.02%的浓度才能使麦叶两面都能很好地湿润。如采用其他湿展剂,必须预先做好湿展性能试验以确定湿展剂用量。

若用弥雾法则情况有所不同,药液中不可配加湿展剂。否则药液液珠展散成液膜,与叶面接触面加大而且液膜容易连接成片,高浓度的弥雾药液就很容易导致药害。

氟硅脲粉剂的安全指数要高得多。气温为33℃、小麦扬花期末使用5%氟硅脲的硅胶粉剂,每667平方米施5千克以下不会造成药害[23]。

(五)结论和展望

氟硅酸(脲)是防治小麦锈病的有效药剂,其主要优点是药效好、来源充足、成本低,而且是对磷肥厂副产物的一种综合利用。正确合理地使用氟硅酸(脲)并不会造成药害,而增产效果明显。正常的喷布氟硅酸(脲)也不会发生在作物上造成有害的残留和导致环境污染的危险。

氟是自然界分布极广、是人畜机体所必需的元素,它与砷、汞等元素不同,正确地利用氟作农药并不是对人类生活环境的威胁。在磷肥厂、冶炼厂周围种植某些植物,利用它们的吸氟能力来净化含氟空气已经成为一种有效的手段[25]。把磷肥厂释放出来的氟硅酸加工成农药施用到植物上,在某种意义上正可以看作对磷肥厂氟污染源的一种净化过程而并非对环境的污染过程。我们应在充分认识和掌握氟的生物地球化学运动规律的基础上,研究采取积极的办法来变害为利,使工厂的氟污染源转而为人类服务。综合利用氟硅酸作农药正是这种有效的办法之一。

氟硅酸(脲)不仅对小麦锈病有效,经各地广泛试验它对苹果(梨)树锈病[26,27]、花生锈病[28]、苹果树腐烂病[29,30]等也有相当好的药效。此外,对小麦赤霉病、水稻稻瘟病、水稻白叶枯病以及水稻纹枯病等也表现有一定的药效,但由于水稻对氟硅酸(脲)的耐药力较弱,在南方稻区使用浓度不能超过 $0.04\%^{[31,32,33]}$,从而限制了药效的发挥。最近我们已初步试验成功,对氟硅酸(脲)的剂型和施药方法加以适当改进,即可显著提高水稻的耐药力,这将为利用廉价的氟硅酸(脲)防治水稻上的病害提供可能性,这项工作正在继续进行中。

10 多年来对氟硅酸(脲)的试验研究工作主要侧重于剂型和大田药效,目的在于使这种药源充足而价格低廉的药剂尽快在生产上推广使用,以解决锈病防治对化学防锈药剂的迫切要求。对氟硅酸(脲)的毒理、作用机制等方面研究不够深,有待于进一步的研究。

后记:本文经王君奎、赵善欢、韩熹莱、陈哲等同志以及中国科学院成都地理研究所陈国阶同志阅后提供了许多宝贵意见,谨致谢意。

引　言

氟硅酸脲杀菌剂的发明

氟硅酸不便于保存,其主要用途是在锈病暴发时期作为一项"快速反应"措施,便于各地政府临时就地迅速调集大量氟硅酸,可以快速压制住锈病迅猛发展的势头。氟硅酸配合机动弥雾机作细雾低容量喷洒,则效果和效益更佳。由于氟硅酸本来就是需要磷肥厂处置的一种副产物,完全可以作为政府免费送给农民无偿使用的药剂。这是一项很实际的惠民之举,既帮助了农民,又为磷肥工厂处理了这种大宗副产物。在 20 世纪 60 年代,购买 1 吨氟硅酸的(平均每 667 平方米)费用仅为使用敌锈钠所需药费的 1/15,而药效则远高于敌锈钠。但是在锈病没有形成大流行的态势时,对氟硅酸的需求量比较小。如何直接把氟硅酸贮存起来,以备急需时使用,虽然也有办法,但是不值得,因为要有较多的资金投入和特殊的贮存容器。

氟硅酸脲的研究发明是解决这个问题的最佳选择。它是一种结晶状的固体,氟硅酸在此晶体中仍保留着它的生物活性状态,只要把氟硅酸脲溶于水中,氟硅酸的有效成分就会游离出来,发挥作用。由于有尿素的辅助作用,这种状态下的氟硅酸的药效比氟硅酸单体更好。而且尿素也可仍然保留着肥料的作用在小麦上发挥叶面肥的效果。氟硅酸脲结晶可以长期贮存。贮存 1 吨氟硅酸脲,相当于贮存 4 吨游离氟硅酸。

要研究稳定性良好的氟硅酸,很容易想到的简单办法就是寻找一种能够把游离氟硅酸稳定住的物质。但这是一个不太好解决的问题,因为氟硅酸是一种很活泼的无机酸,很自然地首先想到的就是有机合成工作中经常采用的缚酸剂,但是许多次的尝试都失败了,因为氟硅酸极易同其他物质发生相互作用而变成另一种比较稳定的新化合物。虽然氟硅酸是成功地被"缚"住了,但同时也失去了氟硅酸原有的生物活性。最后一次尝试时想到了当时国际上刚刚出现的包结化合物这种新的分子化合物形式。但是当时国际上还没有出现过以氟硅酸这样的无机酸作为包结物的报告。然而出乎意料,我在第一次试验中就取得了成功。

试验中首先选用了尿素作为包结材料,这是国际上包结化合物研究中最常用的包结材料。但是氟硅酸加入尿素水溶液时,得到的是透明的混合水溶液,也没有发生温度的变动,似乎并未发生任何变化,我觉得可能没有希望了。不过这份溶液并没有倒掉,过了一段时间,发现混合水溶液在空气中自然蒸发浓缩后产生了结晶,这种结晶的形状完全不像尿素的结晶。结晶越长越大,是一种十面体大结晶,很像大块的冰糖。这样的结晶形态已表明,它无疑是一种新的分子化合物(图 2-3-1)。

在没有分子构造测定仪的情况下,我采取了化学分析的手段确定了这种结晶的化学组成。通过一系列分析研究,查明了它的分子组成是由 1 分子氟硅酸和 4 分子尿素所组成,不含结晶水。并且发现,氟硅酸与尿素之间并未发生化学变化,在同一块结晶中,两种分子以特殊的结晶状态稳定地结合在一起,而溶入水中后,两个分子又解开,分别发挥各自的作用,水溶液有很强的酸性。因此氟硅酸对玻璃、金属材料、纺织品都有腐蚀性而氟硅酸脲则没有腐蚀性。水溶液所表现的防治锈病的效果与氟硅酸单剂水溶液的效果是相同的,而且更优于氟硅酸单剂。而尿素则照样可以被小麦植株吸收而成为叶面肥。无疑,这是一种很有意义的农药的分子组合形式。在现有的各种农药中还没有这样特殊的分子结构形式。尿素这种特殊的参与形式不仅对氟硅酸发挥了化学稳定作用,并且仍不失其作为作物叶面肥的作用。这也是氟硅酸脲作为新农药的一个创新之处。另外一个重要意义是,由于氟硅脲没有

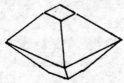

图 2-3-1　氟硅脲结晶(笔者摄、画)
上图为氟硅脲晶块,下图为氟硅脲的十面体单晶

腐蚀性,解决了氟硅脲制剂的包装材料问题和使用及运输时的安全问题。

　　1979 年,在成都召开的全国农药学术讨论会上报告了氟硅酸脲的研究工作后,主持人却以化学分析的结果不能证明氟硅酸脲的分子结构而把它贬低为尿素与氟硅酸"一锅煮"的产品,拒绝承认它是一种我国自己创制的新化合物和新农药。

　　1981 年,氟硅脲结晶的样品送到北京大学化学系请张泽莹教授用刚从美国购进的四圆衍射仪作了氟硅脲的结晶和分子结构的剖析检测,确证了氟硅脲的确是由一分子氟硅酸与四分子尿素所形成的一种全新的分子加成物。两种分子之间全部是由氢原子形成的氢键相连接的。因此在溶于水后两种分子会解开,各自发挥各自的作用。而结合在一起时,尿素分子对氟硅酸分子能发挥很好的稳定和保护作用。这种分子连接,与包结化合物的形成机制非常相似,但不是包结化合物,而是一种新的分子加成物。检测的结果证明:氟硅酸(脲)是我国首先制成的一种新化合物。北京大学唐有祺教授把它作为我国自主研制成功的一种有特殊晶体构造的新的分子加成物带到国际结晶学学术会议上作了报告和介绍。

氟硅酸(脲)的特殊晶体构造表明,它不仅可以作为杀菌剂使用,还可能具有其他非农业的用途,有待于继续进行开发研究。这些非农业用途的研究内容已超出了我的研究领域,可能会有人对此感兴趣,可以继续进行新的开拓创新研究。相信一定会有新的发现和发明。

氟硅酸(脲)的晶体结构 *

张泽莹　邵美成　徐筱杰　唐有祺
（北京大学物理化学研究所）

屠豫钦
（中国农业科学院植物保护研究所）

（一）前　言

　　氟硅酸(脲)是防治小麦锈病的一种农药。用四氟化硅气体和尿素在甲醇溶液中制得的无色透明晶体，其化学式为$[(NH_2)_2 = CO]_4 \cdot H_2SiF_6$。

　　氟硅酸(脲)在水中溶解度甚大，水溶液呈酸性，且挥发较慢，有很好的药效。在相同的氟硅酸含量下，它与氟硅酸水溶液具有同等药效，但较其优越，因它能制成粉剂便于包装和运贮，且腐蚀性小。卫生部门关心此药的环境污染问题。通过结构分析，证实它是一种分子加成物，同时根据其结构特征，说明使用氟硅酸脲作农药其安全性将优于氟硅酸水溶液，为投产和推广这一农药提供了科学依据。

---

* 《科学通报》，1982 年第 11 期

（二）衍射实验与结构分析

样品在 Syntex P_3/R_3 四圆衍射仪上用 MoKα($\lambda=0.71069Å$）射线，采用 θ-2θ 扫描方式，$2\theta_{Max}=50°$，共收集到独立的衍射点 1 362 个，其中可观察点 1 087 个（$I \leqslant 1.96\sigma(I)$）。

晶体学数据

化学式：$[(NH_2)_2CO]_4 \cdot H_2SiF_6$；　　　分子量：384.31；

晶　系：四方；　　　　　　　　　　空间群：D_4^4-$P4_12_12$；

晶胞参数：$a=9.263(4)Å$，$c=17.898(6)$ Å，

$v=1526.62Å^2$，$z=4$，

$Dc=1.66$ 克/厘米^3；

吸收系数：$\mu=2.6$ cm^{-1}(Mo)。

在收集数据的 2θ 范围内挑选若干个衍射点，围绕每个衍射矢量作 ψ 扫描（ψ 从 0～350°，间隔 10°）得到强度吸收曲线，用内插法进行强度吸收校正[1]，再用

$$PL=\left[f\frac{1+\cos^2 2\theta_m \cdot \cos^2 2\theta_c}{1+\cos^2 2\theta_m}+(1-f)\frac{1+\cos^2 2\theta_m \cos^2 2\theta_c}{1+\cos^2 2\theta_m} \right]$$

$$\times \frac{1}{\sin 2\theta}(2\theta_m=12.160, f=0.5)$$

进行 PL 校正[1]，Wilson 统计得到比例因子 $K=0.225\,6$，整体温度因子 $B=2.76$。

用 SHELXTL 直接法程序解出初始结构模型。确定 Si、F 和四个尿素分子的大部分非氢原子位置，并用其计算 Fourier 函数，求得全部非氢原子的较准确位置，用块矩阵最小二乘修正程序，先对各向同性温度因子及坐标参数进行修正，一致性因子转为各向异性温度因子后，同时按照 $w=\dfrac{1}{\sigma(F)^2}$ 方式加权，得 $R=0.076$，$R_w=0.058\{R_w=[\Sigma w(|F_0|-|F_c|)^2/\Sigma w|F_0|^2]^{1/2}, F_0>3.92\sigma(F)\}$。

$$R = 0.091 \left[R = \frac{\Sigma ||F_0| - |F_c||}{\Sigma |F_0|} \right]$$

在此基础上投入氢原子,进一步修正,最后的 $R = 0.052$,$R_w = 0.032$,原子位置和温度因子见表 1 和表 2。全部计算工作是用 SHELXTL 部分程序和 EXTL 程序包括在 Eclips 小型计算机上完成的。

表 1　非氢原子坐标和温度参数

$$T = ecp \left[-\frac{1}{4} (B_{11} h^2 a^{*2} + B_{22} k^2 b^{*2}) + B_{33} l^2 c^{*2} + 2B_{12} hka^* b^* \right.$$

$$\left. + 2B_{13} hla^* c^* + 2B_{23} klb^* c^* \right]$$

原子	x	y	z	B_{11}	B_{22}	B_{33}	B_{12}	B_{13}	B_{23}
Si	0.1789(3)	0.1789(3)	0.0000(0)	1.92(5)	1.92(5)	1.81(6)	0.30(8)	0.00(5)	−0.00(5)
F_1	0.0372(3)	0.1364(3)	0.0565(1)	2.6(1)	2.7(1)	2.9(1)	0.1(1)	1.1(1)	−0.2(1)
F_2	0.2875(3)	0.0700(3)	0.0519(1)	3.3(2)	2.5(1)	2.9(1)	1.0(1)	−0.9(1)	0.5(1)
F_3	0.2194(3)	0.3175(3)	0.0565(1)	3.7(2)	2.3(1)	3.0(1)	0.3(1)	−0.8(1)	−0.7(1)
O_1	0.5733(4)	0.2429(4)	0.2614(1)	3.8(2)	3.0(1)	3.4(2)	−0.7(2)	−1.3(2)	0.3(1)
O_2	−0.0167(4)	0.1433(4)	0.2994(2)	4.8(2)	3.5(2)	3.3(2)	−2.2(2)	−0.7(2)	0.5(2)
N_1	0.4071(5)	0.0977(4)	0.2087(2)	3.8(3)	2.8(2)	5.2(3)	−1.2(2)	−0.6(2)	−0.2(2)
N_2	0.4625(4)	0.3147(5)	0.1543(2)	3.2(2)	3.5(2)	3.5(2)	−0.7(2)	−1.7(2)	0.4(2)
N_3	0.1358(5)	0.3223(5)	0.3295(2)	6.0(3)	3.0(2)	2.2(2)	−2.6(2)	−0.3(2)	0.1(2)
N_4	0.0914(4)	0.2701(4)	0.2053(2)	3.0(2)	3.8(2)	2.1(2)	−0.7(2)	0.3(2)	−0.2(2)
C_1	0.4826(5)	0.2200(5)	0.2079(2)	2.1(2)	3.5(3)	3.1(2)	0.5(2)	0.0(2)	−0.8(2)
C_2	0.0692(5)	0.2430(5)	0.2782(2)	2.9(2)	2.7(2)	2.9(2)	0.4(2)	0.3(2)	0.5(2)

表 2　氢原子坐标和温度参数

原子	x	y	z	B	原子	x	y	z	B
H_1^*	0.171(9)	0.171(9)	0.500(0)	6(1)	H_{22}	0.513(4)	0.415(3)	0.152(2)	5.5(9)
H_2^*	0.413(8)	0.413(8)	0.500(0)	9(1)	H_{31}	0.202(4)	0.398(3)	0.316(2)	3.7(9)
H_{11}	0.344(4)	0.079(4)	0.161(2)	4.8(9)	H_{32}	0.119(3)	0.304(3)	0.378(2)	3.8(9)
H_{12}	0.424(4)	0.032(4)	0.248(2)	5.3(9)	H_{41}	0.160(3)	0.341(3)	0.190(2)	3.8(9)
H_{21}	0.395(3)	0.300(4)	0.117(2)	5.3(9)	H_{42}	0.048(3)	0.208(4)	0.165(2)	3.9(9)

H^* 是尿素从 H_2SiF_6 俘获的氢

（三）结构描述和讨论

结构测定表明 1:4 的氟硅酸脲是氟硅酸与尿素分子间的加成物，氟硅酸根与尿素分子之间全部通过氢键相联系。

氟硅酸根 $(SiF_6)^{-2}$ 形成以原子硅为中心的八面体配位结构，Si 原子处在 2 的特殊位置上，

Si—F 平均键长是 1.693 Å。值得提及的是，在元素硅的结构化学中，四面体配位占绝对优势，而 $(SiF_6)^{-2}$ 则是惟一已发现的六配位集团。由于氟的电负性大，使硅的 $3d$ 轨函径向分布向 $3S$、$3P$ 轨函逼近，从而有可能使硅以含外 d 轨道的 SP^3d^2 型杂化原子轨道与氟配位体成键。溴与碘的电负性小，迄今并未发现 $(SiBr_6)^{-2}$ 与 $(SiI_6)^{-2}$ 离子，因此 $(SiF_6)^{-2}$ 的存在实为 d 轨道起作用的一个很突出的边缘场合。$(SiF_6)^{-2}$ 的键长、键角数据见表 3，晶体结构见图 1，图 2。

表 3　键长和键角

键　长	Å	键　长	Å	键　长	Å
Si—F_1	1.703(3)	C_1—O_1	1.291(5)	C_2—O_2	1.276(6)
Si—F_2	1.701(3)	C_1—N_1	1.331(6)	C_2—N_3	1.328(6)
Si—F_3	1.676(3)	C_1—N_2	1.314(6)	C_2—N_4	1.345(5)

键 长	Å	键 长	Å	键 长	Å
F_2—Si—F_1	89.6(1)	N_4—C_2—O_2	121.3(4)	H_{21}—N_2—C_1	122(2)
F_3—Si—F_1	89.5(1)	H_{11}—N_1—H_{12}	126(3)	H_{22}—N_2—C_1	124(2)
F_2—Si—F_3	89.5(1)	H_{21}—N_2—H_{22}	114(3)	H_{31}—N_3—C_2	122(2)
N_1—C_1—O_1	118.2(4)	H_{31}—N_3—H_{32}	119(3)	H_{32}—N_3—C_2	119(2)
N_2—C_1—O_1	121.6(4)	H_{41}—N_4—H_{42}	121(2)	H_{41}—N_4—C_2	121(2)
N_3—C_2—N_4	119.8(4)	H_{11}—N_1—C_1	115(2)	H_{42}—N_4—C_2	121(2)
N_3—C_2—O_2	119.0(4)	H_{12}—N_1—C_1	118(2)		

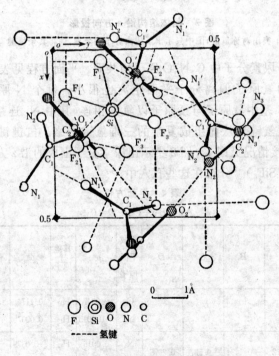

图 1 晶体结构沿 c 方向投影

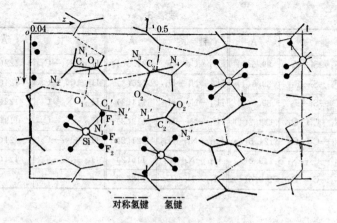

对称氢键　　氢键

图 2　晶体结构沿 a 方向投影

注：为了突出对称氢键，图中只示出了尿素分子间氢键，而将其余氢键省略了

每个尿素分子中 C、N、O 原子均共面。平面方程见表 4，尿素分子上的氢原子偏离分子平面距离也很小。每个 N 原子都通过—NH_2 基中氢原子与氟原子以氢键相连（其中 N_4 连接的 H_{41} 参与两次氢键），从而组成复杂的三维氢键网络。氢键键长见表 5。其连接情况见图 1。图 2 中示出尿素分子围成的沿 z 方向伸展的孔穴，$(SiF_6)^{-2}$ 分布在这些孔穴中。

表 4　平面方程

$$Ax + By + Cz - D = 0$$

平面	A	B	C	D	组成平面原子	p^*	其他原子	p^*	平面间夹角
					C_1	0.0047	H_{11}	0.1174	$1 \diagdown_2$ 146.4°
					N_1	−0.0015	H_{12}	0.0007	
1	0.7172	−0.4434	−0.5376	0.2975	N_2	0.0016	H_{21}	−0.0379	$1 \diagdown_3$ 110.3°
					O_1	−0.0016	H_{22}	0.00549	

平面	A	B	C	D	组成平面原子	p*	其他原子	p*	平面间夹角
							H_1^*	0.3411	
					C_2	0.0046	H_{31}	−0.0115	$2 \diagdown \diagup 3$ 87.7°
					N_3	−0.0015	H_{32}	0.0092	
2	−0.7612	−0.6486	−0.0004	0.9745	N_4	−0.0015	H_{41}	−0.0546	
					O_2	−0.0016	H_{42}	−0.00644	
							H_2^*	0.1626	
					F_1	0.0000			
					F_3	0.0000			
3	−0.0280	0.0278	−0.9992	−0.9850					

* p 为原子至平面距离

表 5　氢键键长及键角

$x-H\cdots y$	$d(x\cdots y)$Å	$d(x-H)$Å	$d(H\cdots y)$Å	角　度(度)
$N_1-H_{11}\cdots F_2$	3.027(5)	1.05(3)	2.02(3)	160(3)
$N_1-H_{12}\cdots F_3$	2.860(5)	0.94(4)	2.58(4)	98(2)
$N_2-H_{22}\cdots F_1$	3.062(5)	1.04(4)	2.23(3)	135(2)
$N_2-H_{21}\cdots F_3$	2.852(5)	0.92(3)	1.96(3)	162(3)
$N_3-H_{31}\cdots F_1$	2.930(5)	0.96(3)	1.98(3)	168(3)
$N_3-H_{32}\cdots O_1$	2.967(5)	0.90(3)	2.07(3)	177(3)

x—H⋯y	$d(x⋯y)$Å	$d(x—H)$Å	$d(H⋯y)$Å	角 度(度)
N_4—H_{42}⋯F_1	2.979(4)	1.00(3)	2.06(3)	151(3)
N_4—H_{41}⋯F_2	2.999(5)	0.96(3)	2.18(3)	143(3)
N_4—H_{41}⋯F_3	2.948(4)	0.96(3)	2.46(3)	112(3)
O_1⋯H_1^*⋯O_1'	2.443(5)	1.224(3)	1.224(3)	173(2)
O_2⋯H_2^*⋯O_2'	2.424(5)	1.216(3)	1.216(3)	171(2)

最令人感到兴趣的是,在晶体结构中,氟硅酸的两个质子分别为两对尿素分子的羰基所俘获,形成了 O⋯H^*⋯O 氢键。结构分析表明,这两个质子位于 2 上,键长为 2.443Å 和 2.424Å,因此是极强的、严格的对称氢键。另外从 $\angle C_1O_1H_1^* = 117.7°$,$\angle C_2O_2H_2^* = 115.3°$,说明氧原子提供了 SP^2 杂化轨道与 H^* 结合,H_2^* 所连接的一对尿素分子平面夹角为 170.9°,H_2^* 距离两个平面分别为 0.1626Å 和 0.0150Å。H_1^* 所连接的一对尿素分子平面夹角为 110.3° H_1^* 严距两平面分别为 0.3411Å 和 0.4042Å。对称氢键情况见图 3。

另一方面,此加成物中尿素分子的平均 C=O 键长 1.284(9) Å 的增长效应,(尿素晶体中相应键长为 1.260Å[2]),亦可作为质子为羰基所俘获的证据。Worsham 等也曾提及尿素—硝酸体系和尿素—磷酸体系中尿素分子羰基俘获质子后相应的 C=O 键长增长效应[3-6]。但本加成物不同于这些 1:1 加合物的特色,主要在于一对尿素分子通过强 O⋯O 氢键共络一个质子,从而有更强的熔降效应;据此,我们可用下述结构[(NH₂)₂C=O⋯H⁺⋯O=C(NH₂)₂]·[(SiF₆)⁻²]来反映此加成物的主要结构特征,并可满意地阐明氟硅酸脲实用性能之所以优于氟硅酸的机制:氟硅酸较

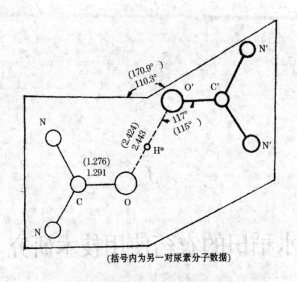

(括号内为另一对尿素分子数据)

图3 尿素分子间对称氢键

易于按下式分解 H_2SiF_6（液）$\rightarrow SiF_4$（气）$+2HF$（气）。由于强氢键共络质子产生的焓效应，肯定将对此反应有所抑制。氟硅酸浓水溶液对棉布和玻璃有腐蚀作用，而氟硅酸脲的浓水溶液对这些物质均无明显腐蚀作用，这说明即使在液态下，预期仍能保留相当数量的 $O\cdots H^+\cdots O$ 氢键，从而减弱了 H^+ 的腐蚀作用。这一模型亦有利于说明体系可能通过缓慢释放质子以保持药效与减少药害。再者，固态加成物除了便于包装运输外，在固态下由于原子和分子的热运动水平较液态有显著下降，必将增加药剂的安定性。

3

水稻田的农药使用技术研究

引　言

作为水稻田重要害虫的二化螟和三化螟,过去长时期使用的施药方法主要是喷撒六六六粉剂,少数是采用六六六可湿性粉剂加水喷雾。喷粉法工效极高,很省力,不用水,多年普遍被农民接受,但是对环境的污染问题比较严重。日本也是如此。六六六停止生产后,其他杀螟药剂大多以喷雾为主,如杀虫脒、杀虫双、有机磷等。但是喷雾法费力费时,杀虫脒禁用后,杀虫双迅速成为我国螟虫防治的看家农药品种,也是全部采用喷雾法。但是由于家蚕对杀虫双特别敏感,稻田周围种植的桑树极易受杀虫双药雾飘移的污染而引起家蚕中毒死亡。这问题一度引起了长江流域稻区不得不禁止在蚕桑种植地区周边水稻田喷洒杀虫双药液的严重事态。

如何改变杀虫双的剂型或施药方法于是成为当时一项重要任务。改为颗粒剂,可以防止杀虫双药雾飘移,但是当时的常用颗粒剂粒度很小,抛撒时很容易发生稻叶叶腋夹粒现象。由此产生了研发一种大型颗粒剂的想法。产生这种想法的另一个原因是,杀虫双原来是一种内吸性的强力拒食剂(这是我在研究杀虫双毒理时发现的,尚未发表研究报告,所以尚未为人们所周知),在水稻叶面上并不能发挥接触杀虫作用,人们所说的接触杀虫作用,实际上是螟虫最初的中毒晕厥现象而并非中毒死亡。初孵化的螟幼虫吐丝下坠到水面,从稻株茎基部钻蛀进入稻茎秆中取食为害。因此,杀虫双颗粒应能迅速落到水田中的泥面上,以便迅速溶解于田水并被水稻茎基部吸收而进入植株。

从喷雾法到大粒剂抛撒法

研发这种大型颗粒剂,首先需要确定颗粒的形状和粒度,为此,选择了广东省广州市、清远市,湖南省长沙市,湖北省武昌等不同制式的稻田进行了多地区模拟试验,比较确定了粒度大小以直径 5 毫米左右为最好,各地稻田中均未出现稻叶叶腋夹粒现象,并且颗粒能迅速落入田水直接沉到水下泥面上;形状以圆形球粒状为最好,排除了易卡叶的短柱状颗粒。此外,并确定了这种大粒剂必须具有很强的崩解性能,崩解时间应短于 1 分钟。

这样的大粒剂,在不着意用力的情况下,便可以抛掷到 5~7 米远的田水中,稍用力则可抛掷到 10 米远左右,可以根据需要由操作者决定抛掷的力度。

为了明确杀虫双大粒剂入水后的扩散分布能力,委托我院原子能利用研究所合成了放射性^{35}S 标记的杀虫双,加工成具有放射性的杀虫双大粒剂。在插植了水稻的 1 平方米的大型方塑料盆中进行杀虫双扩散分布试验。大粒剂 1 粒放在盆的中心部位,泥深 10 厘米,水层深 3 厘米。经过不同时间,拔出大粒剂周围不同距离处的水稻植株,用放射性自显影技术拍摄了稻株在 X 光胶片上的放射性自显影影像,结果证明了放射性杀虫双在 12~24 小时内即可分布到全盆的稻株中,并且约 50% 的杀虫双是被吸收在水稻茎内,根内很少,只占 5%~8%,说明了大粒剂对水稻螟虫效果比较好的原因。这些原始研究工作为杀虫双大粒剂的开发奠定了基础。在当时的北京红星公社稻田剥检稻茎中的螟虫时发现,幼虫均处于能动而不能取食的拒食昏迷状态。杀虫双大粒剂的创制至此取得了最终成功,随后由化工部安排在四川省乐山碱厂投产。

杀虫双大粒剂的成功,解决了杀虫双药雾飘移污染周边桑树危害家蚕养殖业的问题,并且大幅度提高了杀虫双的施药效率,只需约 5 分钟即可处理 667 平方米稻田,大幅度节省了劳动力和耗水量,使用时不受天气的影响。这是大粒剂深受农民欢迎的重要原因。

稻田适宜采用的施药技术 *

水稻田的常用农药喷撒方法有喷雾法、喷粉法、撒粒法等规范化方法以及某些地区群众自选的泼浇、喷雨、水唧筒、撒毒土等土办法。各地流行的土办法虽然解决了部分喷撒器械不足的问题，但是由于这些办法没有规格和技术标准，药剂的利用率不高，实际工效也不高，故应逐渐采用科学的新的技术去加以汰换。如何引导群众掌握科学的农药喷撒方法，是发展水稻田病虫害综合防治技术体系的重要一环。

喷 雾 法

（一）常量喷雾

用于常规喷雾法的器械主要是背负式手动喷雾器、压缩式手动喷雾器、单管喷雾器以及担架式机动喷雾机。喷液量均在每667平方米50～100升（千克）之间，秧田期少于50升/667平方米。工作压力一般手动机具在2.5千克/平方厘米左右，机动的可高达30千克/平方厘米。喷撒的雾滴大小范围很宽，而且受工作压力高低的影响很大，是常规喷雾法的主要技术特征。因此，体力不同的人使用同一架手动器械，或者同一使用者用力不一样时，药液的雾化性能差异很大。压力越小、压动压柄的次数越少则雾滴越粗，反之则雾滴越细。所以为了保持手动喷雾器的雾化性能，就

---

* 《中国水稻病虫害综合防治策略与技术》，1991

必须按照器械说明书要求操作。喷头的喷孔大小直接影响到雾滴粗细,也影响药液的流速。这些因素最后都表现在喷雾质量上,喷孔大则药液流速快而雾滴粗。我国对常规手动喷雾器的喷头配置了一套 4 只标准喷孔片,即 0.8、1.0、1.3、1.5 毫米的喷孔片,供各种作物各个生育期以及防治不同病虫害时选用。对于水稻株梢部的病虫如稻蓟马、稻纵卷叶螟、白叶枯病、稻瘟病等,宜选用小号喷孔片,对于稻苞虫、稻蝗等可选用中号喷孔片,而对稻螟虫,稻飞虱、纹枯病等则可选用中号或大号喷孔片,秧苗期喷雾宜采用小号喷孔片。

(二)低容量喷雾

把每 667 平方米田地的喷雾量降低到 10～15 升(千克)的喷雾方法属于低容量喷雾。用常规手动喷雾器进行此种低容量喷雾,须选用小号喷孔片,以降低雾滴细度,使雾滴在稻叶上有足够的沉积覆盖密度。选用 0.7 毫米(北京农业大学)和 1 毫米(浙江省农业厅)喷片的方法都属于此种低容量喷雾法,前者简称为小喷片法,后者简称为"三个一"法(即 1 毫米喷孔片,1 背包水,喷 667 平方米田)。这两种方法差异不大。不过前者雾滴更细,更适宜于枝梢部病虫的防治,尤其是病害防治。

(三)低容量和超低容量弥雾

弥雾法是一种气流雾化法,与上述液力式喷雾法不同。用气流雾化药液的机具有背负式低容量弥雾机和手动弥雾器两种,后者亦称手动吹雾器。

弥雾法的特点是能够产生很细很均匀的雾滴,雾滴容量中径值可以达到 50～100 微米。因此弥雾法能把喷液量降低到每 667 平方米 1～2 升或更少。所以雾滴在叶面上的沉积覆盖能力比上述低容量喷雾法高很多倍,是工效很高的喷雾方法。这种方法不要求作物叶面被药液淹覆,而只要达到单位面积上有足够的雾滴沉积数量即可,所以避免了常规喷雾方法造成严重的药液流失问题。

1. 背负式低容量弥雾机（东方红-18型） 以内燃机动力来产生强大气流，在喷口处把药液吹散成细雾滴。因此在无风条件下也能把雾滴吹送到较远的距离以外。但是这种机具不能把雾流送到水稻生长后期的株冠下层，主要沉积在水稻株冠部。所以，它主要适用于水稻上层病虫害的防治。该机的工作效率相当高，喷雾量较小（每 667 平方米 2～3 升药液）。工作时要采用飘移喷雾法，喷头微仰，喷雾方向同操作人员行走方向正交。如果采取针对性喷雾法则喷雾量须增加到 10～15 升/667 平方米，而且工效降低，农药损失较多。

2. 背负式手动吹雾器（亦称手动弥雾器） 这是笔者于"六五"科技攻关期间研究开发的新型手动喷撒器械。以手动方式打气产生气流，通过特制的吹雾喷头把药液分散成细雾。雾滴细度可达 50～100 微米，雾化均匀度高。它采用窄幅实心雾流，以便能实现对靶喷洒的目标。喷头方向与喷杆有一 150°夹角，可以适应各种喷洒方向的要求。手动喷雾技术的主要特点是把细雾滴飘移喷洒的原理结合到手动细雾喷洒方法中，因此实现了降低喷雾量、提高工效，并可根据病虫为害的部位（有效靶区）实行对靶喷洒。因此能显著提高农药的对靶沉积率。所谓对靶沉积率，是农药使用技术的一项重要技术参数，即喷洒的农药总量中沉积在有效靶区中的药量的比率。由于各种病虫在水稻植株上的为害部位不同，甚至同一种病虫在不同时期的为害部位也往往不一样，所以有效靶区必须根据病虫种类及生育阶段来确定。这就要求喷洒器械具有较好的适应能力，以便能根据有效靶区的部位来改变喷洒方式。到目前为止，各种常用的和新发展的超低容量喷雾器和静电喷雾器都不是以有效靶区作为施药的靶标，而是以整块农田作为靶标，所以都不能进行针对有效靶区的对靶喷洒。这个问题虽已开始引起重视，国外也已开发了若干种对靶喷洒技术如 POI 技术等(参阅《植物保护学报》1988年第2期,"农药的对靶喷撒技术在综合防治技术体系中的意义"一文),但这些技术成本昂贵,尤其不适于像水稻田这样的农田。我们研究开发的手动吹雾技术就是为了解决这个问题。为手动吹雾器设计配置了一种窄幅实心雾锥喷头,雾锥角为25°～30°,正是为了使它能够进行相对集中的对靶喷洒,减少农药向非有效靶区散落。我国目前通用的广角空心雾锥喷头,喷幅过大,不可能进行对靶喷洒,散落率比较高。

手动吹雾器可根据有效靶区部位来改变喷洒方式。在水稻田有4种方式可供选择,即高位水平扫描喷洒、低位水平扫描喷洒、下倾喷洒、飘移喷洒。水平扫描喷洒法,是让雾流喷出后在水平方向内分布。对于白叶枯病、穗颈瘟、稻纵卷叶螟等在水稻上部为害的病虫,没有必要让稻株整株受药,主要喷洒在稻株上层即可,此时采取高位水平扫描喷洒是最合理的方法。喷洒时让雾流顺稻株顶部水平喷出,并使喷杆左右匀速往返摆动,雾流就在稻株顶部呈扇面形展开,形成辐射状雾流层。由于雾锥角只有25°～30°,所以药剂相对集中沉积在稻株顶部,中、下部和田水中散落的量相对较少。采取左右摆动的扫描喷洒方式时,左右喷幅可达4米左右,喷出的雾头长度可达1米左右,所以1个喷次的雾流覆盖面可达3平方米左右。1个喷次所需时间约2秒,因此这种水平扫描法的工效很高。每667平方米稻田的喷雾量只需1升药液,所以667平方米稻田只须20分钟左右即可喷完。在各地稻田用此法防治稻苞虫、白叶枯病、稻纵卷叶螟、稻蓟马时,用药量比常规喷雾法降低20%～25%。在秧田期防治稻蓟马,可采用低位水平扫描法,即喷杆下垂、喷头向前,使雾流贴近秧苗顶部水平喷出。此法对秧田蓟马的防治效率很高。

对于稻飞虱、纹枯病等,可选用下倾吹雾方式,喷杆平持、喷头向下,让雾流向下喷出。由于吹雾法是气流雾化法,气流与雾流同时喷出,所以气流能增强雾流向水稻下层穿透扩散的能力,使雾流达到下层。因为吹雾器产生的雾滴细,又有气流扰动,所以,雾滴直接落入田水中的机会较小,而撞击沉积到稻株基部茎秆和叶片上的比例较高。因此,与常规喷雾法相比也能大幅度降低用药量。例如防治稻飞虱,用药量可减少 50% 之多。这与稻飞虱受气流惊扰后飞翔中更容易接受药剂有关。防治水稻破口期前的稻瘟病,采取下倾喷洒法时倾角不宜过大,因为此时的有效靶区在稻株的中部偏上部位。

手动吹雾器可以用于飘移喷洒法。只要把喷头举高到稻株顶部 1 米以上,利用自然风进行飘移喷洒,同额娃式使用方法一样。但除了在大面积连片稻区,一般不宜采取此法。此外,飘移喷洒法主要适用于稻田上部为害的病虫。

吹雾方法的另一个突出优点是省水,与常规喷雾法相比,可减少用水量 90%～98%。这对于梯田水稻田(如云贵高原地区)具有特殊的意义。在一般稻田中,东方红-18 型喷雾机本身能产生强大气流,所以可在无风条件下使用。超低容量喷洒法是采用的高浓度油剂农药,所以不能采用针对性喷洒法。从器械使用效率来说,把超低容量喷洒器械用于针对性喷洒也是不合适的。一种手电筒式的超低容量喷洒器,就是把使用方法设计为针对性喷洒。还有一种设计是把超低容量喷洒器插入稻丛中使用,同样是不正确的。

从稻区的农业生产体制来说,超低容量喷洒法在实施上还存在一定的困难,生产的农药剂型也还不配套,因为超低容量喷洒法要求有专用的超低容量油剂。用水剂进行超低容量喷洒,尚须进行多方面的研究,包括剂型性状和喷洒技术参数。

喷 粉 法

喷粉法对于水稻田来说具有较好的适应性。在日本,水稻田仍广泛采用喷粉法除治病虫。与喷雾法相比,喷粉法的农药粉粒具有很强的扩散能力。粉粒不仅在稻株上层有较均匀的沉积,也能穿透到下层,并能在水面上作水平扩散。因此,对于稻飞虱的防治,喷粉法的效力应高于喷雾法。但是这种喷撒方法的技术关键在于粉剂的剂型性状。粗的粉粒沉降相当快,使扩散能力显著减退,而且在植株上和虫体上的附着力也很差。因此,用于喷粉法的粉剂应符合标准,95%以上的粉粒应能通过250目筛孔。另外粉剂的含水量应符合规格要求(各种农药粉剂的含水量要求不同,一般应小于3%)。因为含水量高的粉剂会发生粉粒絮结现象,喷粉时流散性差,沉积性能和粗粉粒相似。

(一)手摇喷粉法

丰收-5型手摇喷粉器是我国通用的手动喷粉器械,与喷雾器相比,喷粉器是一种很简单而粗放的器械。主要调控部分是风扇转速和药粉排粉速度。前者已由一套封闭的齿轮盒基本固定,只须控制摇柄摇转的速度即可达到要求。排粉速度则是由排粉孔的开张度来调节(一般只粗分为高、中、低三挡)。

每667平方米田地的喷粉量一般为1~1.5千克。工效可比手动喷雾法提高数十倍。

喷粉法的主要问题是粉尘的飞扬和飘移。一方面造成药剂损失,另一方面会造成环境污染。粉尘的飞扬是由于粉粒的飘移效应所引起的,同时与气流运动有关,往往随上升气流而飞扬飘移。在晴天白昼,上升气流明显增强,中午太阳直射稻田时最强。只是在稻田不被阳光照射的情况下,上升气流才减弱甚至消失。所以喷粉的最佳时间是早晨和傍晚。但是,早晨露水很大时,对于喷粉法并不好,粉粒在很高的湿度下容易发生絮结,影响粉尘的扩散能力。傍晚喷粉也以选在太阳西落后露水未上前这段时间为宜。

(二)机动喷粉法

稻田适用的机动喷粉机是东方红-18型弥雾喷粉机。这种机具更换喷粉用的零部件后即可喷粉,并配有长的塑料喷粉管,可由两人操持横跨稻田进行喷粉,操作人员不须下田。这种喷粉管上有一排孔,可向下喷粉,并可根据需要改变喷粉方向。在稻田防治下层病虫害,以采用向下喷粉为宜。

采用此种机具喷粉时,要求粉剂的流散性良好,如果粉质滞重,往往会导致管内积粉。

撒 粒 法

颗粒状农药制剂的撒施,方法简单,不需要专门的器械,因此比较容易推行。但是,作为颗粒剂撒施的农药应具备一定的条件。对于杀虫剂和杀菌剂,应要求具有较好的内吸渗透作用,并且药剂不容易被土壤吸收或吸附,否则效果往往不佳。例如呋喃丹、易卫杀、杀虫双等,都有极佳的内吸作用,药剂溶入田水中以后,很快被稻根吸收而向上传导。不过许多稻田除草剂则要求能被稻田土表面吸着,形成一层药层,对土中的杂草种子发挥杀伤作用,如果被稻株吸收则反而不利。

杀虫剂的内吸作用方式彼此有所不同。有些被稻根吸收后很快输向顶层稻叶,在茎秆中的停留时间较短,如呋喃丹;而有些则在茎秆中停留的时间较长,如杀虫双、巴丹等。所以,在防治二化螟、三化螟时,后两种杀虫剂的持效期优于呋喃丹。但防治稻纵卷叶螟,则呋喃丹的药效比杀虫双快速。

(一)颗 粒 剂

粒度为100～2 000微米之间的各种粒状制剂,形状有颗粒状和短柱状等。在加工形态上则有捏合粒剂和包覆粒剂。呋喃丹粒剂就是一种包覆粒剂。短柱状的粒剂均属于捏合粒剂。

颗粒剂的撒施虽然大都可以徒手施用,但如能采用撒粒器则更为理想,不仅撒施较为均匀,而且抛撒的距离较远,工效较高。东方红-18型弥雾喷粉机可以用作撒粒机。

撒施颗粒最好在无露水时进行,避免颗粒被叶面露水粘留。

另外小颗粒容易被水稻叶鞘所夹持,撒粒后用绳拉或其他工具振动稻株,可使大部分被夹持的颗粒落到水中。

(二)大 粒 剂

粒度大于2 000微米的粒剂是一类大型粒剂,杀虫双大粒剂就是其中的一种,其粒度在5 000微米左右,有效成分含量为5%。

大粒剂由于粒重较大,因此,可以徒手抛撒较远,一般在10米左右。此外,大粒剂不容易被稻叶叶鞘夹持,也不会被叶面露水粘留。大粒剂的成本也比一般颗粒剂低。但要求药剂的水溶性强,不被土壤吸附。

使用5%杀虫双大粒剂,每平方米水面平均落粒3粒,即可在8~12小时内基本扩散到全田。稻田宽度在20米左右时,操作人员无须下田,在田埂上抛撒即可。但要求稻田蓄水5厘米深左右,并能保水2天以上。田中无水或漏水田则不能使用。大雨后田水太深时,效果也受影响,应适当排水后再用。

由于杀虫双的毒性极低,也无异味,杀虫双大粒剂可直接徒手抛撒,不必使用撒粒器械。与喷雾法相比较,大粒剂对稻田害虫天敌蜘蛛基本无害,因此对于综合防治比较有利。在蚕桑地区撒施大粒杀虫双,也不会发生杀虫双对蚕桑的污染和伤害,但要求杀虫双大粒剂的加工质量合乎规格,即颗粒的紧密度合格。土法加工的大粒剂不宜在邻近蚕桑区施用。

其 他 方 法

(一)泼 浇 法

泼浇原本是稻田泼施水肥的一种方法。泼浇的水量可高达150~300千克/667平方米。如果把这种方法单纯用于施药,是一种既费劳力也费水、费时的办法,不宜提倡,应采用前述各种规范化的施药技术。如果把泼肥与施药结合进行则是可取的,但必须注意两点:①所用的药剂应具有内吸作用,能被稻根吸收向上输导,或者是用于杀伤田水中或田泥中的病虫的药剂；②所用的药剂与肥水不发生破坏性反应,各地的农家水肥差异很大,成分也很复杂。

(二)喷雨法和水唧筒法

这两种方法本质上相同,都是不经过雾化的粗放喷撒方法,喷撒药液量在 100～150 千克/667 平方米。工效并未提高,但药剂在植株上的沉积量很低,90％以上落入田水中,虽然对于那些能在田水中被水稻吸收的药剂来说,这种使用方法仍能有效,但从工效、用水量等各方面来加以全面衡量,则并无特殊可取之处。而如果群众对于药剂的性质不了解,盲目采用这类方法,就会造成损失。

(三)毒 土 法

群众自行把各种农药与土拌和后撒施的方法最早是 20 世纪 50 年代末用在六六六粉上,每一稻丛施一撮,称为"撮土法",以后便扩大到各类农药和各种作物上。所用的土各地不一,大多随手取来,也没有一定的规格(细度、酸碱度、含水量、其他不明物质等),药剂和土的用量和配比也无一定要求,拌和的方法也无一定准则。六六六停产后,大多数药剂是有机磷、拟除虫菊酯等性质不很稳定的化合物,往往对于填料土的性质比较敏感。在没有查明两者之间的关系前这样的混合毒土是不应提倡的。从使用方法上看,毒土法既不符合喷粉法的要求,也不符合撒粉法的要求。因此,这种使用方法应尽快停止。

农药使用方法虽然不是一成不变的,应该因地制宜,但是农药的喷撒方式方法与农药的沉积分布特别是在有效靶区的沉积状况,关系极为密切。方法的选择必须根据对沉积分布的要求来决定,并应根据所用药剂的性质和剂型的特点。只有严格地按照科学的规律,才能判断某些施药技术是否适宜于稻田采用。

防治水稻螟虫的杀虫双大粒剂使用技术 *

朱文达

（湖北省农业科学院植保所）

屠豫钦

（中国农业科学院植保所）

水稻二化螟 Chilo Supressalis（Walker）和三化螟 Tryporyza incertulus（Walker）的防治，过去由于长期单一使用六六六制剂，药效已有减退的趋势并已有产生了抗药性的报道[13]。杀虫脒、呋喃丹的药效很突出，但由于毒性问题，使用受到限制。1975 年以来，用杀虫双（2-N,N,-二甲胺基-1,3-双硫代硫酸钠基丙烷）防治水稻螟虫的试验在各地取得成功，现已成为我国稻田防治螟虫的主要药剂。本文报告一种防治水稻螟虫的杀虫双新剂型和使用效果。其含有效成分 5% 的杀虫双大粒剂，每千克含 2 000 粒左右，在 1～1.25 千克/667 平方米的用量下，药效显著优于六六六、呋喃丹及杀虫脒等残留性和高毒性农药。处理 667 平方米稻田只需数分钟。在 7 个县和 3 个农场共 17 762.67 公顷稻田的示范试验

---

* 《昆虫学报》，1988 年第 31 卷第 4 期

中,防治效果达 84.5%～100%。持效期较长,可达两周之久。

在水稻田生态系中,杀虫双对鱼、蚌(草鱼、鲤鱼及各种河蚌)安全[6,9],对青蛙也无害[5]。但是对家蚕的毒力很强[10],杀虫双喷雾对稻田附近的蚕桑影响十分严重。喷雾法对稻田蜘蛛种群也有明显的不良影响。中国农业科学院植保所把杀虫双加工成为大粒剂,消除了喷雾法的药雾飘移,这就防止了杀虫双对田边蚕桑的危害,显著减轻了对稻田蜘蛛的杀伤作用[5],从而使杀虫双大粒剂成为防治水稻螟虫的一种有效而安全的剂型,可以替换六六六以及毒性较高的杀虫脒和呋喃丹。本文对杀虫双大粒剂的使用技术进行了经济效益、社会效益和生态效益方面的评价。

杀虫双在水中溶解性很强,扩散很快,不易被土壤吸着[9],因此可以采取大粒化使用技术。最早日本曾在 1972 年推出了杀虫脒大粒剂(Spanon Jumbo),并对其性质和使用方法进行了详尽研究[1,2,3]。大颗粒的投掷距离较远、不易被叶腋卡夹,撒施的工效高而且受天气的影响较小。因此特别适于水田使用。本项研究对杀虫双大粒剂的使用剂量、持效期以及同其他药剂的效能进行了对比分析,并进行了生产性验证。

材料与方法

(一)供试药剂

杀虫双大粒剂有两种:5%杀虫双大粒剂,卵圆形,粒重 0.3～0.6 克,粒径 4～6 毫米;3.5%杀虫双大粒剂,圆柱形,粒重 0.5～0.7 克。均系中国农业科学院植保所提供(图 1)。前者为定型产品。已在四川乐山碱厂投产。用 25%杀虫双水剂、4.5%甲六粉以及 3%呋喃丹粒剂(FMC 公司产品)作为对比药剂。

(二)作物及害虫

室内试验用"南京 11 号"籼稻,分蘖期。

田间试验分别在"辐竹"(早稻)及双季晚稻"鄂晚 5 号"田中进

图 1 杀虫双大粒剂

行。"辐竹"3月28日播种,4月28日插秧,每667平方米4万蔸,插植方式9厘米×15厘米。在幼穗分化期施药,7月18日收割。"鄂晚5号"6月21日播种,7月28～30日插秧,每667平方米2.5万蔸,12厘米×18厘米,分蘖末期施药,10月25～30日收割。

害虫为二化螟 Chilo Supressalis(Walker)及三化螟 Trypory-za incertulus(Walker)。

(三)方　法

1. 持效期试验　在盆栽水稻上进行。根据每667平方米用药量折算为每盆需用药量,施于盆内水面下。接虫时间定为施药当天、施药后2、5、9、13天及17天,另设不施药空白对照,共7个处理,重复3次。接虫时均选用初孵二化螟幼虫,每盆接虫20头,接虫后10天剖茎检查。

2. 钻蛀后施药时间试验　先接虫后施药,也在盆栽上进行。

接虫方法同上。设 3 个不同施药时间处理：接虫后 3、5、7 天，另设不施药对照，共 4 个处理。重复 3 次，施药后 5~7 天剖茎检查。

3. 杀虫双在水中的扩散速度试验 利用家蚕对杀虫双的敏感性，用不同部位的田水处理家蚕，以家蚕的中毒反应来检查杀虫双的扩散速度。试验在 1 米×1 米的塑料方盆中进行，盆高 20 厘米，泥深 10 厘米，水层 2.5 厘米。均匀插植水稻 24 丛（中央 1 株空缺）。水稻为孕穗期时施药，杀虫双大粒剂 3 粒（总重 1.5 克）集中施于中央部分缺栽一株水稻的地方。使杀虫双有均等的向四周扩散的机会。施药后 2、8、24 小时用插管法取样。选定取水样的部位，把一支内径为 1 厘米、长 15 厘米玻璃管垂直插到泥中直达盆底。使周围的水中的杀虫双不再能进入选定的采样区域（玻璃管内的水层和田泥）。然后用吸管小心吸出插管中的水层移入一支干净试管中，试管均预先编号。每一插管用一支移液管取液。参照陈锡潮、陈祖义所提供的方法[10]，把各插管中取出的水层涂布在除去粗叶脉的桑叶上，待药液晾干后，放入培养皿中，移入 10 条五龄期家蚕。对照为清水（取自对照盆中的田水）处理桑叶。24 小时后检查。

4. 田间试验

小区试验在湖北省农业科学院农场水稻田中进行。地势平整，灌溉条件良好，地力均匀。田间设计采取随机排列，重复 3 次。早稻田防治二化螟，小区面积 66.7 平方米，6 米×11.1 米，区间筑埂隔离。双季晚稻田防治三化螟，小区面积 667 平方米，14.9 米×44.6 米，区间筑埂隔离。区间均不串灌。自施药日起，只灌不排。施药 1 周后再进行田间管理。各试验组施药时期为虫卵孵化高峰期。

田间试验中设置了杀虫双大粒剂与其他药剂的药效比较、不同剂型和用法的效果比较、田间保水深度对杀虫双大粒剂对药效的影响以及对稻田天敌蜘蛛的影响等试验，并进行了施药的工效以及对产量的影响等观察。

以二化螟为防治对象的试验采用平行线取样调查法,5 点取样,调查 200 兜的枯心率。以三化螟为防治对象的试验,由于三化螟的枯心团、枯心苗分布不均匀,采取普查枯心苗计算枯心率。药效以受害率的减少程度来表示。全部试验结果均先将枯心率转换为反正弦值进行方差分析并用邓肯氏新复极差法检验其差异显著水平。

在田间小区试验结果的基础上,1983～1985 年组织了多次大面积生产性示范试验。1985 年的示范面积扩大到 7 个县(市)和 3 个农场,总面积达 1.44 万余公顷,并进行了经济效益评价。

结果及分析

(一)杀虫双大粒剂的药效及持效期

在对照田枯心率为 3.1% 时,每 667 平方米施有效成分 50 克的 5% 杀虫双大粒剂,枯心率可减至 0.05%,防效达 98.44%,进一步提高用药量,药效的变化不显著。降低药量至每 667 平方米 40 克,药效虽有所降低(94.8%),但枯心率已降低到 0.16%(表 1)。3.5% 杀虫双圆柱形大粒剂与 5% 杀虫双卵圆形大粒剂,在有效成分使用量相同的情况下,防治效果无差别,分别为 97.76% 和 97.83%。

表 1 5%杀虫双大粒剂的用药量比较 (双季晚)

用药量 (有效成分 克/667平方米)	检查指标							差异显著性		防效 (%)
	每 667 平方米枯心数			枯心率(%)				0.05	0.01	
	I	II	III	I	II	III	平均			
O(对照)	12650	11754	11584	3.19	3.10	3.10	3.10	a	A	—
40	628	769	672	0.16	0.19	0.17	0.16	b	B	94.80

用药量 （有效成分 克/667 平方米）	检查指标							差异显著性		防效 （%）
	每 667 平方米枯心数			枯心率（%）				0.05	0.01	
	Ⅰ	Ⅱ	Ⅲ	Ⅰ	Ⅱ	Ⅲ	平均			
50	239	143	177	0.06	0.04	0.05	0.05	c	C	98.44
60	17	117	96	0.05	0.03	0.04	0.04	c	C	98.94

* $S_E = \sqrt{S_c^2/n} = \sqrt{0.02/3} = 0.08$

与 4.5% 甲六粉及 3% 呋喃丹（克百威）粒剂相比，杀虫双大粒剂的药效显著优于这两种药剂（表 2）。

表 2　5% 杀虫双大粒剂与甲六粉、呋喃丹的药效比较　（双季晚）

处 理	用药量 （有效成分 克/667 平方米）	检查指标							差异显著性		防效 （%）
		每 667 平方米枯心数			枯心率（%）				0.05	0.01	
		Ⅰ	Ⅱ	Ⅲ	Ⅰ	Ⅱ	Ⅲ	平均			
对 照	—	7280	6410	7587	2.27	2.52	2.14	2.13	a	A	—
4.5% 甲六粉	50	1857	1315	1682	0.51	0.49	0.54	0.51	b	B	77.76
3% 呋喃丹粒剂	60	531	504	938	0.14	0.21	0.27	0.20	c	C	91.20
5% 杀虫双大粒剂	50	149	22	33	0.04	0.01	0.01	0.02	d	D	99.35

* $S_E = \sqrt{S_c^2/n} = \sqrt{0.1415/3} = 0.217$

在盆栽水稻上进行的试验表明，在每 667 平方米 50 克有效成分药量下，杀虫双大粒剂的持效期可达 2 周。但在螟虫已入侵后施药的有效期只有 3～4 天（表 3）。

表3 5%杀虫双大粒剂的持效期 （二化螟）

处理类别	侵入稻株活虫率 （%）	校正死亡率 （%）	备 注
药后当天接虫	0	100	对照组活
2 天	0	100	虫率73.33%
5 天	0	100	
9 天	0	100	
13 天	1.66	97.72	
17 天	13.33	81.81	
接虫后3天施药	0	100	对照组活
5 天	10	87.23	虫率78.33%
7 天	38.33	51.06	

杀虫双大粒剂的药效,须在田间保水条件下才能很好地发挥。水深3～6厘米较为适宜,水深9厘米则药效似有所降低(94.03%)。但在无水条件或田间漏水情况下,药效基本上不能发挥。

（二）杀虫双大粒剂在田水中的扩散能力

按图1中标明的部位取水样进行测定的结果见表4。用1.5克大粒剂/平方米的剂量处理时,8小时即全部中毒死亡。考虑到家蚕对杀虫双极敏感,乃改用1克/平方米的较低剂量,结果可以表明杀虫双在田水中扩散很快。此项结果与嵇宜媛等用同位素标记杀虫双所测得的结果[14]基本一致。

表4 5%杀虫双大粒剂在田水中的扩散情况 （家蚕检测法）

田水取 样点	2 小时			8 小时			12 小时			24 小时	
	存活	昏迷	死亡	存活	昏迷	死亡	存活	昏迷	死亡	昏迷	死亡
1	0	1	9	0	0	10	0	0	10	0	10

田水取样点	2 小时			8 小时			12 小时			24 小时	
	存活	昏迷	死亡	存活	昏迷	死亡	存活	昏迷	死亡	昏迷	死亡
2	2	3	5	0	0	10	0	0	10	0	10
3	8	2	0	5	2	3	0	4	6	0	10
4	0	2	8	0	0	10	0	0	10	0	10
5	3	4	3	1	0	9	0	1	9	0	10
6	10	0	0	8	2	0	2	1	7	1	9
7	0	0	10	0	0	10	0	0	10	0	10
8	3	2	5	1	1	8	0	2	8	0	10
9	9	1	0	3	1	6	1	3	6	0	10
10	0	3	7	0	0	10	0	0	10	8	10
11	3	2	5	0	1	9	0	0	10	0	10
12	9	1	0	4	3	3	0	3	7	1	9
CK	10	0	0	10	0	0	10	0	0	1	0

* 杀虫双大粒剂的用量为 1 克/平方米。每次测定用家蚕 10 头

(三)使用大粒剂的工效

撒施大粒剂,每 667 平方米 1 千克剂量下只需数分钟,工效显著高于其他常用农药喷撒方法(表 5)。但在使用比较中注意到,卵圆形的大粒剂较易于撒施,而柱状及片状的不易撒施,因此,大粒剂的形状以卵圆形为佳。

表 5   各种喷撒方法的工效

常规喷雾法	每 667 平方米 60 升药液	96.6 分钟
工农 16 型	每 667 平方米 40 升药液	65.5 分钟
撒毒土法	每 667 平方米 15 千克毒土	17 分钟
撒大粒剂	每 667 平方米 1.5 千克大粒剂	3.7 分钟
	每 667 平方米 1 千克大粒剂	3.3 分钟

(四)大粒剂防治稻螟的生产性示范和推广

1983～1984 年在湖北省农业科学院 3 个农场及应城、汉阳、江陵 3 县共 163.47 公顷稻田中进行了生产性示范试验,在每 667 平方米使用 50 克杀虫双有效成分的大粒剂条件下,对二代二化螟的防治效果达到 91.7%～95.5%,对三代三化螟为 80.7%～100%。同剂量的杀虫脒水剂对二化螟防效为 87.7%,对三化螟为 73.4%～100%。而 4.5%甲六粉撒毒土的效果仅为 36.4%,3%呋喃丹粒剂对二化螟的药效为 21.9%～90.7%。

根据两年的生产性示范结果,证明了 5%杀虫双大粒剂对两种稻螟的防治效果稳定可靠。在 1985 年组织了 7 个县及 4 个农场共计 1.44 万余公顷稻田的二化螟和三化螟的生产性示范推广试验,结果对二化螟的防效水平在 88.3%～93.3%,对三化螟的防效在 84.5%～100%,杀虫双大粒剂的用量在 1 000～1 250 克。在"鄂晚 5 号"双季晚稻田上进行的产量比较试验则表明,使用了杀虫双大粒剂的防治田的产量显著高于未防治田(表 6)。

表 6　5%杀虫双大粒剂对稻谷产量影响　(鄂晚 5 号,双季晚)

处　理	产　量(千克/667 平方米)				差异显著性		产量增加(%)
	I	II	III	平均	0.05	0.01	
5%杀虫双大粒剂	404.7	367.5	376.9	382.5	a	A	13.05
3%呋喃丹颗粒剂	401.7	365.4	363.9	377.1	ab	A	11.44
对照(未防治)	353.9	353.4	307.8	338.1	b	A	—

* $S_E = \sqrt{S_c^2/n} = \sqrt{913.97/3} = 17.454$

在田间观察中发现,用杀虫双大粒剂撒施的稻田中,天敌蜘蛛的数量明显多于杀虫双水剂喷雾的稻田。在 0.33 公顷(5 亩)撒施大粒剂的稻田中平均百蔸蜘蛛数为 49 头,而 0.33 公顷杀虫双水剂喷雾田内只有 12 头,未施药的对照田为 57 头[11]。此外在四川、贵州、湖南、浙江等地的杀虫双大粒剂使用技术示范试验中也都肯定了对稻田天敌蜘蛛基本无害。

杀虫双的大粒剂使用技术,在防治水稻螟虫方面取得了良好效果。杀虫双的强水溶性、水中扩散能力强、土壤吸附力很弱以及药剂的良好的内吸性能,是这项使用技术得以开发成功的基础。杀虫双对人、畜低毒[12],在稻米中的残留允许水平为 2.5 毫克/千克,而使用杀虫双大粒剂所收获的稻米中残留量仅为 0.2~0.29 毫克/千克[7]。在蚕桑区家蚕对杀虫双喷雾的敏感性则由于大粒化撒施而得到了解决[4],对稻田天敌昆虫的伤害作用也由于杀虫双大粒直接落入田水中而得以基本避免。又据江苏省血防研究所的报告,杀虫双对钉螺有较好的杀伤作用而对鱼、蚌等则很安全[6]。鱼体虽然能吸收杀虫双,但大部随排泄物排出体外,无富集作用[9]。在稻田中,除了螟虫外,杀虫双对于稻纵卷叶螟、稻苞虫、大螟、叶蝉等均有良好的防治效果,对稻飞虱也有中等的防效。使用杀虫双大粒剂的成本每 667 平方米为 0.6 元左右(一次),而使用呋喃丹粒剂每 667 平方米每次需 2.1~2.8 元。撒施大粒剂不需要器械,并且不受风雨的影响。因此,在目前,杀虫双大粒剂是防治稻田主要害虫的一种较为理想的农药和使用技术。杀虫双大粒剂的徒手抛撒距离在 15 米左右,同日本的杀虫脒大粒剂抛撒距离(15~20 米)相似[2],因此在小块稻田中撒施大粒剂可以在田埂上进行而不必下田,从而减轻了劳动强度并改善了劳动条件。又据杜正文研究,在一个较低的剂量下,杀虫双对于稻飞虱似有再增猖獗现象[8],有待于进一步研究。

引　言

从大粒剂到撒滴剂的进一步创新

另辟蹊径探索新的施药方法——撒滴器和撒滴剂的发明

大粒剂很快已在多家农药厂投产。但是大粒剂的生产成本比较高,并且在运输过程中容易发生颗粒互相摩擦挤压而脱粉的现象,脱落的粉粒在抛撒颗粒时仍有可能随风飘扬而污染桑树;此外,在贮存期间由于压包而造成的碎粒现象也存在同样的风险。虽然这些问题很容易立刻想到采取包膜的办法去解决,但是包膜必将进一步增加成本和提高产品的销售价格。

我在反复比较了多种方案都不能满意的情况下,在一次住院治疗期间,不经意地注视着输液瓶中的药水一滴一滴地落下……,忽然一个想法跃入脑海:能不能把大粒剂变成粗大均匀的液滴,落到水田中,把撒粒法改变为撒滴法?

其实,在长期的化学实验室工作中,早已熟悉了水的这种行为。但是这些习以为常的现象和常识,却反而往往不会及时跳出来为我所用。而在医院中所看到的输液瓶中的药水滴落现象却猛然抓住了自己的回忆和思维,解决大粒剂问题的答案或许可能就在这里?如果能够采取撒滴的方法抛洒杀虫双药液,大粒剂的一切缺点就全部迎刃而解了。而且药剂的成本将更低,药剂的包装形式也将发生重大变革,使用的方法将会更加简便。这样的前景确实很令人鼓舞。

利用住院的方便,在其他病人午休的时间利用了一支注射器在病房外的长阳台上进行了水平注水现象观察。注射出去的虽然是一股水柱,但是落到地面上的却是一串前后相继的均匀水滴斑!这次观察试验为撒滴器和撒滴剂的成功奠定了基础。一个研究开发计划首次在病房中迅速形成并写出了实施方案,画出了撒滴器的结构图。

撒滴法的开发依据和实际应用意义

撒滴法其实就是把固态的大粒剂变成均匀的液态的大水滴,落入水中以后的行为与大粒剂基本上是相同的。粗大的药水滴直接落到水田的水底泥面上,杀虫双有效成分在泥面上作水平扩散,随即被水稻根系吸收而进入稻株。不同之处在于,大粒剂落水后首先要崩解,有效成分溶出后再扩散而再被稻株吸收。使用的效果很好。

这项研究开发工作,我们还没有来得及亲自组织大田示范试验。1997年中送去安徽、四川、浙江、广州、湖北等地的样品试用后,由于反映很好,尚未组织使用效果评议,安徽当地一家农药厂很快就进行了生产,并在当时农业技术推广服务中心召开的螟虫防治工作会议上受到了重视。经过服务中心组织多地区示范试验后,只用了半年时间便被各地植保站和农民所认可,服务中心在1998年初即发文要求在江苏、浙江、安徽、湖北、福建等14省示范推广共133.33万公顷,迅速进入了大面积推广示范的快车道。我自己还没有来得及撰写研究报告和论文,而各地的试验报告却已经以各种方式发表和上报到农业部了。一项新技术不到一年便被迅速纳入大面积推广应用的情况是少见的,或许是因为这项技术切中了农民的迫切需要吧。撒滴法不需要使用任何器械,只需把药瓶握在手中,打开药瓶盖,左右甩动,药水便能如水柱状被甩出,并迅速断裂成为无数药水滴而直接落入田水。处理667平方米稻田只需要5～10分钟,不受天气的影响,不受劳动力强弱的影响,男女老少均能操作。后面摘登的几幅图片资料可供参考,这些图片是我为工厂的产品设计绘制的使用说明书。另一篇文字材料是在产品介绍会议上的一份报告(未发表),均可作为研究报告参考。

这项技术创新的另一意义是,它把农药制剂、药剂包装容器、撒滴部件全部统一在同一只包装瓶上,撒滴部件就是包装瓶口的一只内盖和一片防漏软片(防止存放期间药液外漏),使用时只需打开瓶盖即可。撒施的剂量可从包装瓶的瓶身表面的刻度读出。农户只需知道自己的稻田面积,便可直接从包装瓶身上知道需要撒施多少药液。因此这种简化的包装和使用形式很受农民欢迎。使用撒滴器撒药,不受天气的影响,因此不会延误施药时间。这也是撒滴剂很受稻农欢迎的缘故。

根据各地的推广应用报告,杀虫双/杀虫单撒滴剂还可以用于防治水生蔬菜如茭白、慈菇的钻心虫等害虫防治。我自己还没有进行试验研究,不过水生蔬菜的田水比较深,根据我自己的设计原理,这样使用的撒滴剂的制剂配方恐怕需要另行研究修订,否则使用的效果可能会比水稻田差些。

杀虫双和杀虫单水剂的撒滴法使用技术 *

撒滴法的基本原理和技术特点

撒滴法使用技术是近年研究开发成功的杀虫双和杀虫单水剂的一种新使用方法,即利用一种特制的撒滴瓶,通过水平摆动药瓶的办法,使水剂原液(18%水剂)经过特制的撒滴孔形成均匀药滴直接撒落到田水下的田泥表面,而不必加水稀释喷雾。这种使用方法的主要优点有以下几个方面:首先可以免除繁重的田间喷雾作业,撒滴法处理 667 平方米水田只需 5～10 分钟而且不费力,实际上相当于在田水中徒步行走,只需左右摆动手臂;其次,由于撒滴法水滴粗大直接落到水下,除暴雨天气外,施药不受任何天气条件的影响和限制,因而不会延误防治适期。此外由于药滴粗大,不会发生药滴飘移污染桑蚕的问题,因此对桑蚕无害。根据江苏、浙江等地的检测,撒滴时离田边 3 米以外的桑树不会受到危害。由于药滴直接落到田水底下,对天敌和其他益虫不会发生危害。这些优点和特点均符合农药安全科学使用和害虫综合防治的基本要求。

撒滴法的原理是基于水稻根系对杀虫双(单)的强大吸收能力。田间动态试验表明,施于稻株根部的杀虫双(单)很快就被吸入稻株并向上输导。^{35}S 同位素示踪法试验证明,在 24 小时内便能

---

* 在安徽舒城杀虫双撒滴剂技术交流会上的报告,1995 年 (未发表)

分布到全田水稻整株,稻株中的杀虫双含量在1~2天内即可达最高值0.017~0.018微克/克,10天后仍保持在0.012~0.013微克/克的高水平。杀虫双(单)的内吸作用是向顶性输导,而喷在水稻叶片上的药剂虽然也能被吸入但不能下行输导。因此对于在植株基部蛀茎的螟虫,利用根系的内吸作用使杀虫双(单)是最好的方法。对植株上部的害虫也有效,但显效稍慢。因为杀虫双(单)的毒理主要是一种特殊的拒食作用,是一种熏蒸拒食作用,而并非接触杀虫作用,也不是胃毒作用。这种独特的致毒作用方式经笔者发现后,其机理尚有待于进行仔细的毒理学研究。

(一)撒滴法的药物行为

水稻的根系十分发达,属于须根系,1株水稻可以有多达600~700条根,有时可达1000多条。根系的上部贴近稻田泥面。所以撒落在田泥表面的药剂能很快被稻根吸收。分蘖期、抽穗期的水稻根系的典型分布状态如图1,图2所示。

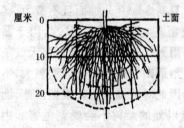
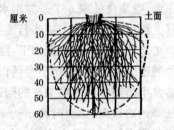

图1 水稻的根系分布状态
(分蘖期,仿李杨汉)

图2 水稻根系分布状态
(抽穗期,仿李杨汉)

杀虫双(单)在田水中有很强的扩散能力,用同位素标记法进行实测的结果表明,在12小时内便可扩散到1平方米左右的田水中。因此,操作时无须十分均匀地撒施,遵照使用方法,每平方米水田中有数十个药滴即可。每100毫升杀虫双水剂在自然成滴的情况下约可生成3400滴,在水平摆动药瓶情况下产生的药滴直径较小，则可生成 5 000～15 000 个药滴（决定于操作时用力大小）。按每 667 平方米施 200 毫升计，则可得 10 000～30 000 滴。这样的药滴沉积密度已完全可以满足药剂均匀分布的要求，在 15 个省、市的实际推广应用中得到了充分证明（图 3）。

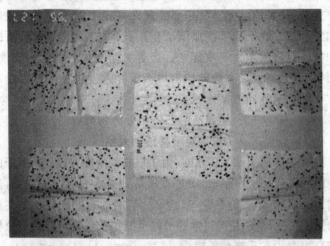

图 3　撒滴剂在水稻田的水平分布状态　（作者摄）

（在白纸上，试验在广场平地上进行，每 667 平方米撒 110 毫升杀虫双撒滴剂）

　　需要注意的是，必须让药滴直接落到田水底部泥面上，所以撒滴时应遵循预先设定好的行走路线，避免在田间乱走而导致田水被剧烈搅动致使杀虫双（单）有效成分上下扩散到全部田水中，形成稀薄的药水溶液而减缓稻根的吸收速度。撒滴法的左右撒施宽度可达 9～10 米，所以每隔 9～10 米有 1 条行走路线即可；如果田块较小也可设定为每隔 5～6 米有 1 条行走路线，同时相应地把撒滴宽度也缩小为 5～6 米。若田块的宽度小于撒滴宽度，则操作人员无须下田，可以在田坝上行走撒滴，这种撒法完全不会搅动田水。田间无规律的乱走有可能导致较大面积的漏撒和药剂在田水中上下扩散稀释，就会影响药效的充分发挥。

撒滴法是杀虫双（单）的一种新的使用技术，其优点和特点已在前文说明；但它并不是一种新农药，因此其杀虫性质和毒理、毒力并未发生变化。不过由于撒滴法把药剂完全撒落到稻根附近，使药剂更容易被稻根吸收并且内吸输导更快，所以药效可以发挥得更充分，并可消除喷雾时药剂的飘失，从而提高药剂的有效利用率和安全性。在正确掌握撒滴法使用技术的条件下，撒滴法的效果和技术经济效益优于喷雾法。最近又研制出一种定量撒滴器，无须摆动药瓶，可以有效地控制撒滴量并进一步提高了工效和田间作业的准确性和方便性。

（二）撒滴法的药液扩散分布情况
与常规喷雾法的差别

撒滴剂的药滴落入田水时，由于撒滴剂的配方设计所赋予的特性使药滴不会入水即溶散，而是直接落到田水的底部泥面上，然后再向周围溶散、作辐射状分布。因此，药剂的有效成分是贴在泥面上向周围扩散，而不是向田水的水体全面扩散，这样，有效成分便能够在高浓度状态下被水稻植株吸收。而常规喷雾时，药液落入田水时会迅速向水体扩散，以致有效成分迅速扩散在全部田水中，而贴近水稻植株茎基部的有效成分浓度则比较小，如图 4 所示。这就是撒滴法的药剂有效利用率比较高的重要原因。这

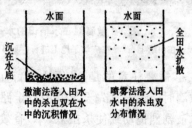

图 4　撒滴法和喷雾法的药液落
入田水中的不同状态

一点与水稻根系的密集分布也有直接关系，是密集的根系使水稻能更快地从贴近泥面的田水中吸收杀虫双有效成分。

这里可顺便比较一下撒滴剂与大粒剂的差别。这两种剂型的作用原理完全相同，只是大粒剂入水后需要首先崩解，有效成分溶

出后才能够被水稻根系吸收。

(三)杀虫双药滴在水稻田中的分布密度问题

由于杀虫双在田水中的分布速度很快,因此药滴的分布密度通常并不是重要的问题。但是根据药滴的形成数也可知,实际上在通常的撒滴剂使用情况下,药滴密度实际上已经很大。

杀虫双撒滴剂所能形成的药滴数,每 100 毫升在自然形成药滴的情况下,约可生成 3 400 滴。按每 667 平方米稻田施撒滴剂 200 毫升计,约可得 6 800 滴。但是在左右摆动手臂的情况下,药滴直径会有所缩小,根据个人不同的摆动情况,每 100 毫升药液可能产生的药滴数为 5 000~15 000 滴不等。若撒施 200 毫升,则可产生 10 000~30 000 个药滴。所以,每平方米水田中可有 15~45 个药滴。根据我们用同位素示踪法所测定的扩散能力是每个药滴在 12 小时内便能够在 1 平方米的田水中扩散分布均匀。因此,即便药滴在田水中分布并不很均匀,对有效成分的均匀分布也不会发生影响。各地的田间使用经验也充分证明了这一点。

撒滴法的操作方法和要求

撒滴法不需要专用的撒滴器械,包装杀虫双药液的瓶体就是可以直接用于撒滴的器具。撒滴部件就装在瓶口内,是一个中央有 8 支直管状细管的内凹状内盖,插装在瓶口上。存放时上面还有一个保护软盖,为防止药液渗漏之用。这种包装形式的药药瓶倒持时,若不加振动药液不会自动流出。若加振动则药液会逐滴滴出。因此使用时很安全。

撒滴时,采取在稻田中行走时左右摆动药瓶的方式,瓶体平持,瓶口向前,略仰起 30°~40°角度。在同样的用力情况下,角度较小时撒出的药量较多,反之则药量较少。摆动时须略用力,以能撒出药液为准。实际操作时须按照药瓶瓶体上的使用说明书的指导(图 5)。

APPLICATION PROCEDURE

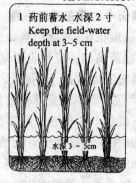

1 药前蓄水 水深2寸
Keep the field-water depth at 3~5 cm

水深 3～5cm

2 丈量面积 计算药量
...take the field dimensions and calculate the dosages

宽(W)、宽(m)   长(L)、长(m)

666.7平方米=1 市亩
= 0.0667ha

把所需药量
在此标尺上
作出标记

3 取下瓶盖 露出滴孔
... take off the lid to expose the nozzles

滴孔
nozzles

瓶盖
lid

20% 杀虫单水剂

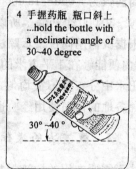

4 手握药瓶 瓶口斜上
...hold the bottle with a declination angle of 30~40 degree

30°～40°

5 左右甩瓶 匀速前进
...swing the bottle left and right alternatively while keeping walking forward

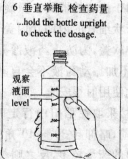

6 垂直举瓶 检查药量
...hold the bottle upright to check the dosage.

观察
液面
level

图5 撒滴剂的施药方法

由于各地的稻田制式不尽相同,稻田面积也往往多有变化,因此必须由用户首先准确掌握稻田面积,预先计算好每块稻田的需药量,在药瓶的计量标尺上查好所需药液量,必要时可用胶布条作出标记,撒滴时即可参照施药。

撒滴法的施药量比较小,每667平方米最多不过200~300毫升。施于稻田的药滴分布状况要求也并不十分严格,但是为了避免局部稻田施药过量,在较大面积的稻田中使用时,最好还是规定一定的行走路线,以免重复撒施。根据许多地方稻田的实际使用经验,采取"夹心撒滴法"比较好,如图6。

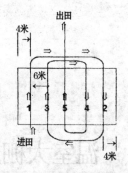

图6　夹心撒滴法路线图

图中标出了每次的撒滴行宽(6~7米),如此每条撒滴行的覆盖面积,左右为6~7米宽,这样撒滴时可以无须用太大的力。撒滴前在稻田的一端地边做好出入田的标记(图7)。比较小块的稻田,若田宽不超过8米,实际上可以不必下田撒施,只须在田垄上绕行撒施即可。

图7　杀虫双撒滴剂在田间操作情况

4

温室大棚施药技术的研究

引　言

烟雾片剂的研究开发

温室大棚的特征是作物的生长空间狭小,在作物生长中后期株冠层郁密度又显著增高,施药空间更为窄小。但是因为是在塑料板膜或玻璃板块的覆盖下,形成了特殊的郁闭空间,与大田作物如棉花、马铃薯、油菜、玉米等作物生长后期的株冠层郁闭情况有很大不同。虽然同样存在施药困难的问题,但是解决的办法各有特点。

温室大棚是一种特殊的农业生态环境。传统的防治方法是采取喷雾法,并且国内外保护地病虫害防治专家传统的观念是,在温室大棚中必须采取大水量喷雾法,理由之一是只有大水量喷雾才能把作物表面喷湿,药液能够在作物表面上形成"药膜",把作物全部保护起来。百菌清当时是最重要的杀菌剂之一,防治黄瓜霜霉病非常有效。但在黄瓜生长盛期,每667平方米温室大棚需要喷洒75%百菌清可湿性粉剂100~150克,配制成近150~200千克药水喷洒,劳动量和劳动强度极大,并且在黄瓜生长中后期常常需要钻入郁闭的黄瓜丛中进行喷雾作业。棚室温度很高,操作者要汗流浃背地工作数小时,因此是一项十分艰苦的劳动。如何才能减轻劳动强度而且还能提高工效和防治效果?这问题涉及农药的剂型和施药方法等许多方面。对此,首先想到的解决办法还是采用烟剂。

百菌清烟剂首先试制取得成功,在温室大棚中实际试用于防治黄瓜霜霉病也取得了成功。经过一系列药量比较试验后确定了最合适的施药剂量,并加工成片状烟剂,每片可重5克或10克,也可以是20克的片剂,菜农喜欢较大的片剂,但是片剂太大在温室大棚中布放不够均匀,可根据棚室情况及实际需要确定,对药效并无影响。菜农可以按片数进行定量投放药剂,计量准确而方便,因此这项技术受到菜农的欢迎是在意料之中的;点燃最后一片后操作人员即可离开温室大棚,避免了人体接触药剂;并彻底解放了喷雾作业的繁重劳动,提高了施药速度,也彻底解除了菜农害怕喷雾造成棚室湿度骤然增高的顾虑,因而这项技术受到了农业部主管部门的重视和推介。

但是烟雾法的推广应用也引起了一种误解,似乎任何农药都可以加工成烟剂来使用。但是并非任何农药都可以做烟剂,如敌敌畏、多菌灵、粉锈宁等也已被人们自发地做成了烟剂销售。他们并不了解许多农药在高温下很容易发生热分解,看似冒烟,其实是这些农药的热分解产物,非但无效,而且对人体有害。此外,许多人把农药混配的想法也扩大到烟剂上,不懂得各种农药的沸点和蒸汽压差别很大,所需要的化学发热剂也不可能相同。混配后,可能某一组分的农药因为并不能成烟而浪费,或者某一组分的农药因发热剂产生的热量过高发生热分解而损失。这些问题是在新技术推广应用过程中经常出现的现象,一方面表明了农民对新技术的兴趣很浓,急于推广使用,而另一方面则往往容易因为缺乏必要的知识而把新技术引入歧途,造成反面效应甚至是不良后果。这些问题是在我们从事应用科学研究中所遇到的最大困难,尤其是在农村中更为突出。

百菌清烟雾片剂防治保护地黄瓜霜霉病初报* **

屠豫钦　彭　健　曹运红　魏　岑　范贤林

百菌清(chlorothalonil)是一种广谱杀菌剂,在每 667 平方米施有效成分 40～170 克(可湿性粉剂)的剂量范围内,对许多病害有良好的防治效果。百菌清是保护性杀菌剂,无内吸或内渗作用。不溶于水,在有机溶剂中的溶解度也很小。对大鼠的急性经口毒性以及对兔子的急性经皮毒性的 LD50 值均在 10 000 毫克/千克以上,是一种低毒农药,但对黏膜有轻度刺激作用,少数人皮肤也有刺激作用。刺激作用会自行消失。1983 年英国《农药手册》第 7 版引用世界卫生组织的报告,百菌清对鼠和狗的 2 年喂饲无毒剂量分别为 60 和 120 毫克/千克饲料,未发现病变。近年虽有一例百菌清对大鼠的致癌现象,但剂量高达 5 000～10 000 毫克/千克,且对小鼠无反应。美国和加拿大对黄瓜上百菌清的残留容许量为 5 毫克/千克,日本和荷兰为 1 毫克/千克。瓜皮上的百菌清很容易用水洗、削皮等简单办法去除。削皮后的黄瓜瓜肉百菌清残留量小于 0.01 毫克/千克(用药 9 次后立即收获所测的结果)。因此,百菌清是一个比较安全的杀菌剂,至今仍是国际市场上的注册

＊《植物保护》,1985 年,第 11 卷,第 5 期

＊＊ 东北旺公社生产组金瑶同志参加了药效试验工作,王占鳌同志提供了试验大棚

农药品种。同其他农药一样,百菌清也必须讲求正确的使用技术。在作物生长比较郁密的保护地,喷药困难、农药不易喷洒均匀,常量喷雾法往往在瓜条上着药较多,而且要用大量的水从而导致棚室内湿度骤增,反而为病害的发展创造了有利条件。

利用烟雾态杀菌剂防治保护地黄瓜霜霉病及其他病虫害,可以提高工效并提高防治效果。1983年,我们研制成功一种快速型化学发热剂(TKN—50型发热剂),并用它配制成快速型百菌清烟雾片剂。在试验和试用中均取得优异的病害防治效果,并大幅度提高了工效,改善了劳动条件,受到各地菜农的普遍欢迎。

(一)百菌清烟雾片剂的性质和使用方法

百菌清烟雾片剂,是一种淡黄色固态饼块状制剂,圆饼形,试验样品有每片重5克、10克、25克、50克及100克等多种规格(图1)。试用结果表明,在温室大棚中使用,菜农比较喜欢每片重50

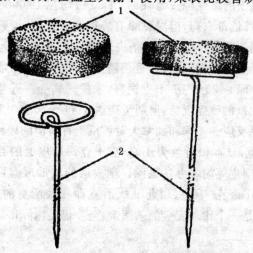

图1　百菌清烟雾片的形状及放置支架

1. 烟雾片　2. 铁丝扦(约20厘米长)

克的样品。

片剂含有效成分52%～55%，决定于百菌清原粉纯度。50克的片剂点燃后的发烟速度为10～15秒，能迅速形成浓密的烟雾。片剂的燃点为102℃左右。用任何火种（如柱香、纸烟的红火头）接触片剂，即能点燃。片剂所产生的烟，是百菌清的微细颗粒所组成，其细度在400倍显微镜下可观察到的是在0.56～5.56微米的尺度范围内。烟雾态的百菌清微粒的沉积密度很高，在1立方米正立方体空间施放烟雾片剂0.3克，烟雾微粒在玻璃板靶标上的沉积密度如下（20个点平均）：

靶正面　1 097.2粒/平方厘米，粒径1.12～4.48微米；

靶反面　970.4粒/平方厘米，粒径0.56～1.12微米；

靶侧面　522.4粒/平方厘米，粒径1.12～5.0微米。

很高的颗粒沉积密度和在靶标上的多向沉积特性，是此剂能取得良好的防治效果的重要原因。

本片剂主要是靠产生的烟雾微粒沉积到黄瓜植株上发挥防治作用，而不是靠弥漫在空气中的烟雾，虽然悬浮在空气中的病原菌孢子也能接触到烟雾粒而中毒。烟雾形态主要是帮助百菌清的扩散和分布并特别有利于药剂向作物株冠的郁闭部分通透，从而有利于提高防治效果。烟雾是一种高分散系，属于气溶胶分散系。

烟雾片只须点燃即能自行产生浓烟向棚室各部分扩散分布，最后均匀沉积在黄瓜植株的各个部位，无须借助器械，因此是一种简单易行的高工效使用技术。放烟时须封闭塑料篷布以防止漏烟。放烟时间以清晨或傍晚为宜。放烟后须保持2小时以上才能开棚，以便烟雾颗粒能充分沉降到黄瓜植株上。

用小白鼠进行的百菌清烟雾中全暴露急性毒性测定（中国预防医学中心卫生研究所劳卫室，王淑洁，1985），表明在持续暴露2小时的情况下，LD50值为1 450毫克/立方米。而实际放烟时棚室内可能达到的最高浓度为200毫克/立方米（一般棚室平均高度

2米计)。因此,棚室内放烟对施药人员和放烟后进入棚室的人员没有发生中毒的危险性。毒性测定中还观察到,250毫克/立方米剂量组处理的小白鼠未有死亡现象,1周后解剖小白鼠的肺部及其他脏器也未见异常改变。因此,百菌清烟雾片剂是一种较安全的使用剂型和使用技术。每667平方米的棚室使用烟雾片剂只须数分钟,而且一边点燃一边退出,与烟雾接触的机会极少。

(二)百菌清烟雾片剂的药效

比较百菌清烟雾片剂(52%)与百菌清可湿性粉剂(Daconil 75WP)、瑞毒霉可湿性粉剂(Ridomil 25%WP)的药效,试验在塑料布隔开的黄瓜小区上进行,小区面积10平方米。可湿性粉剂均用工农-17型喷雾器喷施,每区用药水量2千克。7天进行1次施药。第三次施药后5天调查防治效果(自然发病),结果见表1。

表1 百菌清烟雾片剂对大棚黄瓜霜霉病的防治效果 (1984)

药 剂	最后病指 (%)	防治效果 (%)
百菌清烟雾片(52%)0.3克/平方米	0.09	99.8
瑞毒霉(25%WP)1000倍	15.4	75.2
百菌清可湿性粉剂(75%WP)500倍	29.6	52.4
对 照	62.2	—

鉴于百菌清烟雾是沉积到作物表面上以后起作用,所以烟雾片剂的剂量,我们均按保护地的面积来计算。这种计量方法便于用户掌握。

百菌清可湿性粉剂的效果差,显然是由于喷洒沉积不均匀所致。瑞毒霉的喷洒也不均匀,但内吸作用起了主导影响,因而效果稍好。但内吸杀菌剂的输导也是向顶性输导,由于植株生长茂密,喷药不均匀也会造成效果较差。百菌清无内吸作用,因而其可湿性粉剂药效更差。

百菌清是一种保护性杀菌剂,必须在病害发生之前施药。开始发病后施药、放烟,效果受到很大影响(表2)。

表2 棚内黄瓜开始发病后放烟的防治效果 （1985）

棚号及处理*	最后病情指数 （%）	相对防治效果 （%）
1号,百菌清烟雾片 250 克/667 平方米棚	25.51	41.3
2号,百菌清可湿性粉剂,500 倍	43.50	—
3号,百菌清烟雾片 200 克/667 平方米棚	9.53	78.9

*1、2号两棚在3月28日定植,3号棚4月7日定植

开始第一次施放百菌清烟雾片剂时,棚内黄瓜已开始发病。3号棚因为定植较迟,所以开始放烟时病情较轻,而相对防治效果也较好。但是百菌清烟雾片剂处理的棚,黄瓜增产很显著。截至6月29日,各棚的采收量分别是 2 195.5 千克,1 322.5 千克,1 700.5 千克。1号放烟棚比2号喷雾棚增产 873 千克(增产率66%)。3号棚虽然定植迟9天,放烟量也只有 200 克片剂/667 平方米,但仍比喷雾棚增产 378 千克(增产率 28.6%)。

西郊农场1公顷棚室早黄瓜,从2月4日开始放烟,每隔10天放1次,到3月16日以后每隔7天放1次,到4月28日结束,每 667 平方米共用百菌清烟雾片 1.575 千克,对照棚每 667 平方米用百菌清 70% 可湿性粉剂 1.375 千克。结果,放烟防治的棚室完全未发病,对霜霉病的控制效果达 100%,每 667 平方米产量平均达 2 000 千克,产值 3 100 元。对照棚也从2月4日开始打药,到3月16日开始发病,病叶率 10%,病指 10%。4月4日病叶率 6%,病指 5%。每 667 平方米产量 625 千克,产值 2 100 元。放烟棚比喷雾棚平均增产 750 千克,增产率约 60%,产值增加约 1 000元,增长约 48%。放烟棚室用药费每 667 平方米棚 23.62 元,人工 0.5 个,每工6元计,共支付人工费3元。两项合计 26.62 元。

喷雾棚用药费 24.41 元，人工 5.5 个，共 33 元人工费，两项合计 57.41 元。因此，放烟比喷雾可节约成本 30.79 元(约节省 54%)。从百菌清有效成分的用量来比较：放烟棚每 667 平方米实用有效成分 0.82 千克，而喷雾棚用了 0.965 千克；放烟法节约了 0.145 千克百菌清有效成分。

在试验中同时观察到，百菌清放烟棚中未发生白粉病，而喷雾棚中则出现了较多的白粉病叶。这种情况在其他地方也有报告。

放烟后第二天采收的黄瓜上测得的百菌清残留量小于 0.1 毫克/千克，用水冲洗瓜条后，则测不出百菌清。这一结果虽然是初步的，但同美国的研究结果基本一致。

以下是百菌清烟雾片剂及使用情况图片(图 2~图 5)。

图 2　百菌清烟雾片剂

图 3　百菌清片状烟剂点燃后开始发烟

图 4　百菌清片状烟剂发烟后烟云直升

图 5　百菌清烟云弥漫扩散进入株丛

附　记

在片状烟剂的基础上,又创制了一种可以划擦点燃的片状烟剂,即划燃式片状烟剂。目的是希望操作人员不进入大棚而在棚外向棚内投掷烟雾片。这项剂型创新源自参观植棉劳模张秋香的棉田而产生的新剂型设想:若把烟剂加工成可以抛掷的小块烟雾片剂,使用时只需把片状烟剂点燃后立即抛入农田,让烟云在作物株冠层中自由铺展扩散。这种施药方式在后期棉田以及在温室大棚中同样可以采用。但是必须解决如何点燃烟剂片的问题,并且必须在烟剂开始发烟之前就能落到农田中。最后决定采取了类似火柴的划燃方法。经过对燃烧药的配方比例做了很多次反复试验调整后,选出了一种配方,使药剂燃烧速度延长到5~7秒钟,这就足够保证烟雾片剂在落到农田地面之前不会发烟。试验取得成功后,诞生了第一批划燃式丙体六六六片状烟剂,在渭南双王公社八里庄生产队的棉田进行了试验,效果非常好(图6~图9)。但是须在傍晚19~20时进行烟雾片剂抛掷,此时田间形成了气温逆增,所产生的烟云最初虽然冒出棉田,但随即水平铺展在棉田植株上方,并缓缓沉入棉花株冠层中作水平扩散分布。这种划燃式片状烟剂对于诸如油菜、马铃薯、大豆等中后期株冠层郁密度高的阔叶作物田都适用,但农药种类则需要另行研发。这种划燃式烟雾片剂在温室大棚中更适用,因为不存在气温逆增的要求,可采取在大棚的篷布外向棚室内抛掷,操作人员可以完全不进入棚室操作。但是因为其他工作的影响,还有一项与这种划燃式烟雾片剂配套的片剂发射枪中途停顿未能完成而没有继续开发,诚为一憾事!

图6 正在引燃划燃式片状烟剂 (武功)

图 7　划燃式烟剂落地开始发烟的状态　（武功）

图 8　烟云最初升出棉花株冠层

图9　烟云随后展开并缓缓沉入棉田

引　言

粉尘法和粉尘剂的开发研究

除了烟雾法之外,还有什么方法用于防治病虫害可以更廉价而且更安全和方便呢? 鉴于烟雾法在品种方面的局限性和在烟剂燃烧发烟过程中所发生的有效成分的热分解问题,还需要考虑研发新的更好的施药方法。喷粉法是农药使用方法中工效很高的一种方法,成本也很低。可否考虑采取喷粉的方法? 但是这一想法也与当时国际上流行的观点发生冲突,流行的观点认为喷粉法的效果很差,尤其是对于病害的效果更差,不能作为防治病害的方法。在温室大棚中也不应采用。

但是,我们从宏观毒理学的角度看,喷粉法的效果不应该比喷雾法差。喷雾法所用的药水蒸发干燥以后所残剩在作物表面上的农药沉积物,与直接喷撒农药的干粉剂或油剂的结果并无实质性区别。水分在农药制剂中只是充当了药剂有效成分的一种载体,喷雾结束以后水分完成了它的任务便蒸发消失,不会对药剂的防治效果继续产生影响。

根据以上观点,配制了百菌清、多菌灵、敌敌畏等多种农药的粉剂供试验。对粉剂的细度要求是必须保证粉粒能够在温室大棚的空间形成粉浪,并能维持半个小时以上。这就要求粉粒必须粉碎到 20 微米以下。

粉碎的技术条件要求比较高,并且必须采用气流粉碎机并进行风选,这样所得到的粉剂的假比重(貌似密度)才合格,能在温室空间飘悬很长时间,这样的粉粒就有足够的时间充分地向作物的株冠层内自由通透。对产品进行仪器检测的结果证实了这一点。这种具有较长久飘悬能力的粉剂特称为"粉尘剂"。

这种粉尘剂在温室大棚中经过了多次比较试验,证明了其防治效果明显优于可湿性粉剂加水喷雾的效果,也优于烟剂,并且能够大幅度(50%以上)降低农药的使用量,因为粉尘剂在作物上的沉积率很高,可以达77%以上。蔬菜温室大棚农药用量很大,因此经济效益非常突出,这一点对菜农十分有利。

作为一种农药剂型和制剂,粉尘剂的一个重要优点是几乎所有的农药都可以加工成粉尘剂,特别是杀菌剂,绝大部分都是固态原药,非常便于加工为粉尘剂。但是这种方便却也往往引起基层植保技术部门和农民的误解,误以为任何农药都可以采取很粗放的方法做成粉剂并且采取很粗放的任何喷撒方法,以为只要把粉剂喷撒出去即可。这是人们在不了解粉尘剂加工原理和生产技术的情况下所采取的错误做法,有些地方甚至出现过私自生产假冒的粉尘剂进行销售的情况。

粉尘法施药技术的原理和实践 *

病虫害化学防治的成功与否与农药的剂型是否适宜和使用技术是否恰当有极大关系。这个问题之重要性至今还远未受到足够的重视,而且存在一些认识上的误区。保护地粉尘法施药技术的研究开发成功是在这一领域的一个突破。粉尘法施药技术自1985年研究开发成功并于1989年通过农业部科技成果鉴定以来,农业部植保技术推广总站防治处组织了全国粉尘法施药技术协作网,并以江苏省的新沂农药厂、利民农药厂的系列粉尘剂生产为依托,大力推广应用。10余年来业已成为一项被广大菜农所普遍接受的实用技术,1997年总站要求的推广面积为 12×10^4 公顷。在多年的推广应用过程中,广大菜农取得了丰富的使用经验并有许多发明创造,但也存在一些问题。为了进一步提高粉尘法施药技术的实际使用水平,本文仅以保护地粉尘法施药技术的形成及其有关理论依据和实际应用为例作一简要探讨。

(一)关于施药方法问题的若干认识误区

在作物病害化学防治方面,长期以来都习惯于采取喷雾法。至今国内外所生产的杀菌剂都是采用可供加水配制成药液喷雾用的剂型,如可湿性粉剂、浓悬浮剂(即胶悬剂)、乳油制剂、水分散性粒剂、水可溶性制剂等,没有粉剂这种供喷粉用的干剂型。这种情

---

* 《山东农业科学》,1999年增刊

况的出现不是偶然的,而是缘于一种长时期来的误解,即认为病害化学防治以喷雾法的效果为最好。其理由是只有喷雾法才能把农作物全部喷湿、喷透,使药液能在作物表面上形成一层所谓连续的"药膜",使病菌无处藏身,认为这样才能彻底杀灭病菌。因此喷药液量必须很大,否则很难把作物全部喷湿喷透。Hussey 等早在1969 年的《保护地病虫害》(The Pests of Protected Cultivation)一书中就已讲到了杀菌剂的使用以喷雾法为最好。直到 20 世纪 90年代,许多专著中仍然坚持这种观点。但是 Hussey 也注意到了,首先,即便每公顷喷洒 4 750 千克药液,作物基部叶片仍有 25％左右喷不到药。在番茄作物上,当植株高达 50 厘米时,如果要求较彻底地全株喷洒,每 9 平方米大约需要喷洒药液 3.8～5.7 千克(相当于每 667 平方米喷药液 282～423 千克),而且还要求施药人员掌握较高的喷雾技术。这是由于在作物株丛中叶片的相互障蔽作用使药液很难喷洒到各个隐蔽部位。所以即便采用了大容量喷雾法,实际上也不可能在作物表面上形成连续的"药膜"。其次,所谓的"药膜"实际上也是不存在的。因为大多数杀菌剂的制剂其有效成分都是非水溶性的固体颗粒,配水喷洒时呈微小颗粒悬浮在水中,其中有效成分的含量只有 0.01％～0.05％,99％以上都是水。喷到叶片表面上以后,水分迅速蒸发散失,杀菌剂颗粒即分散分布在作物叶片上,而并不是想象中的形成连续的"药膜"。有的杀菌剂是乳油制剂,加水后形成乳浊液,也是成为微细的油珠分布在水中的分散体系,喷洒到叶片上水分蒸发散失后,遗留下来的也是无数细油珠在叶片表面上的分散分布,也不是连续的油膜。不易挥发的油状药液可以形成连续的油膜,但是,假定这油膜的平均厚度为 10 微米,作物的叶面积指数按 4 计算,而且要求叶片双面都形成均匀的油膜,则每 667 平方米的净叶面积将达 5 336 平方米,所需要的油量将高达 50 千克。并且这些油还必须全部喷到叶面上,毫无流失或飘失;但众所周知,迄今最现代的施药技术也不可能做到这一点。至于水溶液状态的杀菌剂,虽然溶液呈均质态,但是水分蒸发散失后所遗留下来的也是分散的杀菌剂的微细结晶或油珠而并不是"药膜"。所以,要求喷洒的农药在作物表面上形成"药膜"是根本不可能的。还有许多手册和农药说明书中特别提出,要求用户喷雾时必须喷到叶面发生药水滴淌,以此表示药水已经喷透。但是这种现象非但不能说明药液是否已经喷透,反而表明已经发生了农药过量喷洒和浪费;这也可以说是第三种认识上的误区。

这些认识误区是导致病害化学防治中习惯于采用常规喷雾法,误认为喷雾法和喷洒大容量药液效果最好的主要原因。

(二)采用粉尘法防治病害的原理及其与
其他施药方法的比较

粉尘法所使用的是杀菌剂的干粉制剂,使用时是不加水的。这种施药方法同传统的喷雾法完全背道而驰。干粉状的杀菌剂是否能够杀菌,曾经引起过一些疑虑,但是已经通过大量试验研究和对比得到了证实,并且已经在农业生产实践上被普遍接受为一种非常有效的方法,农业部业已把此项技术列为全国推广项目。事实证明,粉尘法非但同样能够发挥杀菌作用,还能比喷雾法节省大量农药,工效也高得多。在目前几种施药技术中(包括喷雾法和烟雾法),粉尘法是惟一能够大量节省农药的一项技术,一般可以节省农药 50% 以上。

杀菌剂不一定要求菌体与杀菌剂的颗粒(或油珠)直接接触,所以没有必要把杀菌剂直接喷洒到菌体上。关于杀菌剂的作用方式,Horsfall 早已做过详细说明(见《杀菌剂作用原理》,Horsfall, J. G. 1952 年原版,1962 年林孔勋等译)。杀菌剂可以通过药剂有效成分在作物表面上的再分布而发生作用。这种再分布是相对于杀菌剂喷洒时在作物表面上形成的第一次分布而言的。第一次分布是通过施药机具完成的,分布的状况取决于机具的性能和施药人员的技术水平以及作物的群体结构状态。但正如上文所述,任何施药机具和施药方法都不可能在作物上形成均匀的沉积分布,更不可能形成"药膜"与菌体全面接触。但是,药剂可以通过多种方式发生再分布而对菌体发生作用。这些方式包括:药剂局部溶解于露水中、药剂由于挥发或升华作用(例如百菌清、硫黄等)而产生气态分子、菌体或作物叶片所分泌的具有溶解杀菌剂能力的次生物质,其中有些会分泌某些胺类、有机酸类和精油类,能增强其溶解杀菌剂的能力。这些溶解和气化作用使杀菌剂在作物表面上发生再分布,促使有效成分从杀菌剂颗粒沉积的部位向周围扩散,然后再被离颗粒较远处的菌体吸收而发生杀菌作用。菌体也可以通过萌发时芽管的延伸而与药剂的溶出物接触。由此可见,从杀菌剂的作用方式上讲,也没有必要在叶面上形成连续的药膜。

这就可以说明为什么喷撒干粉制剂同样可以达到防治病害的目的。喷撒干粉在叶面上所形成的粉粒第一次沉积分布与喷雾后所产生的杀菌剂颗粒的第一次沉积分布,道理是一样的,只是方式方法不同而已。喷雾法是用水作载体把杀菌剂颗粒喷洒到作物上,而粉尘法则是利用喷粉器械直接把杀菌剂的干粉利用空气作载体喷到作物上。可是粉尘法所取得的沉积分布效果却要比喷雾法所能取得的效果好得多,从而防治效果也大为提高。喷雾法所产生的杀菌剂沉积分布是很不均匀的,而粉尘法的粉粒沉积分布则相当均匀,这是由于粉粒在空气中的运动特性所决定的。

粉粒在空气中的运动行为受空气的影响。由于空气的阻滞作用,粉粒的行为呈不规则运动,产生一种所谓"飘翔效应",类似于碎纸片在空气中的飘翔现象,不容易很快沉降。换言之,粉粒在空气中的行为是水平横向运动能力相当强,而垂直下降运动能力则相对比较弱。极细的粉粒还会发生所谓"布朗运动",这种运动行为使粉粒在空气中更具有一种多向运动沉积能力,即不仅有水平运动能力和下降运动能力，而且还有向上、向任意方向运动的能力。这种多向运动能力是喷雾法的雾滴所不可能具备的，然而这种运动能力恰恰是粉尘法的优越性所在。粉尘法的一系列优点可以说均源于此。

粉尘法的粉粒飘翔现象和多向沉积特性使粉粒在空气中得以较长时间地悬浮、飘扬、扩散，而不至于迅速沉落到地面上，因此粉粒能够在作物上沉积分布均匀，而且能够有充分的时间和机会同作物发生接触，所以在作物上的有效沉积得以大大提高。粉尘法所能获得的粉粒沉积率高达77％以上，这是粉尘法之所以能比喷雾法大量节省农药的主要原因，同时也说明了粉尘法的药剂有效利用率很高。由于粉尘法的这些突出优点，使作物上的粉粒沉积均匀稠密，所以粉尘法防治病害的效果显著优于喷雾法。喷雾法所获得的药剂沉积一般都呈不规则的花斑状斑块，局部斑块上药剂非常密集，而其他部分的叶面上药剂很少。水剂喷雾所形成的花斑状沉积斑块，析出的结晶则集中在斑块的周围，形成一种中央空心的环状沉积斑。此外，由于药液极易向叶边缘流淌集中，因此药剂在叶边缘部分的沉积量往往过大。凡此种种现象，使得喷雾法的药剂沉积分布很难达到均匀。

与粉尘法相比，喷雾法的沉积率小于20％，因此喷雾法的药剂有效利用率极低。烟雾法的沉积分布是很均匀的，但由于所产生的超微颗粒（小于1微米的颗粒）在空气中的悬浮时间可长达数十小时以上，在揭棚后烟粒就会逸出棚外，另外烟粒也能从缝隙逸出，一般温室大棚不可能做到严格意义上的密闭，因此烟雾法的沉积率也不高；加上烟剂在燃烧过程中的热分解作用所造成的有效成分损失，使得烟雾法虽然工效较高却并不比喷雾法节省农药。

关于烟雾法，也存在某些认识上的误区需加以说明。以百菌清烟剂为例。我们在1985年即已研制成功一种有效成分含量为55％的快速型百菌清烟剂，对烟粒的结构和运动行为进行了详细的观察研究。实际上烟剂也是一种微细固体颗粒,也是靠沉积在作物上的烟粒来发挥杀菌作用的,而并不是靠飘浮在空气中的烟云。因此烟剂的使用量同样要根据烟剂在作物上的沉积量而不是空气中的烟剂浓度。它在作物叶片上的沉积分布也同粉剂一样,只是颗粒更细,特别是含有大量超细颗粒,极难沉降。尽管采取了傍晚放烟使烟云在棚室中能停留 12 小时以上,揭棚后仍然有大量烟粒逸出。为了克服烟剂的这种缺点,我们才研究了用比烟粒粗而比常用粉剂细的粉尘剂。实际上,烟雾法就是一种制备超细粉粒的方法,不过它不是采用机械粉碎法而是热分散凝聚法,但后者比粉碎法的加工成本要高得多,而且有相当多的有效成分将在烟剂点燃时发生热分解而损失。因此,烟雾法的总体技术经济效益很低。从农药种类来说,也只有极少数杀菌剂有可能加工成烟剂,因为大多数杀菌剂没有气化能力,根本不可能采取热分散凝聚法来产生烟云。例如多菌灵,在加热到接近其熔点前就开始发生热分解,根本不能形成烟。有些地方所制备的多菌灵烟剂虽然冒烟,但这种烟其实只不过是多菌灵的热分解产物而已。有些热分解率比较高的杀菌剂如粉锈宁以及杀虫剂敌敌畏等也不宜于制造烟剂,其理由已无须说明。

(三)粉尘剂的正确使用方法

粉尘剂的使用必须采用喷粉器,绝对不能徒手撒施。这是因为粉尘剂的微细粉粒有一种絮结特性,在静置状态下多个微细粉粒会互相团聚而形成粗大的粉团,喷撒时使粉粒丧失原有的飘翔能力和布朗运动等重要特性,从而使粉尘法的一系列优越性受到很大损失。

粉尘剂在喷撒过程中是依靠气流来把粉团打散并送入空气中使之形成飘尘。没有气流的辅助,这个过程就很难完成,粉尘剂也就不能充分发挥其作用。因此必须选用合格的喷粉器,如丰收-5

型、改良丰收-5型、立摇式喷粉器、3FL-12型喷粉器等。工作时的喷粉口风速应达到12米/秒左右。有些地方自制的一些简易喷粉器往往不能达到这种技术指标。虽然外观上似乎能够喷粉,但是实际上粉粒的运动特性已发生了很大变化。所以对于此类喷粉器应进行必要的性能检测。

粉尘剂的吸湿程度也是重要的技术指标。吸湿程度比较高的粉尘剂粉粒不容易分散而很容易絮凝成团粒,会影响喷撒时的粉粒运动行为,使粉粒不易喷撒开。粉尘剂一旦受潮后,即便可以设法加以干燥也很难使它恢复原有微细粉末的良好分散状态,除非重新加以粉碎。所以粉尘剂必须注意保持干燥不吸湿的状态,一旦受潮以后就不宜再用作粉尘剂。

使用时,粉尘剂不宜在作物上进行针对性喷撒,即不要把喷粉口直接对准作物。否则极易在作物上形成不均匀的药粉沉积分布。应采取对空喷撒法,即让喷粉管在作物上部对空间进行喷撒,让粉剂在空间自由扩散分布;在温室大棚内一般可以扩散到8~10米。在行距较宽的作物如早期的黄瓜大棚,必要时也可以对行间进行喷撒,让粉尘在行间自由通透运动。

进行粉尘法作业时应避开阳光较强的时段,因为在较强的阳光下由于"热致迁移效应"的影响,细粉粒不容易沉积到作物上。最好在傍晚进行喷撒。我们的试验研究证明,粉粒沉积效率最高的时段是晚间20~24时。但是这个时段不太好实施喷粉操作,在晚间18时以后进行也可以取得比白昼较好的效果。这个时段进行粉尘法作业,还可以同盖棚作业结合起来,同时还可以让粉尘在棚室内有较长的沉积分布时间,可以进一步提高粉尘法的粉粒沉积效率。

图1,图2,图3是在几种温室大棚中的粉尘剂使用情况。

图 1　粉尘剂在喷撒中所形成的粉浪

（北京东北旺,作者摄,1986）

图 2　用胸挂式喷粉器喷撒粉尘剂

（空间的许多挂绳不妨碍粉剂颗粒的运动,示粉尘在空间
形成粉浪穿透黄瓜株丛,北京肖家河,作者摄,1987）

图3　矮棚中进行粉尘法施药

（石家庄，作者摄，1988）

5

农药使用技术问题之研究和手动
吹雾器(微量弥雾技术)之创制

略论我国农药使用技术的演变和发展动向*

在我国,作为农作物病虫害防治的一项科学技术,农药的生产应用和使用技术之发展,还只是近半个世纪内的事。最早吴福桢于 1930 年在浙江首建药剂与施药器械两个研究室,发我国科学的化学防治法之先声。1935 年钱浩声等在吴福桢的施药器械研究室中制成了我国第一台预压式手动喷雾器,并于 1943 年在重庆建立了我国第一所病虫药械制造实验厂,能日产手动喷雾器数十台。1945 年该厂迁上海,解放后发展成为我国最大的、品种比较齐全的上海农业药械厂,朱济生任厂长。农药喷洒器械的大量生产是解放以后在党的大力扶持下才得以实现的。经过几年的发展,到1954 年全国已生产了手动喷雾器 94 万台、手摇喷粉器 44 000 余架[1]。大型动力喷洒机具的生产和使用则是从灭蝗工作开始的,1951 年首次使用苏制安二飞机喷药灭蝗,1956 年在新疆开始使用拖拉机牵引的 OKC 联合动力喷粉喷雾器进行地面施药灭蝗[2]。进入 20 世纪 70 年代以后,低容量和超低容量喷雾技术及喷雾器械才开始试用,后来有一度发展较快。但是由于种种原因,机动的和高效能的现代化农药喷洒手段始终未能在我国农村推开。近年来,手动喷雾器械的年产销量一度突破千万台。因此,可以说近半个世纪以来我国农村的农药使用技术基本上是在手动喷洒的技术水平线上徘徊。众所周知,我国农村中的农药使用问题很多。原

---

* 《中国农业科学》,1986 年第 5 期

因何在？有种种看法。这里拟从农药使用技术的角度作一窥视。

(一)农药与农药使用技术

使用农药防治病虫害的技术实质，是让农药与病虫发生接触而产生致毒作用，以控制病虫种群的增长。所以农药的使用技术就是要为农药与病虫发生有效接触提供有利条件。在复杂的农田生物群落结构中，要使少量的农药与处于农田的重重屏障中的有害生物发生有效接触确实是一件很困难的事。每667平方米农田所需的农药有效成分不过数十克，甚至不足1克的也有。如何使如此少量的农药透过重重屏障而有效地击中分散在农田中的有害生物，过去所习惯采取的方法是用稀释物料(惰性粉或水)使农药稀释分散，体积增大到足以均匀喷洒在田里。粉剂扩散的距离较远，一般每667平方米农田喷洒几千克药粉就够。但是传统的喷雾法，667平方米往往需要数十升乃至上百升的药液。如果要求作物的每片叶上都均匀覆盖一层药液，液膜厚度以0.1毫米计，当叶面积系数(LAI)为4时，每667平方米所需药液量即高达267升。但实际上即使再增加1倍的液量也不可能使每片叶均被药液覆盖。一般的传统喷雾法约有70%以上的药液落到地上，只有不到30%可以沉积到作物上。笔者对我国手动喷雾器的药液沉积状况进行的实测也得到了相似的结果。因此，这种高容量喷雾法(HV)对大多数病虫的有效接触机会很小，大部分药剂被浪费损失。主要原因有二：①作物上层叶片对下层叶片的屏蔽作用；②各种植物叶片表面对药液的持留量均有一定限度(堆积度)，超过限度的药液会自行流失。叶片表面的湿润能力也有差别。如棉花叶较易湿润，而水稻叶极难湿润。对于叶面难以湿润的作物，如果药液湿润性能很差则很难沉积到作物上。Johnstone(1973)曾详细评述了关于雾滴在各种叶片表面和各种条件下的运动状况，说明粗大的雾滴在叶片表面上很不稳定，可以因种种原因(如撞击破碎、滚动、弹跳、湿润不良)而脱离叶面[3]。笔者主持的对于我国 7 种作物叶片上药液持留量同液湿润能力的相关性研究发现,有些作物叶片的持留能力随着药液湿润性能的增强而提高,到一定程度时又开始下降;但有些作物如棉花、黄瓜的叶片却相反,药液的湿润性增强药液持留量反而减少。这些研究表明,农药在作物上的有效沉积是一个比较复杂的现象和过程。在我国,较容易湿润的棉叶上所喷洒的农药大都是湿润性能较强的乳剂,而在极难湿润的水稻和小麦上却使用了湿润性能很差或甚至完全无湿润能力的杀虫脒、杀虫双、石硫合剂、敌百虫等水溶液。可以想见,这两种情况下由于药液的流失和滚落带来许多问题。

高容量喷雾法的这些问题在第二次世界大战前还不尖锐。二次世界大战后,由于有机氯、有机磷等高残留、高毒性农药大量使用,问题开始引起严重关注。人们对高容量喷雾法提出了种种问题。低容量(LV)和超低容量(ULV)喷雾技术迅速发展起来[4]。超低容量喷雾法的喷雾量降低到每 667 平方米只需数百毫升,在技术上和效果上都使化学防治法的面貌发生了重大改观。20 世纪 60 年代以来已经成为研究发展农药使用技术的主要课题,许多生产农药的大公司也投资进行使用技术的开发研究。可见这项技术的发展对于农药的使用以及化学防治方法带来很大影响。如美国氰胺公司发展的"氰胺技术"(Cyanamid technique)、汽巴-嘉基公司发展的"手提机-割杀丁除草法"(Handy-Gesatene system)和"7 加仑喷雾法"(7-Gal System)等,都是一些低容量和超低容量喷雾技术。汽巴-嘉基公司由于同时推行低容量和超低容量喷洒技术解决了农药使用中的许多技术问题而使农药的销售额大幅度增长,因此对于研究开发农药使用技术特别重视,并拨出专款建立了专门研究机构(如 AARU,现已与 CIT 合并成立了国际农药使用技术研究中心 ICAP)。英国的 ICI 公司也建立了专门研究室,并研制出了一代新型喷药工具——静电喷雾器(Electrodyn)。

这些新技术的出现已经使雾粒对生物靶标的沉积率和有效接触率大为提高,而农药向环境和非靶区的飘移和损失大幅度降低。因此,有人预言在今后一段时间里化学防治技术领域中将出现一场新的技术革命[5]。这场技术革命无疑也应是我国化学防治技术进步的奋斗目标,是农药使用技术研究的核心内容。

(二)我国农药使用技术的发展历程和问题

解放后,我国对农药喷洒器械的研制和生产很重视,发展较快。到20世纪60年代初已能生产各式手动喷洒器械7种,动力喷洒机具7种。这些高效能动力喷洒机具如能及时普遍推广使用,对我国农药使用技术的落后面貌无疑将能引起深刻的改变。遗憾的是这件事当时未能引起重视,除少数国营农场外,广大农村中普遍使用的是手动机具。一方面因为动力喷洒机具价格过高,农村负担不了,如解放-18型、工农-36型、工农-60型、3X-30型等动力机具,每台售价高达900~1 000元,另一方面汽油的供应和机具的保养和维修也存在许多问题,但根本的原因是对于农药喷洒技术的重要性以及粗放喷洒可能带来的不良后果之严重性认识不足。手动喷洒器械的结构简单、不需矿物能源、生产容易、造价低廉,因此发展比较快。但工效很低,每台/日约可处理1 334~2 001平方米(2~3亩),又容易损坏。面对1亿公顷农田对化学防治的日益迫切需要,虽然国家大力扶植各地手动喷洒器械制造业,仍难满足需要。这种情况导致各种粗放喷洒方法得以流行,主要的有以下若干种情况。

1. 任意加大药液流量,加快喷雾速度 手动喷雾器惟一可以加大药液流量的部分是喷孔,因此各地群众的做法都是在喷孔上打主意,扩大喷孔,甚至干脆拆除喷头。如近年华东一些地方流行的"喷雨法",就是拆除喷头让药液直接从阀门喷出。有些则用调节开关的关闭角度,使药液出口后散开呈扇面状。

2. 任意使用各种形式的洒水工具以代替喷雾器 如前些年有的刊物上报道的"歪嘴小喷壶"、"两种简易喷雾器[6]"等,这都是洒水壶,并非喷雾器。之后在稻田喷药中出现了"泼浇法",直接把药水泼入稻田中。此法对于具有内吸作用的农药来说虽然有些效果,但对农药在泼浇过程中的去向、分布均未作科学的分析。有些地方提倡把药剂与粪肥水混合泼浇以节省劳力。但是水质、粪肥同药剂及剂型之间的相互关系和影响也无分析研究,这里存在许多未明确的问题。这种施药方法被认为是一种最方便、最易被群众接受的方法,一直延用至今。我国还曾专门设计生产过一种稻田农药"泼浇机"以满足农民的要求。但若从农药的科学使用角度来考查,这种做法显然是不正确的。20世纪70年代中期,在广东提出了一种"水唧筒法",用约1米长的塑料筒,内插木棒活塞,用手抽动吸取药水再从一约1厘米长的梭形狭缝中把药水压出。这种方法比喷雨法更粗,据我们实测结果,有95%以上的药液均落入田水中。

3. 简易手摇喷粉器 在喷粉法方面,代替手摇喷粉器的各种土办法几乎都是用布袋抖粉,如"背弓式摇架洒粉器"、"飞机式布袋洒粉器",甚至还有"麻袋洒粉器",那就更粗放了。还有所谓"简易手摇喷粉器"、"竹制喷粉器"等,这些喷(洒)粉器都没有利用机械发生气流来分散药粉,均属于粗放喷洒。后来一些地方还提出"喷粉炮"以及"绳索牵引空中喷粉喷雾法"。这些办法虽然都是为了弥补器械不足、工效不高的缺陷,但因为没有考虑到喷粉法的特定技术要求以及粉剂的分散和沉积特性,因此必然带来许多问题,如粉粒的絮结、田间分布的不均匀以及在空中的飘移等。1957年前后,在稻区首先推出了"撮粉法"[7],后来演变成为一种流行很广的"毒土法",一直沿用至今。这种洒毒土法对土类、性质、含水量及细度等均无明确要求。至于农药的理化性质与稀释土的性质是否协调更未加考虑,因此也是一种很粗放的方法。

几十年来,这些粗放喷洒方法虽然暂时缓和了我国农药喷洒器械数量少、工效低所产生的矛盾,但产生的后果是严重的,并且已经在农药的浪费损失、环境污染、人员中毒以及有益生物受害等各方面表现出来,化学防治的经济效益无疑也大为降低。据主管部门估计,我国农药使用中的浪费损失大约近 2/3。多年来不少人把化学防治中出现的这些问题归罪于化学农药本身,还没有认识到这是多年来到处流行的粗放喷洒方法所结下的苦果。还应指出,任意采取粗放喷洒方法,也是导致我国许多害虫很容易产生抗药性的重要原因。Graham-Bryce (1978)指出,农药在作物上的不良沉积状态是导致害虫产生抗药性的一种田间选择压力[8]。因此,单纯的室内抗药性研究并不能解决田间的病虫抗药性问题。结合我国的情况,当务之急是尽快克服落后的农药使用方法,提高使用技术水平。Burchfield(1957)等也早已证明,不同的植物对药剂的持留能力和抗雨水冲刷能力有很大差异;喷同样的波尔多液,再经每小时 2 英寸强度的雨水冲刷,多汁的香蕉叶上药剂丧失达90%,而另一种香蕉叶上却仍保留了 30%~40%。同时做试验的蓖麻叶上则极少冲刷。他还发现,如果加一种湿润助剂则蕉叶上的波尔多液颗粒几乎不受雨水影响[9]。这些试验进一步说明了作物的差别和药剂、助剂的差别都是选择正确的农药使用技术所应考虑的因素。所以应强调化学防治法决不是一个单纯的农药品种问题,科学的农药使用技术才是化学防治法成败的关键。

(三)农药使用技术研究的发展动向

农药使用技术研究在国际上正在成为一门新的科学领域。近30 年来发展极快。在多学科间的水平延伸方面,与植物种群生态学、生物行为学、农业气象学、流体动力学、气溶胶力学等学科已经建立了密切的联系,新的边缘科学正在形成或已经形成,例如生物最佳粒径理论的产生,就是这种边缘科学研究的一项突出成果。

Hardaway 及 Barlow(1965)、Himel 及 Moore(1969)、Lofgren 等 (1973)、Uk (1977、1980)、Barry 等(1977)以及其他一些科学家通过研究发现,不同形态和不同质料的叶片和其他物体表面对雾粒的捕获能力与雾粒大小有关,只有一个适宜范围内的雾粒才能被有效地捕获。这一现象后来由 Himel 和 Uk 归纳为生物最佳粒径理论(BODS)[10]。例如,Uk 发现棉花生长点(群尖)所能捕获的最佳粒径范围为 20～80 微米(1977)。如能使喷出的雾滴控制在这个粒径范围内,对棉铃虫的防治就能大幅度提高药效。在 BODS 理论的基础上,终将研究开发出崭新的农药喷洒技术,使农药在有害生物靶标上高度集中而大大减少农药散落率。ICI 公司开发的静电喷雾技术虽然已引起广泛的兴趣,但在具体使用过程中也遇到了不少新问题,正在开展进一步的研究。

　　雾粒在生物体表面上的行为研究也是纵深研究的一个重要领域。雾粒在生物靶标表面上的沉积、粘附、滚落、流失,同雾粒的大小、物理化学性质、靶标表面的结构和形状(如各种毛刺突起及装饰构造)以及表面蜡质层的结构和化学成分,都存在着微妙的关系。

　　进入 20 世纪 70 年代以来,低容量和超低容量喷洒技术在我国开始受到重视。特别是额娃(ULVA)式手持电动超低容量喷雾机,由于结构简单,制造容易,喷雾量小,操作轻便,引起群众很大兴趣。在我国已有定型产品——3WCD-5 型手持电动超低容量喷雾机。超低容量喷洒法,虽然器械简单,但是操作要求严格。如额娃式喷洒器,必须在有风条件下(不小于 1 级风)进行飘移喷洒,并要求根据风向、风速和喷幅宽度来决定喷洒路线并选定步行速度,才能在处理田块上形成有效覆盖,并把飘移减低到最小限度。东方红-18 型动力机进行超低容量喷洒时,虽然机器本身能产生强大气流,但其有效喷幅仍会受自然风的影响,因此同样需进行调节。飘移喷雾法要求喷幅之间形成一定的交叠以取得整个田块内雾粒沉积分布的均匀性。而这一点只有在进行了精心的调节各项技术参数后才能达到。如果不考虑这一切,仍然采取粗放喷洒或随意喷洒,则可能发生的问题将比高容量喷雾法的粗放喷雾更为严重。因为低容量和超低容量法使用的是高浓度药液,雾化程度高,在空气中的飘移散失更为严重,同样会造成农药的浪费损失和环境污染。因此,在仿造超低容量喷雾器时,必须充分了解其工作原理和使用技术要求,制作工艺严格,否则会给我国推广这项新技术带来更为严重的不良后果。

雾粒与生物靶标之间的关系在我国尚未进行过全面系统研究。根据笔者近几年来的实地调查测定以及模拟试验,已初步发现田间喷雾过程中的雾粒运动沉积并非杂乱无章,存在某些明显的规律性。例如,笔者发现在稻、麦田喷雾中雾粒的沉积有明显的叶尖优势现象[11,12]。在模拟试验中还发现棉叶尖部也存在类似现象,细雾粒的叶尖沉积优势尤为突出,在麦穗上的沉积能力很强,在同等用药量下,细雾粒的穗头沉积率比粗雾积沉率高出 2.7 倍之多。

1981 年笔者利用双流体雾化原理设计成功一种手动微量雾化装置(一种手动吹雾技术),雾化程度可达到容量中径值 50 微米左右,雾化均匀度达到 0.6 以上,雾滴谱很窄。试验表明,手动吹雾技术的喷雾量可降低到 0.5~1 升,比传统喷雾法降低 95% 以上。由于此种技术的这些特点,可在田间进行针对性很低容量/超低容量喷洒。这种吹雾器当压力和药液流量在较宽的范围内波动时,雾化程度能保持相当稳定。因此,对于使用技术水平参差不齐的我国农村,手动吹雾技术将能保证喷雾质量相对稳定。在当前我国农村生产体制和能源结构以及科学技术水平的现实状况下,推行手动吹雾技术可能是较易被群众接受的提高农药使用技术水平的有效手段之一。对于今后较大规模地推广动力低容量/超低容量喷雾技术,手动吹雾技术亦可作为一种技术中介。动力喷洒器械的发展则取决于农业生产体制以及对农村能源结构的发展情况。但从技术发展历史的进步来看,这个发展方向是确定无疑的。

现代农药使用技术的发展动向
对我国植保机械的要求*

我国的农药产量虽已处于世界第二位,但从 20 世纪 50 年代至今漫长的半个世纪来我国化学防治中存在的问题却不少。其中最突出的是农药有效利用率低、人畜中毒事故多,以及对暴发性病虫害的应急防治能力差。据 1991 年统计数字表明,全国中毒人数 112 881 人,中毒死亡人数 13 139 人。实际数字可能更高。环境污染方面过去的突出问题是六六六和滴滴涕等高残留有机氯农药在农畜产品以及在水网地区湖泊中的残留问题。虽然此类农药在 20 世纪 80 年代中期已全面停产,却又引起了对于其他非残留性农药的关注。因此,近年来在我国出现了一种全面否定化学农药的舆论,主张用生物防治方法取代化学防治法。然而许多严重的暴发性病虫害却在我国不断肆虐,难以控制,造成巨大损失。例如 1985 年小麦赤霉病突然在河南大发生,受害面积 300 万公顷,损失小麦 90 万吨。1990 年小麦锈病大发生,损失粮食 250 万吨。1994 年稻飞虱的暴发造成稻谷损失 45 万吨,小麦白粉病损失小麦 28 万吨,小麦赤霉病损失小麦 23 万吨。其他暴发性病虫害问题不一一列举。

值得注意的是,用药量远高于我国的发达国家这些问题并不

---

* 1997 年 9 月在中国农业机械学会耕作机械学会全国学术交流会上的报告

是如此严重。日本 1957 年农药中毒事故 539 例中死亡人数为 47 人，1972 年即降至 329 例、死亡 4 人，1981 年仅 32 例事故、1 人死亡。美国和欧洲国家情况也相似。病虫害暴发成灾的事在工业化国家则早已成为历史，1981 年美国柑橘地中海果实蝇特大发生，但是利用飞机喷洒马拉硫磷即迅速控制而未成灾。至于环境污染问题，也是通过科学管理而得到了有效控制。例如日本在 1985 年 80％的农产品中农药残留量都在允许检出水平以下，其余 18％～19％均在法定允许范围之内。

为什么我国用药水平较低而问题反而很大？这是我国所面临的一个棘手问题。本文拟从我国与工业先进国家在农药使用技术水平上的差距去寻找原因。

国际现代农药使用技术的进步和发展趋向

近半个世纪来工业化国家把相当大的力量放在农药使用技术的研究发展上。近十多年更出现了一种新的趋向，即把农药使用技术、农药的剂型研究与施药机具紧密结合起来，出现了一种崭新的化学防治技术体系，值得我们密切注意。这种新技术发展的主要趋向是，使人与农药脱离接触、使农药不污染环境包括大气、水域和居住环境。联合国粮农组织为这种技术体系取名为"用户与环境相容性农药与农药剂型及农药使用技术"(user-environment-friendly pesticide，formulation and application techniques)。

（一）农药剂型方面的进步和发展

农药剂型的发展趋势是提高使用时的安全性，消除操作人员与农药接触的机会，且对农药制剂的填料和载体也提出安全性要求。

1. 提高使用时的安全性 乳油是国际上用量最大的一类农药剂型，乳油制剂有许多优点，虽然有利于提高药效，但是乳油所用的有机溶剂对人体皮肤的渗透性很强，对于操作人员和环境不安全。例如用得最多的二甲苯,美国的 EPA 已经把它列入受禁化学品之列。因此乳油制剂的生产和使用正在下降。发展的方向是开发对皮肤渗透性小、经皮毒性低的干制剂如水分散性粒剂及片剂(WG)、泡沸片剂和以水为载体的湿制剂如水乳剂(EW)、微胶囊悬浮剂(CS),以及多种其他类似制剂。这些制剂还有一个重要优点,即在配制过程中取药时不会发生像可湿性粉剂那样的粉尘飞扬问题。传统的可湿性粉剂的生产和使用因此也在下降。

2. 农药包装设计的进步和发展 传统的包装方法是,干制剂用密封纸袋包装,湿制剂用玻璃瓶或塑料瓶(或桶)包装。在配制药液时必须从中取出一定量的药剂投入水中,在此过程中,操作人员同高浓度农药接触的机会极大,尤其是在不穿戴防护服的情况下,此时最容易发生人员中毒事故。

采用一种水可溶性气密塑料包装袋把农药制剂做成定量小包装,使用时只需把一定数量的药包投入定量的水中,包装袋自行溶解,药剂即分散于水中。此法可完全消除操作人员与农药接触。水分散性粒剂和片剂同样具有这种优点,但是在加工技术上要求粒剂和片剂不发生粉粒脱落现象,以免取药时发生粉粒飞扬。

水乳剂、浓缩悬浮剂和微胶囊悬浮剂等均以水为载体,不含有机溶剂,也不会发生粉尘飞扬,因此比较安全。最近已研究成功了可以包装液态农药制剂的水可溶性塑料包装袋,使湿制剂的使用更加安全。水可溶性包装袋已引起人们极大兴趣,正在迅速发展。

还有一种带有计量器的塑料包装瓶已在欧洲问世。用手挤压药瓶使药液通过一导液管上升进入计量器中,达到所需用药量后打开计量器盖把药剂直接倒入水中即可,药剂不会与手接触。这种包装瓶在欧洲极受中小农场的欢迎。

对于大农场,一种全封闭式的农药灌装系统以及可回收重新再灌装药剂的容器已在欧美各国使用(例如一种称为 FARM-PAK 的再灌装容器,为 400~600 升大桶)。这种农药包装桶是在农药厂(分设在各地的加药站)和用户之间周转反复使用,因此不仅非常安全而且节省了大量的一次性包装材料,减少了废包装容器对环境的污染风险,具有巨大的经济效益和环境效益。在加拿大的应用试验证明,采用 FARM-PAK 后操作人员现场接触农药的机会比常规方法降低了 20 倍。这种技术涉及对大型喷雾机械的改造,许多零部件必须在全国统一的规划下实现标准件化。这种高度现代化的全封闭农药灌装系统对我国可能还是一个比较遥远的目标,因为这不仅涉及大型喷雾机械的改造问题,而且更多的是要涉及农药厂的技术体系改造和药剂供应渠道问题。我国的农药工业是工厂多而分散(全国有大小、公私农药厂近千家)、品种彼此重复,特别是剂型规格混乱,产品缺乏严格意义上的标准化。在这种状况下无法实现农药的大生产和农药使用的集约化。

(二)农药喷洒技术的进步和发展

农药科学使用技术的实质,是为了提高农药在目的物(即靶标/靶区)上的对靶沉积率,降低或消除其在非目的物或区域中的沉积(即"污染"),采取先进的施药技术把农药的施药量降低到最小有效剂量,从而最大限度地提高农药的有效利用率。同时要消除农药对操作人员的危害以及对环境的污染风险。工业化国家从 19 世纪 90 年代即已开始了这方面的研究工作,经历了很长时期的研究发展,进入 20 世纪 80 年代以来,使现代农药使用技术形成了以下几方面的主要特征。

1. 传统的高容量低浓度喷雾法向低容量高浓度喷雾法发展 这种趋势始于 20 世纪 40 年代末。Joyes 等在用飞机灭蝗过程中注意到,蝗群接触农药的机会可以用颗粒撞击理论来说明,农药颗粒越小则与蝗虫撞击的机会越多,从而防治效果也越好。根据这一思路发展出了超低容量喷雾法,并由此产生了超低容量喷雾机(ULVA)和一种新的农药剂型——超低容量油剂(ULV formulation)。此法不仅显著提高了农药的有效利用率而且大大提高了防治效果和工效。ULVA 方法后来很快扩大应用到地面病虫害防治上。

2. 大雾滴喷雾法向细雾滴喷雾法发展 这是低容量高浓度喷雾法发展的必然结果,因为农作物单位面积上所需的农药剂量有一定限度(即最低有效剂量),喷雾液浓度提高后施药液量必然要相应地降低,雾滴尺寸也就必须相应地缩小,以便使药液喷洒均匀。雾滴尺寸缩小 1/2,所得的雾滴数目即增加 8 倍。所以超低容量喷雾法可以用植物表面单位面积上的雾滴数来表示喷洒质量。根据作物和病虫种类的不同,雾滴尺寸为 50~80 微米时,每平方厘米表面上有 10~20 个雾滴即可达到防治要求。

细雾滴喷洒法显著提高了工效(一般可提高 5~10 倍)、减轻了劳动强度、节省了水资源,这些对于病虫害防治工作具有特殊的重要意义。

3. 施药液量概念的变革 传统的大容量喷雾法是用每公顷农田喷多少药液来表达,这种传统概念是要求把作物喷湿到出现"药水滴淌"(run-off)现象为止。而现代农药使用技术则是要求单位作物面积上喷上防治所需的药量。至于应喷多少药液,则取决于所采用的喷雾器械种类、喷雾方法、所选用的农药剂型以及作物的生长发育阶段和病虫种群密度,而不是取决于农田面积。

4. 农药的使用已发展成为一门高度综合性的农药应用工艺学 农药使用问题已经不是单纯的农药品种选择和喷洒手段问题,而是涉及农药制剂、喷洒机具、施药方法、生物行为、宏观毒理学、环境科学各方面的综合性科学技术。化学防治水平的提高和植保机具的研究发展也有赖于农药应用工艺学的发展,并反过来又促进农药应用工艺学的进一步发展和提高。

5. 农药剂型的重要性日益突出 长时期来,农药剂型仅仅被当作农药的赋形问题。实际上剂型的选择不仅影响到农药的作用方式和效果乃至抗药性的发生,而且对于农药的喷洒、在靶标上的沉积分布以及在环境中的行为都有重大影响。因此制剂加工中助剂的科学选用受到高度重视。Hall(1985)即曾强调指出："一定细度的雾滴的喷洒、雾滴与靶标的撞击效率及其沉积分布,可以通过调节剂型和选用助剂来改善。"

(三)国际上农药使用技术的一些新成就

国际上农药应用工艺的发展极快。这里仅就某些突出方面作一浏览,以供借鉴。

1. 农药的剂型加工与施药机具相结合　农药剂型一般都是在农药厂预先加工好。但是有些剂型在贮存中不很稳定,经过贮存后性能会有所减退,或者某些农药或农药与化肥需要混合使用但不能贮存,为了解决这种矛盾,近年来发展了在喷雾机械中把几种成分临时复合起来的技术。例如,在计量器控制下把一种除草剂溶液连续定量加入撒粒机的排粒管道中,在气流辅助下涂覆在排粒管内壁上。颗粒状的肥料也按设定的速度进入排粒管,在颗粒运行过程中与管壁上的除草剂发生滚动摩擦,药剂即包覆到肥料颗粒表面上形成除草剂与肥料的复合制剂而排出(on-the-go granulation)。此法也可用于一种液态农药与颗粒状农药的现场复配。

20世纪80年代初就已开发成功在喷雾过程中完成农药胶囊化的技术。澳大利亚的CFL公司把杀螟松、辛硫磷以及昆虫信息素等多种农药在一定的机械搅拌下与相应的聚合剂、改性剂在喷雾前临时混加在一起喷出,使之在雾滴形成、运动和撞击过程中生成微胶囊(in-flight encapsulation)。Delli Colli报告指出,如果选择好一种与农药相适配的包囊剂或成球剂在喷雾进行时现场混合加工成型,可以获得不发生药害或提高药效的优异效果。他把此类技术统称为现场成型技术(in-situ matricization)。

由于工厂加工成型的农药制剂的物理化学性质在使用时一般不可能再改变,由此可以看出上述新技术在提高化学防治技术水平方面的重要意义。

2. 直接注入系统(DIS)　所谓直接注入系统(Direct Injection System),就是喷药前的配药不在药液箱中进行,而是在喷雾管道中进行。传统的药液箱中装的已不再是配好的药液而只是清水,农药制剂是在计量器的控制下从药瓶直接定量注入药液输送管道中,与从药液箱恒速流出的清水混合后形成喷雾液再从喷头喷出。这种技术完全消除了在配药时操作人员与农药的接触,也消除了配药时农药对喷药机械表面的污染风险。在喷雾结束后还可利用药液箱中的清水来冲洗喷杆和喷洒部件,清洗液全部喷在田里,不用带回农场再清洗。

此项技术可广泛应用于液态制剂(乳油制剂、浓缩悬浮剂、水剂、水乳剂等)和固态制剂(水分散性粒剂、可湿性粉剂等)。但可湿性粉剂由于加药时易发生粉尘飞扬而不主张采用此法。水分散性粒剂则必须在喷雾机上加装一种颗粒破碎器。其主要部件是一只锥形螺杆推进器,颗粒落入推进器后边推进边破碎,最后进入药液输送管道与同时流入的清水溶汇而迅速形成喷雾液,然后进入喷管从喷头喷出。

以上是在机动喷雾机上的应用。在手动喷雾器上也取得一些进展。一种新型的药、水分离式手动喷雾器其药液桶中装的也是清水,经过软管进入握柄上的喷雾控制阀(SMV,Spray Management Valve)分成两路:一路直接送到喷头上;另一路进入一只与SMV连接在一起的配药瓶,利用水压把瓶中一只软塑料袋中的液态农药制剂从内管挤入SMV中,与清水混合而成药液再从喷头喷出。水的流速和药剂排出速度的比值由SMV来调控,使之形成所需浓度的药液而喷出。这种设计也避免了操作人员同药剂接触。

3. 节省农药、保护环境的新型施药法设计

(1)节省农药的施药法设计　20世纪80年代即已研制成功

回收循环喷雾机、药辊涂抹机、光敏间歇喷雾机等新型喷雾机具，都能大幅度减少农药用量，同时也大幅度减少了农药喷到非靶标植物上去的可能性。循环喷雾机是在喷头的下风方向设一回收板，当未能被作物捕获的药雾透过作物株冠后及时被回收板拦住并流到板下边的回收槽再抽回药液箱，循环使用。这种回收板也可呈马鞍形跨在作物株冠上部。药辊涂抹机是专用于向基性传导型的除草剂如草甘膦。药液通过药辊（一种利用能吸收药液的泡沫材料做成的抹药滚筒）只须接触到杂草上部的叶片即可奏效。这种方法几乎可使药剂全部施在靶标植物上。光敏间歇喷雾机则利用光电作用原理，用光敏元件（光电接收器）作为传感器，在喷头与光电接收器之间没有作物时即自动停止喷雾。这些方法可节省农药 50%～95%。此外并大幅度减少或基本消除了农药喷到非靶标植物上去的可能性。

(2)减少农药飘移的施药法设计　一种设计是降低喷头高度。在喷杆前方加装一支拨秆器(crop tilter)把作物推到呈倾斜状态，即可把喷头降低到离作物 5～10 厘米的高度，以便把药雾喷进株冠之中。即便风速超过 3 米/秒也能把雾滴飘移量降低 10 倍之多。最新的一种袖筒式风送喷杆喷雾机则可以不加拨秆器而利用袖筒产生的下行气流把药雾喷入株冠中。上述马鞍形的回收循环喷雾法也具有减少农药飘移的作用。涂抹法则完全没有飘移问题。

为防止运动员被农药污染，高尔夫球场草皮防治地下害虫使用的杀虫剂不允许沾在草皮上。随着改革开放我国也面临了类似问题。Ozkan 等报道了几种特殊的土壤施药机械，使用一种带有导轨的喷杆，用一种缺口圆盘形犁刀把草地切出一组狭缝然后把药液注入，此法可在不损伤草皮的情况下安全施药而不会在草皮上留下农药。

(3)消除残余农药污染风险的施药方法设计　喷雾结束以后

的残余农药若不加处理,也是重要的污染源。因此近 20 年来工业化国家均对此制定了严格规定。上文谈到的 DIS 喷雾法采取药水分离的设计,药箱中剩余的清水即可用于清洗器械和农药容器,清洗水全部喷洒在农田里而无须把残余农药带回农场。机载清水也可用来就地清洗工作服和身体的暴露部位。

近年在英国更发展了一种农药废水巡回处理车(商品名"Sentinel")。利用絮凝作用或活性炭吸附法就地处理农药废水。可把 300 克/立方米的含药废水净化为 0.000 3 克/立方米的可饮用净水。这种设备适用于大农场、种植园,不适于个体小农户。

我国的农药使用问题及其实质

前文已经提到我国的农药使用问题比较多,主要有 3 个方面。

(一)农药有效利用率低、农药浪费和环境污染问题较突出

若以实际喷到作物靶标上的农药而论,我国农药的利用率只有 20%～30%,这不仅浪费了大量农药而且对环境造成了不应有的污染。

农药有效利用率低的根本原因是我国广大农村至今仍在采用 20 世纪 50～60 年代定型的落后的手动喷雾器。我国手动喷雾器的数量很大,社会保有量约有 6 000 万台,每年的生产销售量 800 万～1 000 万台。但是绝大部分都属于 20 世纪 60 年代以前的老品种、老机型,机械性能很差,根本不能满足科学使用农药的要求,形成了数量大而性能差的尖锐矛盾。此类器械都属于低浓度大容量喷雾。但广大农民甚至很多基层植保干部至今仍持有"不打到药水滴淌不放心"的喷雾质量观。其原因是多方面的。首先是农药包装瓶上的标签和施药方法说明书至今仍然采用大容量喷雾的表达方法,一般农药使用手册中也采用这种表达方法。上述根深蒂固的传统施药液量观点已成为我国推广应用现代农药使用技术和新型施药器械的巨大思想障碍。其次,尤其值得注意的是,我国

的手动喷雾器全国通用的是一种单一的喷头——切向离心式涡流芯喷头。就是说我国上千种农作物和病虫草害都是在使用同一种喷头进行农药喷洒,其效果就可想而知了。

(二)农药中毒事故多

中毒事故发生频率较高的是在配药和施药过程中。配药时要与高浓度的农药接触,而我国的农药制剂中约60％是以工业二甲苯作溶剂的乳油,此外全部乳油制剂都是用小口玻璃瓶或塑料瓶包装。瓶口的内盖塞得很紧,极难开启。开启和倾倒时极易沾到手上和身体的其他裸露部位。缺乏计量器也是一个重要原因,农民不得不用瓶盖或其他任意容器来"量"药。农药的废弃包装瓶缺乏妥善处置办法,随意抛弃或改做他用,不但增加了中毒事故而且也对环境造成污染。在喷雾过程中的中毒事故,一方面是由于喷雾器械的意外破损和施药进行中的药液滴漏所致,另一方面是由于在喷洒过农药的作物丛中穿行接触药剂所致,特别是在不穿防护服、植株比较高大茂密的情况下更容易发生。这里可以更清楚地看到我国目前大量使用的手动喷雾器所带来的严重问题。

(三)对暴发性病虫害缺乏应急防治能力

这里存在的主要矛盾是:农业生产活动(包括病虫害防治活动)的高度分散性和病虫害发生的高度集中性和区域性,加上施药手段的落后,当病虫害暴发时无法组织应急防治。具体说则是防治时间的紧迫性与施药手段低能性的矛盾。我国植保机械若以每架承担的耕地公顷数来表达(均折合成手动喷雾器),上海为0.28公顷,黑龙江为44.52公顷,全国平均为5.98公顷(据戚积琏,1992),即在近6公顷农田中只有1架手动喷雾器可以投入使用。但一台手动喷雾器的日工作量仅为3~4亩,所以即便全部喷雾器均保证完好、全部都能立即组织起来投入防治工作,也难于同数量大、来势猛的病虫害周旋。

以上问题的实质,是农药的使用技术和施药手段落后以及农药的剂型不能适应施药的要求。例如农药有效利用率问题。从施药技术方面讲,主要取决于两个因素:一是药液对于植物表面的湿润、展布和粘着能力,二是农药喷雾的细度(即分散度大小)。如果药液的湿润展布性能不好,药液极易从表面滚落而不能得到有效的利用;如果湿润展布性太强则药液只能在表面上形成很薄的液膜,其他药液则从叶表面流失。这两种状况都是导致农药有效利用率低的重要原因,也是我国最普遍的问题,是由于我国对农药制剂缺乏充分的剂型适应性研究。各种作物对药液的湿润性反应差别极大,例如水稻、小麦、棉花、白菜。用烷基苯磺酸钠作湿润剂在各种作物叶片上测定饱和湿润点时所需的湿润剂浓度,大豆叶为 $0.04\% \sim 0.06\%$,小麦叶为 $0.06\% \sim 0.07\%$,水稻和花生叶为 $0.09\% \sim 0.1\%$,而黄瓜和棉花叶则小于 0.005%(屠豫钦,1984)。在麦田用常规大容量法喷多菌灵可湿性粉剂时,药液接触角为 $65°$,在小麦上的药液沉积量按有效成分计为 5.31%,补加 0.05% 烷基苯磺酸钠接触角缩小为 $15°$,沉积量即可提高到 19.28%。另一方面也可看到细喷雾能进一步提高沉积量。上例另改用 $50 \sim 100$ 微米的细雾喷洒,麦田用药量降低 $1/2$ 的情况下沉积量即能提高到 11.50%,加 0.05% 湿润剂后则可进一步提高到 42.68%(尹洵等,1987)。从这里可以看到剂型与喷雾方法之间存在一种互补关系。

我国农药中毒事故多,其原因比较复杂。缺乏劳动保护、药剂选用不当、药械质量差加上用户缺乏科学知识等都有关系,但缺乏农药使用技术的基本训练、农药包装不合理以及施药机具的落后是更为重要的问题。

对暴发性病虫害的应急防治能力除了准确的测报工作以外,主要是施药手段问题。大型的施药机具以及飞机喷药技术是防治此类病虫害的重要手段。

对我国农药使用技术的发展之展望

从工业化国家所取得的技术进步可以看出,过去化学防治法所表现的一些负面效应已经通过农药应用工艺学的长足发展而正在成功地得到解决。所以,积极提高我国的农药应用工艺和使用技术水平是指引我国病虫害化学防治向高效、安全、低耗的高水平发展的根本出路。从长远看,工业化国家在化学防治方面所走过的成功道路是我国的必由之路。但是我国农业生产在相当长的一段历史时期内仍将继续实施承包责任制,农民的农事活动仍将是小农形式。这决定了我国暂时还不可能照搬工业化国家所采用的大生产的办法。因此必须积极探索我国自己的道路和办法。

在有条件的地方积极发展现代化的施药技术的同时,要看到我国广大农村的化学防治仍将以小型手动(或半机动)施药机具为主。此外还要注意到农田的分户承包和作物种类的分散性,以及一户农民往往种植多种作物的情况,所以不宜采取单一作物集中施药的办法。但是,科学的化学防治技术要求针对不同的作物和病虫草害分别选用相应的农药和使用技术以及施药机具。这里就提出了一个问题:我们应当用怎样的施药机具去装备我国的农民?

目前我国的小型手动施药机具仍然是"老三样"——压缩式喷雾器、背负式喷雾器、单管喷雾器,还有少量踏板手压喷雾器。特别值得注意的是所有这些喷雾器使用的喷头都是相同的——切向离心式涡流芯喷头。这就是说我国数十年来一直是在用完全相同的一种喷头去处理数以千计的不同类型的农作物和数以千计的各种不同的病虫草害。这种状况决定了这样的化学防治不可能取得最好的效果,而且必然会引发种种负面效应。此外,因此而损失的农药大体上达 60%～70%,损失的劳动工日约 6 亿～7 亿个(与高效低用量喷雾法相比),应当说问题是十分严重的。在国际上,工业化国家的农药使用已经进入"机械化+电子化"时代,而我国的农药使用技术水平尚不如其他一些第三世界国家。

我国面临的迫切任务是,首先对面广量大的"老三样"进行技术改造,把大容量喷雾器改变为低容量高效喷雾器;研究设计适合我国农业情况的多种系列喷头;研究设计防止手动喷雾器滴漏的技术和配用零部件;研究解决适用于手动喷雾器的水可溶性小包装农药制剂以及带有内装计量器的液态农药容器;积极研究开发药/水分离式手动喷雾器。与此同时,须从农药使用技术的角度对我国现有农药剂型的结构和组成以及农药制剂的理化性状进行全面系统的调查研究,做出评价,制订发展规划。

在这些调查研究和研究设计工作的基础上,我们就一定可以开发出适合于我国农业体制的植保机具系列和逐步确立我国自己的农药使用技术体系。

农药雾粒沉积特性与吹雾技术之研发 *

　　海斯（Hayes,1983）把近 20 年来化学农药所面临的种种问题归纳为 4 个方面：技术挑战，经济挑战，环境挑战，舆论挑战。他概述了农药科学技术研究发展的新动向后正确地指出，解决这些问题的关键是设法使农药准确地击中靶标生物而尽可能避免冲击非靶标生物，包括人、畜[18]。

　　国际上（特别是以英、美为主的一些欧美国家）近数十年来已围绕农药对生物靶标的命中率问题展开了广泛研究，内容涉及农药的分散雾化、雾粒的运动和沉积特性、生物靶标的形态结构特征以及气象因子的影响等方面，取得了许多重要进展并发展了基本理论，如生物最佳粒径（BODS）理论等。对于农药雾粒在靶标表面的行为进行了扫描电镜观察研究，对于雾粒在靶标表面上的运动、扩散范围和沉积密度等进行了定量研究，发展出诸如致死中距（LDist50）致死中数（LN50）等新的评价标准和新的概念[14]。开展了模型及数学模拟研究，提出了雾滴群分布型以及雾滴群衰减系数等概念[15]，对于发展农药科学的使用技术起了重大的理论指导作用。农药的使用技术已经从过去"地毯式"的盲目大量喷洒中解脱出来，对靶定向喷洒技术已经成为可以预期的目标。

　　我国在这方面起步甚晚，因此农药使用技术比较落后，问题较多。人、畜中毒，有益生物受害，环境污染突出、农产品中农药残留

---

　　* 《化学防治技术研究进展》,1992 年 5 月

问题较多、化学防治法的经济效益不够高等,近年来成为各方面所瞩目的问题。农药的品种构成、产品质量和农药的毒性水平当然是问题的一个方面,亟须加以调整和改变;但是农药使用技术落后,却是发生上述种种问题的主要肇因。我国农药使用手段单一,以涡流芯式喷头为雾化部件的手动喷雾器至今仍然是各种农作物上的通用器械。此种雾化器械在手动操作条件下雾化性能较差,而且不能适应不同类型作物和病虫的特点和防治要求,加之使用笨重而费工迫使农民采取了粗放的操作方法,这些喷洒方法往往导致大量农药散落到农田环境中,而在靶标生物上的沉积量却很低。对于多数病虫害来说,常由于农药沉积量低而使一次喷洒的防治效果减低,从而不得不增加喷药次数和提高用药量。例如,每667平方米用25%喹噁硫磷25克(有效成分)防治稻飞虱,低容量喷雾法防效为84.43%,而常量喷雾法为70.87%,泼浇法为66.07%。每667平方米用杀螟松有效成分50克防治稻飞虱,低容量法、常量法的防效分别为84.24%和75.80%。用雾滴较细的吹雾法时,在降低用药量30%的情况下,防效即可达到84.08%[1]。每667平方米用10%的叶蝉散可湿性粉剂250克防治稻飞虱,泼浇、喷洒、弥雾(东方红-18型机)和"三个一"喷雾法(注:用1毫米孔径喷片的背负式喷雾器,一背包药水,喷洒每667平方米田的喷雾方法,在浙江简称为"三个一"喷雾法)的防效分别为58.52%、65.46%、80.64%和75.41%,粗放喷洒法的效果显著比细喷雾差[9])。用杀虫单水剂防治稻纵卷叶螟,弥雾法(东方红-18型),常规喷雾法、水唧筒法和毒土法的防治效果,分别为82.4%、78.3%、66.1%和47.1%[8]。由此可见,研究和改革农药使用技术在我国是一个非常现实的问题,细雾滴以及相应的低容量/超低容量喷洒技术,是国际上近30年来公认的发展方向。国际上近年来所推出的技术是旋转离心雾化器以及正在开发的静电雾化器。这种雾化技术可以产生相当均匀和雾化程度很高的雾滴群,但是在使用上也受到不少限制。例如,作业时要求在有风条件下进行飘移喷洒,在我国农村使用就有一定困难,因为风向和风速的变化往往要求对喷幅、药液流量、步行速度进行及时调整。此外,这种飘移喷洒法的一个缺点是雾滴对株冠层的穿透能力较差,田外飘移较严重。因此,东方红-18型低量/超低量喷洒机具在我国许多地方实际上均采取了针对性喷洒。另一方面或由于机械笨重和售价较高,或由于矿物能源消耗量大和难于保证供应,或由于剂型要求特殊,加之近几年农业生产体制发生很大变化,使这些喷洒手段在农村的推广遇到较大的困难。当前,我国农村迫切需要小型、轻便、高效的农药喷洒设备和手段。

根据对我国农村农药使用情况的调查和分析,能满足当前农村需要的喷雾技术,应具备以下几个特点:①喷雾量小;②轻便,适于一般中等劳力使用;③雾粒的对靶沉积性能好;④不需要自然风助飘移;⑤不需矿物能源。

农药雾粒的沉积分布特性

(一)雾粒在作物株冠层中的沉积分布

农药雾粒的沉积分布特征,是科学使用农药的基本依据。从图 1 可以理解,对于两种不同类型的植物,采取两种不同的喷洒方法,雾粒(小圆球表示)的沉积部位和数量不同。柯西(Courshee,1983)在小麦植株上采取 3 种喷雾角进行喷雾,垂直喷雾大部分雾粒落在地面上,水平喷雾主要沉积在植株上部,而倾斜 60°角喷雾则可以使植株上下部着药较均匀[17]。巴契(Bache,1980)对不同叶形、不同叶面宽度的作物株冠层进行了雾粒穿透性和沉积状况模拟研究,发现存在沉降沉积和撞击沉积两种方式,前者主要表现在粗雾粒上,在阔叶作物上明显,后者则是细雾粒在气流作用下的沉积特征[15]。我们对于几种喷雾方法的雾滴沉积分布情况实际测定的结果,也基本上与 Bache 的研究结果相似。在稻麦田里,常

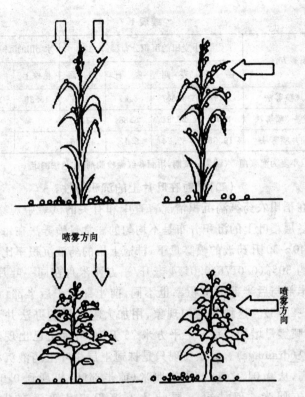

图 1　雾粒的两种沉积状况　（小圆球表示雾粒）

规喷雾法所产生的较粗雾粒有 77%～85% 透过株冠层而落到地上或田水中,而细雾喷洒法则相反,有 64%～86% 的雾滴是沉积在株冠层中,只有小部分散落到地面上（表 1）。

表 1　几种喷雾方法在稻麦田中的沉积分布状况

喷雾方法	小麦田的沉积分布(%)				水稻田的沉积分布(%)	
	穗　部	麦　叶	麦　秆	地　面	植株上	田水中
吹雾法	29.46	40.58	16.30	13.91	64.32	33.87

续表 1

喷雾方法	小麦田的沉积分布(%)				水稻田的沉积分布(%)	
	穗部	麦叶	麦秆	地面	植株上	田水中
常规喷雾法	12.74	3.817	6.47	76.92	15.39	82.33
"三个一"喷雾法	8.78	26.51	6.83	57.86		
小喷片喷雾法	19.36	30.24	8.13	42.26		

注:小麦为灌浆期,水稻为分蘖期,用丽春红做检测剂,比色法测定

(二)雾粒在叶片上的沉积特性

在稻田农药雾滴沉积情况普查中和有关的试验中观察到,药液在各层稻叶上的沉积分布是不均匀的。常量喷雾法在每 667 平方米 40～50 升药液的喷雾量下,株冠上层的药液沉积率比下层要高出约 50%(0.0176/0.0114 毫升/平方厘米),在同一叶片上,叶片前半部与后半部的沉积率也不同,前半部高于后半部(比值为 1.44～2.78)。这种不均匀现象,用加大喷雾量的办法并不能解除,当喷雾量增加到每 667 平方米 75 升时,叶面上已出现药液流失现象(drainage)。但是发现只是株冠上层稻叶上药液沉积率显著提高,从 0.0176 毫升/平方厘米(前半部叶)提高到 0.0250 毫升/平方厘米。但株冠下层叶片上沉积率几乎无变化,仅从 0.0114 增加到 0.0118 毫升/平方厘米,而株冠上层叶片上却有药液沉积率匀化的趋势。如后半部叶片上的沉积率也达到 0.0231 毫升/平方厘米,前、后部叶面沉积率比值接近于 1。而下层叶片上前、后部叶面沉积率比值仍高达 2.34(表 2,表 3)。由此可见,单纯提高喷雾量并不能使药液在植株上的沉积匀化。如果是为了使药液较多地达到植株下层而提高药液喷雾量则必然会有相当大量的药液因被粘着在植株上层而造成浪费和损失,因此,要使药剂达到植株的下层必须采取其他方法。

表 2　喷雾量及湿展剂对药液在稻叶上沉积率的影响

喷雾处理方法		稻叶上的药液沉积率(毫升/厘米²)		沉积比	加湿展剂后沉积率之提高(%)	
		叶片前半部的沉积率	叶片后半部的沉积率	前半叶/后半叶	前半叶	后半叶
常量喷雾法40升药液/667平方米	无湿展剂	0.00411 (0.00186~0.00643)	0.00218 (0.00076~0.0035)	1.89	+29.92	+16.97
	加湿展剂	0.00534 (0.00356~0.00967)	0.00256 (0.00012~0.00381)	2.09		
常量喷雾法50升药液/667平方米	无湿展剂	0.00456 (0.00221~0.0098)	0.00276 (0.00145~0.0408)	1.65	+42.98	+22.83
	加湿展剂	0.00652 (0.00423~0.01111)	0.00339 (0.00207~0.00541)	1.92		

表 3　喷雾量对药液沉积率及对株冠层穿透率的影响
(喷药人员不碰撞稻株,北京,1981)

喷雾法及喷雾量	株冠层采样部位	稻叶上的药液沉积率(毫升/厘米²)		沉积比
		叶片前半部沉积率	叶片后半部沉积率	前半叶/后半叶
常量喷雾法50升药液/667平方米	株冠上层	0.0178 (0.0109~0.0240)	0.0120 (0.0062~0.0219)	1.44
	株冠下层	0.0114 (0.008~0.0115)	0.0041 (0.0016~0.007)	2.78
常量喷雾法75升药液/667平方米	株冠上层	0.0250 (0.012~0.0305)	0.0231 (0.0169~0.0298)	1.08
	株冠下层	0.0118 (0.0087~0.0159)	0.0058 (0.0019~0.0108)	2.34

注:药液中均加有湿润展布助剂(磷辛+号,0.1%,药剂为杀虫双)

经过田间观察、测定和室内的试验研究,发现叶片上药液的不均匀沉积是一种规律性的现象。这种现象的出现,与稻叶的叶形构造有关。用模拟靶标(一种阶梯形靶标,图2)的试验证明,雾滴在狭窄的靶面上较易沉积,靶面愈宽沉积率愈低。这一现象同流体动力学的基本原理是相符的。

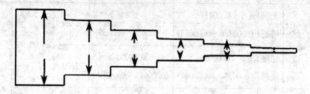

图2　气流在靶面上的偏流示意图

(箭头示偏流方向和强度,靶面越宽偏流越强,沉积量越小)

笔者把雾粒较易在稻叶尖梢部分沉积的现象,称为雾粒沉积的"叶尖优势现象"[4](表2,表3)。这种现象在麦叶上也同样存在(表4),在棉叶上用模拟纸型靶做的试验也发现在棉叶的5个尖部同样存在相似的现象,而且叶掌部的沉积率均低于5个尖部的沉积率(表5,表6)[3]。

表4　杀螟松在麦叶和麦穗上的沉积量分析结果*

区　号	测定部位		8个采样点总沉积量 (毫克/千克)	每点平均沉积量 (毫克/千克)
B区 吹雾	叶　部	上　前半叶	2512.68	314.09
		上　后半叶	2077.74	259.72
		中　前半叶	1810.21	226.28
		中　后半叶	827.51	103.44
		下　前半叶	889.42	111.18
		下　后半叶	633.11	79.14
	穗　部		689.31	58.16

区　　号	测定部位			8 个采样点总沉积量（毫克/千克）	每点平均沉积量（毫克/千克）
C 区 小喷孔	叶部	上	前半叶	1260.87	157.61
			后半叶	1200.91	150.11
		中	前半叶	793.99	113.43
			后半叶	839.24	104.91
		下	前半叶	586.64	83.81
			后半叶	479.30	59.91
	穗　部			228.90	28.61
D 区 工农-17 型	叶部	上	前半叶	497.28	62.16
			后半叶	702.59	87.82
		中	前半叶	800.04	100.00
			后半叶	494.19	61.77
		下	前半叶	375.86	46.98
			后半叶	436.51	54.56
	穗　部			165.86	20.76

＊用气相色谱法测定

　　叶尖优势现象对于许多病虫害来说无疑具有明显的意义。如稻蓟马、稻纵卷叶螟、稻苞虫、黑尾叶蝉、稻椿象等害虫，白叶枯病、稻瘟病等病害。如果充分利用叶尖优势现象，将能大幅度降低农药使用量。在小麦、棉花（图 3，表 5，表 6）

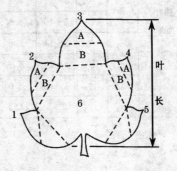

图 3　棉叶区段划分与表 5、表 6 对照

上也是一样。

表5 叶尖优势现象在棉叶靶标上的表现 （水平位势）

靶标及区段			在3种压力（千克力/厘米²）下的雾滴密度（滴数/毫米²）					
靶标类	区段		1		2		3	
			范围	平均	范围	平均	范围	平均
小棉叶 （5厘米）	1		5～12	7.2	3～16	7.5	7～18	10.2
	2	A	2～10	5.3	2～12	6.7	5～18	9.9
		B	2～8	4.95	1～10	3.7	1～10	5.1
	3	A	4～13	7.1	6～20	9.9	2～17	9.3
		B	1～6	3.7	1～10	5.1	1～8	4.2
	4	A	4～15	7.8	3～18	8.3	2～16	7.4
		B	4～12	7.6	1～9	5.1	1～9	4.1
	5		7～14	10.1	3～16	8.3	3～12	7.4
	6		3～7	4.6	1～8	3.9	1～10	3.5
小棉叶 （5厘米）	1		3～12	7.7	2～14	5.4	1～12	4.6
	2	A	4～14	7.8	2～10	5.6	1～9	5.5
		B	2～10	5.0	1～7	4.2	1～7	3.2
	3	A	5～11	8.5	1～9	6.1	1～22	8.0
		B	3～10	6.6	1～6	3.3	1～11	4.4
	4	A	5～14	9.0	4～12	7.0	4～25	8.8
		B	2～10	5.9	2～7	4.2	1～7	3.7
	5		3～14	8.0	1～14	5.8	2～13	6.9
	6		2～7	4.2	1～6	2.9	1～7	3.0

靶标及区段		在3种压力(千克力/厘米²)下的雾滴密度(滴数/毫米²)					
靶标类	区 段	1		2		3	
		范 围	平 均	范 围	平 均	范 围	平 均
大棉叶 (9厘米)	1	6～16	11.2	1～19	6.2	1～14	5.3
	2 A	5～19	8.1	5～17	10.1	1～11	5.3
	2 B	1～10	5.0	1～8	3.4	1～5	2.8
	3 A	2～9	5.3	5～14	8.6	2～13	7.2
	3 B	1～7	4.2	1～6	3.1	1～9	3.6
	4 A	2～10	5.5	2～19	6.9	2～19	8.4
	4 B	1～7	3.5	1～9	3.9	1～7	3.6
	5	1～8	4.4	1～15	5.0	2～16	6.7
	6	1～6	3.2	1～6	2.6	1～5	2.4

注:1 千克力/厘米²＝0.0980665 兆帕(MPa)

表6 叶尖优势现象在棉叶靶标上的表现 (倾斜位势)

靶标及区段		在三种压力(千克力/厘米²)下的雾滴密度(滴数/毫米²)					
靶标类	区 段	1		2		3	
		范 围	平 均	范 围	平 均	范 围	平 均
小棉叶 (5厘米)	1	0～3	1.3	2～9	2.2	0～4	1.1
	2 A	1～5	2.7	1～11	4.4	0～8	2.7
	2 B	1～5	2.1	0～5	1.8	0～3	0.9
	3 A	0～6	1.9	1～9	3.0	1～6	3.2
	3 B	0～3	1.5	0～2	1.0	0～3	1.1
	4 A	1～6	2.3	0～10	2.7	0～10	2.3
	4 B	0～3	1.3	0～3	1.1	0～3	1.2
	5	0～5	1.3	0～5	2.4	0～8	2.8
	6	0～3	1.2	0～2	0.9	0～3	0.9

靶标及区段			在三种压力(千克力/厘米²)下的雾滴密度(滴数/毫米²)					
靶标类	区段		1		2		3	
			范围	平均	范围	平均	范围	平均
小棉叶 (5厘米)	1		1~5	2.5	0~10	2.7	0~12	3.6
	2	A	1~8	3.6	1~9	3.1	1~7	3.6
		B	1~4	2.0	0~3	0.9	0~5	1.9
	3	A	1~8	4.1	1~10	3.8	1~9	3.8
		B	1~6	2.5	0~3	1.3	0~3	1.3
	4	A	1~9	3.8	0~5	2.5	0~6	2.9
		B	1~4	2.2	0~3	1.1	0~4	1.1
	5		1~6	2.6	0~5	1.7	0~8	1.9
	6		1~3	1.6	0~3	0.8	0~2	0.8
大棉叶 (9厘米)	1		1~14	3.0	0~7	2.3	0~16	4.2
	2	A	1~9	4.1	2~7	4.4	0~14	3.2
		B	1~5	1.8	0~2	1.4	0~3	1.0
	3	A	1~6	3.3	1~13	5.1	1~5	3.0
		B	0~3	1.5	0~4	1.7	0~2	1.0
	4	A	1~7	2.8	1~7	4.2	0~8	3.0
		B	0~3	1.4	0~5	1.9	0~3	1.0
	5		0~5	1.3	1~8	3.0	0~4	1.5
	6		0~3	0.9	0~3	1.1	0~3	0.7

注:1千克力/厘米² = 0.0980665兆帕(MPa)

(三)湿润性能对雾粒沉积能力的影响

药液对植株的湿润能力,对药液沉积率影响很大。用杀虫双在水稻上喷雾,加用湿润剂(磷辛十号或洗衣粉)的药液沉积率比未加者要高出35%左右(每667平方米40升喷雾量和50升喷雾量分别高出 29.92% 和 42.98%)(见表 2)。而这类水剂农药,群众进行喷雾时,一般是不加用湿润助剂的。

在调查研究中还发现,喷雾人员在田间的走动,对于已沉积在叶片上的雾滴有机械撞落现象,在加用湿润助剂的情况下,人员不碰撞稻株的田块中,药液在稻叶部的沉积率比人员撞动过的要高 2~3 倍之多(表 3)。显然,不加湿润剂时撞落现象更要严重得多。这些情况充分说明,目前这种大容量手动喷雾器械的弊病是很多的。

叶片表面的湿润性能对于药液的沉积也有显著影响,对于 7 种作物的叶片进行的测定表明,有些作物的叶片湿润性能很差,须加用湿润剂来提高药液沉积能力。水稻叶片是极难湿润的叶片,须用较强的湿润剂,棉叶较易湿润,过多的湿润剂反而使药液沉积率降低,但是黄瓜叶反面的叶脉形成显著的脊起,使叶面上形成许多由叶脉脊起所围成的凹陷,湿润性较差的药液在这些凹陷中能有较多的聚结,而当湿润性增强以后,由于药液表面张力减弱,药液反而不易聚积(图 4)。这说明了作物叶片的表面性质和构造的不同,对于药液的沉积会产生显著的影响。因此在不同的作物上如采取同样的喷雾方法,不能取得同样的喷雾质量和效果。

关于吹雾技术的开发设想

对雾粒沉积分布特性的观察研究表明,传统的手动喷雾方法效果很差,雾粒在作物上的沉积效率很低。我国的传统喷雾方法,属于液力式雾化方法,所用的雾化器是锥形涡流芯雾化头。是一种通用雾化头,在工农-16 型背负喷雾器、552-丙型压缩式喷雾器、踏板手压喷雾器、单管喷雾器等各种喷雾器上均采用此种通用雾化头。近年推广的"三个一"和"小喷孔片"喷雾法,也是采用此种雾化头,只是把喷孔片的孔径适当缩小而已。由于涡流芯雾化头所形成的雾头是一种空心雾锥体(hollow cone),雾头呈伞状,所

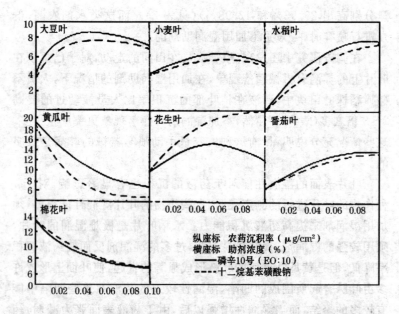

图 4　几种植物叶片上药液沉积率同湿润助剂用量之相关性

以喷雾时一般只能进行覆盖式喷雾(笼罩喷雾),不能根据作物形状和结构进行有效的对靶喷雾。另一方面,这种雾化头的雾化性能差,雾化不均匀,雾滴直径粗,可达 400 微米左右,这种粗雾滴在空气中自由降落迅速。因此雾滴喷出后,很难在作物株冠层中扩散分布。表 1 的实际测定表明了这一点。由于这种原因,用这种传统的雾化方法不可能使雾滴相对集中到病虫危害的有效靶区上,而会有很大部分雾滴喷到了非有效靶区,因而导致农药的损失。

在实际情况下,病虫均有相对集中的为害靶区,如稻纵卷叶螟、稻苞虫、蓟马、麦蚜、赤霉病、白叶枯病等,多集中在叶部或叶梢部,或集中在麦穗部为害,也有一些病虫是集中在植株基部为害,如稻飞虱、水稻纹枯病。有些病虫在不同的生育期可以分别在植物的不同部位集中为害。这种生物行为特征,要求农药的喷洒具有较好的对靶性,即把药剂雾粒相对集中地喷洒到病虫集中为害的靶区,我们把这种喷洒方法叫做"对靶喷洒"。例如,当有效靶区是麦穗部时,空心雾锥不论采取下喷法或侧喷法,均难以做到对靶喷洒,大部分雾粒脱靶。如果采用窄幅实心雾锥体喷洒,采用侧喷时,对靶沉积效率就大大提高了。

海默尔-伍克(Himel-Uk,1980)提出了一种生物最佳粒径理论(BODS),总结了各项研究的结果,指出大多数生物体所能捕获的雾粒均系细雾粒,而各种生物体之间又有差异。马修士(Matthews,1980)总结各家研究结果提出,植物叶面的最佳雾粒粒径为40~100微米,叶面上的害虫则为30~50微米,而250~500微米的雾粒则较易落到地靶上。因此,要实现植物株冠层的对靶喷洒,还应要求雾粒细度达到所需粒径范围。

根据上述分析,要提高喷雾的对靶沉积效率必须改变国际和国内已沿用多年的传统的大喷雾角、粗雾滴、空心雾流喷雾技术。因此,笔者建议采用气力式雾化原理(或双流体雾化原理)。气力式雾化法所产生的是实心雾流,且雾粒比较细而均匀。双流体雾化技术可以获得比较稳定的雾化效果(Fraser,1957)。图 5 显示了这一点,在很宽的压力变动范围内(0.2~35 PSI)雾滴细度的变动范围是 50~100 微米。这个雾滴细度已近似于目前旋转离心式超低容量雾化器的雾化程度,也正是植物叶片的最佳粒径范围。如果要求每平方厘米有 100 个雾滴,则每 667 平方米(叶面积指数按 4 计)仅需药液 172~1 200 毫升[16]。如设定每 667 平方米喷雾量为 500 毫升,药液流速为每秒 0.5 毫升,则仅需不到 20 分钟即可喷完 667 平方米农田。根据这一基本计算,用手动方式产生低压压缩空气即可实现双流体雾化,由于把喷雾量降低到每 667 平方米 500 毫升左右,因此就可以实现喷雾器械的轻便化,这种雾化技术,称为"吹雾技术"。

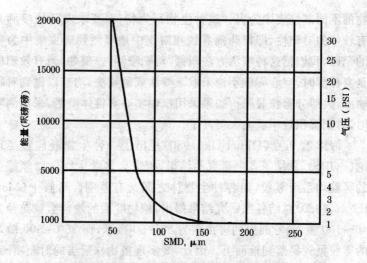

图5 气压及能量同雾化细度之关系

吹雾技术是利用压缩空气来雾化药液,因此也是一种微型风送式雾化器。根据巴契的研究结果[15],这种气流将有助于细雾滴对靶标发生撞击沉积。笔者所设计的吹雾器雾化头,在喷孔外0.8米处有近1米/秒的风速。

对靶喷洒技术采取了窄幅实心雾锥喷雾方法,就可能实现对靶喷洒技术。吹雾器为这种技术的研究和发展提供了有利条件。

(一)水平扫描式对靶喷洒技术

对于在植株株冠上层为害的病虫,运用吹雾器进行对靶喷洒,雾滴群在株冠上层相对集中,图5表明了这种情况。吹雾头喷出的雾锥体,其雾锥角为25°左右,是一种窄幅雾锥体,有效吹送距离为100~150厘米。当吹雾器的喷杆以水平操作时(雾头也以水平状态喷出),如果使喷杆在水平姿势下左右运动,则喷出的雾锥体即互相连接,从而形成了一个半圆弧形的雾带,这一雾带的宽度即雾头的长度(100~150厘米),其厚度则为雾锥体的直径。所以,这一弧形雾带,呈一扁平半圆弧形的雾流层,在吹雾器喷出的气流吹送下，这一雾流层呈辐射状向作物株冠层运动沉积。

吹雾器喷杆左右摆动，雾头所能达到的距离（即左右喷幅宽度）取决于喷杆长度。当喷杆长度为 80 厘米时，雾头左右最远距离可达 5 米左右。根据雾头吹送距离，一次扫描喷洒的覆盖面积可达 8 平方米左右，因此，这种喷洒方法将可产生很高的工效。

用这种水平扫描式对靶喷洒技术，雾滴在麦穗上的沉积率很高，已如表 1，表 5 所示。如此高的穗部沉积率，对麦长管蚜的防治效果肯定会提高，见表 7[6]。

表 7　吹雾技术对麦长管蚜的防治效果　（杀螟松 50EC）

喷雾方法	药前虫口总数	药后虫口总数	虫口减退率（％）	平均防效（％）
吹雾法	1656	20	94.63～100	98.88
小喷孔片法	3401	350	59.94～97.41	88.89
工农-16 型喷雾法	2327	494	24.66～90.62	77.05
对照（不喷药）	2540	3024	+7.08～+39.64	−18.19

* 各处理均系 8 个采样点的平均值

以上结果充分说明，层流层扫描喷雾由于雾滴在麦穗上相对集中，可以大幅度降低用药量。在甘肃、四川等地的大面积生产性示范试验中，每 667 平方米用有效成分 15 克的 50％杀螟松乳油，取得了大面积平均 95％以上的优异防治效果[2,12]。

用同样的方法在水稻田防治稻纵卷叶螟、稻苞虫等上部叶害虫，也取得了满意的效果。使用杀虫单时，采取常规喷雾法，喷雾量为每 667 平方米 60 升，每 667 平方米用有效成分 25 克，防治效果可以达到 97.98％。而采取吹雾器进行扫描喷雾法，喷雾量仅为每 667 平方米 1 升，用有效成分每 667 平方米 6.25 克就能得到同样的防治效果（表 8）。

表 8　用吹雾法做扫描喷雾时对稻纵卷叶螟和稻苞虫的防效

喷雾方法	用药量（克/667平方米）	喷雾量（升/667平方米）	稻纵卷叶螟		稻苞虫	
			药后活虫数	防效（%）	药后活虫数	防效（%）
CK(不施药)	—	—	132	—	134	—
常规喷雾法	25	60	2.7	97.98	1	99.26
吹雾法	25	1	0	100	0	100
吹雾法	12.5	1	2.7	97.98	5.7	95.78
吹雾法	6.25	1	4	96.97	5	96.28

　　对于飞翔的害虫采用吹雾法做扫描喷雾应有很好的效果,因为害虫在飞翔时更容易捕获细雾滴,但不容易捕获较粗的雾滴。在宁夏隆德地区防治麦种蝇成虫时取得了良好的效果,每667平方米用杀螟松乳油25毫升(50EC)时,吹雾法每667平方米喷雾量1升,防治效果(24小时)可达94.8%;而常规喷雾法每667平方米喷雾量30升,防效仅为74.6%。

　　几年来的多点示范试验,不论在干旱缺水的高原地区(甘肃、宁夏的六盘山地区)、冀中平原麦区、稻麦轮作地区(四川、湖北)、水网地区(浙江嘉兴)还是贵州的梯田(天柱、台江等),用吹雾器进行针对性扫描喷雾法,对稻、麦株冠层的害虫防治均取得了预期的效果:降低了用药量和喷雾量,提高了防治效果和工效。这充分表明了这种喷雾方法完全可以取代已沿用多年的笼罩式大容量喷雾法,使稻、麦田株冠层的农药使用技术水平大幅度提高。

(二)对株冠下层的喷洒技术

　　对于水稻株冠下层的农药喷洒,我国常用撒毒土和泼浇法,这些方法比常规喷雾法更为粗放,药剂的浪费损失和对田间污染尤为严重。我们采用吹雾器做下倾60°角的扫描喷雾,在防治稻麦田下层害虫中也取得了良好效果。对于在小麦株冠下层为害的麦二叉蚜,每 667 平方米用 25 毫升 50％杀螟松乳油,喷雾量为 1 升的情况下,平均防治效果达 99.8％;用常规喷雾法时,在喷雾量高达 50 升/667 平方米用 50 毫升 50％杀螟松乳油的情况下,平均防治效果为 94.7％。大面积示范试验中还发现,用下倾 60°的扫描吹雾法,对于麦穗部为害的长管蚜和株冠下层为害的二叉蚜都有很好的防治效果。但常规喷雾法只对下层的二叉蚜有效,而对长管蚜防效很低,仅为 75.5％。这说明常规喷雾法由于雾滴粗而不匀,因此较易沉落到株冠下层,而在麦穗上沉积量较少。但吹雾法雾滴细而匀,因此在进行下倾 60°角喷雾时,麦穗部同样可以接受到足够的药量。柯西(Courshee,1983)在用扁扇喷头喷雾处理小麦植株时也发现,当喷雾角度为 60°时,麦株上下层的受药量比较接近[17]。这一结论同本研究结果相似,但所用的喷雾器械不相同,扁扇喷头是液力式喷头,它是一种扇状雾头。

用同样的方法防治水稻一代二化螟、稻飞虱,也取得了良好的效果[2]。常规喷雾法每 667 平方米喷雾量 50 升,杀螟松用药量每667 平方米 50 克,药后 5 天的防治效果仅为 61.30％;用吹雾法时,每 667 平方米喷雾量 1 升,杀螟松用药量每 667 平方米 35 克,防治效果为 83.50％。对于一代二化螟在防治效果相同(98.45％和 98.86％)的情况下,吹雾法的用药量比常规喷雾法降低 30％(用药量降低 50％时,即每 667 平方米 25 克时,防效仍达96.43％)喷雾量则降低了 98％。表明吹雾法采取下倾 60°喷雾时,对于防治株冠下层的害虫具有显著的优越性。

讨　论

我国农药使用过程中存在的不少问题虽然已引起了人们的关注,但并未引起足够的重视,特别是对于导致发生这些问题的技术原因尤其注意不够,更未进行过有关基本理论、基本技术方面的系统研究,因而对这些问题未能做出实质性的分析,往往把问题归罪于化学农药本身。本项研究对于农药雾粒的性质和沉积分布特性进行了实际观察和分析,总结所得各项数据和资料,从多年来被认为无章可循的农药喷洒过程中发现了明确的规律性,农药雾粒的沉积和分布同雾粒细度、作物株冠层结构、叶片形态和性质、喷雾方法以及药液的湿润性能等均有一定的相关性,而且这种沉积分布特性可以通过雾粒细度和药液湿润性能的调节来加以改变,这就为科学使用农药提出了有力的依据。正确地调节和控制有关因子,将可大幅度提高雾粒在作物上的对靶沉积效率,减少药剂的损失和对环境的压力。在一般的稻、麦田中,常规喷雾法(工农-16型背负式喷雾器)所喷出的粗雾滴大部分均透过穗期的植株株冠层而落到地面和水田中,而细雾喷洒法特别是吹雾法,则在株冠层沉积率较高。但在杂交稻田中,由于叶片既宽且长,在水稻穗期上部叶片已完全披倒平铺,互相叠交,在株冠上部形成了较严密的覆盖。这层覆盖物使粗雾滴也难以穿透,但细雾滴反而有较强的穿透能力,对这一现象尚需做进一步的观察和研究。笔者初步认为,这是因为在杂交稻的宽大叶面上产生了较强的偏流现象,使相当一部分细雾滴发生绕流而绕过叶面到达下层。在麦田中,由于麦叶较软,长的麦叶多弯曲下垂,并不发生类似杂交稻顶部叶片那种披倒平铺的现象。

叶尖优势现象无疑具有重要的实践意义。这一现象完全符合气体动力学原理。采取吹雾技术时,由于气流的吹送,叶尖优势尤为显著。除了本文报告的对麦蚜、稻纵卷叶螟、稻苞虫等叶梢部和穗部为害的害虫有较好的效果外,预期对于小麦赤霉病、水稻穗茎瘟、白叶枯病等重要的难治病害也有较高防治效果。

近百年来,国际上沿用的农田小型喷雾器械均采用液力式雾化方法,我国亦然。用气流雾化药液称为气力式雾化法,但从未在农田手动喷雾器械上采用过。笔者提出的手动吹雾技术经过数年的试验示范,已证明是一种性能良好的手动细雾喷洒技术。由于雾滴在植株上的对靶沉积效率较高,大幅度地降低了喷雾量和用药量,并显著提高了工效。这项技术有可能取代已沿用了近百年的液力式手动喷雾技术。

关于手动吹雾器的研究*

    对各地农药使用状况的调查和农药沉积分布情况的测定结果说明，农村中所采取的喷洒方法和手段存在不少问题。1981年在实验室里用实验装置试验了一种自行设计的微量弥雾法，发现其对靶沉积性能很好。据此试制了一种手动吹雾器样机进行田间试验，取得了预期的效果。在此基础上，经过多次研究修改后形成了一种实用型的手动吹雾器。几年来这种手动微量喷洒机具在各地对20多种重要病虫害和杂草进行田间防治均取得了预期的良好效果。

研究目的和技术背景

    大量的研究工作表明，提高农药的对靶沉积效率是提高农药使用效率的关键措施[3,4,8,9]。我国常用的各种农药喷洒手段，其药剂对靶沉积效率均很低，加之各种无规范的粗放喷洒方法多年来在各地自发流行[1]，使农药的损失更为严重。不仅浪费了农药，而且成为一种环境污染因子。背负机动弥雾喷粉机虽然工效高而雾化性能好，并能产生强大气流，有利于药雾扩散分布，但雾粒向株冠层内穿透沉积能力并不强。额娃式超低容量喷洒器虽能产生细而均匀的雾滴，但必须依赖自然风力的传送，对株冠层的穿透和沉积能力也不强。常用的液力式手动喷雾器则雾化性能差，雾滴

---

* 《化学防治技术研究进展》，1992年

粗而且喷雾量大。大量的药液往往由于滚落(药液湿润性差时)或流失(湿润展布性太强时)而落到地上。

我国多年来普遍采用单一化的喷头,即大喷角的切向离心式空心雾锥喷头,也是造成对靶沉积效率低的一个原因。这种喷头不能实现针对有效靶区的对靶喷洒。尤其在作物幼龄期施药时,由于植株矮小,对地面覆盖率低,致使大部分药液脱靶而散落在植株的行间空地上。此外,病虫在作物上栖息和为害均有特定的部位,许多病虫的活动部位非常集中,这些部分是喷药的"有效靶区"。对于有特定部位的病虫,大喷角空心雾锥喷头几乎不可能使药剂集中针对有效靶区[2],只有采取饱和喷雾法使整株受药后才能使有效靶区接受到较多的剂量,而此时非目标靶区所接受到的药量已远超过有效靶区。所以,怎样使农药的雾化程度和雾粒的运动分布特性同植保方面的要求相吻合,以充分提高药剂的对靶沉积效率,减少农药的损失,是亟待深入研究的课题。近年来,国际上发展的对靶喷洒技术虽然都有独到的优点,但也有很大的局限性;而且有些在我国农业体制和能源条件下也不可能付诸实施。

鉴于这样的技术背景,探索和开发适合于我国农村条件的喷洒方法和手段是很有必要的。

手动吹雾器的开发依据及特性

(一)开发的依据

手动吹雾器的开发研究是根据双流体雾化原理。Fraser(1958)在其详尽的综述中根据各方面的研究指出:气流雾化法能产生细而均匀的雾滴,当气液流量比为 1～2,在 0.01～0.025 兆帕的低压下就能产生 SMD 值约 100 微米的细雾滴[4]。这为手动气流雾化技术提供了依据,用手动的方法产生这样的低气压是容易实现的。SMD 值为 100 微米的雾滴已近似于超低容量喷洒技术所产生的细雾滴。因此,用这种气流雾化法应能取得与超低容量雾化法所能取得的相似效果。例如药液分散形成的雾滴数会比常规喷雾法大幅度增加、雾滴的覆盖能力也会增大，雾滴对靶标的撞击频率提高。Hurst 等（1943）[7] 以及后来 Himel[6] 和 UK[11] 等的研究均指出，提高雾滴分散度增加了雾滴同靶标生物的撞击频率，可以在不增加农药剂量的情况下显著提高防治效果，甚至可以减少用药量。作为气流雾化法，雾滴与气流同时离开喷头，气流对雾滴还会产生一种推送作用，使细雾滴更容易与靶标生物体发生撞击，从而有利于雾滴在靶体上沉积。这是额娃式超低容量雾化器所不具备的。Bache（1980）曾报告，当作物株冠层内的风速达到1.2 米/秒时，雾滴对靶标叶片的撞击沉积作用即超过沉降沉积作用，尤其是在狭窄的靶标上（如麦、稻叶片），小于 40 微米的雾滴更为显著[8]。所以气流雾化法所产生的气流速度只要达到上述水平，就能产生同样的效果。这种气流还会有利于细雾对株冠层的穿透。

　　第一台实用型的背负式手动吹雾器于 1982 年试制成功。它的性能完全与预期的一致。经过多次改型后于 1986 年实现了商品化设计。现已有 4 种试制产品在各地试用。

　　3WC-6A 型（新产品）手动吹雾器的结构外形如图 1，由双桶形药液箱、气筒、连杆操作手柄、喷杆和喷头等组成。除喷杆、操作手柄和连杆以及底座外，其余各部件均为塑料件。空重 3.5 千克，药液箱体积为 7.5 升，实际装载量为 4～5 升，药液上部保留的空间为贮气室。整机系统要求

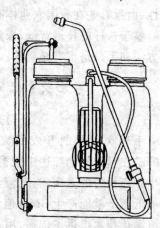

图 1　3WC-6A 型手动吹雾器
结构示意图

严格密闭。

雾化部件是一种喷射型的环孔喷头。排液孔孔径为 1 毫米，环形排气孔的截面积为 2 毫米。气筒活塞行程 110 毫米,筒径 75 毫米,一个冲程的排气量为 0.5 升,已能满足手动气流雾化的技术要求。在各部件连接处不漏气的情况下,每分钟打气 10~15 次即能产生相当稳定的雾流。雾滴细度 VMD 值在 50~100 微米,雾滴谱很窄(见图 2 之上部分)。

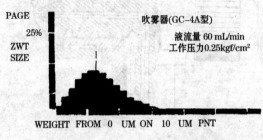

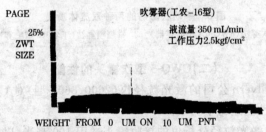

图 2　两种喷雾法的雾滴谱图

(Malvern 2600/3600 型激光粒径仪测定)

此种喷头(图 3)所产生的是窄幅实心雾流,雾锥角为 25°~30°,窄幅实心雾流有利于对各种类型的有效靶区进行对靶喷洒。为了适应各种情况下改变喷雾方式的需要,喷杆在近喷头 100 毫米处呈 60°弯角,这样的设计可以在多种特殊条件下获得显著的对靶沉积效果。

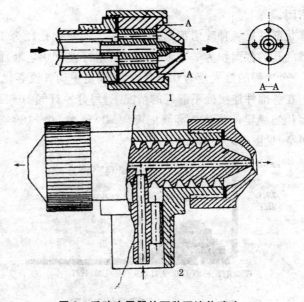

图 3 手动吹雾器的两种双流体喷头

1. 吹雾法(3WC-6A 型吹雾器) 2. 常规喷雾法(工农-16 型喷雾器)

(二)CWQ-5 型吹雾头的性能

用 Malvern 公司的激光粒径仪(2600/3600 型)对 CWQ-5 型吹雾头的性能进行了测试。

方法：激光粒径分析仪的接收镜头选用 100 毫米，以检测吹雾头的雾滴谱。对于其他各种作比较用的液力喷雾器雾头则选用 600 毫米接收镜头。气体压力的测定，选用 0～0.16 兆帕压力表。药液流速，用水位控制装置保持恒压后，再用可调旋水夹控制流速。药液是含"磷辛十号"的 0.1%水溶液，其表面张力为 3.4 帕。

药液流速设定为 0.1、0.2、0.3、0.4、0.5、0.6、0.7、0.8 毫升/秒，空气压力设定为 0.1、0.2、0.3、0.4、0.5 千克力/平方厘米 5 档，进行组合测试。

吹雾头离开激光束为 20 厘米,雾锥中心线同激光束正交。
测试的结果见图 4,表 1。

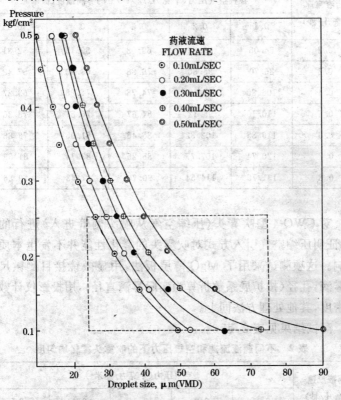

图 4 吹雾器的药液流量、空气压力与雾化性能的关系

(下方虚线框是有效粒径的分布范围)

表 1 各种空气压力和药液流速下的雾化程度 (VMD 值)

药液流速	各种空气压力(千克力/厘米²)下的雾滴细度(微米)				
(毫升/秒)	0.1	0.2	0.3	0.4	0.5
0.1	82.05	62.31	49.38	38.45	30.43

| 药液流速 | 各种空气压力（千克力/厘米²）下的雾滴细度（微米） | | | | |
（毫升/秒）	0.1	0.2	0.3	0.4	0.5
0.2	84.06	83.83	69.03	59.15	52.31
0.3	86.70	85.80	79.88	63.90	57.42
0.4	106.80	97.50	74.78	71.88	63.27
0.5	110.10	95.12	84.67	76.87	78.36
0.6	116.85	102.82	85.46	81.05	78.88
0.7	120.74	107.77	85.25	83.74	81.53
0.8	131.75	114.54	90.70	87.43	79.86

对 CWQ-4 型吹雾头（压缩空气从喷头侧管进入）进行的测试,证明压缩空气引入方式对吹雾头的雾化性能并不发生本质性影响。这项测试采用了 MgO 薄层板法,用显微镜接目测微尺测量雾滴,孔径（按扩展系数折算为实际雾滴直径）,用投影仪计数雾滴密度,其他处理方法同上。

测试结果见表 2,表 3。

表 2 不同药液流速和空气压力下的吹雾头雾化均匀度

| 药液流速 | 空气压力（千克力/厘米²） | | | | |
（毫升/秒）	0.1	0.2	0.3	0.4	0.5
0.1	$\frac{47.04}{80.68}$ (0.58)	$\frac{394.9}{58.57}$ (0.67)	$\frac{32.94}{57.89}$ (0.57)	$\frac{26.02}{40.14}$ (0.65)	$\frac{32.0}{38.56}$ (0.83)
0.2	$\frac{434.7}{105.9}$ (0.41)	$\frac{36.51}{65.47}$ (0.56)	$\frac{32.94}{55.29}$ (0.60)	$\frac{28.38}{44.52}$ (0.64)	$\frac{24.74}{34.52}$ (0.72)
0.3	$\frac{52.54}{90.51}$ (0.58)	$\frac{38.88}{69.63}$ (0.56)	$\frac{35.22}{62.96}$ (0.56)	$\frac{33.17}{56.46}$ (0.59)	$\frac{29.25}{42.83}$ (0.68)

续表 2

药液流速 （毫升/秒）	空气压力（千克力/厘米²）				
	0.1	0.2	0.3	0.4	0.5
0.4	$\frac{42.04}{86.54}(0.49)$	$\frac{31.19}{54.00}(0.58)$	$\frac{34.7}{64.77}(0.54)$	$\frac{37.12}{62.96}(0.59)$	$\frac{32.41}{60.62}(0.53)$
0.5	$\frac{41.43}{176.93}(0.23)$	$\frac{41.66}{134.81}(0.31)$	$\frac{41.07}{111.28}(0.37)$	$\frac{84.52}{55.0}(0.63)$	$\frac{32.24}{66.88}(0.48)$
0.6	$\frac{32.96}{49.68}(0.66)$	$\frac{41.01}{95.66}(0.43)$	$\frac{25.28}{84.84}(0.42)$	$\frac{35.98}{62.08}(0.58)$	$\frac{28.03}{61.14}(0.46)$
0.7	$\frac{40.72}{211.69}(0.19)$	$\frac{34.46}{219.06}(0.16)$	$\frac{43.88}{171.37}(0.26)$	$\frac{48.09}{202.02}(0.24)$	$\frac{43.76}{258.43}(0.17)$
0.8	$\frac{51.49}{247.49}(0.21)$	$\frac{50.61}{198.93}(0.25)$	$\frac{63.35}{171.78}(0.37)$	$\frac{61.75}{167.51}(0.37)$	$\frac{59.31}{134.48}(0.44)$

注：分子为 N M D，分母为 V M D，（　）中为雾化均匀度（RD 值）

表 3　CWQ-4 型吹雾头所产生的雾滴密度 *

药液流速 （毫升/秒）	空气压力（千克力/厘米²）				
	0.1	0.2	0.3	0.4	0.5
0.1	29.3	25.1	47.9	79.2	127.8
0.2	37.1	84.4	86.9	123.6	150.7
0.3	36.1	89.3	204.7	228.7	240.5
0.4	32.1	81.4	162.1	161.4	257.1
0.5	17.1	42.5	84.6	108.3	200.7
0.75	5.6	20.4	44	113.9	104.8
1.0	19.2	44.9	67.2	167.7	162.3
1.2	23.7	50.3	76.2	168.2	206.3

* 表中数字单位为每平方厘米中雾滴粒数（三次重复）

吹雾头喷出的空气流,在不同距离处所产生的风速,用微风速表和中风速表进行测定。风速表的迎风端面与吹雾头喷出气流中心线正交,并使气流中心线通过风速表端面之中心。测试在距吹雾头 20、40、60、80、100 厘米处进行,每一测试点重复测 5 次,取平均值。在 60 厘米以内各点选用中速风表,60 厘米以外选用微速风表。用 LZB-10 型转子流量计同时测量在各种空气压力下的空气流量,记录转子流量计上的读数(V 值)。

测试结果如表 4。

表 4   吹雾头中心线上不同距离处的风速

空气压力 (千克力/平方厘米)	各距离点上的风速(米/秒)					
	20 厘米	40 厘米	60 厘米	80 厘米	100 厘米	V 值
0.1	1.7	1.56	1.04	0.80	0.59	0.40
0.2	3.67	1.75	1.39	0.60	0.52	0.53
0.3	3.58	2.27	1.63	0.96	0.60	0.63
0.4	3.68	3.04	1.80	1.37	0.65	0.68
0.5	3.75	3.42	1.98	1.48	1.12	0.73

从以上各项测试结果可见,吹雾器具有相当稳定的雾化性能。CWQ-5 型吹雾头的雾化稳定性尤为明显。当空气压力在 0.2 ~ 0.3 千克力/平方厘米时,药液流速从 0.1 毫升/秒到 0.5 毫升/秒所产生的雾滴细度之 VMD 值波动在 50~115 微米。供试的两种型号的吹雾头有相同的特点,药液流速在 0.2 ~ 0.4 毫升/秒范围内所获得的雾化稳定性最好,表 3 的雾滴密度情况也表明,在这个药液流速范围内所产生的雾滴密度最高。虽然提高空气压力还可进一步提高雾滴密度和雾滴细度,但是用手动方式产生压缩空气,较高的压力将消耗更多能量,0.2~0.3 千克力/平方厘米的压力则为一般劳动力易于接受。以上有关吹雾器和各项性能表明,这

种吹雾器具备了实用化的条件。

使用方式方法和雾滴沉积分布特性

(一)在低矮作物上的使用

许多作物的苗期,行间距离很宽而行内植株较密,形成条带状,植株对地面的覆盖率很低。例如 4 叶期以前的棉苗的地面覆盖率只有 10%～15%;又如定植黄瓜 6～7 叶期的覆盖率也只有 25%～30%,苗行宽只有 25 厘米左右。其他很多作物的苗期阶段都有类似的情况。如果用大喷角的空心雾锥喷头进行大容量喷雾,必然使大部分药剂脱靶而散落在行间空地上。棉苗期喷雾,群众多年来采取把喷头挨近棉苗向前推喷。在开关不开足的情况下推喷,固然药剂散失的比例会小些,但棉苗所能截获的药液量也不过 42.47%。此外,这种推喷法实际上是淋洗作用而不是喷雾。但采用吹雾法时,利用窄幅实心雾头的狭长雾流使之与棉苗行平行,采取顺行平行吹雾法,则棉苗所截获的药液量高达 71.2%(笔者,临清,1988)。在 6～7 叶期黄瓜苗上测定药液沉积分布,行间水平铺设相连接的 5 块塑料布(300 平方厘米/块);喷雾或吹雾后,分别测定行间 5 个区段和行内瓜苗上的沉积量,均按 300 平方厘米面积内沉积量收测。在试验区内设 12 个测试点取样,结果表明:吹雾法在苗上的沉积量比相邻区段的地面沉积量高 5.95～8.24 倍,而喷雾法则仅为 1.71～2.16 倍。可见吹雾法在苗行中的对靶沉积效率很高而喷雾法很差。

(二)在成株期作物上使用

在作物成株期,由于各种病虫的习性和为害部位变化较大,农药必须喷洒到相应的部位(有效靶区)才能充分发挥作用。但成株期枝叶繁茂,互相屏蔽,使农药雾滴难以通透。大喷角的空心雾锥喷头对不同层次中的病虫更难实行对靶喷洒。采用吹雾器在植株顶部采取水平扫描喷洒,雾流方向在株顶呈水平喷出并左右匀速摆动呈扇面状雾流层。由于雾滴细,雾流层能在株顶层作一段时间的水平方向运动;而且在气流的作用下提高了撞击沉积能力,因此在株顶部的沉积量显著高于下层。在麦穗、稻穗等带芒刺的、狭窄的靶标上更容易沉积。因此在防治诸如麦长管蚜、小麦赤霉病、穗颈稻瘟病、稻纵卷叶螟等在植株顶部为害的病虫时,由于对靶沉积量高,都取得了很显著的降低喷雾量和节省农药的效果,喷雾量可降低96%~98%(与常规的喷雾法相比),农药使用量可减少20%~50%(许多地区的报告已超过50%,有些株冠密集型的作物上甚至可减少到70%的用药量)。

在茶园中的幼龄茶树上采用常规喷雾器喷雾,有40.28%的药液落到地面上,31.07%沉积在中下层叶片上,顶层只有16.83%。但成龄期茶园中茶树已封垄,沉积到地面上的降低为25.72%,上层叶片沉积量则提高到35.59%。改用吹雾器后则上、中、下和地面上的沉积量在幼龄和老龄树之间差别不大:幼龄树为59.97%、10.06%和18.20%;成龄树则为60.26%、8.25%和21.62%。说明吹雾器所产生的气送雾流对茶树树冠的通透能力很强(陈雪芬等,1988)。

(三)在乔木型果树上的使用

手动吹雾器的喷高可达到3米左右,加接延伸管后,可增高到4~5米,因此也可在5米以下的果树上使用。在苹果树和桃树上用吹雾法与喷雾法(工农-36型喷雾机)进行了沉积分布状况的测定,结果如表5。喷雾法药液的地面散落量比吹雾法要高2.5~4倍,而在树冠各部位的沉积量则均显著低于吹雾法。试验中所用的示踪物质丽春红(一种红色生物染色剂),吹雾法使用1.837%浓度(实测),喷雾法用0.0144%浓度。按每棵树实际使用丽春红量计算则喷雾法用量还高于吹雾法,由此可见吹雾法的药剂对靶(果树树冠)沉积效率非常高。在喷雾量方面吹雾法比喷雾法降低了99.30%之多,而药剂用量则降低60%以上(曹运红、屠豫钦

1986)。

表5 桃树和苹果树上两种喷雾方法的药液沉积量 （微克/厘米²）

树种	喷雾方法及喷雾量	树冠顶部	树冠中层		树冠下层		地面
			外侧	内膛	外侧	内膛	
9年生桃树高2米	吹雾法(0.06升/树)	1.25	1.14	1.09	1.62	1.31	0.80
	喷雾法(10升/树)	0.78	0.85	0.81	0.90	0.94	2.89
12年生苹果树高3~4米	吹雾法(0.1升/树)	0.33	1.88	0.98	1.39	0.81	0.59
	喷雾法(15升/树)	0.82	0.79	0.86	0.67	0.78	2.87

注：表中数字均为3组树、每树4个采样点的平均值

表5中苹果树冠顶部吹雾法沉积量低于喷雾法，是由于当时在未加延伸管的情况下，手动吹雾喷高达不到4米高的树冠顶部，而工农-36型喷雾机的喷高在4米以上之故。

从以上各项测定结果可以看出，吹雾器所产生的雾滴对靶沉积能力相当高。其他各种作物情况与以上几种相似者，则雾滴的沉积分布特性也应是相似的。

1983年以来，使用各种试制样机和商品化产品进行了多年实际应用试验，手动吹雾器在稻、麦、棉、菜、茶、苎麻、油菜、玉米、烟草、黄瓜、苹果、梨等多种类型的作物上对21种重要害虫和6种重要病害的防治都取得了满意的效果。

讨 论

总结几年来的各项试验研究和应用示范结果，手动吹雾技术在原理上和实际使用上都已证明是可行的，其基本性能也已实现了预想的指标，并已通过实践证明了具有实际应用价值。只要在生产中得到进一步的利用和发展，将会产生显著的经济和社会效

益。在我国当前条件下发展此种类型的微量喷洒机具,可以在不消耗矿物能源的情况下,向农民提供一种雾化性能近似于电动和机动低容量和超低容量喷雾机具的简便喷雾手段。采用此种手动微量喷雾机具的主要优点可归纳为以下几点:①雾化性能良好而且比较稳定;②可大幅度降低喷雾用水量,每667平方米喷雾量只需1~2升,因此可缩小药液箱的装载量。这样就可减轻机具的荷重,并可减少操作人员在田间来回装药的空走次数,对于节约水资源也有积极意义;③可降低用药量20%~50%,这是药剂的对靶沉积效率高的必然结果。对于某些有效靶区非常集中的病虫来说,效果尤为突出。例如麦长管蚜密集在小麦穗头上,吹雾法采取水平扫描式喷洒时农药(杀螟松)的用量可减少67%(屠豫钦,石家庄,1984)。小麦赤霉病是由麦穗部入侵为害,吹雾法施药也可节省药量(多菌灵)50%以上(尹泂,成都,1987)。棉伏蚜是较难防治的害虫,但利用棉叶的趋光性,当叶背面蚜虫种群暴露时再用吹雾器作针对性喷洒,节省的氧化乐果和久效磷也达50%以上(屠豫钦,玉霞飞,北京,1986)。果树上的节药情况已如前文所述。

由于喷雾量小,吹雾法的工效也显著提高。当药液流速为50~100毫升/分时,每667平方米喷洒2 000毫升药液只需20~40分钟。如把往返补充装药的时间计算在内,吹雾法比常规喷雾法的工效可提高2~3倍。这一点对于缺水地区和山区用药应具有特殊的意义。

后 记

关于手动微量弥雾器(手动吹雾器)的研究创制

近半个世纪以来,手动喷雾器一直是我国农民手中的基本施药器具,到"十五"结束时,全国年产量已达1 000万台左右。"十一五"期间,年产量还将继续上升。这种老式喷雾器械不仅产品品种单一,尽管有数十种不同名称的商品,但是喷雾器的喷头都是同一种形式的液力式喷头,由国家统一生产供应,全国各地都能买到。这就决定了此类喷雾器械的雾化性能都是属于大水量粗雾喷洒。这种情况对我国农村的农药使用造成非常严重的后果。根本问题是,这种粗雾雾化方式和大水量喷雾方法造成了农药药液大量流失到环境中,尤其是稻田和田水中,并随田水串流而进入周边水域,甚至进入像太湖、黄浦江等这样的大面积水域中,从而对环境造成了严重威胁。

我国的梯田地区面积很大,约占全国耕地面积的 25% 左右,并且作为防止水土流失的一项根本措施仍在不断扩大。此外干旱缺水地区的面积也很大。这些地区施用农药时很难接受大水量的喷洒方式。曾经进行过缩小喷头喷孔片孔芯的尝试,以减少喷雾量。但是并不能防止农药的流失和对土壤和田水的污染,因此并不能解决问题。发生农药药液流失的根本原因在于粗雾滴药液很难在作物叶片表面沉积和持留,因此,必须采取小水量细雾滴的喷洒方法才可能达到减少施药液量的目的。

这样的结论,早已被国际学术界所公认,但是却与我国农民数十年来所形成的大水量喷雾习惯相抵触。近 25 年来,我们在推广应用小水量细雾喷洒技术的过程中,恰恰是在这一点上遇到了巨大的阻力。因此,就出现了一种十分奇怪的现象:小水量细雾喷洒技术明明是有利于农民节省农药用量,减少农药浪费,挽回农民所蒙受的经济损失,节省用水量,减轻劳动强度,使农民从笨重的劳动中解放出来,这些本来是能够使农民获得很大利益的先进技术,却反而不容易被农民接受。

近年,在有些地区的农民经过连续使用这种吹雾器以后,亲身感受并验证了小水量细雾喷洒技术的突出好处,使他们减少了约50% 以上的农药消耗,减少了 95% 以上的用水量,节省了大量药费,并且从笨重的大水量喷雾作业中解放了出来,因此完全接受了这项新技术和新产品。

手动微量弥雾器（即手动吹雾器）的研发成功，将帮助我国农民在农药喷洒技术方面实现一场历史性的技术革命，农民将告别50多年来一直束缚着他们的笨重的大水量粗雾喷洒方法，并且必将把农药流失对环境所造成的污染减少到最低限度。在有些地区已经出现了这种自发进行这种技术革命的情况。农民把手中的老式喷雾器交给生产吹雾器的工厂，以旧换新，购买手动吹雾器。相信这样的势头必将在农民中自发地蔓延，老式手动喷雾器有朝一日必将退出历史舞台。农民将成为推动这项技术革命的主动力。

手动微量弥雾器的研究开发，是从农药雾粒的运动行为特征开始的。

农药的雾化方法有很多种。吹雾器的研究开发是要研究采用气流雾化的方法取代老式的液力式雾化方法。只有这种雾化方法才能够达到细雾喷洒之目的，既可以避免使用矿物能源，也非常便于农民掌握使用。这种全新的手动微量弥雾喷头，是我国的自主创新成果，在国际手动喷雾器械中迄今还没有出现过相似产品。在初始研究工作中，是采取了用简单的五金零部件徒手焊接的方法组合而成，在初次试验中便取得了成功（图 1）。用这种新式喷头做成的第一批铁皮机壳样机于 1985 年在石家庄大面积麦田的麦蚜防治试验中取得了成功（图 2）。为了亲自体验使用这种器械的感觉，全过程由笔者亲自操作，无休息地连续工作 4 小时，完成了 1.333 公顷麦田的药液喷洒作业。证明了这样的工作量可以由一个人完成。并完全验证了吹雾器原理设计所预期达到的目的。

这项研究成果在菲律宾召开的国际植物保护大会上作了介绍以后，英国植保器械专家马修斯（G. A. Matthews）来信索取有关资料和样机，嗣后又来信，认为这是国际上手动喷雾器械中"独一无二的手动喷洒器械"。他认为能够节省如此大量的农药，节省用水量也达 95％以上，这对发展中国家的小规模农民科学喷施农药

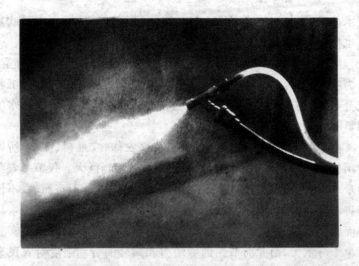

图1　最早研制成功的一种双流体吹雾喷头取得成功

（笔者摄，1981）

图2　手动吹雾器铁质样机首次防治小麦蚜虫　（1985）

具有重要意义。并把吹雾器编入了他出版的专著《农药使用方法》的第二版中，同时也被编入了联合国粮农组织的 1997 年的《FAO

技术公报》中加以推介，Kidd 在英国的《农药展望》期刊中对吹雾器也作了专门介绍。

手动吹雾器的发明和创新之成功，在于选择了很低水量喷雾。因为喷雾量很小，而小水量细雾喷洒恰恰有利于雾滴的均匀沉积和分布并且有气流的吹送，因而能够大幅度减少农药用量和水的用量。

由于手动吹雾器的用途覆盖了全部农作物、果树、蔬菜，所以这项技术所能产生的经济效益和社会效益相当巨大。仅节省农药用量 50％ 以上和省水 95％ 以上这一点，其意义就不言而喻，不仅节省了农药开支直接让农民获利，也大幅度地减少了农药进入环境而污染水域的压力。而减少了用水量这一点，对农民的现实意义也十分重大，由此而节约的劳动力和减轻的劳动强度对农民来说同样非常重要。我国是一个多山国家，真正的平原农田面积仅占 14％ 左右。在这样的多山地区农田上，运水的确是非常艰苦的作业。对于广大的梯田地区农民来说，吹雾器无疑完全解除了他们在梯田中喷药作业的困难和艰辛。

Y. Q. Tu,
Research Institute of Plant Protection,
Chinese Academy of Agriculture Sciences,
Beijing, The People's Republic of China

NARROW-ANGLED SOLID CONE
NOZZLE UTILIZED FOR IMPROVEMENT
OF DEPOSITION CHARACTERISTICS
OF SPRAY DROPLETS

The trouble confronted by agricultural chemicals in the past 20 years were concluded by Hayes (1983) into four main challenges, the technical, environmental, economical and political challenge. The fundamental tactics suggested to meet these challenges lay in the improvement of application technology so as to apply pesticides particles and spray droplets accurately into the biological target but not the non-target biology. Theoretical and technological research work have been thoroughly reviewed by a number of researchers concerning this area (Brown, 1951; Courshee, 1967; Graham-Bryce, 1975; Matthews, 1979). Courshee (1960) pointed out that about 80% of pesticides applied to the crop canopy finally fell to ground. This has been checked by the author (Tu, 1984, 1986) on wheat and paddy rice, especially when high volume spraying was adopted. Conventional hand-operated hydraulic sprayers including pre-pressured and knapsack sprayers equipped with side-entry swirl-core hollow cone nozzles are still the current instruments widely adopted by Chinese farmers. However, since these sprayers worked laboursome and time consuming, most of the farmers were forced to stop from following the general operation rules. They like to take a lot of unreasonable application methods such as, reaming the nozzle orifice arbitrarily by themselves in order to fasten the spraying, removing the spray lance and nozzle and spraying directly throuth the outlet of the stop corck, and even go so far as to throw away all the spray machine but splash the spray mixture simply with a wooden ladle or a home-made plastic spraying tube. All of these unreasonable methods resulted in enlargement of drop sizes, poor recoveries of pesticides, deterioration of spray quality and, doubtlessly, pollution of agricultural ecosystem and cutting down of economical benefit. The main goal of this study was searching for a new spray system which may enable the farmers to improve their application techniques by utilizing a narrow-angled solid cone nozzle designed by Tu (1981, unpublished).

Spray nozzles generally used in China are side-entry swirl-core nozzles which produce hollow cone with a wide spray angle of about $70°$, and a coarse, uneven droplet spectrum holding a VMD value of $250\mu m$ and a DR value smaller than 0.4. As a matter of fact, there is always a number of large droplets in such a coarse spray that the drop size may be as large as $400\mu m$. It was mentioned by Matthews (1983) that the fall time for a travel distance of 3 m heigh needs only $1.65\sim4.20$sec for large droplets of $200\sim500\mu m$. On the other side, the wide spray angle of hollow cone diminished the possibility of concentration the spray droplets onto a certain target area of special interest, e. g., wheat and rice head and given part of the plant canopy, where usually infected by a number of pests and pathogenic fungi. A reasonable application method should be able to apply the pesticides directly to the given part where the pests or fungi rest, but not to the non-target part, otherwise a significant waste and loss of pesticides and contamination of the crop ecosystem would be unevitable.

Accordingly, a solid cone nozzle with a rather narrow spray angle was recommended by the author (Tu, 1981, unpublished) so as to concentrate the spray droplets within a relatively narrow target area as can be seen from fig. 1. Such a nozzle was tentatively called CWQ-6 nozzle.

SPRAY PARAMETERS
Spray angle 25°, solid cone
VMD value 50~100μm
DR value >0.5
Flow rate 0.2~0.3 ml/sec

The droplet spectrum can be found from fig. 2 (Malvern Particle Analyser, 2600/3600).

Fig. 1   CWQ-6 nozzle and spray angle

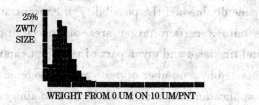

25%
ZWT/
SIZE

WEIGHT FROM 0 UM ON 10 UM/PNT

Fig. 2　Droplet spectrum (Malvern Particle Analyzer)

DEPOSITION PATTERN

The deposition pattern of CWQ-6 nozzle in comparison with that of conventional side-entry swirl-core nozzle can be found from fig. 3, and table 1. It is clear then that the deposition rate of spray droplets emmited from the GN-16 sprayer, a conventional sprayer used widely in China, is very low. Almost 77% of the droplets missed the targets and fell to ground. As for paddy rice in tiller stage, more than 80% of the droplets fell into paddy water. However, the performance of CWQ-6 nozzle was rather promising. It delivered about 30% of pesticides onto wheat head and about 40% onto leaf when the spray nozzle took a downward angle of 30°. The rice canopy captured more than 64% of the

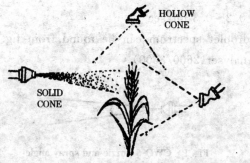

HOLIOW
CONE

SOLID
CONE

Fig. 3　Deposition pattern

droplets emitted from CWQ-6 nozzle and only about 34% fell into paddy water, while those from GN-16 swirl nozzle merely 15% droplets were caught by the canopy.

Table 1. Recovery of the spray on wheat & rice*

Nozzle used	Recovery on wheat, %				Recovery on rice, %	
	Head	Leaf	Stem	Ground	Canopy	Water
VWQ-6	29.46	40.58	16.30	13.91	64.32	33.87
GN-16 orifice 1.5mm	12.74	3.87	6.47	76.92	15.39	82.33
GN-16 orifice 0.7mm	19.36	30.24	8.13	42.26	—	—

* Wheat-milk stage; Rice-tillering stage

LAMINAR FLOW LAYER OF SPRAY DROPLETS

With such a narrow-angled spray nozzle like CWQ-6, it became possible to apply spray droplets into a relatively limited space, say, a thin layer of spray cloud over the plant canopy. So then the target of interest was covered by or immersed into the spray cloud. When the spray lance and nozzle was held horizontally and moved back and forth from one side to the other side of the farmer's body, a fan-like area of the canopy was then treated by the pesticides. If this process was kept going on until the whole crop field was treated, the pesticide will be relatively concentrated within the treated area. Following this process we have successfully make the deposit on the wheat heads tripled that of the conventional GN-16 sprayer, and therefore a higher efficacy of pest control resulted. Such a process was called by the author as laminar-flow-layer spray system. This process is diagrammatically shown in fig. 4.

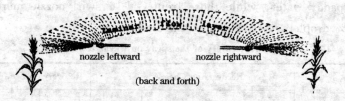

nozzle leftward   nozzle rightward

(back and forth)

Fig. 4   The laminar-flow-layer

PERFORMANCE OF THE LAMINA-FLOW-LAYER SPRAY METHOD

The efficacy of pest control utilizing the narrow-angled solid cone nozzle and the laminar-flow-layer spray system are shown in the following tables (table 2,3,4,5 and 6).

A further trial conducted in field revealed that dose rate of fenitrothion for laminar-flow-layer spray method using CWQ-6 nozzle could be cut down to 450 ml/ha while the efficacy of a-phids control kept unaffected. But the GN-16 sprayer with different orifice could suffer no more dose-rate reducing only down to 600 ml/ha.

Table 2.   Control of aphids on wheat with different sprayers, mean of 8 trials

Sprayer used	Aphids/100 heads before treatment	Aphids/100 heads after treatment	Average of % control
CWQ-6	1656	20	98. 88
GN-16 orifice 0. 7mm	3401	350	88. 89
GN-16 orifice 1. 5mm	2327	494	77. 05
CK	2540	3024	+18. 19

* Insecticide used; fenitrothion 50 EC dose rate 0. 75 l/ha

According to this result, a number of large scale field trials have been put into practice in several provinces, and all of these field trials confirmed the above results.

Table 3. Large scale field trials on wheat aphids control under different spray methods

Sprayer used	Average % control 375ml/ha, fenitrothion 50EC		Average % control 750ml/ha, fenitrothion 50EC	
Spray volume	T. granarium	M. granarium	T. graminium	M. graminium
CWQ-6,15 l/ha	99.8	98.5	100	100
GN-16 750 l/ha	99.3	44.1	94.7	75.5

Table 4. Control of seed maggot (Hylemia sp.), adult, on wheat, with different sprayers and insecticides

Insecticide used dose rate	Sprayer used spray volume	Adults / 10 sweeps before treatment	% control
fenitrothion 50EC, 375 ml/ha	CWQ-6	58	94.8
	WFB-18A	71	74.6
	GN-16	58	81.0
deltame thrin 2.5EC, 375 ml/ha	CWQ-6	43	90.2
	WFB-18A	59	81.4

Table 5. Control of rice stem borer by differnt sprayer

Sprayers used and pesticide dose rate	Deadhearts/200 hills counted (in average)	% Deadhearts	Average % control
CWQ-6,750 ml/ha	9.7	0.35	96.4
CWQ-6,1050 ml/ha	3	0.11	98.9
GN-16,1.5mm 1500ml/ha	4.3	0.16	98.5

Sprayers used and pesticide dose rate	Deadhearts/200 hills counted (in average)	% Deadhearts	Average % control
GN-16,0. 7mm 1500ml/ha	3	0. 10	98. 9
WFB-18A,1500 ml/ha	6	0. 22	97. 7
CK	278. 3	10. 5	—

* Insecticide used; fenitrothion 50 EC

Table 6. Control of aphids on cotton*

Sprayer used and pesticide dose rate	aphids / 10 plants (min. ~max.) before treatment	aphids / 10 plants (min. ~max.) after treatment	Average % control
CWQ-6, ome thoate, 600 ml/ha	225~1218	1~40	97. 3
GN-16, ome thoate, 1500 ml/ha	398~709	10~35	96. 8
CK	360~719	536~786	—

* Spray volume; CWQ-6——45 l/ha; GN-16——600 l/ha

DISCUSSION

The application techniques mentioned in this paper was proposed by the author as a practical way to meet the current problems in pesticides application in China. The Chinese farmers have suffered these problems very much not only in pest control efficacy but also in environmental pollution stemmed from over doses of pesticides by unreasonable spray methods. They also suffered from time consuming and labour-some field work of conventional spraying. The origin of these problems was considered lying in poor deposition efficiency of spray droplets emitted from the conventional hydraulic sprayers, especially when they were used incorrectly or modified arbitrarily. Owing to the heavy and cumbersome structure of the hydraulic sprayer, the farmers could not give up the idea of changing the spare parts of the sprayers which they considered clumsy, although the atomization property of the sprayer might be damaged. and this inevitably made the problems which the agricultural chemicals have already confronted even more complicated. The conventional hand-operated hydraulic sprayers can not suit the farmer's needs today. But there is still a long way for the farmers to understand what kind of spray instrument is the best one to meet their needs. because the application technique of pesticides is a rather multidisciplinary technological problem as described by Matthews (1983). A famous remark concerning the reasonable application of pesticides was presented by Brown, "In crop protection the chemical weapon must be used as a stiletto, not a scythe." (A. W. A. Brown, 1951) Accordingly the sprayer should be a stiletto but not a scythe, anyway, it should be used as stiletto. Ofcourse, the effective way to settle this problem is developing a new instrument but not arguing about the old one. The narrow-angled solid cone spray nozzle mentioned in this paper might be such a 'stiletto' which is acceptable to the Chinese farmers nowadays. In the light of the data from our experiments and field trials, about 30%~50% pesticides could be saved from field application if the spray system mentioned in this paper could be correctly followed. Since a total of 60 million hectare of paddy rice and wheat consumed more than 50% of the total pesticides in China, so it is an outstanding problem worthy to be dealt with.

6

棉花田的农药使用技术

棉田农药喷洒技术的研究

荣晓冬　屠豫钦

　　喷雾法是对农作物病虫草害进行化学防治时采用的主要使用技术之一。喷雾法的效果主要取决于雾滴的对靶沉积能力。因此,研究雾滴行为,提高雾滴在靶体上的有效沉积对于提高药剂的生物效果和减少药剂对生态环境的污染具有重要意义。对此,许多学者投入了很大力量进行研究。棉花病虫害的防治,化学防治法是重要的方法,主要是采用喷雾方法。对于雾滴在棉田及棉花株冠层的行为,有很多学者进行过研究。Uk 等(1982,1987)在棉田进行飞机超低容量喷雾(ULV)试验时,对雾滴在棉花株冠层内的沉积分布进行了数学模拟。Himel(1969)对 ULV 喷雾雾滴在棉田的沉积分布研究后发现,只有直径小于 40 微米的雾滴能在叶片背面沉积。Dubs(1985)比较了不同大小雾滴在棉株上沉积的性能。Heijine(1984)利用手持转碟雾化器防治棉花白粉虱时,针对白粉虱主要在棉株下部和叶片背面栖息的特性,采用适当的喷雾方式,提高雾滴在棉花下部叶片和叶片背面的沉积,取得了良好的防治效果。Johnstone(1977)则着重研究了气象条件对于雾滴在棉田沉积分布的影响。目前,我国棉田进行化学防治主要还是使用手动液力式常规高容量喷雾法,这种方法费工、费时,且须消耗大量水,而雾滴在有效靶体上的沉积性能则较差。另外,近年我国北方棉区还提出一些施药的土方法,如对棉蚜的滴心防治(师仰胜,1988),但实际防治效果很不稳定。由于农药粗放使用,造成农药的大量浪费,不但会污染环境,而且也是导致害虫抗性迅速发展的重要原因之一。针对我国北方棉区棉蚜和棉铃虫这两种主要害虫,本研究观察了棉蚜和棉铃虫在棉株上的分布状况,并观察和利用棉叶向光运动引起的棉叶姿势改变对雾滴在棉花株冠层沉积分布的影响,提出使雾滴与害虫行为和分布相适应的喷雾方法和方式,为建立棉田科学用药技术体系提供了一定的依据。

试验材料和方法

(一)喷雾方法

本试验采用 3 种喷雾方法:常规液力式喷雾法(工农-16 型手动喷雾器,喷孔直径 1.3 毫米)、小容量喷雾法(工农-16 型,喷孔直径 0.7 毫米)和低容量吹雾法(GC-4A 型手动吹雾器)。用 Malvern2600/3600 激光粒径仪测定每种喷雾方法的雾滴容量中径表明,吹雾法的雾滴体积中位直径 VMD 为 43.03 微米,而且雾滴谱较窄,明显优于其他两种喷雾方法。小容量喷雾法的 VMD 为 133.16 微米,雾滴直径的范围较宽;常规高容量喷雾法的 VMD 值为 197.08 微米,雾滴谱很宽(图 1),粗雾滴直径可达 300 微米以上。

(二)防治棉花苗期蚜虫的喷雾技术研究

1. 蚜虫在棉苗上的分布　田间实际情况下,选择棉苗生长正常,蚜虫发生量偏重的棉田(面积约 3 335 平方米,苗高 20~25 厘米,有 2~3 片真叶。地点:山东临清市),按对角线 5 点法随机定点,每点观察 5 株棉苗,调查记录蚜虫在棉苗各部位的分布数量。

2. 棉苗叶片姿势与太阳照射角度的关系　在棉田随机选取 5 株生长良好的棉苗,每天按固定时间(即不同的太阳照射角度时)观察棉叶姿势,用测角器测得棉叶对水平面的夹角(倾角,D°)。

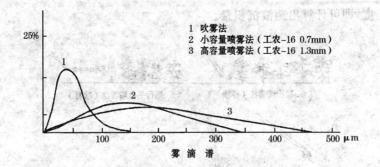

25%

1 吹雾法
2 小容量喷雾法（工农-16 0.7mm）
3 高容量喷雾法（工农-16 1.3mm）

100   200   300   400   500 μm

雾 滴 谱

图1　三种喷雾方法的雾化性能比较

（用 MALVERN 粒径检测仪测定）

左——吹雾法，中——小容量喷雾法，右——高容量喷雾法

3. 常规高容量喷雾和手动低容量吹雾雾滴在棉田的沉积分布

试验设计：两种喷雾处理，不设重复，小区面积67平方米（0.1亩）（8×8.42），棉苗高25～30厘米。喷雾前，棉行间（80厘米）并排铺30厘米×20厘米的塑料布，4块为一点，按棋盘式共设9点。喷雾后，待药液干燥后采样，分别用水洗脱心叶、真叶正反面、子叶正反面上沉积的丽春红-G，装入塑料采样瓶，收回铺设的塑料片，一并带回处理。棉苗上叶片的叶面积用自动叶面仪（LI-COR MODEL LI-3000 型）测定。喷雾方法设计如下。

常规高容量喷雾：顶推喷雾（如图2a），喷雾液：0.1%丽春红-G 水溶液。药液流量为500毫升/分，喷药液量为15升/667平方米。

低容量吹雾：顺行水平吹雾（如图2b），喷雾液为1%丽春红-G 水溶液。药液流量：50毫升/分，喷药液量：1升/667平方米。

沉积量测定法：叶片和塑料片上沉积的丽春红-G，分别用蒸馏水洗脱、定容，在分光光度计（MT50-UVIS-A 型）上比色，参照丽春红-G 标准曲线，求出洗脱液之浓度，再根据喷雾液的原始浓度,即可计算出药液沉积量。

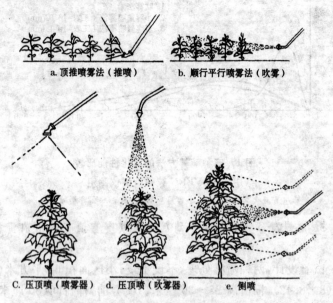

a. 顶推喷雾法(推喷)　　b. 顺行平行喷雾法(吹雾)

C. 压顶喷(喷雾器)　　d. 压顶喷(吹雾器)　　e. 侧喷

图2　几种喷洒方法之比较

4. 几种施药方法防治棉花苗期蚜虫的田间小区试验　施药方法如下。

低容量吹雾:低位顺行水平吹雾,喷液量为1升/667平方米。

高容量喷雾:顶推喷雾,喷液量为15升/667平方米。

滴心:用手动吹雾器使药液成滴状滴出,滴于棉苗心叶,每株1~2滴,用药液量为4升/667平方米。

三个药剂处理水平:

20毫升/667平方米——久效磷40EC或滴心150倍液

15毫升/667平方米——久效磷40EC或滴心200倍液

10毫升/667平方米——久效磷40EC或滴心250倍液

以药剂水平为主区,施药方法为副区进行裂区随机区组设计,

重复三次,主区面积 266.8 平方米(0.4 亩),副区面积 67 平方米
(0.1 亩)。田间小区排列如下:

1	A2	3	2	1B	3	1	3C	2		CK
	CK		1	2C	3	2	1A	3	B3	2
3	1B	2	3	A2	1		C1	2	C1	3

施药前,每小区按对角线 5 点法,每点随机定 5 株棉苗,调查
虫口基数,施药后 1、3、5 天后进行调查。

施药时间在北京夏令时(下同)8:30～9:30。

(三)防治棉花伏蚜的喷雾方法研究

1. 伏蚜在棉株上的分布状况　在伏蚜盛发期,采用对角线 5
点法,每点调查 5 株棉株,调查统计伏蚜在棉株上的分布情况。

**2. 低容量喷雾和高容量喷雾法雾滴在模拟棉株上的沉积分
布试验**

低容量吹雾:侧喷(图 2e)喷雾液为 1%丽春红-G ＋0.05%磷
辛十号,水溶液。

高容量喷雾:侧上喷,喷雾液为 0.1%丽春红-G ＋0.05%磷
辛十号,水溶液。

模拟棉株:株高 100 厘米,塑料模拟棉叶粘贴成倾角(D)为
0°、30°和 45°。

沉积量测定法同上。

3. 几种喷雾方法雾滴在棉田的沉积分布

试验设计:三种喷雾法每小区面积 67 平方米,不设重复。喷
药前,行间铺塑料布,按 9 点棋盘式布点。喷药后,等药液干燥,在
处理小区取样,每点取一株的上、中、下三层各 3 片叶,用水将叶片
上沉积的丽春红按正、反两面分别洗脱,装入塑料采样瓶,叶片装
入已编号的塑料袋,行间铺设的塑料布一并带回处理。喷雾时间
在上午 8:30～9:00。沉积量测定法同上。

低容量吹雾:侧喷,喷雾液为 1%丽春红-G 水溶液。喷液量为 2.5 升/667 平方米。

小容量喷雾:0.7 毫米直径小喷孔片侧上喷。喷雾液为 0.1%丽春红-G 水溶液。喷液量为 30 升/667 平方米。

高容量喷雾:侧上喷,喷雾液同上。喷液量为 50 升/667 平方米。

4. 几种喷雾方法防治伏蚜的田间小区药效试验

试验设计:以剂量水平为主区,喷雾方法为副区进行裂区随机区组设计,3 次重复。田间小区布置如下:

(1)	1′	A2	3	2	1	B1′	3			CK			2	3	C1	1′
	CK		3	2	A1	1′	2	1	C	1′	3	1	1	B3	2	
3	2	C1	1′	1	2	B1′	1	1′	A3		2				CK	

其中,主区面积 200.1 平方米(0.3 亩),副区面积 67 平方米(0.1 亩)。

喷雾处理法同上。药剂处理设久效磷 40EC 的 3 个剂量水平,即 A——30 毫升/667 平方米;B——22.5 毫升/667 平方米;C——15 毫升/667 平方米。

喷药前,各小区按对角线 5 点法随机定点,每点调查 5 株棉,每株定上、中、下各 3 片叶,调查虫口基数,隔 1、3、5 天后再调查。喷药时间在下午,其中,手动吹雾器侧喷在 16:30～17:00 之间进行。

(四)防治棉铃虫的喷雾技术研究

1. 棉铃虫幼虫 在棉株上的分布在棉田[约 3 335 平方米 (5 亩)]按对角线 5 点法随机定点,每点调查 10 株,观察记录棉铃虫幼虫在棉株上的分布。

2. 几种喷雾方法雾滴在棉株上的沉积分布

(1)风洞试验

风洞结构:风洞工作段 5 米×1.2 米×1.2 米,由一 15 千瓦三相交流整流子电动机通过二级变速带动一风扇,通过调节电动机转速产生不同的风速。用热球式风速仪(F-2 型,北京环境保护厂生产)测定风速。设静风(0 米/秒),1 米/秒,2 米/秒 3 种风速。

喷雾处理:

①高容量喷雾 1.3 毫米喷孔片压顶喷雾(如图 2c),喷雾液,0.1%丽春红-G +0.05%磷辛十号水溶液。

②小容量喷雾 0.7 毫米直径喷孔片,压顶喷雾。喷雾液同上。

③低容量吹雾 压顶吹雾(如图 2d)。喷雾液:1%丽春红-G +0.05%磷辛十号水溶液。沉积量测定法同前。

(2)田间试验

试验设计:每处理小区面积 67 平方米(0.1 亩),棉株高 60~70 厘米,喷药前行间铺塑料布(80 厘米×30 厘米),每小区按棋盘式共设 8 点,不设重复。喷药后采样,每点随机在一株棉株上下两层各采 3 片叶,装入已编号的塑料袋。铺于地面的塑料布也收回,一并带回处理。沉积量测定方法同上。处理如下。

低容量吹雾 A:压顶喷,喷液量为 1.5 升/667 平方米,喷雾液为 1%丽春红-G 水溶液。

低容量吹雾 B:侧喷(图 2e),喷液量为 1 升/667 平方米。喷雾液同上。

高容量喷雾:1.3 毫米喷孔片压顶喷,喷液量为 20 升/667 平方米。喷雾液为 0.1%丽春红-G 水溶液。

小容量喷雾:0.7 毫米小喷孔片压顶喷雾。喷液量为 10 升/667 平方米,喷雾液同上。

3. 几种喷雾方法防治棉铃虫的小区药效试验

喷雾方法同上面试验(三)3,药剂用溴氰菊酯 2.5EC,设三个药剂处理水平:

A——15 毫升/667 平方米;

B——B—10 毫升/667 平方米;

C——C—7.5 毫升/667 平方米。

结果与分析

(一)棉叶随太阳照射角度变化形成的倾角

棉叶由于在阳光照射下发生向光性运动,在一天中随太阳照射角度(不同时间)的改变,使棉叶同水平面形成不同的倾角(D°),一天内不同时间的棉叶倾角(D°)如表 1。

表 1　棉叶在不同时间的倾角　(D°)

不同生育阶段的检查部位			不同时间的倾角(D°)									
			6:30	7:30	8:00	8:30	9:30	16:00	16:30	17:30	18:30	19:30
幼苗期 (5月16~18日)	真叶		0	38	45	45	41	30	45	42	40	—
	子叶		0	26	29	30	27	20	25	20	20	—
成株期 (7月22~24日)	上部	近轴	0	30	—	41	36	—	31	35	42	39
		离轴	0	33	—	45	41	—	35	41	45	42
	中部	近轴	0	10	—	25	20	—	20	20	25	25
		离轴	0	25	—	40	35	—	33	38	40	36
	下部	近轴	0	0	—	15	15	—	<10	15	20	20
		离轴	0	15	—	25	20	—	15	20	25	25

注: 表中时间为北京夏令时,数据为 3 天观察,每天 3 个重复的平均值

从表 1 的数据可以看出,棉花株冠层暴露于阳光越多的叶片,形成的倾角越大,而受到其他叶片遮盖的叶片,形成的倾角较小。

实际上,在棉花株冠层顶部的一些叶片,可以形成同水平面接近90°的倾角。

(二)防治棉花苗期蚜虫的喷雾方法

蚜虫在棉苗上的为害分布有明显的集中性,见表2。

表2　蚜虫在棉苗上的分布　(单位:头)

编　号	不同部位的蚜虫数(头)					
	心　叶	真　叶		子　叶		茎
		正　面	反　面	正　面	反　面	
Ⅰ	149	11	144	5	55	8
Ⅱ	144	2	85	0	9	0
Ⅲ	110	0	83	0	2	5
Ⅳ	96	0	142	1	32	9
Ⅴ	58	0	94	0	5	15
总　计	567	13	548	6	103	37
所占比例(%)	45.41	1.03	43.80	0.50	8.20	2.96

从表2可知,心叶和真叶反面是蚜虫在棉苗上主要的为害栖息部位,这两部分蚜虫的分布占总量的89.21%,而在棉苗其他部分栖息为害的蚜虫量较少。所以,心叶和真叶反面是喷雾防治的主要有效靶区。但是由于棉苗很小,苗蚜的这种集中性对于喷洒技术来讲并没有很大的意义,而农药沉积在棉苗上和落到地上的量及其分配比例则是更为重要的问题。下面的表3说明,低容量吹雾法农药在棉苗上的沉积回收率相当于高容量喷雾法的2.23倍;而失落在地面上的则远小于后者。如果没有风的影响,吹雾法在棉苗上的沉积回收率还要高于30.41%。在小区和大田用这2种喷雾方法进行苗蚜的防治试验结果,证明了吹雾方法的防治效果明显优于大容量喷雾法(表4)。滴心施药的方法得到的防治效

果很差,不能达到控制蚜虫为害的目的。

表3 两种喷雾方法雾滴在棉田的沉积分布

喷雾方法	考察项目	不同部位的沉积量							
		棉 苗 上					地 面		
		心叶(微升/苗)	真 叶		子 叶		总计	株行外侧(微升/600厘米^2)	行中央(微升/600厘米^2)	总计
			正面	反面	正面	反面				
低容量吹雾法	沉积率(微升/厘米^2)	6.640	0.279	0.291	0.206	0.071	30.41	7.647	14.971	
	回收率(%)	0.32	10.64	11.1	6.21	2.14		4.24	8.39	12.63
高容量喷雾法	沉积率(微升/厘米^2)	86.049	1.690	1.634	1.606	0.810	13.62	862.8	830.4	
	回收率(%)	0.28	4.3	4.18	3.23	1.63		31.92	30.72	62.64

注:1. 低容量吹雾采用手动吹雾器低位顺行水平吹雾,喷液量1升/667平方米

2. 高容量喷雾采用工农-16型手动喷雾器顶推喷雾,喷液量15升/667平方米

表4 棉花苗期蚜虫防治的田间试验结果

施药方法	药剂和药量(克,有效成分/667平方米)	防治效果(%)			
		1	2	3	平 均
低容量吹雾	久效磷40EC,8	92.15	89.37	92.65	91.39
高容量喷雾	久效磷40EC,8	83.15	79.94	80.27	81.12
滴 心	久效磷40EC,(150倍液)	59.36	58.19	59.44	59.00
低容量吹雾	久效磷40EC,6	85.19	83.27	84.49	84.32
高容量喷雾	久效磷40EC,6	70.15	72.44	71.51	71.36
滴 心	久效磷40EC,(200倍液)	53.04	54.35	51.06	52.82
低容量吹雾	久效磷40EC,4	74.31	76.24	74.55	75.06
高容量喷雾	久效磷40EC,4	60.12	65.67	61.55	62.45
滴 心	久效磷40EC,(250倍液)	41.34	43.19	34.65	39.72

(三)防治棉花伏蚜的喷雾方法

伏蚜在棉株上的为害分布状况如表5。伏蚜在棉株上主要在叶片反面栖息为害;但从棉株整体看,从上到下,从内到外,伏蚜在棉花株冠层内分散分布,此数据与笔者1988年在河北饶阳县的观察结果相符。所以,伏蚜是一种整株分散型靶标,而同时又集中在叶背面。

表5　伏蚜在棉株上的分布　(1989年7月25日)　(单位:头)

采样点	分布位置														
	上　部					中　部					下　部				
	近轴叶片		离轴叶片		茎	近轴叶片		离轴叶片		茎	近轴叶片		离轴叶片		茎
	正面	反面	正面	反面		正面	反面	正面	反面		正面	反面	正面	反面	
Ⅰ	12	792	20	895	80	35	390	68	535	130	10	260	15	419	20
Ⅱ	5	618	5	1130	70	15	419	3	475	25	0	380	3	531	0
Ⅲ	16	570	4	590	150	0	349	21	765	15	7	264	0	372	7
Ⅳ	4	475	11	862	28	0	293	4	612	30	0	337	14	590	4
Ⅴ	0	512	7	798	47	5	364	5	705	10	21	412	20	618	1
总　计	37	2967	47	4275	376	55	1815	101	3092	210	43	1553	52	2530	32
所占比例(%)	0.2	17.19	0.27	24.77	2.18	0.38	10.52	0.59	17.91	1.22	0.25	9.00	0.30	14.66	0.19
总　计(%)	44.61					30.62					24.41				

注:以上每采样点调查5株棉花,共25株

对不同喷雾方法所产生的雾滴在棉花植株上的分布状况进行的模拟棉株沉积分布试验,和在棉田的实际沉积分布试验,结果分别见于表6,表7,表8。表6、表7分别为在不同风速下和不同叶片倾角($D°$)时的雾滴沉积分布状况的风洞试验。表8说明了不同喷雾方法药液流失到地面上的情况,低容量吹雾法的流失率显著低于其他两种喷雾法。在田间实际防治伏蚜的结果也证明了这一点(表9,表10)。

表6　不同风速下3种喷雾法雾滴在模拟棉株上的沉积

喷雾方法	风速(米/秒)	沉积部位			回收率(%)
		心叶(微升/个)	上部叶片(微升/厘米²)	下部叶片(微升/厘米²)	
低容量手动吹雾器压顶喷雾	0	0.971	0.192	0.046	15.97
	1	0.566	0.086	0.019	7.33
	1.5	0.667	—	—	2.73
	2	0.481	—	—	1.87
小容量0.7毫米喷片工农-16手动喷雾器压顶喷雾	0	16.176	1.114	0.632	14.95
	1	10.786	0.986	0.431	11.68
	1.5	9.961	0.877	0.366	9.40
	2	7.516	0.576	0.220	6.56
高容量1.3毫米喷片工农-16手动喷雾器压顶喷雾	0	16.993	1.271	0.800	6.84
	1	11.438	0.991	0.685	5.54
	1.5	8.007	0.729	0.365	3.54
	2	6.699	0.727	0.316	3.30

表7　雾滴在模拟棉株上的沉积　(微升/厘米²)

喷雾方法	叶片倾角(D°)	各部位沉积					
		上部叶片		中部叶片		下部叶片	
		正面	反面	正面	反面	正面	反面
低容量喷雾侧喷	0	0.225	0.050	0.231	0.025	0.185	0
低容量喷雾侧喷	30	0.141	0.102	0.131	0.085	0.117	0.033
低容量喷雾侧喷	45	0.112	0.141	0.105	0.115	0.105	0.051
高容量喷雾侧上喷	0	2.673	2.224	2.345	1.197	1.185	0.934

注:表中数据为三个测定值的均值

表8　雾滴在棉花植株上的沉积 （微升/厘米²）

喷雾方法	各部位沉积						地面失落率（%）
	上部叶片		中部叶片		下部叶片		
	正面	反面	正面	反面	正面	反面	
低容量吹雾侧喷（2.5升/667平方米）	0.204	0.217	0.221	0.195	0.202	0.058	11.64
小容量喷雾侧喷（30升/667平方米）	1.160	1.041	1.256	1.140	1.030	0.400	27.35
高容量喷雾侧上喷（50升/667平方米）	1.430	1.392	1.754	1.624	1.492	0.746	41.53

表9　伏蚜的田间小区防治效果 （久效磷,40EC）(1989.7.26)

药剂量 g(a.i)/ 667平方米	喷雾方法	防治效果(%)			
		1	2	3	平　均
12	低容量吹雾法侧喷	98.32	97.16	99.78	98.42
	小容量喷雾法侧上喷	88.15	87.25	86.35	87.25
	高容量喷雾法侧上喷	81.34	85.46	85.68	84.16
9	低容量吹雾法侧喷	93.41	91.37	92.54	92.44
	小容量喷雾法侧上喷	85.37	82.69	82.53	83.53
	高容量喷雾法侧上喷	81.34	77.34	82.16	79.62
6	低容量吹雾法侧喷	85.15	82.94	87.38	85.15
	小容量喷雾法侧上喷	80.10	79.38	82.14	80.54
	高容量喷雾法侧上喷	76.79	73.49	78.37	75.55

注:表中所列结果为喷药后24小时的结果

表 10　不同喷雾方法防治伏蚜效果的多重比较

处　理	平均防效(X)	X−0.7978	X−0.0356
低容量吹雾侧喷	0.920(92.00%)	0.1220	0.087
小容量喷雾侧上喷	0.8334(83.34%)	0.0356	
高容量喷雾侧上喷	0.7978(79.78%)		

根据表 10 的多重比较的结果可知,低容量吹雾侧喷取得的防治效果高于小容量喷雾侧上喷和高容量喷雾侧上喷,且都达到差异极显著水平;而小容量喷雾和高容量喷雾防治效果差异不显著。

(四)防治棉铃虫幼虫的喷雾技术

棉铃虫幼虫在棉株上的分布状况如表 11。棉铃虫初孵幼虫(1~2 龄)主要分布在棉花株冠层上部,占调查总量的 77.78%,尤其在叶片正面的分布居多,整个株冠层叶片正面上分布的虫量占一半以上(53.87%),这同文献报道的二代棉铃虫卵在棉株上的分布情况很相似。所以棉铃虫幼虫在棉株上也是一种集中分布型的靶标。但是有一个特点,即幼虫主要分布在叶正面、顶尖及蕾上,占 88.8%之多。这些部位都是比较容易接受药剂的地方,尤其是上部叶正面,上部蕾、株顶尖等最容易受药,幼虫分布占了 69.84%。所以,采取下倾喷雾法一般都能取得较好的防治效果。但是常用的喷雾器是空心雾锥喷头,喷角也很大。采取下倾喷雾法时在植株上的沉积分布状态不好,而且由于雾滴粗大,流失的必然较多。小容量喷雾法所用喷头和器械与大容量喷雾法相同,所以情况也是相似的。而低容量吹雾法是窄幅实心雾锥,细雾喷洒,情况就有所不同。对沉积和分布情况测定的结果见表 12。在田间用久效磷乳油实际防治二代棉铃虫的结果,见表 13,表 14。

表 11　棉铃虫幼虫在棉株上的分布　（单位:头）

采样点	各部位的虫量						
	顶　尖	上部蕾	上部叶片		下部叶片		下部蕾
			正　面	反　面	正　面	反　面	
Ⅰ	2	1	3		1		
Ⅱ	1		3	1		1	1
Ⅲ		2	4	1	1		
Ⅳ	1		4			1	1
Ⅴ			2		2		
Ⅵ	3	1	1		1		
Ⅶ	2	3	2	1	1		
Ⅷ		1	3				
Ⅸ	1		3				
Ⅹ	1		3				1
总　计	10	8	26	5	8	1	4
所占比例(%)	15.87	12.70	41.27	7.94	12.70	3.17	6.35

注：每采样点调查 10 株,幼虫虫龄 1～2 龄

表 12　不同喷雾方式在成株棉不同部位的沉积

喷雾方法	沉积部位				地面失落率 (%)
	顶心 (微升/个)	蕾 (微升/个)	上部叶片 (微升/厘米^2)	下部叶片 (微升/厘米^2)	
低容量吹雾压顶喷	7.715	1.161	0.188	0.082	8.9
低容量吹雾侧喷	4.365	0.939	0.140	0.108	12.34
小容量喷雾压顶喷	32.680	7.516	0.859	0.623	21.24
高容量喷雾压顶喷	42.608	8.867	1.395	0.885	36.13

表13 棉铃虫(二代)幼虫的田间防治效果

(溴氰菊酯 2.5EC)(1989.6.15)

使用剂量 克(a.i)/667 米²	喷雾方法	防治效果(%)			
		1	2	3	平 均
3.75	低容量吹雾侧喷	90.23	86.97	93.55	90.25
	低容量喷雾压顶喷	87.72	84.15	80.05	84.00
	小容量喷雾压顶喷	77.08	73.10	74.43	74.87
	高容量喷雾压顶喷	73.16	71.24	65.66	70.02
2.50	低容量吹雾侧喷	80.00	82.67	82.53	81.74
	低容量喷雾压顶喷	78.72	81.16	78.80	79.56
	小容量喷雾压顶喷	66.00	69.23	66.22	67.15
	高容量喷雾压顶喷	60.09	64.15	59.36	61.20
1.875	低容量吹雾侧喷	72.00	70.16	73.29	72.48
	低容量喷雾压顶喷	70.42	68.67	68.24	69.11
	小容量喷雾压顶喷	49.10	52.34	47.26	49.90
	高容量喷雾压顶喷	43.05	39.21	42.90	41.72

注：表中数据是喷药一天后的调查结果

表14 棉铃虫幼虫防治效果的方差分析

变异来源		DF	SS	MS	F	F0.05	F0.01
主区部分	区组	2	0.001	0.0005	<1	6.94	18.00
	A	2	0.304	0.152	50.67**		
	Ea	4	0.010	0.005			
	总变异	8	0.315				

变异来源		DF	SS	MS	F	F0.05	F0.01
副区部分	B	3	0.105	0.035	11.67**	3.16	5.09
	A×B	6	0.162	0.027	9.00**	2.60	4.01
	Eb	18	0.061	0.003			
	总变异	35	0.653				

从表 12 的结果可知,以上各种喷雾方法中雾滴在棉花株冠层上部的沉积量均高于下部;但药剂失落在地面上的情况是高容量喷雾＞小容量喷雾＞低容量喷雾。这一结果证明小雾滴比大雾滴易于沉积滞留于棉株上,大雾滴则更多地流失到地面,损失较多,因此必然会提高用药量。

讨　　论

内吸性药剂通常在植物体内是通过木质部而产生向顶性传导,而很少发生向基性传导,即很少能通过韧皮部使药剂从叶片向其他部分转移(Franz Mueller,1986)。因此,虽然使用内吸药剂,但喷雾时如不能使药剂的沉积分布与害虫的栖息分布很好地相配合,使药剂与害虫相遇,也较难取得满意的防治效果,因为沉积于叶片上的药剂很难转移到植株其他部位。由于内吸药剂很难向基部传导,滴心法防治效果差的原因就比较清楚了。滴心法是把药剂滴落在心叶,希望药剂能从心叶部分扩散到其他部位。但药剂从心叶很难转移到棉苗的其他部分,因此,除了对栖息于心叶上的蚜虫能取得防治效果外,对其他部分的蚜虫实际上不能发生作用。

根据试验结果还可以看出,采用低容量手动吹雾器低位顺行水平吹雾防治棉花苗期蚜虫,不仅可大量降低用药液量(只相当于常规高容量喷雾法用药液量的 6%～7%），而且用药量最少可降低 25%；此外手动吹雾器重量轻，操作简便，可减轻劳动量。低容量手动吹雾器低位顺行水平吹雾处理速度较快，可节省操作时间。但进行操作时，应尽量避开有风的天气，当风速较大和风向与喷雾方向正交时，应暂停喷雾作业。

伏蚜在棉株上呈全株分散分布，而主要在棉叶反面。棉花株冠层的郁闭性很强，在棉花生长后期，棉田在棉叶的覆盖下形成一个封闭型的生态环境。伏蚜分散分布在这一系统中，由于棉叶的上下屏蔽作用，农药雾滴很难进入这一封闭环境中，更难达到叶片的背面，这是伏蚜很难防治原因之一。但是当棉叶发生向光性运动时，整个棉田小环境可变成一个开放型的环境，这时农药有很大机会进入棉田株冠层中。由于棉叶背面暴露，雾滴也很容易打到叶背面。

根据室内试验证明，模拟棉叶倾角（D°）从 0°到 45°变动时，低容量手动吹雾器侧喷雾滴在棉叶反面的沉积率也由小变大。常规高容量喷雾器采用侧上喷方式虽也能使雾滴在棉叶正反两面均匀沉积，但必须逐株喷洒，十分繁重。如采取低容量手动吹雾器在棉叶大倾角时进行侧喷，则比较轻便而且省工，药剂在棉叶反面沉积率也较高，药剂能与分布于叶片反面的蚜虫直接接触发挥触杀作用，使防治效果得到提高。由于低容量吹雾法雾滴在棉株上的沉积效率明显高于小容量喷雾法和常规高容量喷雾法，实际上只须用比后两种喷雾法减半的药量就能取得较好的防治效果。

此外，由于手动吹雾器能产生一定速度的气流，使雾滴在棉花株冠层内具有较好的通透性，因此，只须在棉株一侧顺行喷洒就能使雾滴在棉花株冠层内较均匀地沉积；而液力式喷雾器必须绕棉株围喷才能使雾滴进入棉花株冠层内，因此，手动吹雾器在使用时比液力式喷雾操作简便，也比液力式喷雾速度快，因而可节省喷雾时间。

低容量吹雾、小容量喷雾和高容量喷雾在棉田的沉积分布情况说明,药剂在棉株上的沉积量顺序为低容量吹雾>小容量喷雾>高容量喷雾,而在非靶区地面上的沉积量顺序正好相反。这就为合理选用喷洒机具提供了依据。

几种喷雾方法雾滴在棉田的沉积分布结果表明,雾滴在棉花株冠层的沉积量,吹雾器侧喷近似于吹雾器压顶喷>小容量压顶喷>高容量压顶喷,而在地面的回收率则是高容量压顶喷>小容量压顶喷>吹雾器侧喷>吹雾器压顶喷。这主要是因为细雾滴更有利于在棉花株冠层沉积滞留。另外,Uk(1980)对棉花植株各部分对不同雾滴的捕获效率进行比较研究后,认为棉叶表面上的分枝状突起有利于棉叶对细雾滴的捕获。而 Dubs(1985)在田间高风速条件下,对 VMD 值分别为 67、115 和 210 微米的雾滴在棉株上的回收率进行比较研究后。证明,115 微米的雾滴在棉株上的回收率最高,210 微米次之,67 微米最低,这与笔者进行的风洞试验所得结果一致。

从防治棉铃虫幼虫时药剂在棉株上的沉积量看,吹雾器侧喷>吹雾器压顶喷>小容量喷雾法压顶喷>高容量喷雾法压顶喷。这与防治棉铃虫幼虫时取得的结果一致。因此,两种低容量吹雾法只使用相当于高容量喷雾法 50% 的药量就可取得用高容量喷雾法相似的防治效果。Ford 和 Salt(1987)在其综述中描述了他们先前对迁移性害虫研究的结果,证明有效成分含量高但雾滴密度较低的处理比有效成分含量低雾滴密度高的处理对迁移性害虫的防治效果好。而在本试验中,低容量喷雾法不仅雾滴所含有效成分量高,而且总的药剂沉积量也高于常规高容量喷雾法。同样道理,也可知道试验中小容量喷雾法的防效比常规高容量喷雾高但比低容量喷雾法低的缘故。Matthews(1981)曾建议在进行棉田喷雾时,对手动液力式喷雾法进行改进,提高雾化性能,降低喷雾量,使雾滴的对靶沉积性能得以改善,可降低用药量。本试验结果也证明了这一建议的可行性。

　　根据以上讨论,可得到如下结论:在进行喷雾法防治棉铃虫幼虫时,采用低容量手动吹雾器压顶喷或侧喷,可使目前常用的液力式高容量喷雾法或小容量喷雾法至少降低一半用药量,而且可使用水量降低94%。但在进行低容量手动吹雾器压顶喷雾时,应避免风速较高的天气。另外,Johnstone(1977)研究超低容量喷雾时发现,由于高温低湿的气候条件使雾滴容易蒸发,不利于雾滴在棉株上的沉积,进行喷雾操作时应避开高温低湿的气候条件。由于低容量手动吹雾器产生的雾滴细,高温低湿的气候同样不利于进行手动吹雾器的操作,最好选择早晨或傍晚气温较低而且存在逆温层的气象条件下进行喷雾作业。

　　根据这一原理,山东省临清市植保站在1983年开始在棉田喷雾中,采用了我们推荐的窄幅实心细雾喷洒技术,使用低容量手动吹雾器喷雾防治棉铃虫时,提出了"聚雾顶喷"的喷雾方式,也即本试验中的压顶喷雾的方式,取得了较好的防治效果。本研究对于这种喷雾方式雾滴在棉花株冠层的沉积分布试验结果说明,雾滴在棉花株冠层的沉积与棉铃虫幼虫的为害分布能较好地吻合,因而,能够取得较好的防治效果。1989年,临清市在棉铃虫防治时,开始大面积推广这一方法。

后　记

　　大田作物与温室保护地的情况有很大差别。但是,在作物的不同生长阶段株冠层的结构也有很大变化,苗期、幼株期、成株期的田间群体结构显著不同。因此,在作物不同生长阶段所应采取的施药方法和农药的使用技术也迥然不同。由于对这些情况不清楚,而对任何生长阶段的作物病虫害(包括草害)采取千篇一律的施药方法,这是导致我国农药使用技术方面长期以来存在种种问题的根本原因。

棉花在大田作物中有显著的代表性。大田是敞露的大环境，而在敞露的大环境中又会存在相对比较郁闭的空间（即作物的株冠层）。这种郁闭空间是由于植株的枝叶互相遮蔽所造成的，特别是阔叶作物如棉花尤甚。由于作物种类繁多，情况相当复杂，这正是农药使用技术研究的重要课题。我们对棉花进行了比较细的观察，许多现象很具有代表性并且是可以借以提高农药使用效率的重要依据。

这篇论文涉及棉花幼苗期、成株期的田间群体结构同农药沉积分布的关系，棉花叶的向光性行为，伏蚜的群集性行为，特别是成株期棉花的株冠层由于棉叶的向光性行为而从郁闭性的植株空间转变为相对开放性的空间，从而有利于农药的药雾及粉粒通透的现象。在棉花作物上，比较成功的农药使用技术研究开发包括棉花幼苗期的苗蚜防治时的顺行平行吹雾法、成株期的棉花株冠层下层喷粉法、划燃式烟雾片剂的抛掷式施药法以及利用棉叶的向光性行为进行吹雾器对靶喷雾法等农药使用技术。代表了如何结合作物的群体结构特征、株冠层构造特征和作物植株的行为特征进行农药施药技术的整体决策。我们的许多协作者已经发表了很多研究报告和相关论文。

7

农药的剂型问题

农药剂型和制剂与农药的剂量转移*

　　剂型加工与原药生产是紧密衔接的农药生产过程。长时期来农药加工主要是为了把农药原药加工成为具有一定分散度、理化性质稳定、便于计量、便于田间配制后施用或直接喷施的各类剂型和各种相关的制剂。在这一领域中,多年来我国较多的研究开发工作主要是在加工工艺方面,还没有看到有关农药剂型的毒理学方面的研究报告;关于农药剂型同农药使用技术之间的相互关系方面的研究工作也寥若晨星。我国现有已登记的大小农药厂已达1 645家之多(据张子明,1999),但是对于农药剂型和制剂加工比较熟悉的厂家则屈指可数,至于剂型与毒理学的关系以及与农药使用技术的关系则更少为人所注意。

　　自20世纪60年代以来,在环境保护问题的压力下农药已经经受了极大的挑战。近十多年来,农药剂型和制剂加工方面也受到了严重挑战,尤其在欧洲诸国,对农药制剂的安全性问题提出了严格的要求,并通过立法、提高农药登记注册的条件等办法来加以管制[1](Holden,W. T. C.,1992)。但是剂型和制剂本来应该是提高农药安全性的重要手段之一,许多研究工作业已证明,剂型是控制农药剂量转移的有效方式。

　　农药的"剂量转移"(Dose Transfer)这一概念,是Young氏早在1980年提出的。他认为,农药一旦从喷洒机械喷出便开始了剂

---

　　*《农药学学报》,1999年第1卷第1期

量转移过程。提出这一概念是为了全面分析和追踪农药喷出以后的动向和归趋，以及影响这种行为的机制及其调控技术和方法。喷洒农药的最终目标是有害生物体，包括害虫、病原菌、线虫、杂草等；但是在喷洒过程中，会有相当一部分农药不能达到有害生物靶标而进入环境或散落到其他非靶标物上。据早年的研究，如以有害生物靶标的实际受药量计，在大规模农田施药过程中大约不超过田间用药量的 6%，但多数情况下则不超过 0.1%（Grahm-Bryce, I. J., 1978)[2]，极大部分均"脱靶"，以多种方式进入环境和散落在非靶标生物上（包括所处理的作物）。药剂的蒸发、飘移、从植物表面脱落以及农药向有害生物体的无效转移，是导致这种现象的主要原因。但是若只把有害生物作为靶标，实际上是不可能的，也没有必要。目前，还只能把被保护的作物作为实际靶标，据此则农药的中靶率可达 20%～30%（大水量粗雾喷洒），或60%～70%（低容量细雾喷洒），而静电喷雾法则可达 80%～90%（在小面积定向喷洒时则可高达 98%）。

本文仅就农药剂型和制剂与农药剂量转移问题的研究动向作一概略介绍。

农药向环境中的剂量转移问题

转移到环境中的农药会对环境和人、畜产生不良影响。对这种剂量转移现象加以分析后，发现与农药的理化性质和剂型及制剂加工有关，并且可以通过剂型选择和制剂加工而得到显著改善。

例如，农药雾滴的溶剂蒸发会使雾滴尺寸缩小，从而削弱了雾滴的沉降能力同时又加强了雾滴飘移作用使雾滴比较容易进入环境。雾滴尺寸虽然可以通过施药机具加以调节，但也可以通过剂型加以解决，即采用一类抑蒸助剂（大多属于表面活性物质），例如 NALCO-TROL、VISTIC、NATROSOL 等。还有一种称为 LO-VO 的抑蒸剂，有效成分是十八碳羧酸胺，加入药液中喷洒成雾滴后,即分布到雾滴表面形成单分子层阻止了水分蒸发,这样的雾滴在空气中降落 7 米仍能保持原雾滴尺寸。

雾滴从植物表面反弹脱落的现象早已被注意到。这种现象是利用每秒 5 000 格的高速摄影技术观察到的。雾滴反弹现象是由于两方面原因:一是植物表面构造的差异,亲脂性强的蜡质的光滑表面极易发生雾滴反弹;二是农药的助剂问题。研究表明,雾滴在同植物叶片表面接触的瞬间(约 5 毫秒)其表面张力是动态表面张力(dynamic surface tension),比静态表面张力高,甚至与水的表面张力无异。如果雾滴不能在此瞬间粘附到叶表面上就会从叶面反弹或滚落[3](Anderson, N. H. 等,1983)。经研究发现,药液中的表面活性剂的浓度必须超过临界胶束浓度(CMC)才能使雾滴迅速被叶面持留[4](Wirth, W. 等,1991)。水稻、小麦等禾本科植物的叶表面都极难被水湿润粘附,在喷洒农药时用肉眼即可发现。此类问题在我国十分普遍而没有被农药使用者所注意,因此必须通过剂型选择和制剂加工,为用户提供具有适宜湿润性能的制剂,才能防患于未然。

农药向有害生物体内的剂量转移

雾滴降落到植物表面上以后,从植物表面进入有害生物体内也是一个剂量转移过程,而且这一阶段的转移机制更为复杂。剂型对于这一转移过程有明显影响。例如豪尔等用三环锡(cyhexa-tin)的 5 种剂型对三点红蜘蛛(*T. urticae*)所作的试验,表明了不同剂型对于红蜘蛛的毒理作用有显著差异[5](Hall, F. R. 等,1988),见表 1。

表 1 **T. urticae** 对三环锡不同剂型的毒理反应

剂型	驱避作用 （平均落水率，%）	平均产卵量 （卵量／叶碟）	平均取食斑数 （取食斑／叶碟）
三环锡 50WP	55.0 c	18.9 b	61.3 b
三环锡 30 EC	17.5 b	3.3 a	6.3 a
三环锡 5 SC	45.0 c	5.8 a	10.6 a
三环锡 6 SC	50.0 c	4.3 a	8.7 a
三环锡 80WG 1%silicone	17.5 b	44.4 c	186.3 c
清水对照	0.0 a	61.4 d	321.3 d

* 剂量 0.148 克．AI／升，处理后 48 小时观察

** 后跟字母相同者,表示差异不显著($P=0.05$；DNMRT)

　　研究结果充分证明了剂型的毒理学效应非常显著。Hall 等还用杀螨作用不强的氯氰菊酯对红蜘蛛进行了试验,发现也有改变其行为的作用,并发现叶碟上的雾滴密度也同时发生作用。每碟 1 滴 0.5 微升氯氰菊酯的 ED 制剂(一种静电喷雾器的专用制剂),红蜘蛛的行为以取食为主,很少爬行;每碟 4 滴时则变为爬行为主而很少取食。但氯氰菊酯的乳油制剂即便在每碟 4 滴的情况下仍然以取食为主而很少爬行。说明 ED 制剂在每碟 4 滴的条件下药剂向红蜘蛛体内的剂量转移要比 1 滴时强得多。而氯氰菊酯的 EC 制剂则似乎根本没有发生剂量转移。Hall 认为,尽管氯氰菊酯杀螨作用并不强,但是若通过剂型变化而改变了螨的取食行为,从而削弱其能量使红蜘蛛种群衰落,也是一种很好的防治策略。农药的毒理可以在农药剂型的影响下发生变化,这恐怕要使我们对于传统的农药毒理学刮目相看了。我们知道生物行为的变化往往可以在农药的亚致死剂量下发生,也就是说可以用较少的剂量而取得很好的防治效果,这一点显然具有很重要的意义。

Grahm-Bryce 对比了溴氰菊酯、乐果及 DDT 的内秉毒力与田间的相对毒力,发现每公顷田间有效用药量分别为 20、500、1 000 克,而它们的相对致死剂量比值却为 1 ∶ 1039 ∶ 1600(Grahm-Bryce, I. J., 1983)。也就是溴氰菊酯的内秉毒力根本没有充分发挥出来,实际上只发挥了 1/30~1/40。溴氰菊酯的强大毒力损失到何处去了? 这里肯定存在一系列"剂型—使用技术—毒理学"方面的有趣问题有待研究阐明。

影响农药向有害生物体内进行剂量转移的因素很多,在剂型研究开发方面已经做过大量工作。其中,农药在植物表面上的黏附力、耐雨水冲刷能力以及农药的有效再分布(redistribution)等问题对剂量转移的影响也很大,受到广泛重视。黏附力弱则药剂容易从叶面脱落,但太强则使害虫难以把药剂沉积物黏附到虫体上,同样不能完成农药向虫体的转移。杀菌剂也存在类似问题,若由于种种原因不能在叶面上发生沉积物的有效再分布,也会阻碍药剂向病原菌体内转移。药剂在叶面上的沉积分布形状同添加的表面活性剂有关,扩散性差的药液所形成的沉积斑呈实心斑,而扩散性好的则形成空心花斑。后者同病原菌发生接触的机率要高得多,防治效果明显提高;因为药剂在叶面上的覆盖密度比前者大。这对于具有爬行觅食行为的害虫同样重要。凡此种种现象都可以从农药剂型的研究设计和改造中得到解释和解决。

农药向植物体内的剂量转移

农药向植物体内的剂量转移也是一个重要问题。贝克和亨特用 [14]C 标记的 12 种农药在玉米、油菜、草莓和甜菜上做的试验(加用和不加用非离子型表面活性剂 Ethylan TU,即 NP8,含 8 个环氧乙烷的壬基酚 EO 加成物),结果表明,加用了 NP8 的药液被蜡质的油菜叶片的吸收速率比未加的药液快得多,药剂的亲脂性越强则效果也越强。12 种药物的亲脂性强弱顺序为:禾草灵(DCM)

＞双苯三唑醇（BT）＞枯草隆（CX）＞西马津（SI）＞阿特拉津（AT）＞异丙隆（ISO）＞绿麦隆（CT）＞萘乙酸（NAA）＞甲双灵（ME）＞苯脲（PU）＞抑芽丹（MH）＞尿嘧啶（UR）。但在非蜡质的甜菜叶片上，虽然也有类似趋势却不显著。对于药剂在植物体内的输导作用则没有明显影响[6]（Baker, E. A. & Hunt, G. M., 1988），如表2所示。

表2 叶片对加/不加表面活性剂的药液的吸收量

比值和2种药剂在植物体内的输导量比值

（施药后72小时观察结果）

药剂代号		MH	UR	ME	PU	AT	CT	CX	BT
油 菜	吸 收	1.4	1.2	1.2	2.0	1.5	3.6	15.0	27.0
	输 导	2.0	1.0	1.0	4.2	1.6	2.5	6.0	3.0
甜 菜	吸 收	0.8	1.5	0.9	3.9	2.3	1.6	3.2	5.0
	输 导	1.0	1.0	0.7	4.7	1.2	1.5	1.5	1.0

雾斑干燥后，具有吸湿性的表面活性剂实际上会产生一种少量水分与表面活性剂所形成的胶冻，把药剂有效成分包溶在其中并与蜡质叶面保持良好的接触，因此提高了药剂通过蜡质叶表皮的能力。此例也有力地说明了助剂对于农药剂量转移的重要作用。Zabkiewicz 等报告指出，对于多气孔的叶片表面，选用具有极强湿展能力的有机硅非离子型表面活性剂 Silwet L-77、L-7067、Y-6652 药液能迅速展散，0.5 微升药液可展散到 146.9 平方毫米（同浓度的 Agral-90 只能展散到 2.7 平方毫米），这种特性使10％～15％的药液能够从气孔"溢流"（flooding）而进入叶片内（Zabkiewicz, J. A. 等, 1988）[7]，并且可以避免由于药剂局部集中可能发生的药害问题。

植物体表面的构造很复杂，而且不同的植物种类之间差别极大,有些植物叶表面是光滑的蜡质层,正面无气孔而背面有气孔;有些叶片两面均有气孔,叶面上有大量毛、刺、微细蜡片,或其他多种形态的"装饰构造"。叶面的湿润性也有很大差别。叶片是病虫的主要栖息和为害部分,农药喷洒到叶片上会表现出十分复杂的剂量转移行为,有些有利于农药发挥作用而有些则不利。这些行为都可以通过农药剂型加工来加以调节和控制,从而对于农药的作用方式发生很大影响。

农药向人体的剂量转移问题

农药对人体所发生的污染和中毒问题,特别是操持和使用过程中农药同人体的接触,都包含农药向人体的转移过程。在实际工作中通常是采取安全防护措施来阻断这种剂量转移。但也可以通过剂型改造来防止这种危险性转移。农药进入人体,经皮肤进入的机会比经呼吸系统进入的机会大 20~1 700 倍。微囊剂是一种有效的阻断转移的剂型。但是必须达到相当的囊壁厚度才能发挥阻断转移的作用,而太厚的囊壁又会削弱药剂有效成分的释放速度。摩根等用 Igepal DM-97 和 Igepal CO-990 两种非离子型表面活性剂配加在地虫硫磷(fonofos)微囊制剂中,使它在微囊表面上形成第二层包覆物。发现当药液与皮肤相遇时,Igepal 分子的亲水基团面向皮肤而亲脂基团面向地虫硫磷微囊粒子,使之不能与皮肤直接接触从而阻断了地虫硫磷向皮肤转移。据研究,Igepal并不妨碍地虫硫磷微囊的正常缓释作用和缓释速度。

农药剂量转移问题与农药剂型毒理学

在农药剂量转移问题的研究中,农药剂型研究与农药使用技术研究几乎始终保持着紧密的互作关系。从 20 世纪 50 年代以来,细雾喷洒技术发展极快,并已成为农药使用技术发展的主流。通过对剂型和雾化细度的调节,已经可以做到使每一个或几个雾

滴即包含一个 LD_{95} 的有效剂量,足以杀死一头害虫。根据害虫的致死剂量、田间虫口密度和种群分布状况,已经有可能通过选择最适宜的施药机具和喷洒部件,设计出最佳施药方法,大幅度提高农药的有效利用率。这种技术称为"Dial-A-Drop System"。Hall 指出,必须深入研究阐明"农药雾滴沉积与农药剂型"之间的相互关系,才能对农药的生物学效果有深刻的认识和了解。

这个问题实际上与农药抗药性的发生也有重大关系。Grahm-Bryce 早年就曾指出,由于田间农药在植物株冠层中的分布不均匀为病虫提供了"田间选择压力",是造成田间抗药性发生较快的主要原因;而农药的分布不均匀则是由于使用技术和农药剂型不适宜所造成的。所以 Georghiou 在其著作中回顾了有关害虫抗药性治理的问题后得出结论,强调指出:在今后的抗药性综合治理策略中,必须把农药剂型和农药使用技术作为抗药性治理研究的必要组成部分(Georghiou, G. , 1983)[8]。

根据近 30 多年的研究发展情况,可以清楚看出一门崭新的边缘学科正在形成,笔者建议这门学科称为"农药剂型毒理学",以区别于传统的毒理学。后者是研究药物进入有害生物体内对微观生理机制的毒理;"农药剂型毒理学"则研究药物向生物体转移过程中的各种机制和条件以及所引发的毒理学上的变化,所以也可称为"宏观毒理学",以区别于经典的"微观毒理学"。在田间条件下,农药要顺利地转移到有害生物体内,必须首先满足剂量向有害靶标生物转移所要求的各项条件,包括农药剂型和农药的沉积分布规律。

面对国际上在这一领域的迅速发展势头,我国在科学和技术方面的准备看来是不够的。为了迅速提高我国的农药科学技术水平,特别是农药剂型加工方面,希望尽快发展这一领域的多学科研究工作,并加强科学技术合作和交流。

农药的剂型问题与我国农药工业的发展*

中国农业科学院植保所　屠豫钦

农业部农药检定所　王以燕

近 50 年来,农药的施药量已大幅度降低。老一代农药的施药量大约为 3500～7500 克/公顷,到 20 世纪 70 年代已降至 750～1 500 克/公顷,嗣后高效和超高效农药甚至降低到 15～150 克/公顷。如此低量的农药,必须经过很好的剂型加工,以充分提高农药的分散度,同时选用适当的施药器械,才能把农药喷洒均匀,并提高农药的有效利用率。

一个有效化合物若没有适宜的剂型及相应的适用制剂,不可能成为用户手中的有效武器,从而将丧失商品价值。我国有许多专业研究所和研究部门从事于农药剂型加工研究工作[1,2]。国际上则早在 20 世纪初期就已经有大量研究报告。农药剂型研究主要包括 4 个方面:剂型加工技术和方法,剂型加工所需助剂的研究开发,剂型加工的工业化生产工艺和设备,以及与剂型和制剂相关的毒理学和农药应用工艺学研究。但是,我国农药剂型研究方面存在的问题主要并不在于前 3 个方面,而在于农药剂型的毒理学研究以及农药应用工艺学研究方面。

---

* 《农药》,2005 年卷第 3 期

剂型的问题首先是从农药的作用方式和毒理学问题而提出的。Griffin(1927)和 English(1928)最早提出了药物的油珠直径对于蚜虫的药效之影响[3,4]。接着有许多人在其他害虫上做了研究,进一步证实了这种相关性。赵善欢(1939)和 Bertholf(1941)最早相继提出了药剂的粉粒细度对害虫杀伤能力的影响[5,6]。后来 Burchfield 等(1950)在杀菌剂的毒理学的经典研究中也发现药剂粉粒细度对杀菌剂效果有极大影响[7]。20 世纪 40 年代以后,对农药剂型的研究工作迅速深入广泛展开。在 Hartley 和 Grahm-Bryce 的著名专著中对农药剂型与农药毒理学的依存关系做了详尽的论述(1980)[8]。

(一)有关剂型问题的几个基本概念

1. 农药的分散和分散体系

农药剂型加工实质就是农药的分散过程。除了熏蒸剂外,农药原药均不能直接使用。原药不论是固态还是液态,都必须被分散成为一定细度(即"分散度")的微小粉粒或油珠,才能被均匀喷布到作物和靶标生物上。这一过程即农药原药的分散过程。这一过程可以采取物理化学的方法或机械破碎的方法。在分散过程中,必须选用适当的助剂和载体,使药物有效成分在助剂的帮助下均匀而稳定地分布在载体中。分散过程完成后所得到的成品是一种达到物理化学稳定状态的多组分混合物,这种产品就是农药的某种特定的"分散体系"(dispersion system)。一种农药原药可以加工成为多种不同的分散体系。任何一种分散体系一般均由两个基本部分组成,即"分散相"(dispersion phase,即药物有效成分或其溶液)和"分散介质"(dispersion medium,由载体和助剂所组成的结构型介质)。

但农药的分散体系实际包含两方面含义,即农药制剂本身所具有的分散体系,以及农药喷施后药剂微粒或雾滴在空气中所形成的以空气为分散介质的分散体系。这两种分散体系都非常重要,但后者在我国还没有受到足够重视。

"分散体系"一词在农药应用科学中是必须首先明确的基本科学概念之一,这对于正确认识农药剂型选择和剂型加工以及农药的科学使用至关重要。

具有一定组成的稳定的分散体系,即具有了明确的剂型(formulation)。剂型一词有多重含义:一是指商品药剂的外观形态;二是指药剂的分散状态和所属分散系;三是表示农药的可使用方式,如喷雾用、喷粉用、气雾用、撒粒用、熏烟用等。我国已经制定了农药和卫生用药的统一剂型代码国家标准,以便于国家管理,也便于从事剂型研究开发的企业和科技人员统一认识和有所遵循[9]。

一种剂型可以根据使用的需要加工为多种规格的产品,以便用户可根据实际需要选购最适宜的专用产品。例如,阿维菌素可湿性粉剂这种剂型就有 0.05% 和 0.12% 两种规格的产品,百菌清烟剂甚至有从 2.5% 到 45% 等差别很大的多种产品。这些产品则称为不同规格的制剂(preparation)。除了含量规格互相不同外,在不同制剂中也可以根据需要配加其他组分,如防治对象、作物种类和施药方式的不同,往往需要选用相应的专用制剂,所以制剂可以有多种规格,但仍属于同一种剂型。最后到达用户手中的"农药"都是具有一定规格的某种剂型的各种制剂。

2. 农药制剂的原始分散体系和二次分散体系

农药制剂本身的原始分散体系,即农药有效成分在设计的分散介质中所形成的分散体系(primary dispersion system,或内秉分散体系 intrinsic dispersion system)。

作为分散相的农药有效成分以及分散介质可以分别为固体或液体。因此,农药剂型的原始分散体系就可以有:固/固分散系、固/液分散系、液/液分散系、液/固分散系等多种类型,也可以是由几种不同分散系所组成的复合分散体系，称为构型剂型（structured formulation），例如悬乳剂（SE）、微乳剂（ME）等。剂型或制剂的外观形态主要取决于分散介质的组成分和剂型加工的方法，改变剂型配方组成和加工方式方法可以改变整个分散体系的外观和形态。

这里特别需要注意一点，供直接使用的商品制剂，其原始分散体系可始终保持不变。若商品制剂是供加水或加溶剂类稀释后使用，制剂的原始分散体系即不复存在，所形成的喷洒药液则变成了农药的二次分散体系（secondary dispersion system），原有剂型从新组合成为一个以稀释物料水或溶剂为新的分散介质的分散体系，原剂型中能与水或油相溶的各种成分均扩散或转溶于稀释用水或稀释用溶剂中，从而会改变原剂型中的原始分散体系构成状况和稳定性，并有可能影响到原剂型的某些理化性质和实际使用效果。因此，一种设计为供稀释使用的制剂，应预先考虑到制剂中的辅助剂原始配用量须足以保证稀释配制后仍能保证新分散体系的稳定，并能满足喷洒液悬浮分布性能、湿润展布性能、黏附性能、雾化性能等各项要求。例如可湿性制剂，制剂成品虽然已达标准，能被水湿润（即制剂本身已达到"可湿性"标准，标准的测定方法是观察制剂被水浸湿的时间，而非稀释液对喷洒目标物的湿润展布性能），但如果事先没有考虑到稀释后所出现的上述情况，所得到的稀释药液却未必能湿润喷洒物体的表面，从而不能获得该药剂应有的预期使用效果。例如，在许多叶面难湿润的作物如水稻、甘蓝上，若药剂稀释后的药液湿展能力很差，极易发生药液滚落或因雾滴弹跳脱落而进入环境。

所以，在使用过程中商品制剂原有的原始分散体系可能由于体系的二次分散而发生变化。有些农药商品制剂在不同地区的使用过程中出现效果不稳定或不一致的现象，原因之一往往就是剂型的分散体系在使用过程中发生了变化。各地的水质差别很大，对农药使用所可能造成的影响,情况非常复杂。一种乳油制剂在软水中能够配制成良好的喷洒乳剂,而在有些地方使用硬度很大的井水则不能配制成稳定均匀的喷洒液,甚至会发生乳剂逆转现象。若能在原始设计中考虑周到,就能保证产品质量和使用性能的稳定性。过去曾经有一时期提倡"节乳",但这种乳油在使用过程中往往对喷洒液产生不利影响。这问题对于商品的市场地位和树立品牌效应非常重要。国际上的大农药跨国公司都在世界各地布置有庞大的新产品使用试验基地网络,除了为产品拓展市场,也是为了获得产品在各地不同条件下使用过程中所出现的新问题的信息反馈,以便及时调整和提高产品的质量指标和性能水平以适应不同情况下的需要。所以能够比较快速地树立产品的品牌效应和扩大新产品的市场份额。真实的品牌效应并非靠广告宣传造势或巧立诱人的商品名称所能"打造"出来的。

(二)在药剂使用过程中出现的分散体系

除了包衣剂、注射剂等特殊剂型外,农药的喷施过程其实是药剂在空气中的分散过程,其特征是此过程乃利用喷洒器械的喷洒部件来完成(烟的分散则是由热力完成)。农药喷施后生成的粉粒或雾滴喷入空中,是药剂的微粒在空气中形成了粉粒/空气或雾滴/空气分散体系。这种分散体系的形成直接关系到农药的科学使用技术和使用效果以及农药对环境的影响。但是剂型研究开发部门往往并不注意这种分散体系,也没有在制剂商品说明书中提醒用户注意选购适宜的施药器械和使用方法,这往往是农药使用过程中发生诸多问题的一个重要原因。例如农药的田外飘移扩散所造成的农药损失,飘移对大气环境造成的影响,农药的有效利用率不高(即在施药靶区沉积率不高),这些问题都需在剂型和制剂研究开发过程中加以考虑,并在产品说明书中做出相应说明,否则很容易造成误用而发生不必要的问题。例如,超低容量液剂(UL)

虽然是向空中喷洒,但其目的是利用风力对雾滴的吹送飘移作用使药剂在处理表面上的沉积分布比较均匀,并不可能形成雾滴/空气分散体系,所以 UL 是一种表面处理用的剂型,对环境质量的影响较小,而热雾剂(HN)是一种空间处理用的剂型(但并不是对任何空间都适用),对环境质量的影响极大。有的工厂想采用热雾发生机把它用于土壤表面处理,这非但不可能实施,而且农药的损失和对环境的污染风险极大。这两种实例所发生的错误和误解,都是由于基本概念方面的误解所致。

药剂微粒在空气中的分散体系,有人统称之为"气溶胶"(aerosol,即药剂微粒/空气的分散体系)。但是实际上只有烟剂所产生的烟云属于典型的气溶胶,因为所谓气溶胶体系,其中的微粒直径一般应在 1 微米以下。不过,热雾剂、气雾剂施药后在空气中所形成的药雾虽然雾滴已比较粗大(约 5～20 微米),但已能在空中飘悬较长时间,其行为与气溶胶近似,所以在农药应用工艺学中也把它列入气溶胶分散体系作为空间处理型剂型来讨论。如果粉粒和雾滴比较粗大,但因被上升气流裹携而进入空中后,在风力的作用下也能在空中飘翔较长时间,不过这种特殊情况不能称为气溶胶分散体系。飘翔行为是粉粒的一种独特行为,粉粒能够借此而在空中飘翔较长时间,但并不构成一种分散体系,因为它是不稳定的,通常称为"粉尘"(类似于气象学上的"飘尘")。这种粉尘虽然不稳定,但也可利用于增强粉粒的沉积分布均匀性。而直径超过 50 微米的雾滴在空气中的停留时间不会超过 1 分钟,根本不可能形成稳定的分散体系,也没有粉粒的飘翔效应。

在农药应用工艺学中,能够形成气溶胶分散体系的剂型和制剂是空间处理型的剂型,通过在空中形成气溶胶而主要用于杀灭有空中运动行为的害虫,而非用于表面滞留性喷洒。虽然气溶胶的沉积物也能够发挥一定的滞留药效,这取决于其沉积药量有多大。从毒理学上讲,气溶胶分散体系的形成是为有害生物密集的环境建立一个真正的"毒力空间(toxic space)",所以要求药剂的分散度比较高,在空气中稳定悬浮分散的时间足够杀灭目标害虫。粗大的粉粒或雾滴则会很快坠落,因而只能作滞留喷洒。研究早已表明,在无风情况下粒径 1 微米的微粒沉降 3 米高度需 28.1 小时,粒径达 10 微米时沉降速度就显著加快,只需 16.9 分钟,20 微米的微粒需 4.2 分钟,而 50 微米的微粒只需 0.675 分钟[10]。在热雾剂、烟剂、电热蚊香片、电热蚊香液等类药剂中,热雾剂的雾滴(3～5 微米)粗于其他几种剂型的烟粒和雾滴(<3 微米或<1 微米)。显然,沉降越快则对空中飞翔的害虫杀灭效果越差,而沉降到地面上的药剂则越多。影响烟粒和雾滴细度的因素包括施药器械的雾化性能、药液的黏度、流动性等物理参数以及温度。如果施药器械的性能不能满足制剂成烟和雾化的要求,即便制剂理化指标合格,也不能形成烟和油雾。所以,研究开发此类制剂时在使用说明书中必须同时交代清楚对施药器械的性能要求乃至器械选型要求,指导用户科学正确地使用这些剂型。

烟制剂系列的产品一般都是点燃发烟,利用各种方式产生的热量使药剂有效成分在高温下气化,喷入空气中后再骤冷凝聚为微小烟粒。这种通过骤冷凝聚法形成的烟粒,比热雾剂通过气流剪切力的机械分散法所形成的油雾雾滴更细而均匀,一般可达 1 微米以下(这与烟剂的喷发速度有关,速度愈快则烟粒愈细)[11,12],使用效果已接近于熏蒸剂。烟的宏观行为也与上述热雾剂所产生的油雾相似,在空气中容易大范围扩散分布,烟尤其突出,因此不适宜在户外环境中使用。在研究开发烟制剂系列产品前必须考虑到这一点。

(三)农药的作用方式和毒理学问题与农药剂型的关系

各种有害生物的特征和行为差别很大,农药对它们的作用方式和毒理学问题也有很大不同。这些差别是农药剂型开发研究的主要依据。

1. 杀虫剂方面

杀虫剂的作用方式主要有 4 种:胃毒作用、触杀作用、内吸作用、熏蒸作用等,以及特异性作用。进入有机合成农药时代以来,由于研制的几大类群杀虫剂都是神经毒剂,所以作用方式实际上已经以触杀作用为主,其次是内吸作用,和少数特异性作用如拒食作用、驱避作用以及昆虫生长调节作用等。触杀作用的基本要求是药剂能很好地在植物表面和害虫躯体表面沉积和附着。

触杀性药剂可以直接喷洒到害虫躯体上发生作用(在毒理学中称为害虫对药剂的"被动接触 passive exposure"),也可以由于害虫的爬行运动而使其足部或体躯其他敏感部位黏附截获药剂(称为害虫的"主动接触 active exposure")。因此选择剂型设计方案时应充分考虑防治对象的行为特征。

Randall 等曾用氯菊酯对棉铃虫二龄幼虫进行了施药方式与药效的关系研究[13]。发现若先施药于叶面,然后引入棉铃虫幼虫,由于虫体并未直接受药而是处于爬行主动接触药剂状态,杀虫效果仅为 63.2%。若在接虫后对棉铃虫和棉叶同时施药,药剂即可同时沉积在虫体和棉叶表面,杀虫效果则高达 83.5%,这是因为沉积到虫体上的氯菊酯已直接接触而进入虫体,而且沉积在棉叶上的药剂也会被幼虫在爬行中继续截获摄取,幼虫所摄取的剂量应比较大。但须注意,沉积在叶面的药剂会渗入棉叶表面蜡质层中或腺毛中,害虫足部从叶面能够摄取到的药剂剂量相对较少。这是出现这两种处理方式的杀虫效果有明显差异的原因。但是如果选用了固态制剂如粉剂、可湿性粉剂、悬浮剂等,药剂粉粒常沉积在棉叶表面的外部和毛刺之间,不会很快进入叶面蜡质层,因此比较容易被害虫截获而摄取。早年 Wofford(1985)的试验研究也得到了相似的结果。

在 20 世纪 50~60 年代即已有很多人研究了剂型类型与杀虫

效力的相关性[14-19]。由于昆虫体壁外层均为拒水的蜡质层,所以液态剂型中杀虫剂大多采用以油类作为分散介质的剂型。对于接触杀虫剂的作用方式,Barlow 等研究发现油剂及其类似剂型如乳油等,在粗糙的物体表面上容易被表面吸入,因而被害虫直接截获的机率较小。植物叶片表面绝大部分也都是被异形的不规则的蜡质结晶小片所覆盖,形成大量微孔隙,油类制剂非常容易渗入(如叶面结构的电镜照片所示)。而粉粒状制剂的微粒则不容易嵌入这种微孔隙中,可被滞留在叶片表面上,因此反而容易被害虫截获。但是粉粒的细度很重要,Johnstone 等用典型的爬行类幼虫(鳞翅目菜白蝶 *Pieris brassicae* 之幼虫菜青虫)研究发现,西维因(carbaryl)可湿性粉剂的粉粒以 15～20 微米为最好。太细的粉粒容易嵌入叶面微孔隙中,而太粗的粉粒被幼虫截获以后在爬行过程中比较容易脱落,会降低害虫的实际截获量。Gratwick 等用油溶性染料作指示剂在步行甲 *Feronia madida* 等 5 种步行昆虫上做的试验证明,昆虫的足对于表面上沉积的不同细度的药剂微粒的截获能力,与昆虫躯体的大小有关,体重只有 0.006 克的一种椿象 *Notostria* 每行走 1 步(即 6 条足各跨出 1 步)按平均单位体重计,能截获 167 微克的药物;而体重为 0.147 克的步行甲却只能截获 11.6 微克。

可见,剂型的选择和制剂的加工方法同害虫的种类和行为存在密切关系,在剂型设计工作中有大量毒理学问题需要研究,才能使剂型选择和加工的产品实际使用效果落到实处。这种毒理学属于农药剂型毒理学的研究范畴[20]。

植物叶片表面有多种毛、刺和能分泌油状物质以及各种植物次生物质的腺毛、黏液毛,这些分泌物质涉及多种化学物质,如各种精油类、树脂类、酚类、生物碱类、乃至多种酰胺类、黄酮类、糖苷类等,它们对于农药剂型结构以及对有效成分和药剂的作用方式会发生何种影响,目前还很不清楚,有待展开深入研究[21]。Wall

等研究发现豌豆叶片表面蜡质能够吸收昆虫性外激素并保存在蜡质层中,随后又能缓慢释放并借此引诱豌豆蛀荚蛾 Cydia nigricana 的雄蛾[22]。这种有趣的现象,无疑可以借鉴用于研究开发新型的农药缓释剂型。

具有特异作用的杀虫剂,基本上均属于神经反应物质,药物的信息也是通过其分子被昆虫的某种化学感受器接收后才引起昆虫的反应。其中有些是通过与昆虫的感受器接触而产生,其接触的机理与上述触杀作用的接触机理相同。还有一些是通过药物所散发的气态物质而被昆虫吸收,与熏蒸剂作用方式相似,无须同昆虫躯体发生直接接触。对于这种作用方式,各种缓释剂是比较适当的剂型,可以控制药剂有效成分缓慢释放而持久发挥药效。

内吸作用是备受青睐的作用方式,内吸药剂是直接喷洒在作物上或施于土壤中,无须喷洒在昆虫躯体上。其剂型选择条件主要决定于药液在作物上的沉积、附着和湿润展布能力。显然固/固分散体系非适用剂型,不过由于微环境中的水分和空气湿度的作用,固态药剂在农田环境条件下也会表现一定程度的内吸作用。有些内吸药剂可以采取根区施药法,则可以选择颗粒剂或胶囊剂或根区注射剂(需配用专用的土壤注射器,国外有些农药公司曾同时生产此种注射器与农药配套供应)。但是内吸杀虫作用方式对于咀嚼口式的害虫往往不能奏效,须根据害虫种类和取食特征选择适当的药剂种类和剂型。

2. 杀菌剂方面

病原菌属于低等植物,菌体构造与昆虫有极大差别而与高等植物的细胞有许多共性。一个最重要的差别就是菌体的表面具有亲水性,而昆虫的体表具有极强的拒水性。早已有大量研究报告指出,杀菌剂必须能够与病原菌的亲水性胞膜外层表面亲和,才能够具备渗透进入病原菌细胞的能力(Marsh R. W., Horsfall J. G.)[23,24]。因此绝大多数杀菌剂都加工为易于亲水的剂型,如可湿性粉剂、悬浮剂、可溶液剂、水分散性粒剂等。不过在特定的环境中如温室大棚，湿度比较高而且夜间露水较大，采取粉状剂型进行粉尘法喷洒也能发挥很好的效果。在空气比较干燥的露地作物上，若夜间无露水，杀菌剂的粉状干用制剂则不容易很好地发挥作用，除非药剂具有一定的气化或升华能力如百菌清、硫黄等。

　　杀菌剂的作用方式也有多种，主要是保护性杀菌作用、治疗性杀菌作用（包括表面治疗性和内吸治疗性）、铲除性杀菌作用、内吸性杀菌作用等。这几种作用方式都要求杀菌剂有效成分同植物体表面发生良好接触。对于内吸性杀菌剂，良好的接触有利于药物渗透进入植物体内发挥输导作用。对于保护性和铲除性杀菌剂，良好的接触可增强药物在作物表面上的黏附牢固程度，有利于药剂持续发挥药效。

　　病原菌对杀菌剂的摄取是通过药剂有效成分溶解于植物表面水分中而后被病原菌吸收，不存在由菌体的运动截获药剂这种过程。所以，对杀菌剂制剂的要求是有效成分的分散度越高越好，Burchfield 等的研究已充分证明了这一点[7]，嵌入植物表面微孔隙中的药剂微粒无论对于药剂的保护作用或内吸作用都是有利的，并且具有较强的抗雨水冲刷能力。对于许多杀菌剂来说，悬浮剂剂型的药效显著优于可湿性粉剂剂型，例如多菌灵可湿性粉剂和多菌灵悬浮剂对于小麦赤霉病。粉状制剂的粉粒细度也是如此，百菌清超细粉剂（粉粒直径小于 10 微米）的药效显著优于通用粉剂（细于 76 微米，屠豫钦等 1988，未发表资料）。但是早年已有人提出了病原菌的所谓"自杀理论"，即病原菌能够分泌某种生化活性物质溶于叶面水中，促使药剂沉积物迅速溶解或转化为有效成分而后被菌体吸收而中毒[25,26]。

　　内吸性杀菌剂与内吸性杀虫剂的情况相同，也可以用于土壤处理，但更多是作为种子处理剂，如拌种剂、种衣剂等。种子处理剂对于系统侵染性的病害非常有效，但是对于作物生长后期的叶部侵染性病害,则药效往往不能维持很长。例如粉锈宁拌种剂,可以对前期小麦地上部分植株发挥药效,但对于小麦生长后期入侵的病害,作用就很小,需要改用其他喷雾用剂型再进行叶面喷洒。

3. 除草剂方面

除草剂的作用方式只有接触作用和内吸作用两种。也有熏蒸作用方式,但比较少,如土壤覆膜熏蒸,是利用药剂气化后产生的气体杀死杂草的萌芽种子。如溴甲烷、氯化苦、异硫氰酸酯类及其某些母体化合物如棉隆、威百亩等。除草剂的特点是药剂均直接作用于杂草本身,而并非作用于其他中间寄主,或直接接触而杀死杂草,或被杂草吸收进入杂草体内而杀死之。除草剂的使用和处理方式也只有杂草叶面喷洒和土壤处理两种。

除草剂的使用效果同环境的湿度和杂草表面的水分有很大关系,所以在剂型设计和制剂加工中往往需考虑配加增湿剂或保湿剂(humectant)等作为制剂的组成部分。此外,许多除草剂容易对作物或下茬作物造成药害,因此在制剂配方中有时还需要配加适当的安全剂(safener)。这些特殊加工要求是除草剂剂型加工中的独特方面。

颗粒剂是除草剂中很重要的一类剂型,在水、旱田中均有广泛用途。在水田中以崩解型的颗粒剂为好,而旱田中则不宜采用崩解型,因为在无水情况下崩解较难进行,即便崩解后也很难有效地扩散分布。

除草剂在杂草植株上的湿润展布性能对药效的影响很大。农田中的杂草种类繁多,药液对不同杂草种类的湿展能力差别也很大。一种除草剂产品不可能对任何杂草都具有相同的湿润展布性能。为了取得良好的田间杂草杀灭效果,需要在使用时同时配加湿润助剂以增强药液对各种杂草的湿润性能,此类助剂称为除草剂的桶混助剂或喷雾助剂(spray adjuvants),多为矿物油与植物油的混配物,经加工成为乳油,可直接加入除草剂药液中混合使用。加用量需要根据当地农田杂草的情况选定。试验研究表明，许多喷雾助剂还具有对除草剂药效的增强作用，可以减少除草剂的用药量。

（四）有害生物的行为特征与农药剂型的关系

1. 有害生物的空间分布特征

各种有害生物的空间分布有很大差别，这是研究设计剂型和制剂的重要依据。农业有害生物虽然都是寄生在作物上，但在某一时段内，有些害虫有在空中集群飞翔活动的行为，如夜蛾科的害虫棉铃虫成虫夜间有 3 次群起飞行活动的时间。在这种时段内，空间分布型的气雾剂、热雾剂是很好的剂型选择，因为在夜间田间气温逆增非常明显，有利于气雾或油雾弥漫在作物丛中从而得以充分发挥气雾剂或油雾剂的威力。对于飞蝗，在其群飞阶段空间分布型的剂型是最有效的剂型选择。飞机喷洒超低容量制剂也很有效，但雾滴在空中的悬浮时间比较短，因此必须有周密的空中作业计划（例如所谓 Porton 喷雾法）。当害虫栖息或在作物上取食为害时（包括跳蝻阶段），则以选用表面沉积分布型的剂型为最好。

在卫生害虫方面，蚊、蝇是最重要的两类卫生害虫，它们的共同特征是广泛存在于室内环境和室外环境（包括禽畜厩舍）中并能大面积扩散分布为害。因此，杀灭蚊、蝇的战场是全方位的。就此而论，烟制剂、热雾剂和冷雾剂应该都是有效的武器。然而由于烟在大气中的上升和扩散分布能力极强，比热雾剂和冷雾剂更容易造成环境污染，所以不适宜在室外环境中采用，而热雾剂和冷雾剂比较适用（但也须充分考虑到外环境的具体情况区别对待，例如在公共活动场所的活动进行期间不能采用）。在室内环境中，则烟剂（包括蚊香片）和电热蚊香制剂比较适用，热雾剂和冷雾剂却不能使用。

2. 有害生物行为特征的利用

有害生物的行为特征变化多端，也是剂型和制剂研究设计的重要参考依据。例如蚊虫,在室外环境中其蚊卵和幼虫(孑孓)是在水域中栖息生长。此阶段若采用烟剂或热雾剂等气溶胶形态的剂型基本上是无效的(只对水面以上集群飞翔的蚊虫有效)。对于孑孓,可选择施于水域中的剂型,如乳油、微乳剂、悬浮剂、可湿性粉剂等,而以乳油和微乳剂为好。但孑孓还有一种行为可资利用,即孑孓有浮到水面吸收空气的行为,此时孑孓的尾部出露在水面上。根据这种行为,水面展膜油剂(SO)是很有效的剂型,因为油膜本身已经能够对孑孓产生窒息性杀灭作用,若选配适量的有效灭蚊药剂将进一步提高油膜的杀灭效果。

蚊虫成虫在物体表面上没有爬行行为,不可能通过爬行接触到足够的致死剂量,所以滞留喷洒的效果并不很好。但是家蝇的爬行行为却非常强,在爬行中能够接触大量药剂。这表明对于家蝇这类既能飞翔而且爬行能力也很强的害虫,剂型和制剂可以有多种选择,取决于制剂的使用时间和地点。也可以根据预定的使用目的和地点研究开发若干种专用剂型和制剂,分别说明其使用方法,以便于用户选购。

在家蝇的孳生地往往蝇蛆密集,虫口密度很大,而且爬行能力很强,最有利于高效率地集中杀灭家蝇。这种情况在大部分农村地区和城乡结合部非常普遍。若能充分利用害虫的这种麇集行为,选择滞留喷洒用的剂型就能取得极好的效果,没有必要采用其他剂型和制剂,尤其没有必要选择无滞留能力的剂型如烟剂、气雾剂、油雾剂等。从毒理学上讲,杀灭此类害虫就是采取毒理学上所说的主动接触原理(active exposure),利用其爬行行为让害虫主动接触药剂,而不是反过来采取被动接触原理(passive exposure)用药剂的强大扩散分布能力去"追杀"害虫。后者是一种既不经济也不利于环境保护的技术策略。

滞留喷洒的剂型和制剂,必须考虑到滞留在物体表面上的药剂附着能力。这种能力的强弱取决于制剂本身的黏附力和滞留表面的结构和性质。附着力太强会妨碍害虫摄取药剂,而太弱则导致药剂容易从表面脱落,两种情况下都会降低药剂的效果。因此,在剂型设计时必须对此加以研究,并作为对药剂剂型的质量指标订入产品标准中。

在农业有害生物方面,也存在类似的情况。有害生物的田间分布状况可以分为密集分布型、分散分布型以及可变分布型等多种类型。农田也有水田、旱田之分,有害生物在水旱田中的分布状态和行为差别更大。这些情况均可作为剂型研究开发的依据。例如棉蚜,在棉花幼株期是群集在棉株顶部密集为害,各种供喷洒用的剂型均可采用,惟独不可选用气雾剂、油雾剂或超低容量剂。但棉蚜在盛夏时期则密集分布在棉叶的背面为害(对于棉花植株来说则属于分散分布型,即几乎整株棉花上均有棉蚜分布),此时的棉花植株枝叶茂密,棉蚜比较难治,通常称为"伏蚜"。在傍晚或夜间选用气雾剂或油雾剂可取得良好的技术经济效益。采用超细粉粒的高浓度粉剂进行棉花株冠下层喷粉法,也是很好的选择。还可以利用棉花叶片的向光性行为选用细雾低容量气流喷雾法,有利于药物对叶背面的蚜虫实行有效的对靶喷洒法。这种方法同时利用了害虫和植物两者的行为特征,是剂型与农药应用工艺学互相结合的很好的例证。又如小麦蚜虫、麦长管蚜 Sitobion avenae 喜光,90%以上在小麦植株顶部麦芒上密集为害;而麦二叉蚜 Schizaphis graminum 则恰恰相反,喜阴湿,90%以上是在小麦植株的基部为害。对于这两种行为截然相反的蚜虫,剂型就有多种选择可能。例如对于二叉蚜,粉剂其实是最经济有效的选择,而对于长管蚜则以气雾法的剂型为佳,但必须选择最适宜的器械和最适当的施药时间。这些问题均应在农药产品说明书中加以详细说明。

(五)农药的物理化学性质与剂型选型的关系

在有害生物目标已明确并已选定了药剂有效成分的前提下,

剂型的选择主要取决于药剂的物理化学性质[26]。自从 20 世纪中叶进入有机合成农药时代以后，除了熏蒸剂以外，农药几乎可以加工成为各种剂型。因此，必须根据各种农药的特征和性能仔细选择最适当的剂型。既考虑到剂型的功能性，也考虑到安全性和经济性。

农药的剂型可分为三大类：干用制剂、湿用制剂和气雾剂。至于熏蒸剂则是一类特殊用途的气态药剂，一般均把气态原药经过低温压缩成为液化气灌装在耐压容器中，如溴甲烷、硫酰氟等。在常温下为液态的熏蒸剂如氯化苦则直接包装在玻璃容器中。所有的熏蒸剂均为均质液态，不需要助剂，无须进行剂型加工。磷化铝是一特例，必须加工成为片剂后密封包装，使用时取出使药片吸收空气中的水汽，而后产生磷化氢气体发生熏蒸作用。本文对熏蒸剂不作专述。

1. 干用制剂

如粉剂、颗粒剂、烟剂、饵剂等，可直接使用，无须加水调制。此类剂型的农药有效成分一般都是固态，通过助剂赋形而成为确定的制剂。但是液态的原药也可以加工成干制剂，例如选用一种吸收能力很强的填料如硅藻土、白碳黑、凹凸棒土等，能够吸收约 20％以上的液状原药，再加工成干用制剂，但加工成本比较高。若非必要则不必选择此种剂型，不如加工为湿用制剂。这里需要特别注意颗粒剂的问题，颗粒剂与水分散粒剂虽然外形可能相似，但后者是湿用制剂，必须加水后喷洒使用，不可直接撒施，与前者完全不同。曾经有人为垃圾堆放场和乡村茅厕的蚊、蝇防治提出采用大型颗粒剂的设想，然而这种场合下颗粒剂并不能发挥作用，因为药剂有效成分很难从颗粒中充分释放出来均匀扩散分布到垃圾堆中或茅厕中。而制剂的生产成本却很高，不如选用粉剂比较合理，或选择湿用制剂进行喷洒作业。

烟剂的使用已在前文中说明。虽然它是干用制剂，但使用后形成的却是气溶胶分散体系，属于空间处理用的剂型，不能用于物体表面处理。

2. 湿用制剂

该制剂如水剂、超低容量液剂、水乳剂、微乳剂、可溶液剂、悬浮剂、冷雾剂、可湿性粉剂、可分散粒剂等。前 7 种剂型均以液态介质作为载体，主要是水、矿物油或有机溶剂等。其分散体系有溶液（即分子分散体系，包括水溶液和油溶液）、乳浊液（油/水分散体系）、悬浮液（固/液分散体系）三类。其中的水乳剂、微乳剂、悬浮剂都是供加水稀释配制后成为水悬液或乳浊液使用。水剂和可溶液剂则供加水制备成为水溶液后使用，但原剂型的载体可能选用了水（即水剂）也可能选用了能溶于水的有机溶剂，如多种低碳脂肪族醇类溶剂，取决于农药有效成分在水中的稳定性。如杀虫双在水中比较稳定，因此一直作为水剂销售。在水中稳定性差的水溶性药剂则须用水溶性的有机溶剂制备成可溶液剂。

微乳剂是近年来备受重视的新剂型。由于油珠分散度很高，其外观达到了貌似透明的"假溶液"状态，实际上它是一种胶体溶液，在分散体系上仍属于乳浊液，有非常明显的"丁道尔效应"。在确认微乳剂这种剂型时，须仔细按照其乳浊液特征加以检测。

超低容量液剂、喷射剂、热雾剂等都是借助于喷洒器械而雾化，制剂无须稀释配制，所以属于直接使用型的液态制剂。但超低容量液剂在卫生方面不适用，只有在疫区采取飞机喷洒药剂防治病媒害虫时才可采用。

3. 气 雾 剂

气雾剂是卫生害虫防治中使用较多的一种剂型。前文已讲到，这种剂型均必须借助于专门的施药器械（包括气雾罐）才能使用。这种剂型的特征都是以低沸点有机溶剂或低碳矿物油作为载体，因为有机溶剂和矿物油的表面张力很小，非常有利于油状药液的分散雾化，能产生很高的分散度，雾滴比较细，一般可达到 3 微米以下。但热雾剂的溶剂则一般都是沸点很高的矿物油类，因为热雾发生机的燃烧室温度高达 1 200℃～1 400℃，到喷管颈部才降低到 500℃左右，到喷管口部进一步降低到 100℃左右，油雾喷出后进入空气中才迅速降低到 50℃左右，然后同空气混合而形成气雾[27]。

冷雾剂则需利用特制的双流体喷头把水基药液雾化为细雾，但雾滴直径比较粗，达 20 微米左右，很难形成稳定的气雾。而且所使用的药剂也并非直接使用的专用剂型，任何湿用制剂加水调制后都可以用冷雾发生器喷洒。所以冷雾剂并非专用气雾剂剂型。

气雾罐是利用压缩液化气体迫使药液从气雾罐的特制喷嘴喷出而形成很细的药雾。其雾化原理与冷雾机相似，只是其雾化的能源是压缩液化气体如氟利昂或低碳烷烃在罐阀开启的瞬间迅速气化所产生的高速气流，而非冷雾机所使用的压缩空气（由空气压缩机提供）。

（六）剂型和制剂中若干问题的探讨

前文已提出了毒理学研究对农药剂型研究开发的重要性。在这一领域中，我国同国际水平的差距比较大，这可能是我国在农药剂型研究和开发创新方面力度不够大的根本原因。需要急起直追。

但现有农药剂型和制剂中也还有些值得关注的特殊问题，比较突出的有以下几方面。

1. 同一种农药的制剂规格过多过乱

举若干实例即可看出一般。草甘膦可溶粉剂的规格有 25%、28%、30%、41%、50%、58%、65%等 7 种之多；高效氯氰菊酯乳油的规格有 4.5%、5%、10%、25%等 5 种。阿维·毒乳油的规格更多达 15 种，有 5.5%、10%、10.2%、12%、13%、15%、17%、18%、24%、25%、26%、26.5%、32.5%、38%和 42%等。其中很多制剂的规格彼此差别很小，而各生产厂均为这些产品定了各自的商品名称。如 30%草甘膦可溶粉剂就有"盖斯"、"好助手"等名称。

50％的草甘膦可溶粉剂则有"草枯"、"古来"、"草不留"等 6 种不同
名称。为农药产品设定商品名称无可厚非,问题在于,在我国当前
这种以分散的小农户为主体的农村条件下,同一种农药有多种规
格,而且各有其商品名称,甚至同一种规格的产品也各有不同的名
称,这对于科学文化水平不是很高的农民来说,在选择农药时会遇
到困难。即便是科技工作者,在令人眼花缭乱的甚至是光怪陆离
的无数农药商品名称面前也无法识别。这不仅不利于农民准确地
选择适用的农药,并且在使用过程中很容易发生计量差错。

在混配农药制剂中,问题更多。现以各种"福·甲霜可湿性粉
剂"为例(如下表)。

制剂规格 (混配%)	组分比例 (福美双：甲霜灵)	商品名称	制剂规格 (混配%)	组分比例 (福美双：甲霜灵)	商品名称
35	30	5	金 苗		35	7	立枯一次清
	24	11	清枯灵	42	34.5	7.5	枯 治
	24	11	立枯灵		34.5	7.5	立枯克星
	25	10	司克捷	43	35.8	7.2	灭枯特
	25	10	立枯净		37	6	立枯青枯净
	25	10	枯必净	45	35	10	—
38	33	5	灭枯保	50	40	10	万 键
	33	5	立枯清	58	50	8	客 露
	29	9	恶枯灵	70	60	10	宝福斯
	29	9	沃 达				
40	30	10	秧齐宝				
	30	10	苗 病				
	31	9	旱秧绿 2 号				
	31	9	秧苗清				

从上表可看出,有几个问题很值得商榷:

一是制剂规格过于分散,除 70% 的规格外,两相邻制剂之间的差别不太大。对于用户来说,究竟选择哪一种规格较妥,在缺乏技术指导的情况下极易发生判断困惑。

二是就两种杀菌剂的混配比例来看,有很多混配组合容易引起疑虑。例如 42% 规格的制剂中 35:7 的配比与 34.5:7.5 的配比;40% 规格的制剂中 30:10 与 31:9 两种配比,两者之间究竟有何毒理学上的重要差别和意义? 其他几组也存在相似的问题。

三是有许多制剂的商品名称容易发生混淆和误判,特别是几组规格差别较大的制剂,如"立枯净"、"立枯青枯净"、"立枯清"、"立枯一次清"等,只凭商品名称用户极易发生混淆,并导致使用时发生计量错误。

这种制剂规格过多、过于分散的现象在许多农药商品中很普遍,这不利于农药工业的整体有序发展,并且容易使农药市场陷入混乱无序状态。

农药新制剂的研发,主要应着力于扩展产品的新用途和新的使用方法方面,而不应着眼于含量高低和组分配比的变换。因为如果并无毒理学上的充分支持,完全不必生产大量有效成分含量互相差别很小的制剂。有效成分含量太低的制剂其生产成本比较高,也不利于资源的合理利用。例如可湿性粉剂,有效成分含量很低的制剂,其所需的湿展助剂的用量并不会相应地大幅度降低,这对于比较昂贵的助剂就是一种浪费。

2. 关于农药混配制剂的问题

我国生产的农药中,混配制剂占了极大部分,而且有继续不断增加的趋势。仅举若干实例即可见一般。有的工厂生产的 20 种已登记农药商品中有 15 种均为混配制剂,而在 5 种单剂中有 3 种的有效成分为同一种原药。有的厂生产的品种多达 28 种,有 17

种均为混剂,11 种单剂中有 6 种属于相同原药。还有的工厂生产的商品农药 16 种,有 13 种均为混剂,而 3 种单剂均为同一种原药。

由此可见,真正生产单剂农药剂型和多品种制剂的工厂恐怕是凤毛麟角。从农药企业合理布局的要求来看,这种局面是不合理也不正常的。

农药混配本来是制剂研究开发的选择之一。我国近若干年来混剂之所以迅猛发展,主要是起于棉铃虫严重暴发之后,出于"克服抗药性"的愿望。但影响抗药性发生发展的因素极多,并非仅依靠混配所能解决,而且即便混配以后,抗药性仍会发生新的变化,例如诱发多抗性等未能预料的新问题。所以,即便混配制剂克服抗药性有效,嗣后仍应追踪监控其田间药效表现和抗药性变化动态。但实际上混剂一旦上市,几乎无人再对它继续进行追踪研究。克服抗药性的制剂需要大量真正毒理学研究资料的支持,作为制剂登记的依据。

增效作用,也需要大量毒理学研究资料的支持,否则有许多混配制剂的药效也有可能属于毒理学上的"相加作用"而未必是真正的增效。例如一种"15%阿维·毒乳油",阿维菌素和毒死蜱的配比为(0.2+14.8)%,若按两者单剂分别稀释使用时,其实际稀释浓度与此混配制剂几乎在同一水平上,说明它是一种相加作用而并非增效作用。又如除草剂中桶混助剂的使用,已经证明其有药效增强效果(efficacy enhancement),而并非增效作用(synergistic effect)。增强和增效在毒理学上是两个概念,其作用机制完全不同。

"一剂兼治"也是混配的一种设想。但是一剂兼治必须考虑到这种混配制剂的适用地区和适用时期,以及混配组分中各组分的有效用量。因为需要兼治的几种有害生物,未必在任何地区和任何时间都是必然同时发生的。在有些情况下,虽然看起来似乎在同一时期,但是相隔的时间跨度较长,已经超过了混剂中某一组分的有效期,此组分就不能发挥其应有的作用。此外,各种有害生物在不同发育阶段对药剂的敏感程度也有很大差别。据此种种情况,一剂兼治虽然是一种良好的愿望,却并不能尽如人意。所以如果把几种农药以混配制剂的形式按固定的比例绑死在同一制剂中,并在全国各地销售,就必然会发生药剂的无谓浪费(只有其中的一个组分发挥了作用,而其他组分并不能同时发挥作用或表现很差)。不仅如此,无谓浪费的药剂徒然增加了制剂对环境污染的压力,提高了农产品中农药的"多残留"风险。还需要注意,几种有害生物是否同时发生,不同年份的田间表现情况也并非固定不变的。因此,对于兼治的问题必须因地制宜,应由植保部门根据当地有害生物发生发展情况自行决定,无须工厂用混配制剂的形式固定下来。可供现场临时混配的桶混制剂或许是比较好的形式,把混合与否的决定权还给植保部门和用户。

现有的一些混配制剂商品中,有些制剂的组分配比也容易引发疑虑。例如一种高效氯氰菊酯 4.5EC(单剂),其适用对象为茶尺蠖、荔枝椿象、苹果桃小食心虫、柑橘红蜡蚧、潜叶蛾、棉铃虫和棉红铃虫、棉蚜、茄子美洲斑潜蝇、烟青虫、菜青虫、菜蚜、小菜蛾和美洲斑潜蝇。而 20%的高氯·马(2%+18%)乳油的防治对象中却并不包括茶尺蠖、荔枝椿象、棉红铃虫、柑橘红蜡蚧、潜叶蛾和美洲斑潜蝇等。又如 20%马·氰乳油(15∶5)和 40%马·氰乳油(30∶10),两者的两组分比例相同,两种制剂的防治对象也完全相同。从制剂学来看,完全可以就高不就低,是否有必要加工为两种制剂。阿维菌素也是被很多混配制剂看好的一种主药,但是在许多混配制剂中两组分的配比也往往容易引起疑虑。例如两种阿维菌素与高效氯氰菊酯的混配制剂,一种的配比为 1∶11(0.1+1.1),制剂为 2.2% 乳油,另一种则为 1∶3.5(0.8+2.8),是3.3%乳油。但防治对象完全相同,两者配比却相差如此悬殊,这种情况就有必要从毒理学上做出解释。否则用户在选购时极易发生迷惑。

凡此种种都说明,在农药的混配制剂中有很多需要认真思考的问题。如果这些问题不明确,则农药工业的健康发展必将受到不应有的损害。

3. 关于烟剂

在剂型开发中,烟剂必须引起特别关注和重视。这种剂型虽然有其独特用途,如户内卫生害虫、温室大棚病虫害的防治等。但是有两个问题须注意:一是烟剂的热分解问题。几乎所有的有机化合物类农药在高温下都会不同程度地发生热分解。在热分解过程中会产生多种分解产物,这些产物对人体的危险性,尤其是致癌风险,必须引起严密关注。在没有翔实的毒性研究资料确证其安全性之前,不宜仓促加工成为烟剂上市。但硫黄作为一种元素单体无机物则不存在热分解问题[12],不过在配方中也必须配加阻燃剂,防止发烟过程中出现明火而产生二氧化硫。二是热分解的强度和性质。有些农药根本不可能成烟,如多菌灵在接近原药的熔点之前就已开始发生热分解,所以不可能加工成烟剂。有些农药的热分解温度与气化成烟的温度比较接近,若并未严格测定烟剂主剂的热分解点(可利用热天平、氧弹等设备进行测定),虽然点燃后"发烟很浓",但是"烟"中所含的物质未必是原药所形成的气溶胶,而是分解产物所形成的烟,有效成分往往已所剩无几。

小　结

防治有害生物可以选用的药物剂型种类繁多,而且新剂型仍在不断涌现。从上述情况的分析可见,加强农药剂型和制剂的研究开发工作和全面审视当前农药剂型和制剂加工中存在的问题,对于促进我国农药工业的健康发展至关重要。剂型和制剂的研究开发必须建立在剂型毒理学和环境毒理学的基础上,并详细研究分析各种剂型和制剂的特征和全面评估它们的功能性、安全性和经济性,经过认真研究和严格的试验比较之后,才能确定真正具有使用价值的适用剂型和制剂。

【论文】7-3

试论我国农药剂型研究开发中的若干问题 *

——农药施药器械的技术革新与农药剂型的开发

农药剂型和制剂的研究开发,关系到农药的毒理学性能是否能得到充分发挥,这是最重要的问题。但是剂型的设计和开发还与农药的使用方法和施药器械有密切关系,这种关系往往是双向性的,有些情况下是剂型的特殊性能对使用方法和施药器械的性能提出要求,而有些情况下是后者对前者提出要求,这种紧密的相关性往往对农药的科学使用会产生技术革命性变革的效果。这些影响会直接辐射到农药商品的销售市场和用户对商品农药的接受程度。前 CIBA-GEIGY 公司在 20 世纪 70 年代就曾提出,农药商品的市场开发有赖于三个因素:优良的农药品种、适用的农药剂型和适用的施药器械。在非洲西部地区,由于土地比较低湿,常规喷雾器无法运作,农民购买除草剂的积极性不高。该公司与 Birch-mier 喷雾器厂合作开发出一种新型的手提式超低容量喷雾机("HANDY"),使该公司的除草剂市场迅速扩大。因此,许多大农药公司都把农药使用器械的研究开发提到很重要的地位,并专门设有农药使用技术研究开发部门。这种趋向值得我国农药行业注意和重视。笔者拟就若干实例对我国农药剂型的研究开发作一初步探讨。

---

* 《中国农药》,2007 年第 3 卷第 1 期

在工业化国家,农药施药器械已经经历了多次重大的技术革新和新型药械的开发。伴随着新型药械的开发,对农药的剂型也提出了许多新要求,从而也推动了农药剂型的开发和发展。其中比较重大的几次变革如下。

(一)飘移喷雾技术的出现

这项新技术出现在 20 世纪 40 年代。其主要特征是利用机具本身所产生的强大气流把药雾吹送到比较远处的目标作物上和覆盖在较大面积的作物上。这种方法最初定名为飘移喷雾法(drift spraying),因为在气流吹送下雾滴不会很快沉降而是随气流向前作扩散分布运动,因此药雾得以在大面积农作物上形成很均匀的沉积覆盖。用于飘移喷雾的器械是汽油发动机驱动的背负式飘移喷雾机。飘移喷雾法是一种高效喷雾技术。但是,这种方法对药液的抗蒸发性能提出了比较严格的要求。因为喷雾机喷口的气流速度高达 70~75 米/秒,远远高于飓风和台风的风速(中心地区蒲氏风速大于 12 级或 32.6 米/秒),雾滴的蒸发作用很强。因此必须研发一些防蒸发剂,配加在农药制剂中。我国现在所使用的东方红-18 型背负式喷雾机,就是 20 世纪 50 年代所引进的飘移喷雾机的原型。但是我国并未对东方红-18 所使用的药液的雾滴防蒸发问题以及对相应的剂型的研究开发进行过研究。这是被遗忘的一个剂型研究课题。如果不研究药液的蒸发问题,不能防止蒸发现象,这种飘移喷雾法就不能充分有效地发挥它的作用。此外,我国各地对于此类器械的使用也存在许多误解和错误方法,此文不作赘述。

(二)超低容量喷雾技术的出现

这项技术出现于 20 世纪 50 年代,最早用于防治非洲沙漠蝗。由从事于飞蝗防治研究的一些英国科学家根据药液雾滴的运动行为与飞蝗的运动行为,和雾滴对靶标害虫的撞击概率而提出的一项全新施药理论和方法。这种新技术由 Micron 公司的 Bals 开发成为全新型的超低容量喷雾机(ULVA),对世界农药的使用产生了极大的影响,被认为是农药施药器械的一个重大突破。ULVA 技术也是一种飘移喷雾技术。1976 年引进到我国,很快就由上海微电机厂仿制成功,并迅速在政府鼓励下在我国许多地方推广应用。

但是 ULVA 技术要求使用特定的农药剂型,即一种对操作人员安全、对作物也很安全的油基剂型。然而我国始终没有研究开发这种用专用溶剂油所制备的超低容量油剂。而在英国等许多工业化国家,ULVA 技术早已发展成为可控雾滴喷洒技术(CDA),其使用范围也大大扩展,并可用于喷洒除草剂(ULVA 不可用于喷洒除草剂)、无风的温室大棚、果树种植园乃至其他比较郁闭的作物生长空间。相继开发出多种类型的可控雾滴喷雾机。此外并已大量使用在飞机超低容量喷雾方面,如 AU-3000 型喷头。但是现在这项技术在我国基本上处于偃旗息鼓,仍停留在原始状态。这种状态与未能研发适用的剂型有重要关系。

(三)静电喷雾机(ELECTRODYN)的开发成功

这是前英国 ICI 公司的 Coffee 在 ULVA 喷雾机的基础上于 20 世纪 70 年代研发成功的使雾滴带静电荷的新型雾化技术,喷出后带电雾滴能够被牢固地吸附在作物表面上,大幅度减少了雾滴飘出田外的现象,使每公顷施药液量剧降至 1.2～1.5 升(UL-VA 为 4.5 升,常规喷雾器为 675 升左右或更高)。这项新技术的出现曾被国际舆论称为农药施药器械和使用技术的划时代革命。它所需要的油剂药液必须能够在电场中被诱导产生静电荷,所以是一种特殊的专用剂型。我国尚鹤言等曾率先从事于此项技术的引进开发,但尚未能付之于实际应用,其中,适用剂型也是重要原因。静电喷雾机对于某些暴发性病虫害的防治具有重要意义,如麦长管蚜、小麦赤霉病等。

(四)具有直接注入系统的喷雾机的出现

所谓直接注入系统(DIS),就是把药剂直接注入喷雾机的喷杆中与清水同时喷出,而无须在药液箱中预先配制成大量的喷雾液,药液箱中只装清水而不加药剂。药剂从药剂贮槽的排出口直接注入药液箱后面喷杆中部的混合室中,药剂的注入速度与来自药液箱中的清水的流出速度全部由电脑控制调节,来控制药液喷雾时的浓度。这种 DIS 系统的重要优点在于,农药制剂只在喷雾机的喷雾工作部件喷杆中出现,从而药液箱成为完全没有农药污染的干净容器。其中的清水除了在喷雾时流出用于喷雾之外,在喷雾作业结束后,还可用于清洗喷杆,清洗液全部喷在农田中。当喷雾机返回时,就能够保证整机保持无农药污染状态。无疑这是一项具有重大意义的喷雾技术革命。

DIS 系统对于液态农药制剂很容易实施,只需安装一组液态药剂的排出计量装置即可(图 1)。但是可湿性粉剂在大型喷雾机上使用时,由于粉尘的飘扬极易引起操作人员中毒,尤其是把药粉直接投入药液箱中配药时,中毒风险更大。通常在药液箱旁带有一只配药槽,但操作人员往配药槽中加入药粉时,也有吸入中毒的危险(图 2)。若把可湿性粉剂加工成均质的水分散性粒剂,粒度也比较均匀,便于计量,就能够通过一种颗粒破碎器来进行定量投药。颗粒破碎器的关键部件是一只螺杆形的颗粒推进器,颗粒剂从漏斗状的料斗中均匀落入破碎器中,随着螺杆的转动而均匀地向前推送,在推送过程中被搅碎,碎粒最后进入喷杆中部的混合室,与来自药液箱的清水相遇并迅速溶散在水中,生成悬浮液后从喷头喷出。对于水分散性粒剂的物理性状要求很高,一方面是颗粒的破碎脱粉率必须很小,以防止细药粉飘扬而被操作人员吸入,

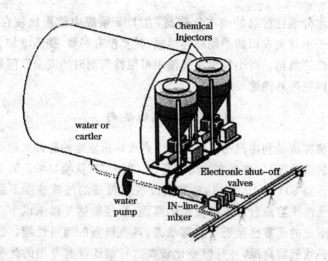

图 1　DIS 系统构造图

图 2　药箱旁的配药槽

脱粉率要通过脱粉率检测仪测定。碎粒入水后必须能迅速溶散成为均质的悬浮液。这些就是 DIS 系统对水分散性粒剂剂型物理性能提出的要求。

水分散性粒剂的成本比较高,在 DIS 系统中使用比较合适。若用于小规模农田的手动喷雾器械,其实没有必要,徒然增加了农田的经济负担。对小规模农民使用可湿性粉剂时的安全性问题完全可以通过其他途径解决。

(五)热雾机的使用

热雾机是利用汽油在燃烧室中点火后所发生的脉冲式燃爆而产生的高温废气(燃烧室的温度高达 1 200℃),从喷口喷出时的温度降低到 80℃~100℃,这种高温废气在极高的气流速度下能够把农药油质溶液分散成为极细的雾滴,直径细达 5 微米以下。因此所形成的药雾已接近于重雾状态,具有极强的通透性能。这种油剂必须能耐高温,并且燃点比较高。目前还没有专用的此类商品化油剂,大多是用户购买溶剂油自行配制农药溶液备用。但是这种使用方法缺乏明确的剂型技术标准,很难保证农药得到科学的使用,必须研制具有明确技术规格的溶剂油,专供热雾机使用,才能使热雾机施药技术达到标准化。

通过以上所述的各种案例可以看出,农药剂型设计与施药器械或施药手段的发展之间有非常密切的关系。剂型开发不宜停留在仿制状态,而应从我国的实际状况出发,尤其是我国的农业生产状态和农药的使用技术水平出发,立足于技术创新,才能开发出适用于我国农民的农药剂型和制剂。

再论我国农药剂型研究开发中的若干问题 *

 对农药的剂型研究起始于 19 世纪末,由于矿物油大量直接用于防治害虫,必须与水混合均匀才能喷洒,矿物油的使用形态成为首当其冲的技术问题,关键是乳化剂的选择和研究。最早使用的乳化剂是普通肥皂及鲸油皂,成为当时两种通用的乳剂,分别称为R-乳剂和 H-乳剂。到 20 世纪初,为了把硫酸烟精吸收在矿物填料中加工成粉剂以便于撒粉,研制了硫酸烟精粉剂,这可以说是粉剂剂型的初创。随后又有把氢氰酸吸收在厚纸中加工成可在密闭室内和覆膜果树上撒施的片状制剂出现,虽然与现在的片剂有很大不同,但是也可视为片剂的发源。当时国际上大量使用的是无机砷酸盐类和氟的化合物类杀虫剂和石灰硫黄合剂、波尔多液等杀菌剂,后两者都是喷洒用的液态药剂,可直接喷洒使用;前者则其产品本身就是极易粉碎的无机盐类化合物,并且主要供撒粉使用。因此剂型尚未成为突出问题。随后有机合成农药大量涌现,到 20 世纪 50 年代,有机合成农药的份额已上升到 95% 以上,首先大量出现的是有机氯化合物类、氨基甲酸酯类和有机磷酸酯类农药,随后即有拟除虫菊酯问世。这些新型农药的共同特点是它们的物理化学性质一般均具有很强的拒水性和亲脂性,除了也可以加工为粉剂和可湿性粉剂以外,主要基本上都必须加工为各种油基剂型。从此剂型问题日益突出。但是,剂型问题的核心是什

* 《中国农药》,2007 年,第 6 卷第 3 期

么？除了必须建立在药物分散体系方面的物理胶体化学研究基础上，还需要立足于农药毒理学和农药使用技术方面的研究工作状况和技术水平，以便为剂型的设计提供新的技术信息和实施依据。本文拟从几个方面加以评述。

（一）农药剂型与毒理学的关系

农药原药必须具有适当的物态才能成为商品农药供用户使用，看来属于农药的赋形问题。赋形当然是农药剂型加工的一个重要方面，但是赋形必须与如何发挥农药的毒理学作用紧密结合。可以通过以下几方面问题加以说明。

1. 固体农药原药的剂型问题

大多数固态农药的剂型和制剂施用到作物上，最后都会以微小颗粒状物沉积在作物表面。在杀虫剂中，害虫同药剂微粒接触后是否能够把药剂黏附到虫体上，是药剂发挥作用的关键。已经有许多著名学者对此问题进行过大量深入的研究，发现其中情况相当复杂，影响因素总括而言至少包含以下 7 个方面：①农药微粒的粒度，粗颗粒被害虫足黏附后，在后续爬行中又会被擦掉，而较小的颗粒则黏附比较牢固；②药剂在植物表面上的黏附牢固程度若太强，则会妨碍害虫捕获药剂颗粒，因此农药制剂中所选用的辅助剂的表面黏附力需要适度，不宜太强；③喷雾药液在靶物表面上的湿润能力也应当适度，太强的湿润力会使药剂沉入叶面异型蜡质结晶的间隙之中，反而不容易被害虫所截获，并且药液比较容易发生流失；④某种害虫的爬行速度若很快，很容易使药剂微粒的黏附和脱落过程反复交替，最终虫体药剂黏附量并不高，而爬行速度不快的害虫反而能捕获到较大的剂量；但基本上无爬行活动的害虫如多数蚜虫、介壳虫类，主要通过被动接触方式接受药剂，取决于药剂的沉积分布密度（同药剂的粉粒细度有关）和施用的药量；⑤害虫的体重及足的踩踏压力，体重和踩踏压力较大者能捕获较多的农药剂量(取决于害虫的体重);⑥有些害虫足部的附垫能分泌一种黏液,有利于害虫捕集较多农药;⑦作物表面的结构和附属构造,如毛、刺、凸起物等装饰构造,千姿百态,大小、形态各不相同,会直接或间接影响有害生物同药剂沉积物的接触概率。这些现象实质就是农药的宏观毒理学问题,是杀虫剂得以发挥生理毒理学作用的先决条件。

可见,固体农药所形成的各种农药剂型(包括粉剂、可湿性粉剂、悬浮剂、水分散性粒剂等),对于粉粒细度以及粉粒的理化性质的要求与剂型和制剂的设计,与害虫的行为及药剂的宏观毒理学关系十分密切。多毛刺和凸起物的作物表面如棉花、稻、麦等作物,对农药微粒有显著的截留作用,而比较光滑的植物表面如柑橘、甜菜等,则截留作用很弱。因此,对于农药剂型和制剂的物理性状要求也有所不同。在农药剂型标准中,粉粒细度通常是用筛目数表示,但是不能充分反映毒理学对粉粒细度的要求。因为筛目数值仅仅是一个阈值,在相同阈值以下的粉粒之细度往往差异极大。例如,同样通过 325 目标准筛的粉粒,粉碎效果不好的药粉之貌似比重可达 0.8~1.2 克/立方厘米,而粉碎效果好的可降低到 0.6 克/立方厘米以下,它们的使用效果差异非常显著。因此,除了以筛目作为产品质量标准以外,还需要对产品的粒谱有一定要求。

此类问题对于杀菌剂也同样存在,不过主要表现在粉粒细度对于药剂颗粒细度同病原菌发生接触的概率方面。这方面也有大量研究工作。此文不作赘述。

2. 油状药剂的剂型与毒理学的关系

油状药剂或药剂的油溶液与固态药剂的剂型又有所不同。不论是直接喷施的油雾剂还是加水稀释喷雾的乳油或油乳剂、微乳剂,最后沉积在植物表面上的都是油状药剂或药剂的油溶液所展开的油状膜。由于油状物在植物表面上的铺展能力极强,绝大多数都能与植物表面蜡质层紧密结合,形成比较牢固的油膜沉积物。若药液是直接喷洒到害虫体躯上,也很容易在虫体表面蜡质层上形成油状沉积物,与虫体表面蜡质层紧密结合,极难脱落。这是乳油和油乳剂的药效优于悬浮剂、可湿性粉剂的重要原因。但是对于油状制剂的乳液稳定性必须慎重考虑,太强的乳化稳定性的药效并不好,因为乳液不能很快破乳,从而不能迅速形成油膜。所以在设计乳剂或乳油制剂时应仔细考虑制剂加水稀释时发生二次分散现象以后的乳浊液的稳定性问题,据以决定乳化剂和其他助剂的种类和用量。

在图 1 中显示了几种剂型在叶片表面上的沉积斑的形状。

3. 关于三硅噁烷类有机硅表面活性剂的超级湿展作用

特别是七甲基三硅噁烷("湿而威 L-77",SILWET L-77)近来在国内受到高度关注。30 多年来国外已经研制出数十种此类表面活性物质。湿而威在 0.025% 的很低浓度下,0.5 微升的药液即能铺展到约 140 平方毫米的表面上,从而药液能形成极薄的液膜。这种现象对植物表面的通透性能有很大增强作用,药液甚至能从开启的叶片气孔直接进入叶内。这种行为能显著增强除草剂、杀菌剂、植物生长调节剂的药效。不过对于杀虫剂尤其是接触杀虫剂,则反而有可能降低害虫与药剂发生接触的概率。所以,是否配加到农药制剂中,需要慎重研究毒理学现象之后才能做出判定。另外,从农药使用的角度审视,表面铺展能力太强的药液,从作物表面流失的速度也会越快。所以对于这种情况的利与弊,尚需作进一步的比较研究,审慎做出评估,不宜贸然推广应用。

我国的农药剂型研究开发中,在农药剂型毒理学领域中的涉猎还很少,亟须加强这方面的研究工作,以提高促进农药剂型研究开发的水平。

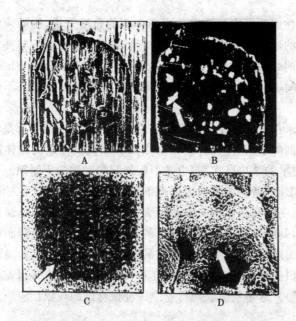

图1　几种剂型在作物上的沉积斑(箭头示农药沉积物)

A、B. 可湿性粉剂的沉积斑(B是A的荧光照相,亮点是农药颗粒)

C. 油状药剂的沉积斑(黑色部分)　D. 微乳剂和悬浮剂的蘑菇状沉积

斑

(二)农药的使用方法与剂型的关系

除了赋形和毒理学的要求之外,有利于农药使用也是开发剂型和制剂的重要目的。但是使用方法的实质,各种剂型和制剂的选用,实际上都是为了保证农药在作物上能够均匀分布或实现对靶沉积。农药的使用场所情况复杂多变,剂型和制剂的选择需参照使用场所的实际情况。水田、旱田,植被稠密的和植被稀疏的农田,植株高大和植株低矮的农田,阔叶作物和窄叶作物农田,不同的剂型和制剂对植株的通透作用差别很大,因此必须根据作物的实际情况选择最适当的剂型和制剂,以适应不同的作物板块对农药沉积性能的需求。从农药生产企业的角度来说,则必须考虑到农业上的这些实际情况对剂型进行仔细的选择设计。这是农药剂型和制剂必须多样化的另一重要原因。在剂型和制剂方面缺乏选择的空间,往往也是农药使用效果发生波动或防治效果不佳的重要导因。

在水稻田大量使用的杀虫剂杀虫双、杀虫单,至今都是不配加湿润助剂的水剂,过去曾经在水稻田长期大量使用的晶体敌百虫(乃至更早的杀虫脒水剂)也是不配加湿润助剂的干制剂。但是水稻极难湿润,特别需要强力的湿润助剂。棉花是比较容易湿润的作物,而在棉花田使用的农药却大多是湿润性很强的乳油类或类似制剂,其结果是喷洒在水稻田的杀虫剂由于不能湿润而绝大部分落入田水中,而喷洒在棉花田的药液却由于湿润性太强而大量流失到田土中。这两种情况都会对农田土壤和田水环境安全造成严重威胁。这是我国农药行业中一种很奇怪的现象!应当引起高度关注。

还有一些不合理的农药剂型设计。例如为旱田用药设计了大型颗粒剂,而且颗粒并没有良好的崩解性,药剂的扩散能力必然受到极大限制,使用的效果不会好。还有一种奇特的球状制剂,也被称为"大粒剂",其直径近似于乒乓球,供抛撒用,并已获得检测证明。研制目的是用于农村粪坑和垃圾堆放场灭虫。这种设计无疑不可能取得效果,巨大的药球在粪坑和垃圾堆中根本不可能有效地释放有效成分,也很难扩散分布。最近还有一种磷化铝缓释剂面世,是想利用缓释原理控制磷化氢的释放速度,除了用于仓库杀虫,并提出可在大田作物上推广应用。这种剂型违背了磷化氢的毒理学原理,在大田作物上使用更是非常危险的使用方法。这些不合理的剂型设计大多是由于对药剂的毒理学和作用原理并不了解所致。

笔者在 1994 年研发成功的一种手持农药撒滴器(国家专利

ZL 94224539.3)用于撒施杀虫双或杀虫单水剂,把常用的喷雾法变成了撒滴法以取代杀虫双大粒剂,并且把药剂、包装瓶、撒滴部件结合为一体,这是一种技术创新。用户只需购买这种产品,打开瓶盖左右撒施即可在 5～10 分钟内快速处理 667 平方米水稻田,无须使用喷雾器或比较昂贵的大粒剂,施药也不受天气的影响,从而保证了害虫防治的有效时机。该药剂在推广应用中效果很好,极受农民欢迎,在农业部大力支持下迅速在 13 个省、市的稻区推广,一时成为各地农民的抢手产品。但是,生产厂家却接着提出要求把杀虫双或杀虫单改为几种农药的混配制剂。这种想法是由于生产厂家并不真正了解撒滴法的基本原理和这种施药方法对于药剂毒理学性能和物理化学性能的特殊要求,对于农药混配使用的弊病也并不了解。所以,农药剂型和制剂的研究开发必须建立在农药毒理学的基础上而不是出于简单的主观愿望,更不可出于混配制剂能够提高产品的附加值的功利主义想法。

三论我国农药剂型研究开发中的若干问题 *

——关于农药的混配制剂及混合使用

合理的混合使用是农药使用方法之一。但盲目的混合及混配制剂却会造成农药的很大浪费,扩大农药的残毒问题,并提高农药对环境污染的风险。

我国农药混配制剂品种之多数量之大,可谓世界之最。1992年我国登记的混配农药制剂只有 93 种,1995 年增加到 381 种,1998 年猛增到 1146 种,占全部农药登记品种的 68.2%,2002 年则高达 5245 种,农药混配之风一发而不可收拾。许多农药厂特别是教学和科研单位的农药厂或公司,大多是采购他厂的原药去加工混配制剂和少量单剂。例如某厂生产的 20 种已登记农药商品中有 15 种均为混剂,而在 5 种单剂中有 3 种的有效成分为同一种原药。某厂生产的 16 种农药,有 13 种均为混剂,3 种单剂也均为同一种原药。还有许多厂只生产混配制剂。

混配制剂之所以如此受宠,一个重要原因恐怕是误把混配当作提高农药附加值快速获利的捷径,而不顾这种做法所造成的农药浪费、增加了农民不应有的经济负担、以及对农药残毒和对环境所造成的额外压力。

不恰当的农药混配还容易增加人员中毒的危险。Kidd 在《农

---

* 《中国农药》,2007 年第 8 卷第 3 期

药展望》(Pesticide Outlook，1997)中评论中国的农药混用问题时尖锐指出，"一次同时混用多种农药也是造成中国农药中毒事故较多的重要原因。"当然也是导致不应有的农药浪费、多残留超标和环境污染风险扩大的重要原因。

因此，农药混配的问题必须引起高度关注和重视。

农药混配制剂与农药混合使用是两回事。混合使用是根据有害生物防治的需要，现场把几种农药混合稀释后同时喷洒，通常是在药液配制桶中进行，称为现场桶混法(in-situ tank mixture)。这种方法比较机动灵活，混合与否完全由使用者自己掌控。参与桶混的药剂种类完全根据当时田间病虫情况决定，由于病虫的种类和发生情况常有变化，农药的种类当然不可能一成不变。农药用户必须熟悉这些情况，或有技术人员指导选择适配农药。

为了指导正确的混合使用，过去许多农药和植保手册中有多种"农药混合适否图表"供用户参考，但是是否需要混合仍由用户自己决定。由于农药发展迅速，品类繁多，现在已不可能详细罗列此类图表。关于农药是否需要混合使用的问题，涉及农药的毒理学问题(特别是药剂之间的互作关系问题如增效作用、拮抗作用、叠加作用等)、病虫害种类及发生情况等多种因素，而这些因素又常因环境条件多变而发生变动。因此，要做出正确抉择是比较复杂的事，需要植保技术人员的指导。在植保和农药毒理学著作中有许多这方面的论述探讨，本文不作赘述。

然而许多农民为了减少喷药次数，觉得"早晚要打药，不如一次打"，往往随意把多种农药混合使用，有些农民还以"四合一"、"一次清"等说法介绍自己的经验，这种做法显然是错误的。但是却为工厂"投其所好"大量生产混配制剂开了绿灯。农药混配(也称复配)，是把几种农药混合加工成为有明确配方和含量的不可改变的固定商品。使用时，已混配的几种农药只能一次性同时喷出，用户无法自主掌控。因此混配制剂存在很多问题，主要有以下几方面。

（一）关于混配制剂能"一药兼治"的误解

混配可以一药兼治多种病虫害，这种想法虽然可以理解，但实际上问题很多。

问题之一　病虫害的发生发展规律受环境条件的影响极大，也受耕作制度变化的影响。不仅不同地区之间有差别，即便在同一地区每年也会有很大变化，有些病虫甚至可能不发生，或为害未达防治指标，无须喷洒农药。这是司空见惯的事。现以水稻为例加以说明，水稻病虫害和杂草种类繁多，是农药使用量最大的作物。我国水稻分为六大稻区：江淮稻区、川西平原稻区、珠江三角洲稻区、洞庭湖稻区、太湖稻区、江汉稻区。各大稻区的病虫害发生规律并不相同。兹选用几幅图来说明即可见一斑（图1～图4，引自《中国水稻病虫害综合防治策略与技术》，杜正文主编，1991）。

图中的波形曲线和山形图是水稻病虫害的发生发展走势轨迹，隆起部是发生高峰期。图左栏是各种常发病虫害的名称。由图可看出几种情况：①图1显示，在同一年内水稻的不同生育阶段，各种病虫的发生高峰有显著差别，很少有高峰期完全重叠或非常接近的情况，其中稻蓟马和三化螟在9月以后不再出现，稻纵卷叶螟、稻飞虱、纹枯病在6月以前并不发生；②图2～4显示40年的统计资料，表明有些病虫害虽然常年都有发生，但发生的严重程度差异显著，而有些病虫害多年均未发生或为害很轻，无须防治；③图2中显示耕作制的变化对病虫害的发生情况也有极大影响，有些病虫害发生在稻麦油（菜）、稻稻麦、稻油玉米三熟地区，而在稻麦两熟地区或年份则均未发生或发生很轻；④从图2～图4可清楚看出三个稻区（及其他稻区）的40年病虫害发生趋势差别极大，一目了然。

病虫害的发生情况还与其生理习性有关。例如水稻螟虫有一

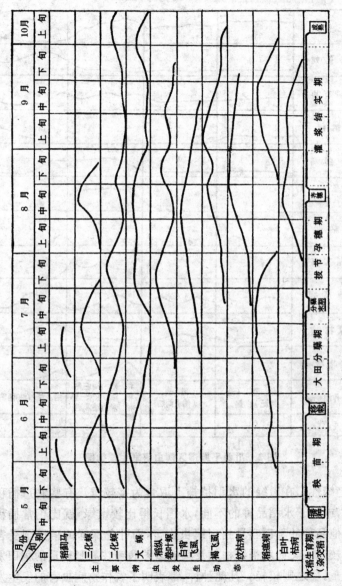

图1 江淮稻区水稻病虫害发生规律图

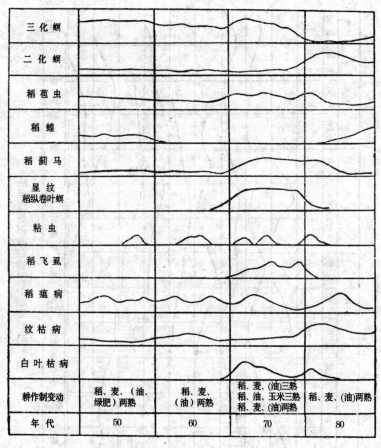

三 化 螟				
二 化 螟				
稻苞虫				
稻 蝗				
稻蓟马				
显 纹 稻纵卷叶螟				
粘 虫				
稻飞虱				
稻瘟病				
纹 枯 病				
白 叶 枯 病				
耕作制变动	稻、麦、(油、 绿肥）两熟	稻、麦、 （油）两熟	稻、麦、(油)三熟 稻、油、玉米三熟 稻、麦、(油)两熟	稻、麦、(油)两熟
年 代	50	60	70	80

图 2　川西平原稻区病虫害发生规律图

种"趋绿性"，在嫩绿的水稻植株上取食为害较重。有些农户插秧
较晚，或由于水稻品种的不同，水稻长得比较嫩绿，就比正常插秧
和其他品种的稻田容易招引螟虫为害，而叶色深绿的稻田则受害
相对较轻。又如水稻纹枯病及其他多种病害在氮肥较重的稻田发
生严重，反之则较轻。凡此种种，都表明了农作物病虫害的发生发

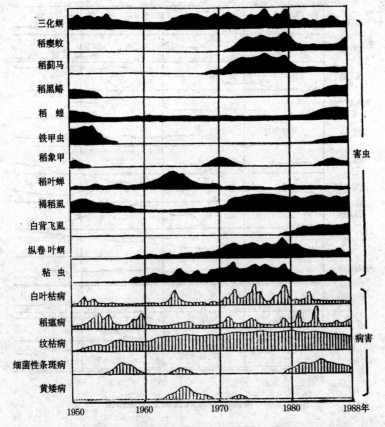

三化螟
稲瘿蚊
稲蓟马
稲黑蝽
稲蝗
铁甲虫
稲象甲
稲叶蝉
褐稻虱
白背飞虱
纵卷叶螟
粘虫

害虫

白叶枯病
稻瘟病
纹枯病
细菌性条斑病
黄矮病

病害

1950   1960   1970   1980   1988年

图 3　珠江三角洲稻区病虫害发生规律图

展情况非常复杂,并且是处于不断变化之中。面对如此复杂多变的农业病虫害和农田实际情况,把多种农药捆绑在一起加工成为固定配方的制剂,欲以配方之不变去应付如此多变的病虫害问题,显然是错误的。

　　问题之二　要实现一药兼治,必须仔细查明两种或三种农药的防治对象之活动规律,尤其是几种病虫的发生高峰间隔期,以及

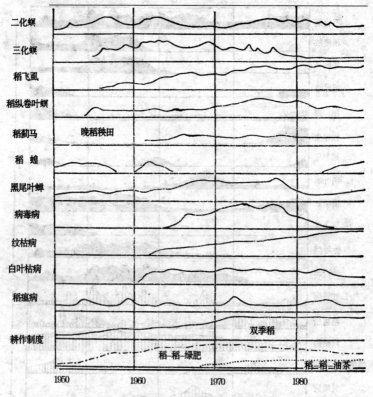

图 4　洞庭湖稻区病虫害发生规律图

相关药剂的田间持效期。如果间隔期长于持效期，混配制剂中某一农药组分的使用效果就会明显降低，甚至失效，结果导致农药浪费。这是混配制剂中常见的最大隐患。须特别注意的是，发生高峰期的出现不可能每年都在同一时间段，往往会逐年有所不同。如果一种药只处理一种病或虫，施药适期很好掌握；但若采用固定配方的混配制剂，就会顾此失彼而不能达到一药兼治的目的。但是现场桶混则可以随机应变，不会发生这种问题。因此，除非有充分根据和必要,不应任意生产混配制剂。此外,田间气象气候条件的变化对农药的持效期影响也很大。特别是雨露的影响,在混配制剂中,各组分农药抗雨露冲刷的能力必然有所不同。抗冲刷能力差的农药组分无疑会首先被淋失,而能力强的则持留时间比较长,这种差异也必然会反映到药剂的实际防治效果。

问题之三　混配农药与单剂农药对人体的危害也有差别。上文 Kidd 所说的问题值得重视和检讨。

(二)农药混配可以抑制抗药性和可以增效的问题

农药混配可以是抑制抗药性现象的选项之一。但是抗药性现象的发生机理和抑制抗药性的原理比较复杂,并非只有混配才能解决。例如有些害虫的抗药性,只需一段时间内停止使用同种药剂,抗性就会消失;在此期间换用其他替代农药即可,之后仍可恢复使用原来的药剂。由此衍生出了"交替用药法",即选择若干种农药轮换交替使用,可防止因长时间连续使用一种农药而诱发抗药性。但是混配制剂配方固定不变,无法轮换使用,并且还有诱发多抗性的风险。所以单纯采取混配制剂抑制抗药性并非很明智的办法。不过无机杀菌剂与易产生抗药性的有机杀菌剂的混配制剂,由于这两类杀菌剂的作用机制差别很大,杀菌作用互补性很强,所以抑制抗药性的效果比较稳定,这种混配是成功而且是必要的。

关于混配制剂可以防止发生抗药性的说法,对于广大农民用户来说也只能是姑妄信之,无法得到确证。因为农药的药效表现及抗药性问题受多种因素的制约,农民用户不可能做出分析判断。

至于增效作用,许多药剂混配后的综合药效往往实际上是属于毒理学上的"叠加作用"而并非增效。例如一种"15％阿维·毒乳油",阿维菌素和毒死蜱的配比为(0.2＋14.8)％,若按两者单剂分别稀释使用时,其实际稀释浓度与此混配制剂几乎在同一水平上,说明它是一种叠加作用。又如除草剂中桶混助剂的使用能增强药效（efficacy enhancement），但并非增效作用（synergistic effect）。增强和增效在毒理学上是两个概念，其作用机制完全不同。药效增强通常指助剂加强了药液的湿润、展布、附着性能从而加强了药效的表达能力，但并无提高毒力水平的能力。所谓增效作用，对于农药企业而言，不言而喻必然会反映在产品的价格之中，这问题关系到农民是否能得到实惠。

混配制剂的所谓"增效作用"大多数是根据"孙云需公式"计算而得的"共毒系数"来判定。"共毒系数"是通过变异性很大的室内毒力测定所得的统计数字做出的评价，并非毒理机制方面的研究结果。

固定配方的混配制剂还会产生一种不合理的"拖船效应"，即制剂中未能发挥作用的农药组分被"拖"到环境中"陪葬"，造成农民不应有的经济损失和对环境的额外污染。同时也使农作物上不应有地多了一种或几种农药残留物，出现不应有的多残留现象，这显然不符合国家农作物安全和食物安全政策的考量。农药剂型和制剂开发者不可不考虑这些问题。

（三）同一种农药的制剂规格过多过乱

举若干实例可见一斑。草甘膦可溶粉剂的规格有 25%、28%、30%、41%、50%、58%、65%等 7 种之多。高效氯氰菊酯乳油的规格有 4.5%、5%、10%、25%等。而混配制剂中的阿维·毒乳油的规格更多达 15 种，有 5.5%、10%、10.2%、12%、13%、15%、17%、18%、24%、25%、26%、26.5%、32.5%、38%和 42%等。其中很多制剂的规格彼此差别很小，用户在选择农药时很难判断孰优孰劣。面对令人眼花缭乱、光怪陆离的无数农药商品名称，更难判别；即便是科技工作者也很难识别，何况农民。不能不令人忧虑，这种混配现象是否有"忽悠"农民之嫌。

现以各种"福·甲霜可湿性粉剂"为例说明如下（见下表）。

福·甲霜可湿性粉剂的一系列复配制剂商品

制剂规格（混配%）		组分比例（福美双：甲霜灵）	商品名称	制剂规格（混配%）		组分比例（福美双：甲霜灵）	商品名称
35	30	5	金苗	42	35	7	立枯一次清
	24	11	清枯灵		34.5	7.5	枯治
	24	11	立枯灵		34.5	7.5	立枯克星
	25	10	司克捷	43	35.8	7.2	灭枯特
	25	10	立枯净		37	6	立枯青枯净
	25	10	枯必净	45	35	10	—
38	33	5	灭枯保	50	40	10	万键
	33	5	立枯清	58	50	8	客露
	29	9	恶枯灵	70	60	10	宝福斯
	29	9	沃达				
40	30	10	秧齐宝				
	30	10	苗病				
	31	9	旱秧绿2号				
	31	9	秧苗清				

从此表即可看出，有几个问题值得注意：

一是制剂规格过于分散，除 70％的规格外，两相邻制剂之间的差别不大。用户在缺乏技术指导的情况下极易发生判断困惑。

二是混配比例方面，有很多组合不合理。如 42％规格的制剂中 35：7 的配比（立枯一次清）与 34.5：7.5 的配比（枯治）；40％规格的制剂中 30：10（秧齐宝、苗病）与 31：9（旱秧绿 2 号、秧苗清）。这些商品制剂的规格究竟有何重要差别和毒理学意义？还是仅仅为了产品的登记许可？

三是很多制剂的商品名称也容易引起混淆和误判,如"立枯净"、"立枯青枯净"、"立枯清"、"立枯一次清"等。

上述现象在许多农药商品中非常普遍,发人深思。

农药剂型和制剂的发展和变化极快,新剂型不断面世。但是剂型和制剂研究开发特别是混配制剂的研发,不是简单的药剂配方问题,重要的是与农药在田间的行为和农药的毒理学密切相关的实际应用方面的问题,涉及多个科学领域。研究开发新剂型和新制剂,根本目的是为了提高农药的实际使用效果,也是为了方便农民用户,提高农民使用农药的实际经济效益和社会效益,更不可降低甚至浪费农药、提高药剂污染环境的风险、增强制剂对人体的毒性风险。所以,当前我国的农药混配制剂所带来的种种弊端值得高度重视,并采取有力措施加以防止。

8

农药的毒理学问题与
农药使用技术决策

毒理学须遵循马克思主义辩证法*

毒理学——特别是农业毒物学中的毒理学还是一门非常幼稚的科学。然而研究毒理学对于农业毒物学的发展具有重要的指导意义，而且对于植物化学保护技术的发展也可以建立某种预见性。半个世纪以来，有许多的化学家、生理学家、生物化学家从事于这一研究，企图寻找一个规律来阐明毒理学中的各种复杂问题。在酶化学、蛋白质化学以及现代生物化学和有机化学的发展的基础上，毒理学的确取得了很大的进展。特别是 20 世纪初期爱尔立希氏（Erlich J.）提出的化学受体学说为毒理学的发展开辟了广阔的道路[1]。经过 20 世纪 30～40 年代许多研究者的补充和发展以后，已经能够使药物学家在一定的范围内预见性地定向地人工合成多种治疗药剂，其中最著名的就是磺胺药[2]。

但是不能认为毒理学上的规律已经完全阐明，问题已经完全解决。实际上现在许多新的有机综合药剂还不是依据着某种预见找出来，而是用一种所谓"筛剩法"[3]找出来的。通过筛剩试验，往往在大量的化合物中只找到个别的化合物具有致毒能力，甚至可能完全失败。

这种情况决非偶然，它说明了过去所掌握的某些"规律"带有一定的片面性。本文便是企图从毒理学的某些方面分析一下这种片面性。但由于资料缺乏，我自己也还没有进行过专门的实验研

* 《西北农学院学报》，1956 年，第 2 期

究，而且这一问题还没有被广泛地讨论，所以这里只能根据文献上的试验报告，引用他们的数据来对他们的看法和结论进行分析。

斯大林在概括马克思主义辩证法的基本特征时，曾经指出其特征之一就是："与形而上学相反，辩证法不是把自然界看作什么彼此隔离，彼此孤立，彼此不相依赖的各个对象或各个现象的偶然堆积，而是把它看作有内在联系的统一整体，其中各个对象或各个现象是互相密切联系着，互相依赖着，互相制约着的"。"与形而上学相反，辩证法不是把发展过程看作什么简单增长的过程，看作量变不会引起质变的过程，而是看作由不显露的细小数变进到显露的变，进到根本的变，进到质变的发展过程。在这个过程中质变不是逐渐地发生，而是迅速和突然地发生，即表现于由一种状态突变为另一种状态，并不是偶然发生，而是规律式的发生，即是由许多不明显的逐渐的数变积累而引起的结果。"[12]

一切科学如果不遵循这一法则去进行研究，都必然会陷入不可知论，毒理学也不例外。目前毒理学中的一些成就，都是自觉或不自觉地在这一法则的指引之下所取得的。而目前所存在的一些不正确的结论，则是由于那些毒理学家们违背了这一基本法则的缘故。

药物学家们都知道，在某一药物分子中引入一定的基团，就会改变它的效能。实际上药物学研究的最重要的环节就是基团的引入或解除，以及由此所产生的药物结构和效能之改变。通过大量的实际研究，注意到了这样的事实：当我们向某一药物的分子中有规律地引入某些基团时，则该药物之效能也相应地产生有规律的变化。例如石炭酸（酚），是一个常用的杀菌剂。假如往石炭酸之苯核上依次引入 1 个、2 个、3 个……的次甲基，则发现其致毒能力也依次增高，每增加一个次甲基则毒力约增 3 倍。但到第五个次甲基以上，毒力又逐渐下降（用 *B. typhosus* 在 20℃ 时做试验）。以 2-脂基-4-氟代酚作类似的研究时也获得相似的结果[4]。塔特斯非德氏拿豆蚜(*Aphis rumicis*)做试验,也发现依次引入次甲基能使脂肪酸之毒力依次递增,每增加一个次甲基则毒力大约增加2.2倍。塔氏并注意到往苯环上引入甲基、羟基、硝基等基团时也使得毒力发生有趣的变动[5],如下图所示。

1. 数字越小表示药剂之毒力越强;
2. 各化合物之毒力均以豆蚜(Aphis rumicis)做试验

　　类似这种例子极多。从上述各例可以看到,药物毒力的变化显然遵循着辩证法的基本法则。这一现象也被许多毒理学家和药物学家注意到了。但是在某些学者的论述中,对于反映在毒理学上的这些法则是认识得比较模糊的,因而在他们所作的一些推论及概括中也表现出严重的混乱。他们甚至违背了形式逻辑的基本要求来对某些现象进行讨论,结果就使得这些讨论变成了一种不可捉摸的主观唯心主义的东西。

　　首先他们对于基团之间的相互联系和相互影响这一点没有准确的认识。例如在 1944 年赖伍盖尔、马丁及缪勒诸氏对 DDT 之毒理做了如下的解释。在 DDT 分子中的两个对称的氯苯基团是致毒基团,一个三氯甲烷基团是亲脂性基因[6]。此外,对于鱼藤酮的毒理也有类似的解释,即认为鱼藤酮分子中的色素母酮部分是致毒部分而其他部分则均系亲脂性部分[6,7]。

DDT结构式　　　　　　六六六结构式　　　　　鱼藤酮结构式

但是对于在毒力上和 DDT 极相类似的六六六,就无法圆满地解释了。六六六是一个氯原子分布非常均衡的化合物,很难区分出哪里是亲脂性基因,哪里是致毒基因。于是就有两种新的毒理解释:其一,认为六六六分子结构和生物体内的维生素肌糖相似,因而阻碍了肌糖的生理作用;其二,认为六六六在生物体内进行脱氯化氢的反应,脱下的 HCl 对生物体发生致毒作用。

然而,人们都知道六六六和 DDT 对多种昆虫所表现的致毒症状是非常相似的,也就是说我们可以推论:六六六和 DDT 的致毒机理应当是属于同一类型的。

许多类似 DDT 药物之合成也进一步说明了赖伍盖尔、马丁及缪勒诸氏的解释是不正确的。这就迫使赖氏等不得不对他们的旧解释加以"修正"。赖氏及其同工作者贝罗、伏特利等在 1954 年发表的报告中就被迫承认,虽然三氯甲烷基团是亲脂性基团,"但这并不排斥那些氯苯基团也具有脂溶的能力[8]。"事实上氯苯基团也是具有很强的脂溶性的。

又例如,勃朗氏在他的著作中曾经试图概括影响接触杀虫剂之效能的各种因子。他认为引入亲水性基团以后(如 $-NH_2$,—

OH，−COOH 等），就会显著地削弱药物的接触杀虫能力，因为药物的水溶性、极性和解离能力增强了[9]。然而这样的概括也是不全面的，而且实际上发生了很多错误。

只要从塔氏的研究结果（图1，图2）便可以看到以下的事实：

（1）往苯核上引入−OH 基后，接触毒力也显著的加强了。

（2）往二硝基苯的苯核上引入-OH 基后，接触毒力并不降低。

（3）往酚的苯核上引入-NO₂ 基后，接触毒力也显著的加强了。

（4）往甲苯酚的苯核上引入-NO₂ 基后，接触毒力也大大加强了。

而我们知道在酚类的苯核上引入硝基是会大大加强-OH 基上 H 之离解能力的。例如，各种硝基酚在水中的离解常数如下：

$K = 0.96 \times 10^{-7}$　　　$K = 1 \times 10^{-4}$　　　$K = 1 \times 10^{-4}$　　　$K = 1.6 \times 10^{-1}$

硝基引入越多则 OH 之离解能力越强,而根据药物渗透昆虫表皮所要求的条件来看,则离解能力越强越不容易渗透。显然,这些事实是和勃朗氏的推想相矛盾的。

在脂肪酸系统中也有类似的现象。前面曾经谈到,每增加一个次甲基则毒力约增加 2.2 倍。这或者可以用脂溶性的增强来解释(高级脂肪酸均不溶于水,且不能被水浸湿,而脂溶性很强)。但是当碳链增长到一定长度以后,毒力却不再增加。另外,当所有这些脂肪酸变成钾盐或钠盐以后,其毒力均显著增加,而我们知道任何脂肪酸之钠盐其亲水性和离解能力均较脂肪酸为强。这一矛盾也是勃朗氏的"概括"所不能概括的。

所有以上各种事实,只有严格的遵循马克思主义辩证法的基本法则才能找到正确的解决的途径和可能。

例如在脂肪酸系统中,其致毒能力和药物的亲脂性有密切关系,涡伏登-梅耶(Overton-Meyer)用油/水分配系数来说明致毒能力,即系数越大则致毒能力越强,反之则越弱[10]。这种解释在一定的范围内是能符合实际的,如对于豆蚜,在十二碳以下便基本上表现这种趋势。但十二碳以上毒力下降,就不能用油/水分配系数来解释了。这一事实说明,脂肪酸之致毒能力不仅和亲脂性有关,还和其他性质有关。例如脂肪酸之表面活动能力、和碳链长度也发生着有规律的相对变化。只有当亲水基团和亲脂基团的力量互相平衡的时候,其表面活动能力才最强。这样,在十二碳以下的脂肪酸其亲脂性以及表面活动性均和碳链长度呈正相关,因此毒力也是依次增强的。但在十二碳以上,虽然油/水分配系数并不显著降低,但药物之表面活动能力大大降低了,因而药物所表现的毒力也减退了。勃朗氏也曾试图用表面活动能力之变动来解释这一矛盾,然而他把亲脂性之变动和表面活动性之变动机械地分割成两段来看了,在十二碳以下的用亲脂性之增强来解释,而十二碳以上的则用表面活动性之减退来解释[11]。这样就硬把同一化合物的几个相关的属性割裂开来了。

脂肪酸同系物之酸态及其钾盐对于豆蚜之致毒能力

在同系物中,问题还比较简单,然而在牵涉到新的基团之引入和解除的化合物中,问题就复杂得多。俄国杰出的有机化学家——有机结构理论的奠基人——布特列洛夫就曾经说过:"分子结构乃是化学性质的根据,实际的化学性质决定于其分子结构。""分子中各原子间的互相影响不仅存在于相连原子间,而且存在于不相连的原子间;但前者是主要的,后者是次要的。主要的影响决定了化合物的类型,次要的影响决定了同一类型中不同化合物的性质。"这一学说把辩证法的法则引用到化学范畴中来了,这对于毒理学的发展自然是极其重要的。但某些毒理学家却仍旧保留着主观唯心主义的观点。这就是产生前面所说各种矛盾的原因之一。前面已提到,往苯核中引入硝基就会改变核上的－OH 基的解离能力。同样地,把 DDT 分子上的某些基团加以改变,也必然会影响到其他基团的活性,也就是说,三氯甲烷残基的存在不能被认为是仅仅提供了亲脂的能力,它实际上对两个氯苯基团的活性也起着作用。反过来氯苯基团也必然影响着三氯甲烷残基的活性。毒理学家的任务应当是寻找这种相互影响和致毒能力之间的关系,而不是机械地主观地把药物分子分割为几个司着不同效用的部分。否则就不可能真正了解毒物之结构和毒力之间的关系。

脂肪酸同系物之酸态及其钾盐对于豆蚜之致毒能力

脂肪酸	酸态死亡（%）	钾　盐	
		表面张力	死亡（%）
六碳酸	15	71	17
八炭酸	18	62	37
十碳酸	45	37	55
十二碳酸	42	20	67
十四碳酸	17	29	30
十六碳酸	15	36	25
十八碳酸	11	45	13
十八碳油酸	19	23	85

　　其次,有些毒理学家在讨论毒力和结构之间的关系时,违反了最基本的同一律的要求,因而他们的某些论证就变的没有什么意义了。还是拿塔氏的实验(见前面的图)来分析:塔氏从苯出发,合成了甲苯、苯酚、硝基苯、硝基苯酚等一系列的衍生物,并分别测定了它们的毒力。最后得到的结论是往苯核上引入硝基、羟基等基团能够大大提高苯的毒力。

　　这样的论证显然是站不住脚的。我们知道:任何毒物都不是什么抽象的毒物,而是针对某一具体东西说的。例如苯和甲苯,是人所共知的神经麻醉药,它们对于原生质实际上不表现毒力。而酚则是一种原生质毒药,硝基酚也是一种强烈的原生质毒药而且还表现出特殊的生理效应。换言之,这些化合物作用的对象是不相同的。然而同一律告诉我们:"在任何一个论断、争论、讨论中,每一概念都应当在同样一个意义上来使用。"在上述例子中,虽然都是讨论"毒力"这一概念,但它们却不是"在同一个意义上。"苯的毒力是对神经系统说的,酚的毒力是对原生质说的,硝代酚的毒力则对原生质及某些生化过程都有表现。而且完全有这样的可能：一种药物渗透体壁较快，然而不能打击到虫体或菌体最致命的部分；而另一种药物虽然渗透较慢，但打击到虫体或菌体最致命的部分了，因此后者的"接触杀虫能力"反而比前者高。这样，我们如果概括说"引入亲水性基团以后，就会显著地削弱药物的接触杀虫能力"，有什么意义呢？

假如我们纠正了这种违反同一律的思想方法，我们就可能比较清醒地观察到毒理学上的某些规律。前面所说的脂肪酸系统的毒力以及脂烃基苯酚系的毒力之变化就比较有规则，我们可以基本上不发生错误地（在一定的范围内）根据脂烃基碳链的长短来判断毒力之大小。这是由于在一定范围的同系物中，各种化合物的致毒对象是同一的，毒理学家们在不自觉中避免了违反同一律的错误。但超过了同系物的范围以后，他们的思维方法就不能帮助他们分辨是非了。他们甚至企图用化合物分子量的大小、化合物化学结构中闭合的环的多少等等来解释毒力，认为分子量在300～400范围内的化合物以及闭合环在3个以下的化合物都可能具有较高的毒力。这种"概括"自然更站不住脚，因为人人都知道杀虫效力强大的化合物如鱼藤酮就具有5个闭合环。强烈的毒药氢氰酸的分子量只有27，烟碱的分子量也不过162。分子量的大小虽然在某些场合中可能和化合物的性质相关，但并不存在绝对的相关性。

总结以上所述各点，可见在毒理学这一门复杂的科学中必须严格地遵循马克思主义辩证法的基本法则，才能顺利地解决找寻基本规律的任务。虽然目前还没有找到这样的一个全面的规律，但我相信这种规律是必然能够找到的。

论农药的宏观毒理学*

(一)引　言

毒理学是一门历史悠久的科学。早在15世纪末Paracelsus即已率先开始了毒理学研究,被后人誉为"毒理学之父"。但当时主要研究对人体有毒的物质。20世纪初随着昆虫生理学、真菌生理学、植物生理学的诞生,首先推动了昆虫毒理学和杀虫剂毒理学(insect toxicology , toxicology of insecticides)的发展,杀菌剂和除草剂的毒理学研究也相继兴起。鉴于"农药"一词是杀虫剂、杀菌剂、除草剂以及其他农用药剂的总称,本文统称之为"农药毒理学"(toxicology of pesticides),便于讨论农药使用技术研究中所涉及的毒理学方面的共性问题。

同农药相关的毒理学研究,包括生理毒理学(physiological toxicology)、分子毒理学(molecular toxicology)、结构毒理学[structural toxicology,研究农药的化学结构与毒理的关系,其中以"结构活性定量相关性(QSAR)"的研究尤为重要]、环境毒理学(environmental toxicology)、生态毒理学(ecological toxicology)、田间毒理学(field toxicology,赵善欢,1992年改称昆虫田间毒理学)[1]等。环境毒理学研究进入环境的污染物(包括农药)对人体健康的可能危害,属于环境医学的范畴,并不涉及有害生物(下文

* 《农药学学报》,2004年,第6卷,第1期

简称为"害物")的毒理学。田间毒理学则研究田间环境条件对杀虫剂防治效果、对害虫种群消长、对田间其他生物种群的影响以及药剂的残效和残毒、杀虫作用机理及抗药性等问题,同昆虫生态学、生态毒理学和昆虫生理毒理学关系较密切。

农药使用技术研究涉及药剂喷施后最终到达生物靶体的全过程,包含两个阶段:第一阶段是药剂的机械输送过程,是利用施药机械使药剂借助于气流的运载作用输送到生物体。Himel 称此过程为"喷洒物转移"(spray transfer),在此过程中只涉及农田"施药量"(克/公顷)的机械输送,是指单位农田面积上所接受的药量。除了分散度外,农药本身并不发生任何变化,不存在任何毒理学问题和剂量问题。

第二阶段是农药的沉积物向害物转移的过程,直到药剂进入害物体内才告结束,称为"剂量转移"过程,"剂量"(dose,μg/gBW)是指害物单位体重所摄取到的有效成分量。在此期间药剂会经历一系列物理化学性质的变化或同其他生物活性物质发生互作关系,若未被解毒或已转化成为毒力更强的化合物,即可进入害物体内发挥作用。此过程涉及大量毒理学问题,与第一阶段有本质的不同。所以 Young 把第一、第二阶段统称为农药的"剂量转移"("dose transfer")[2]看来不甚确切(笔者曾介绍了 Young 氏的这一观点[3])。

药剂进入生物体内后也有类似的剂量转移过程,最终才能到达作用部位(即靶位,target site)。因为药剂必须克服各种生物障壁和生物膜的阻碍,并且可能同生物体内的生化物质发生各种反应,如果最后未被代谢解毒,或转化为新的有效衍生物,才能到达靶位发生作用。从藤田稔夫提出的生理活性表达历程示意图中可略见端倪(图 1)[4]。这是传统生理毒理学或分子毒理学的研究领域,属于'微观毒理学'('micro-toxicology*')的范畴。

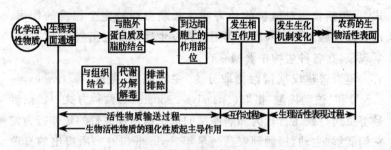

图1 农药生物活性的表达历程
(引自藤田稔夫,笔者修改补充了文字说明)

在第一阶段农药在生物体外部的剂量转移中所发生的变化,此前尚未被作为毒理学问题提出过;然而许多边缘科学领域中的很多现象和事实表明,它们实际上是很复杂的毒理学问题。为区别于生物体内的微观毒理学,笔者建议称之为'农药宏观毒理学'('macro-toxicology of pesticides')。

(二)农药宏观毒理学的内涵及科学范畴

宏观毒理学是研究农药到达目标物后直至转移到生物体内之前这一时段内,各种因素直接或间接地影响农药的性质,包括对农药的解毒作用和增毒作用,直至最终对农药的作用方式和毒理所产生的影响。以下7个方面是宏观毒理学所涉及的基本领域。

1. 生物体同农药的接触方式和机制

同农药发生有效接触是害物摄取中毒剂量之关键。赵善欢曾把农药毒理学概括为农药"剂量的科学"(the science of doses),因

---

* 本文中凡用单引号(' ')所表述的名词和术语均为笔者所提出,仅供参考。

为在不同剂量下农药往往会表现出不同的毒理作用或作用方式[5]，包括农药对植物的药害和生长刺激两种完全相反的作用。这种因接触剂量不同而使作用方式发生变化甚至完全逆转的毒理学现象，在各种生物中普遍存在。

笔者曾建议把接触摄取分为'主动接触'摄取（'active-exposure'）和'被动接触'摄取（'passive-exposure'）两种方式[6]。前者是害虫爬行或飞行行为和病原菌的孢子萌发及芽管的延伸行为使它们能够"主动"接触到农药。早年 Swingle(1923) 所提出的真菌对杀菌剂的"自杀理论"（suicide theory）多年来被学术界广泛接受[7]，应即属于真菌对杀菌剂的主动接触摄取现象（见下文）。药剂直接喷洒到害物上或药剂的溶解物或气化物通过扩散分布作用而同害物直接接触，则属于害物对农药的被动接触摄取。明确接触摄取方式，是农药使用技术研究中的基本毒理学基础，同害物的形态和行为密切相关。

昆虫爬行行为的轨迹同食物之化学信息相关，是昆虫化学生态学的主要研究内容之一[8]。Hartley 等提出，害虫的平均爬行距离及其平均有效爬行半径（即平均自由径，mean free path），可作为使用农药时选择药剂沉积密度的依据[9]。但害物同药剂接触后能否摄取到必要的剂量，情况相当复杂。许多研究表明至少包含以下因素[10,11,12]：①农药的分散度，粗颗粒被害虫黏附后，在其后续爬行中可能被擦掉，而较小的颗粒则黏附比较牢固；但太细的粉粒则会在害虫爬行中絮结成较大的粉团而脱落。②药剂在作物表面上的附着牢固程度若太强，除了杀菌剂除草剂，以及害虫通过咀嚼经口摄取外，也不容易被害虫接触摄取，因此农药黏着剂和辅助剂的选用应取决于防治对象。③药液在作物表面上的湿润展布能力太强会使药剂陷入叶面异型蜡质结晶的间隙中，反而不容易被害虫摄取，但对于杀菌剂、除草剂、植物生长调节剂类农药则情况恰好相反。④爬行速度太快的害虫个体则微粒的黏附和脱落过程反复交替频繁,害虫最终摄取到的剂量往往并不高。⑤害虫体重及足的踩踏压力较大者能摄取到较多的剂量。⑥有些害虫足的附垫或体壁上的毛能分泌粘液,有利于摄取药剂。⑦植物表面的结构和附属构造,如毛、刺、凸起物等,千姿百态,大小和形状各异,也会影响害物同药剂沉积物的有效接触。Poles 等发现,未经药剂处理的棉铃虫 3 龄幼虫对于马拉硫磷雾滴有举头摆动、绕行躲避药剂沉积物的行为,躲避率达 75%～85%,并用照片显示了其绕行的轨迹;而已经被药剂处理过的幼虫躲避率只有 30%;老龄幼虫则无躲避行为[13]。上述种种现象说明,害物接触摄取药剂的方式和剂量与害物的种类和行为有十分密切的宏观毒理学关系。

病原菌在作物表面上的活动能力很小,其芽管、吸器和菌丝体的延伸距离也很短。但如果杀菌剂的分散度和分布密度适当,病原菌即能通过菌丝的延伸或孢子萌发时的分泌物对药剂沉积物的溶解作用而发生主动接触。Abbdalla(1980)用药剂微粒的致死中距(LDist50)和"杀伤面积"(biocidal area)来表达这种现象。前述 Swingle 的真菌自杀现象,实际上是由于菌体所分泌的物质在杀伤面积范围内对杀菌剂的溶解作用而发生的主动接触而中毒。杀菌剂在植物表面上的附着分布情况对药剂的溶解和扩散能力有重要影响,因此同病原菌接触摄取的剂量有直接关系。

在被动接触摄取方式下,接触的有效性主要取决于农药的喷洒方式、药剂的分散度、剂型和运动行为。害虫的感觉器官如躯体上、触角、足部及翅缘的大量化学感受器是摄取农药的最有效部位,但只有 5～10 微米的高分散度细雾滴和微粒才容易被摄取[14]。农药的分散度及其在靶体表面上的黏附能力需根据防治对象的行为特征和形态特征研究确定,并选用适当的剂型、制剂或喷雾助剂。不同发育时期的害物对农药的接触摄取方式也会发生变化,因此必须把农药剂型和农药行为研究设计同害物行为研究结合起来进行,而不是单纯的剂型和制剂配方加工方法问题。

植物对除草剂和植物生长调节剂的接触,均属于被动接触方式。此类药剂均直接喷洒到植物或杂草上直接进入植物体内,不存在体表剂量转移问题。但是在药物通透植物体表皮的过程中也有宏观毒理学现象发生,见后文有关 Bennett 的胞膜流动学说。

2. 生物体次生物质的外分泌物的宏观毒理学意义

各种生物体表面会产生不同的外分泌物,除了有些物质被提取分离作为新农药的先导化合物之外,对于它们在农药使用中的毒理学意义则尚未受到注意。

植物表面有多种能分泌特殊液体的毛,如腺毛(glandular trichomes)、黏液毛(sticky hairs)。分泌液往往由多种化学成分组成。Kennedy 等首先从番茄叶面上 VI 型腺毛的顶部四棱形球体中发现了具有挥发性的昆虫神经毒素,并分离出正-十三烷-2-酮[18、19],后又分离出许多其他化学物质。Gregory 等观察到马铃薯叶片上高 600～950 微米的 B 型腺毛,其顶部小球体能不断地分泌出直径 20～40 微米的透明黏液滴[20、21]。业已发现各种腺毛分泌物中所含的化学成分种类相当复杂,如各种精油、酚类、树脂类、黄酮类、生物碱类、天门东酰胺、谷酰胺、芸香苷、十五碳烯等。马铃薯腺毛分泌物中还含有多元酚氧化酶、过氧化酶、绿原酸等。Stadler 等发现胡萝卜叶的腺毛分泌出丙烯基苯,能刺激胡萝卜蝇 *Psila rosae* 产卵[22]。*Shade* 等发现苜蓿叶片的腺毛所分泌的黏液不仅能黏住苜蓿叶甲 *Hyptera postica*,阻碍其行动,把这种黏液施于甲虫体壁上还有显著的杀伤作用。分泌液的分泌量在一日内各时段并不相等,其流动性和黏度也会发生变化,并同季节和气温有关[23～25]。腺毛顶部的球囊有一层极薄的外膜,很容易被擦破,蚜虫的足即能踩破囊膜。附垫蘸上黏液后更容易捕集农药。

棉花叶片的分泌物能使叶面露水呈碱性,而玉米叶片的露水呈酸性,桃树叶露水的 pH 值近于 4。Wall 等发现豌豆叶片表面蜡质能够吸收昆虫散发的性外激素并保存在叶蜡中,随后又慢慢释放并以此引诱豌豆蛀荚蛾 Cydia nigricana 的雄蛾[26]。

但是上述种种研究迄今只用于阐明作物抗病虫害的原因,尚未用于农药毒理学研究领域。早年 Curtis 等曾报告指出,植物表面的叶泌水和病原菌所分泌的氨基酸会促使波尔多胶粒易溶于水从而造成病原菌的自杀现象[27]。McCallan 等曾报告硫黄的毒力是由于植物表面和真菌的分泌物使硫黄转变为有毒的硫化氢的[28]。

从 Wall 等研究的上述有趣现象还可以推论:凡是能溶于叶面蜡质中的物质完全可能先溶入蜡质层中然后再从叶蜡中释放出来,具有一定蒸汽压和脂溶性的农药更容易发生这种现象。Rich 等早年也曾发现,2,4-二硝基-6-辛基苯基巴豆酸酯在玻璃板上对束状匍柄霉 Stemphylium sarcinae forme 的孢子无效,但喷洒在植物上则有效。认为这是由于化合物能被吸溶在表面蜡质内不至于很快消失之故[29]。这可以说是农药的一种有趣的剂量间接转移现象。对于农药剂型研究开发应有很多启示。

著名生物学家 Southwood 认为,生物体产生外分泌物的现象属于生物的普遍现象[30]。笔者认为,这种现象对于农药使用技术及宏观毒理学研究和新型合理化农药的研究开发无疑具有重大意义,应特别重视。

可以设想,生物体外分泌物同农药沉积物的接触必然会引发出诸如相加作用、拮抗作用、增效作用等比较复杂的毒理学现象。昆虫生理学研究早已查明,昆虫体表也会分泌液体。但是这种分泌液的组成以及与药剂之间的毒理学关系报道甚少。早年曾有研究发现,蜚蠊体壁微孔道所分泌的液体能使典型的胃毒杀虫剂亚砷酸钠表现为接触杀虫作用[33]。氟硅酸钠对蝗虫和蜚蠊也有此现象。

昆虫足的爪垫上和转节上分布着大量化学感受器和钟状感觉

器,是昆虫爬行过程中容易摄取农药沉积物的部位。可见植物表面的分泌液对于农药的剂量转移非常重要。必须详细研究从农药沉积物到达昆虫足部粘附的植物分泌物上,又到达昆虫足部化学感受器这一系列历程的剂量转移机制。此过程同直接从农药沉积物到达昆虫化学感受器的比较简单的历程显然是不同的。

与目标作物共生或寄生的其他非靶标生物和各种微生物,同样会产生外分泌物,并对农药的宏观毒理发生影响。这需要根据目标作物的实际情况加以研究。

3. 农药对害物的接触通透作用与假性膜

在作物表面上,药剂如何同害物发生有效接触,是向害物体内进行剂量转移的关键。可能的接触方式有 3 种:液/固接触、固/固接触和气/固接触("/固"指生物体表)。气/固接触比较简单,气态农药或农药的挥发物一般通过昆虫体壁两侧的气门直接进入,或被病原菌菌体或植物叶片通过呼吸作用从气孔或表皮微孔道直接吸收。喷粉用的固态农药粉粒则可通过直接溶入生物体蜡质表皮或溶于生物体表面水分而被吸收,也可能气化而被吸入。液/固接触则是最常见的喷雾用制剂的接触形式,其实质是形成液/固界面,同生物体表面构造和形态及农药剂型密切相关。绝大多数农药都采取这种液态制剂使用方式。

对于这种液/固界面的实质迄今尚未有明确的理论阐明。笔者认为可设想为药液的表面活性剂单分子层与叶面蜡质层分子之间借助于范德华力(Van der Waals force)所形成的一种非永久性"膜",类似于著名的 Dannielli 半透性细胞质膜结构的脂质层,由脂质分子的亲脂基相向链接而成。药液液面上的表面活性剂分子亲脂基与生物体表面蜡质分子容易亲和,从而可能互相链接成为一种非永久性的'假性膜'('pseudo-membrane')。有人曾经根据 Langmiur 的方法用含有硬脂酸钡单分子层的水在玻璃板上拉膜浸蘸而获得附着在玻璃板上的单分子层,多次浸蘸即可产生多层交替排列的膜。这些研究工作有助于说明假性膜确实存在。

可以肯定,药剂必然要通过渗透的方式从药液中向假性膜的另一侧运动,才能进入生物有机体,从而开始其微观毒理学进程。

Hartley 等对农药进入生物体的方式曾设想了 3 种情况[15]:第一种是药液不能与生物体表面亲和,服从溶质分配原理按照分配系数原则进行分配,使有效成分逐渐从药液转移到蜡质层中;第二种是药液溶剂能溶入表皮蜡质,此时药剂有效成分直接进入蜡质层中扩散分布并向生物体内继续渗透(这种情况也包括具有脂溶性的固态农药微粒);第三种是药液溶剂能与表皮蜡质亲和但是不能溶解或溶入蜡质层,如一些极性有机溶剂七碳醇、八碳醇等,药剂有效成分也必须通过溶质分配原理而进入表皮蜡质,然后使表皮下面的角质层或几丁质层发生溶胀而使药剂更容易通透。含有湿展剂的水基药液也属于此种情况。除第二种情况外,另外两种情况都必须用假性膜的存在才能做出进一步的阐明。

有机硅表面活性剂的高强度湿润展布能力可使药液形成极薄的液膜,能更有效地形成假性膜。如三硅噁烷类(trisiloxanes),特别是七甲基三硅噁烷(商品名 SILWET L-77)的特殊活性引起了人们的广泛兴趣和重视。在 0.025% 的低浓度下即可发挥超常的湿展能力,因此被称为"超级湿展剂"。因此药液在接触蜡质表面后几乎瞬间即能展开并形成极薄的液膜[17]。只需 0.5 微升的溶液即能展散到 146.9 平方毫米的面积,而等浓度的 Agral-90 只能展散到 2.7 平方毫米,前者比后者提高 53 倍之多。

由于农药制剂所配用的表面活性剂可能有多种,假性膜的组成肯定比较复杂,并可能形成双分子层或多分子层膜。通过宏观毒理学研究才能说明这种现象的实际意义。

4. 农药对于生物体表面的通透作用机制

农药有效成分对生物体表面(体壁、表皮、膜)的通透行为究竟属于宏观毒理范畴还是属于微观毒理范畴,很难区分清楚,把它看作过渡性的剂量转移过渡阶段比较恰当。

农药有效成分如何通过昆虫体壁,迄今还没有明确的理论解释。Gerolt 提出了一种假说,认为是通过扩散作用进入体壁,然后就在体壁内沿几丁质层在平面方向内运动,可以迅速输送到整个体壁[34]。这一假说是根据他本人早年(1975)的一项试验:把家蝇体躯的中部加以结扎以阻止体液的流动,然后用有机磷酸酯、氨基甲酸酯、除虫菊酯和有机氯杀虫剂分段处理,与未经结扎的对照家蝇作比较,结果毒力并无差别。据此他认为这些神经性毒剂是在体壁内输导而达到中枢神经系统(CNS),无须进入体液再向神经系统转移。此假说与昆虫体壁内表皮几丁质的横向叠层排列结构能很好地吻合。药剂分子在几丁质叠层的间隙中运动传输显然要比直接穿透体壁容易得多。昆虫体壁上分布有大量与神经系统相连的各种感觉器官,故沿体壁传输的农药分子很容易转移到神经系统中。早年已经有大量试验证明了有机氯和有机磷等神经性毒剂通过昆虫体壁发生的致毒作用远快于经口注入所发生的致毒作用。

埋植在昆虫体壁中的神经系统末梢,其神经纤维鞘是强亲脂性的膜,极易被亲脂性物质侵入,因此神经毒剂很容易从体壁中向神经系统转移并在系统中作快速传输。对此,Mullins 根据神经系统髓磷脂鞘的构造和药剂的分子构型而提出的一个著名假说说明药剂侵入神经系统的机制[35]。髓磷脂鞘膜是由脂质和蛋白质分子成对排列组成,与 Danielli 的细胞膜模式结构相似。Mullins 给出了脂质膜的径向图形,并用许多圆代表脂质和蛋白质分子的径向截面,这些分子的间隙是自由空间。外来物质的分子尺度若适宜,即可通过间隙进入神经纤维。设定脂蛋白分子的直径为 4 纳米,分子间距为 0.2 纳米,则相间排列的 3 个脂蛋白分子的三角形间隙的最大空间直径为 0.85 纳米。可能出现三种情况:第一种是入侵化合物的分子容积小于间隙;第二种是分子容积大于间隙;第三种情况是分子容积正好可以通过间隙。Mullins 对六六六 7 种异构体和 p, p'-DDT 的 Stuart 分子构型间隙进行测算,结果发现只有丙体六六六和 p, p'-DDT 分子可以通过。丙体六六六分子的 3 个方向的直径都是 0.85 纳米,而其他 6 个异构体则总有 1 个方向的直径大于 0.85 纳米,因此通透性都不如丙体六六六。这个推理恰好与丙体六六六是 7 种异构体中惟一有效成分的实际情况相符。由于药物分子的嵌入而引起自由空间间隙发生改变,从而改变了神经纤维鞘膜渗透性和膜内离子的出入并引起神经电位差的变化,使昆虫出现兴奋症状。这种逻辑推理与这两种药剂的毒力表现症状也恰恰相符。

在拟除虫菊酯类杀虫剂中,1968 年住友公司首次提出了间苯氧基苄醇合成苯醚菊酯成功,因为仍保留了环丙烷羧酸残基的"菊酸"部分,故仍属于除虫菊酯类杀虫剂大家族。但 1972 年开发成功的戊菊酯中则连"菊酸"残基部分也被其他基团所取代,在化学结构上已经同"菊酯"毫无关系。之后又陆续合成了戊菊酯、醚菊酯系列的类似杀虫剂,这些化合物具有与菊酯类杀虫剂类似的毒理作用机制。Elliott 认为这是因为戊菊酯类化合物的分子立体构型与其他菊酯类杀虫剂十分相似(Elliott, M. 1990,沈阳,国际农药学术讨论会期间访谈)。溴氰菊酯的毒理表现与 DDT 也十分相似,可以设想,菊酯类杀虫剂的毒理表现也与髓磷脂膜的通透性有关。

磷脂结构的亲水基相邻部由于水的作用而张开形成切入口,构成所谓"髓磷脂图象",切入口的宽度可达 8.6 纳米或更宽,外来物质可以由此进入细胞内部。这种假说与原生质膜表面存在"孔洞"的主张很相似。

Bennett 早年提出了一种基于胞膜流动学说的细胞"吞饮作用"理论(对于固态微粒则称为"吞噬作用")。入侵物质接触到细胞膜时,胞膜流动现象使胞膜内凹而把入侵物裹入,最后形成囊泡而脱落在细胞内,从而完成了入侵物进入细胞的过程。除草剂、植物生长调节剂等农药的生物体通透作用基本上是采取这种方式。这种形式的农药通透现象显然属于宏观毒理学的范畴,但又是从宏观毒理转入微观毒理并开始其生理毒理作用的十分重要的链接部,其中必然包含着非常复杂的作用机制。同农药的分散态、分散度等有关剂型和制剂问题显然有密切关系,给农药纳米技术的研究开发提供了重要的机遇。这种现象与假性膜的形成也有重大关系。因此是一个有待于深入研究开发的科学领域。

5. 农药的沉积分布状态对于害物种群的选择压力

Graham-Bryce 认为,农药在作物株冠层中的不均匀分布对害物种群是一种田间选择压力[32]。作物各部位的单位面积农药沉积量,除了气溶胶状态以外,差异很大。这样就会使同一种群中的害物个体接触摄取农药的剂量不同,从而中毒程度也会发生相应的差别。这种情况为种群提供了可能诱发抗药性的田间选择压力。早年 Bradbury 等采用 ^{14}C 标记的六六六研究家蝇 *M. domestica* 的抗药性,在 15 分钟到 16 小时的长时间内分时段测定家蝇所黏附的剂量,发现抗性个体由于爬行太缓慢而捕获的药剂很少,在 30 分钟时抗性与敏感性个体的药剂捕获量之比为 1:4,直到第四小时才趋于相似。但是检测两种家蝇个体的摄入剂量比值却并无差异。据此,他们认为这种抗性家蝇并非由于六六六对体壁通透性的差异也非六六六在家蝇体内的解毒作用,而是药剂摄取剂量的差别所致[36]。有人把这种抗药性现象称为"行为抗药性",是由于昆虫的行为特征所造成的。这对于研究害虫田间抗药性的发生原因很有启示,说明田间抗药性的发生同农药使用技术关系密切。所以 Georghiou 等指出,解决害虫抗药性问题必须同时从农药使用技术设计方面考虑[37]。

农药喷洒质量差,在株冠中容易出现两种分布不均匀现象:一种是株冠上下层受药量不均匀,这是由于上层叶片对下层叶片的屏蔽效应所致,在阔叶型作物中表现特别突出。当药雾从上方向株冠层下部运动时,药剂的沉积密度由上而下逐层减少,出现雾滴衰减现象(droplets attenuation)。这样,株冠层就出现了农药沉积药量不同的多层次的毒力空间现象。显然,在高药量层中种群的高抗性个体可能被选择出来,但在低药量层中的种群则可能被亚致死剂量的药剂诱导而产生获得性抗药性。另一种是叶片正反面受药量不均匀,特别是大容量粗雾喷洒方法,药液很难被输送到叶片背面。虽然利用吊挂式喷杆的上喷式喷头可以改善这种状况,但也不可能根本改变。只有采取气力式喷头,利用气流对药雾的吹送作用,把药雾吹送进入株冠层,才能根本解决问题。

6. 微气候对农药毒力水平的影响

众所周知,农田气候(气象学中称为小气候)对农药的毒力表现和药效有重要制约作用。但在作物表面上1~2厘米高度范围内,气流、气温、湿度等与周边小气候有明显差异,称为'微气候',对于农药具有更直接的影响。Willmer 对菜豆叶片正反面的温度日变化进行的测定表明,在辐射强度为 $500\sim600WM^{-2}$ 时,菜豆叶片的上表面温度比周围小气候温度高 3℃~4℃,下表面的温度则大约低 4℃,白菜叶表面温度比小气候高出 6℃[38]。曹运红用热电偶测定的大棚内番茄叶表面温度比棚内气温也高 6℃左右[39]。叶片上表面 10~30 毫米高度范围内相对湿度可达 95%~100%,而周围空气湿度仅为 72%~73%,下表面差异尤为显著[38]。露水是微气候中的重要因素,露水的 pH 值以及溶解在露水中的未知物质必然会影响农药的作用方式和毒力水平。

叶面微气候现象对于农药沉积物的致毒作用的影响是多方面的,包括药剂微粒的运动、扩散分布、向害物的剂量转移、药剂的渗透能力、作用方式、害物对药剂的摄取、农药的使用技术等。因此是重要的宏观毒理学研究领域。

7. 宏观毒理学是农药使用技术研究的理论基础

除了土壤处理、种子处理、熏蒸处理等特殊使用方法外,农药同害物的接触都是发生在各种作物上,有效接触都是农药通过在作物表面上的各种方式的剂量转移而实现的。因此,农药的沉积分布状态对于农药的剂量转移至关重要,必须通过农药的剂型选择和设计以及农药的喷洒方法和施药手段选择才能实现。

农药剂型并非只是制剂配方或农药原药赋形的需要,许多研究报告指出,剂型的差别对药剂的毒力乃至作用方式都有显著影响[40]。所以,农药剂型研究既是农药使用技术研究的重要内容,也是农药宏观毒理学研究的重要组成部分。

迄今为止,所有的农药喷洒方法都是以整块农田作为施药目标,即把整块农田变成一个毒力空间('toxic space'),使害物无法逃脱。然而如此庞大的毒力空间不仅有悖于农田生态环境的要求,而且会造成农药大量浪费。因此必须把毒力空间尽可能缩小到害物的栖息和为害活动空间内。其毒理学意义在于,最大限度地提高害物同药剂发生有效接触的概率,最大限度地提高农药的有效利用率。

传统的施药方法不论是机动的或手动的,都不可能用于针对有效的毒力空间进行对靶喷洒。静电喷雾技术虽然对于植株冠面分布型病虫特别有效,但对于株冠中下部分布型的病虫则效果很差。只有窄幅雾锥(例如 25°左右的雾角)的双流体雾化法(twin-fluid atomization,或气力式雾化法 pneumatic atomization),在同时有气流吹送的情况下才能形成层流层喷洒[40],把药雾相对集中输送到较狭小的毒力空间内,实现对靶喷洒[41~44]。例如在水稻基部采取的双向层流层喷洒,形成雾层高度约 30 厘米的毒力空间,可降低速灭威施药量 60% 以上(屠豫钦,王仁民,浙江嘉兴,1986,未发表)。在小麦灌浆期采取株顶层水平扫喷,也能把毒力空间基本控制在 30 厘米高度的药雾层流层中,防治麦长管蚜节省杀螟硫磷达 55％（屠豫钦，郭书林，1990，河北饶阳，未发表）。这种针对有效毒力空间进行对靶喷洒的方法应是重要发展方向。

（三）结　语

本文所论述的种种毒理学现象是农药剂量转移过程中密切相关、互相衔接的毒理学相关环节，微气候和农药喷洒方式则是完成毒理学进程的必要条件和手段，但也会改变农药的作用方式和毒理学效果。然而，长时期以来，新农药研制、农药剂型和制剂加工、害物化学防治、植保机械等重要领域之间极少沟通，因为缺乏必要的沟通基础。本文所举引的大量事实足以说明，在农药剂量转移过程中所发生的种种宏观毒理学现象，就是这种沟通的理论基础。对于新农药研究开发、农药剂型和制剂的设计、纳米农药技术的研究开发、植保机械的设计研制和农药使用技术的设计，都将提供大量创新的契机。这是本文提出农药宏观毒理学这一概念的原因。

从昆虫毒理学的学科范畴谈
昆虫毒理学的发展方向 *

屠豫钦　魏　岑

在中国昆虫学会 1961 年年会上,曾围绕赵善欢教授提出的《昆虫毒理学的发展方向》一文展开讨论,并先后在《中国农业科学》上发表了赵善欢和张宗炳两位教授的文章,阐述了他们的不同看法。

这一讨论的焦点似乎是:目前有没有必要提出"田间毒理"以及是否应该提出田间毒理作为昆虫毒理学的发展方向?

在反复阅读了这两篇文章以后,我们觉得必须首先明确昆虫毒理学的学科范畴以及室内研究和田间研究的关系,然后才能对昆虫毒理学的发展方向以及目前有没有必要提出"田间毒理"等问题作出较为客观的判断。

昆虫毒理学的范畴

可以说,迄今还没有谁对昆虫毒理学下过十分明确的定义。究竟昆虫毒理学的范畴如何? 昆虫毒理学所处理的是哪些问题? 还是有待明确的问题。根据杀虫剂近年来发展的状况和远景、研究的深度和广度以及实际问题和理论问题的关系来看,我们觉得

---

* 《中国农业科学》,1963 年,第 3 期

"昆虫毒理学"已经是一个内涵相当广泛的概念了。它至少包括下列3个方面。

(一)生理毒理学

研究昆虫有机体的特定生理机制与毒药致毒作用的关系。这方面的研究在近二、三十年中开展得很多,而且有相当深入的阐述。对此,张宗炳教授已有专文介绍,此处不赘。

(二)结构毒理学

研究杀虫药剂的特定化学结构和它对昆虫有机体的致毒效应的关系。这方面的研究是从 DDT 诞生以后大量开展起来的。之后,研究日益深入。至 1948 年,麦特卡夫在其专著《有机杀虫剂的作用方式》一书中,对各类杀虫剂的化学结构与毒力之关系做了一个初步全面的综述。后来于 1955 年,他又写了一本《有机杀虫剂的化学及其作用方式》,内容更加丰富。同年,缪林指出 DDT、666的众多异构体中之所以只有某些异构体具有优异的杀虫作用,乃是由于各种异构体分子对于有机体外膜的膜分子(menbrane molecule)间隙的适合能力不同所致。并测量了各种异构体的分子厚度和直径以及膜分子间隙的直径,来证明他的假说。这就把结构与毒力的关系之研究推进到了一个新的高度。缪林在这篇文章中采用了"结构毒性"这个名词(structure-toxicity)。1958 年,李姆希奈德对 DDT 类似物的化学结构与毒力的关系之研究,更深入到药物分子的空间结构对药物致毒能力的影响。这些工作为结构毒理学奠定了雄厚的基础。

(三)田间毒理学

研究综合的自然条件与毒药致毒作用机制的关系。与上述两方面比起来,这方面的研究开展得还比较少些。但是许多毒理学家已经重视这个问题,并已进行了许多研究工作。在赵善欢教授的文章中对此已有扼要的评介。这些工作揭示了昆虫在其自然生长发育的过程中,由于各种自然环境条件的影响,它们对于杀虫剂的中毒反应同在室内特定条件下所表现的中毒反应有很大的差别。很明显，这种差别不仅是"量"的差别，而且是深刻的"质"的差别。在自然条件（田间条件）下，昆虫有机体是经常不断地处在多变的环境因子和食物因子之中，它们对药剂的敏感性也必然是多变的。赖希默兹等曾经研究了温度和光照这一对变动因子对甜菜蚜虫（Dorsalis fabae）抗 DDT 能力的影响。发现在固定温度（20.4℃）下，把照度从 1 700 勒克斯提高到 23 000 勒克斯时，蚜虫对 DDT 的敏感性降低了 20%。而在 17.8℃，把照度从 4 000 勒克斯提高到 23 000 勒克斯时，敏感性可降低 43%。在相同的照度下，低温（17.8℃）中的蚜虫抗性比相对高温（20.4℃）中的蚜虫要大 12%～41%。可以想见，在自然界中多种变动因子的综合影响之下，昆虫对药剂敏感性的变化将更加复杂得多。过去，这方面的问题虽然也有许多人进行过研究，但是他们的研究方法基本上都是从复杂的多种因子中抽出个别的因子，在室内进行有限的静态的研究。如此所得到的结果虽然也有价值，但毕竟不能和多因子综合影响的动态的研究等同起来，更不能代替后者。田间的多种因子的综合影响，也不是单因子影响的代数和。因此，虽然田间毒理的研究开展得还不够多，但实际是越来越迫切地需要深入研究了。

影响药剂效能的环境因素无疑是存在的，这没有人否认。而且一般都承认这种影响是十分复杂而巨大的。山崎辉男曾经详细地列举了影响杀虫药剂效能的各种环境因子，来说明杀虫剂的效能并不是一种超然的存在。张宗炳教授文中也正确地指出，"一个杀虫药剂对昆虫有致死作用，外界因素可以增加它的毒性也可以降低它的毒性，甚至于有时可以使其不发生毒效。"并指出"在后一种情况下，外因（按：指环境因素——笔者）甚至于可以成为主要的决定性因素。"所有这些看法和事实都说明，我们不能否认所谓的"毒力"（或"毒效"）这个概念乃是一个相对的概念。绝对毒力是不存在的。比如所谓的致死中量,就必须以确定的环境条件为前提,否则就没有意义。如此看来,尽管环境因素是"外因",然而这个外因既然能够在很大程度上,从本质上左右药剂的致毒效能,而且实际上对"毒力"这个概念起着一种限定作用,那么我们在研究毒理问题的时候,怎能不把它合乎逻辑地包括在"毒力"这个概念之中呢?

张教授文中曾经指出"外界环境条件的影响要研究",但紧接着又说"主要的却是要研究杀虫药剂的毒杀机制"。这就很容易使人迷惑,是否毒杀机制和外界环境条件之间并不存在着不可分割的关系?我们认为不是这样。毒杀机制和环境条件是不能分割的。昆虫毒理学所探讨的对象不应该也不可能是脱离了具体环境条件的昆虫有机体。如果考虑到昆虫是一种变温动物的话,就更难以想象杀虫药剂的致毒机理可以在不考虑或少考虑环境因素的情况下来进行考察了。

当然,在互相约定的基础上,在人为地规定的控制条件下(注意,这里也还是必须规定一定的条件)对杀虫药剂求得一个在一定程度上可以重复的毒性测度,这也是必要的,是无可非议的。然而这毕竟是一种特例,是为了达到某种预定目的(例如为了获得可以重复的毒性测度,或者为了在同一基础上比较几种药剂的毒力)而人为地规定下来的。不能把如此得到的数据拿去概括药剂在一切条件下的毒性表现。如果因为室内的毒力测定或毒杀机制的研究有它的必要性,而得出毒理学仿佛本来就应该以室内研究为主的结论,那就是显然忘记了这些研究本来是在人们互相约定的基础上和人为给定条件的前提下来进行的了。

我们认为,从复杂的环境因素中,孤立和抽象出来的传统的昆虫毒理学,已经不能满足现今害虫化学防治实际工作中的迫切要求了。害虫化学防治的丰富的实践,迫切要求我们开辟新的毒理学领域来解决它们的复杂的问题。

张教授文中曾经举出了美国《经济昆虫学》期刊为例,说明在1959、1960、1961年这三年中该刊有70%的论文属于田间试验研究,只有30%以下是室内研究的结果。虽然我们也知道美国有大量的"室内"毒理研究的结果并不发表在《经济昆虫学》期刊上,而发表在其他许多纯理论性刊物上(如《生物化学期刊》、《生物化学年评》……),因此《经济昆虫学》期刊这一种刊物便不能代表美国在昆虫毒理学研究方面的基本倾向。就是拿《经济昆虫学》期刊来说,该刊有关田间试验研究的论文报告虽然不少,但这是否说明没有必要提出"田间毒理"呢?恰恰相反,这正说明了田间毒理问题的重要性和迫切性是一种不容忽视的客观存在。在打算应用昆虫毒理学的理论去解决实际问题的时候,谁都无法躲开复杂的实际问题的考验。在这些实际问题中,很多都是难以在室内加以如实模拟的。

现在实际上可以这样说,如果不在田间条件下进行毒理研究,则昆虫毒理学的任务实际上并未完成,因为室内研究的结果远远不能正确地指导实践。

田间毒理问题是不是和昆虫毒理学无关,而只是害虫防治学或植物化学保护的问题呢?我们觉得这样的看法是不对的。因为这样的看法显然是把毒理学的理论研究和实际应用对立起来了。仿佛只是在具体运用杀虫剂的时候才需要"更多地"考虑各种环境因素,而毒理研究则似乎可以不必"更多地"考虑它。这样一来,实际上就等于给昆虫毒理学划定了一个圈子,在这个圈子里只能研究人为控制条件下的"毒理"同题以及"可以重复的毒性测度"。而在这个圈子以外,尽管研究的内容也是毒杀机制(不过是在多种因子的影响下和动态因子的影响下),却不能算是昆虫毒理学,而只是害虫防治实践或植物化学保护实践了。我们觉得这样的划分是不够正确的。事实上,害虫防治或植物化学保护决不是也不可能是仅仅把室内研究好的毒理学既成理论在田间加以机械地执行。

在田间使用农药时,由于多变的环境因子所造成的药剂效能的复杂变化,不可能不引诱人们去进行研究。如果这种研究实际上是把昆虫毒理学的问题深化了,而且的确也可以在田间进行,那为什么就不能属于昆虫毒理学的范畴呢?为什么我们不可以把它看作昆虫毒理学的一种发展和深化呢?

其次,昆虫毒理学的研究主题究竟是昆虫个体还是昆虫群体?也还有探讨的余地。

我们认为,对昆虫个体中毒机制的研究是十分必要的,并且认为个体中毒机制的研究是研究群体中毒的基础。但是有几点看法须加以明确:①对个体中毒机制的研究并不意味着这种研究必须离开自然环境因素的影响,相反,我们认为除了对个体中毒机制进行单因子的研究以外,还必须进行综合因子的研究。这样的个体中毒机制的研究才能真正成为研究群体中毒的基础。②对群体中毒的研究,当然和生态学有关,但不能因此就把这种研究完全推入生态学的范畴。别的不说,单是 LD_{50} 这个概念就不能不以一定数量的群体作为基础。何况作为一门学科的新的发展端倪来说,我们更不能这样轻易地把田间毒理从传统的毒理学阵地上推出去了事。③对昆虫个体中毒机制的研究,不能完全(甚至根本不能)和高等动物个体药理的研究来等量齐观。高等动物的疾病防治必须以个体为主。这道理很简单。高等动物在生产上是以个体起作用并以个体为经济核算单位的,个体的消长一般来说都会对生产造成相当的后果。但是昆虫则刚刚相反,个别虫口的消长简直是微不足道的。我们研究和运用昆虫毒理学的原理并不是为了消灭个别的昆虫,而是为了消灭一个昆虫种群的为害。这就规定了我们研究杀虫剂的毒理时不能不从消灭其群体为害出发。比方,在毒理学中关于昆虫个体感药性(Susceptibility)的差异在一个昆虫种群中的表现,从来就是毒理学家十分关心的问题,并且花了不少的心血寻找正确的研究方法和表示方法。龚坤元先生等最近用大样本——低浓度连续喷射法来测定家蝇群体抗药性,又是一个实例,说明毒理研究和分析未必都应以个体为基础。他们并指出,用个体点滴法来测定家蝇对 DDT 的抗性,结果反而不准确。那么,这些研究是不是都应该归属于生态学的范畴呢?恐怕未必。

我们认为,一门学科不可能永远停留在一个阵地上,否则也就谈不上进步和发展了。一门学科如果由于发展深化而形成了许多新的分支,它们迟早会站稳脚根,即使有"误会"也是暂时的。这种情形在自然科学中不乏先例。比方生物化学、物理化学、胶体化学、放射生物学、神经电生理学等等,它们都是从一门或两门学科中分支、衍生出来的。但它们并没有在科学界引起"误解",而是相对独立地成长起来了,并推动了科学向前发展。在科学史上也没有一门学科能够永远停留在一个阵地上而不得越出雷池一步。这不决定于我们的主观意志,而决定于生产水平的发展。在昆虫毒理学方面,"真正研究杀虫药剂怎样杀死了昆虫,只不过是近二十年的事","在我国,昆虫毒理学更是一门年轻的科学",那么由此看来,对昆虫毒理学的范畴过早地加以限定就更加没有必要了。

综上所述,我们认为传统的昆虫毒理学的范畴今天已不宜再停留在旧圈子里了。这是学科发展的趋向,也是害虫防治实践提出来的迫切要求。

室内和田间的关系

毒理研究工作究竟应该在室内进行还是在田间进行?我们认为,一般说来这里不存在什么不可逾越的界限。这是一个方法问题,应该服从于研究目的。田间毒理问题可以部分地在室内进行研究,亦没有什么可争论的。但在这方面也的确存在着一些认识和看法上的分歧。

首先,在目前有没有必要强调把毒理研究放在田间去做?在室内进行研究是否也能解决田间毒理方面的问题?为了回答这个问题,首先得看看实际情况。

我们觉得,昆虫毒理学过去的理论研究与害虫化学防治实践之间是脱离得相当远的。尽管有昆虫毒理学方面的相当多的书籍,而广大的植物保护工作者并不能有效地借以研究解决害虫防治实践中的错综复杂的现象和问题。其原因,一方面固然是昆虫毒理学研究工作开展得还很不够,但另一方面也不能否认,对于在田间条件下的杀虫剂的作用机制研究得太少了,因此室内研究的结果往往不能符合田间的实际情况。比方关于有机磷内吸剂,尽管已经发表了大量的文献,十分详尽地讨论着有机磷内吸剂如何在植物体内和昆虫体内转变为毒力更强的次生毒物、又如何渐渐分解失毒。但是在实际应用时,影响内吸剂效能的主要因素却是植物的发育阶段和使用药剂前后的环境条件,这些因素不仅影响到药剂被植物吸收的程度,而且影响到药剂在植物体内的转化。这类问题是否必要在毒理学中加以研究呢?怎样进行研究,如何提出问题?看来,让田间害虫防治工作者提出问题而交给室内毒理学工作者去研究,这样的"分工"是不合适的。一方面由于从事的专业不同,药理方面的许多隐秘复杂的问题,一般非毒理学工作者是难于完全设想得到的。如果完全等待他们来提出研究课题,恐怕就不免挂漏了。另一方面,这类毒理问题是完全可以放在田间进行研究而不必也不能统统搬到室内去的。在田间进行毒理研究,有没有困难?有没有实际可能?我们认为,困难肯定有,但并非不可能。由于测量仪表之日益精密,在田间条件下的各种自然环境因子是不难加以准确记录和测计的。在这个基础上,从田间抽取样本测定其对杀虫剂的反应或对样本进行生理生化分析(这一步必要时也可在室内进行)。这样进行的田间毒理研究未始行不通。当然,技术是在不断发展的。从历史上来看,技术的落后从来没有成为科学发展的障碍,它迟早会被突破。电子显微镜曾经被认为是难以突破的高级显微仪器,然而今天已经出现了可以观察晶体分子结构的超级显微镜。示踪原子与层析法现在在田间进行是不很方便的,但这个技术障碍也未必不可能突破。

其次,在田间条件下进行毒理研究,也并不意味着全部研究工作都必须在田间进行,主要是就研究的内容而言的。基本工作可以田间进行,但为了分析各种单因子的影响,为了获得其生理生化方面的某些数据,也未尝不可以部分地在室内进行。但是这种"室内"研究,和张教授所谈到的室内研究却在本质上有所不同。前者重心在田间,室内的工作是紧密地为田间的综合研究服务的。好比在研究高等动物药理时要求化验室提供某些分析数据一样。但是后者则重心在室内,虽然也谈到室内田间要统一要联系,但实质上是田间为室内服务,田间工作只是为了给室内提供研究题目而已。至于怎样进行研究、研究的结果怎样处理,田间工作者就不能过问了。张教授文中提到,"是否在提昆虫毒理学的发展方向时,只是提出研究对象应来自田间、来自生产实践,强调用田间工作与室内工作的结合,而不必用'田间毒理'这个名词"。这里实际上就把"田间"看作了只是提供题材的场所。这样,正是"提法不一样,着重点也有所不同"。但是由这样的"不一样"和"不同",怎样能得出在目的与任务方面却是"相似的"结论呢?

第三,室内与田间这个问题实际上涉及理论与实践的关系问题。理论要联系实际,我们体会,是必须由理论研究者亲身去联系的。而不是由实践者提出问题交给理论研究者去进行室内研究,然后又把研究的结果让实践者去"应用",在应用中碰到了问题,再由实践者交给研究者去研究。虽然,我们也并不反对有一部分人可以长期从事这种纯理论的室内研究,并且相信他们也一定会对学科理论的发展有所贡献。但是终不能把这看成是学科理论发展的惟一道路。像赵善欢教授所提出的田间毒理研究,不是更有利于理论和实际联系,更有利于学科理论的发展吗?我们觉得,没有理由从"田间毒理"这个名词得出"田间工作与室内工作对立起来"

的结论。田间毒理是昆虫毒理学范畴中的一个方面,它只是与"没有从药剂应用的实际情况来全面研究问题"的室内毒理研究相对立,而不是和任何室内研究相对立。这在赵善欢教授文中说得很明白。

　　总结以上所述各点,我们认为目前提出的"田间毒理"是反映了害虫防治实践中的一种客观需要,是昆虫毒理学发展深化的一种必然趋势,是昆虫毒理学的一个新的发展方向。但是这并不意味着昆虫毒理学不可以往生理毒理学和结构毒理学的方向发展。一种学科是否只能有一个发展方向?我们不作如是观。一门学科可以有众多的发展方向。只要它们的确反映了生产上和理论上的一种客观存在和需要,就应该鼓励和促进它们发展成长。技术条件方面的困难和障碍,那是需要加以克服和突破的问题,而不能成为学科发展的限制因素。回顾各门学科的历史,无一不是在这样的氛围中成长发展起来的。昆虫毒理学未必可以例外。

　　提出"田间毒理"并不意味着可以完全不要任何室内研究,其实质是倡导了一种新的毒理学领域,它要求我们研究在自然条件(田间条件)综合影响下的动态的毒理效应。这正是过去昆虫毒理学的最薄弱的一环。

　　因此,我们基本上赞同赵善欢教授的意见,认为有必要强调开展田间毒理方面的研究工作,使我国的害虫防治工作和农药的合理使用,能够在正确切实的毒理学理论指导下迅速前进。

解决我国棉铃虫问题的根本出路 *

中国科学院动物所　盛承发
中国农业科学院植保所　屠豫钦
中国农业大学植保系　管致和

从 1992 年夏季起,棉铃虫问题已成为我国棉花界、植保界、应用昆虫学界的热点话题,并引起中央领导和许多社会人士的关注。当前普遍存在着两种观点:一种认为棉铃虫治不了。理由是上一年大暴发时,各地已经尽力,结果仍然大面积受灾。1993 年并未发明"灵丹妙药",再遇大发生,肯定和上一年一个样。另一种观点认为,今年大面积减灾有把握,理由是已有一两种新的农药混剂可成为棉铃虫的克星。我们认为这两种观点均有严重片面性。前一种是没有出路的悲观论点。而后一种则失之偏颇,很可能促使对于少数几种农药的过分依赖,掩盖棉铃虫大发生和大面积防治失效的真正原因,结果会加剧棉铃虫问题的恶性循环。因此,很有必要就解决我国棉铃虫问题的根本出路开展讨论。本文提出笔者的初步见解,供有关方面参考。

(一)我国棉铃虫大暴发的基本原因探讨

1992 年,我国棉铃虫空前大暴发。黄河流域棉区,第一代幼

---

* 《中国科学院院刊》,1994 年

虫在小麦田中的密度一般为每平方米 10 头以上,多的达 40~60 头,最高纪录为 195 头。麦穗明显受害。这是历史上未曾出现过的。第二代在棉田集中为害,百株累计卵量高达数千至一万粒,最高纪录为 40 730 粒。一般地区的发生量为当地以往 20 年之和。第三代为害范围扩大,百株棉花累计卵量大多为以往年份的 3~10 倍。第四代连续大发生,百株累计卵量多为一、二千粒。该棉区还普遍出现了不完全的第五代(盛承发,1993)。在长江流域棉区,第三、第四代也是严重发生。

对于这次大暴发的原因,已有一些分析(农业部全国植物保护总站,1993)。我们在这里对这个问题的兴趣是大暴发的基本原因。盛承发等(1993)指出在黄河流域棉区地跨 7 省的辽阔范围内,由于各类作物面积的扩大,水肥投入的增加,棉铃虫的生境改善,活动场所扩大,食料种类增多,数量增大,质量提高,提供时间延长而且更加方便易得,是这种杂食性害虫大暴发的物质基础。在发生基数居高不下的情况下,一旦遇上适宜的气象条件,就能建立起庞大的种群。农药的滥用造成天敌死伤严重,使天敌的控制作用削弱。人工防治方面,由于抗药性增强,治虫整体水平下降以及放弃玉米等晚秋作物田间的防治,造成人工防治效果差,致使庞大的棉铃虫种群得以逃脱自然天敌和人力的控制。这些因素是共同起作用的。若要追究最基本的原因,那么按食物链观点,认为食料因素是大暴发的最基本的因素,其次是防治因素,而气象条件则属随机因素。

这次棉铃虫大暴发不是偶然的,而是有必然性的。其种群数量也不是突然上升的。实际上,自 20 世纪 50 年代末,黄河流域棉铃虫就呈上升趋势。70 年代初连续 3 年严重发生。1982 年河北省南部第二代棉田百株累计卵量即达 1 959 粒。1990~1991 年冀、鲁、豫三省第三、第四代大发生,百株累计卵量一二千粒(谢振虎等,1991)。大部分地区近三四年的发生基数逐年增加,不同作物田的趋势一致(《植物保护》编辑部,1993)。这种上升趋势,在总体上还呈现出一个特点,即到目前为止,还未发现能够回落至以前的较低水平,呈持续上升之势。究其根本原因,也正是该棉区棉花、玉米、小麦、花生、杂粮及蔬菜等作物的总产量持续上升。

如果承认食料条件改善是棉铃虫大暴发的主要原因,那么不难预测,未来5～10年内,我国棉铃虫很可能继续上升。这是因为,我国人民生活水平将继续提高,同时人口上升,耕地减少,作物单产总产量势必增加,长势势必增强。作物种类也会更加多样复杂。棉铃虫食料将会更多,营养更丰富,取食更方便(盛承发,1992)。若拿棉铃虫与蝗虫相比,从某种意义上来说,蝗虫是一种"穷虫",即属于较为原始的农业环境的产物,其暴发基地主要是大面积未开垦利用的荒滩。当这些荒滩变成排灌配套的高产农田之后,蝗虫数量便随之下降。相比之下,棉铃虫则是一种"富虫",基本属于高产量、多样化种植农业环境的产物。在农村经济进入以第二、第三产业为主的发展阶段之前,棉铃虫的发生量是难以下降的。明确这一点,有助于理解我国棉铃虫大暴发的基本原因在于农田生态系统结构的演变,而不在于抗药性方面。

在黄河流域棉区,20世纪80年代中期以前比棉铃虫为害更甚的大害虫是棉蚜,其种群数量这几年有下降趋势。主要原因是麦套棉面积扩大,春播棉面积减小,苗蚜种群增长受到抑制。实际上棉蚜对于菊酯类的抗药性比棉铃虫出现得更早,上升得更快,抗性水平高出一个数量级(在河南等地,棉蚜对溴氰菊酯的抗药性增至2万倍)。这一事实也佐证了抗药性不是棉铃虫大暴发的根本原因。

(二)我国棉铃虫防治大面积失效原因

害虫暴发未必成灾。暴发种群如能得到适当控制,就不至于造成大面积灾害。1992年我国棉铃虫造成巨大灾害,直接经济损失可能接近 100 亿元。防治工作为什么大面积失效？流行的说法是棉铃虫抗药性太强，农民得不到高效农药，因此防治不能奏效。我们认为抗药性因素是存在的，但它不是大面积防治失效的惟一原因，更不是主要的原因。棉铃虫抗药性问题只是在部分地区比较突出，而大面积防治失效则是主要棉区各地的普遍现象。各地情况表明，防治失效的主要原因，若按普遍性和严重性排序，一是防治失时，二是防治方法不正确，三是药剂品种问题，四是防治重点不当。

作为常识，同一害虫个体，它的不同发育阶段对于同一种农药的致死剂量的差别很大。初孵的棉铃虫幼虫很容易中毒死亡，而五六龄的大幼虫就很难毒死。因此适时防治十分重要，它是总体防治效果的基本保证。1992 年棉铃虫防治工作相当普遍地开展过晚。不少县甚至整个地区的第二代防治工作滞后 5～7 天，结果事倍功半，残虫数量多达百株几百头，农民不得不下地反复捉虫。第三、第四代由于世代重叠，高峰多次出现，防治适期更难掌握，防治时间更加盲目，效果无法保证。

从防治手段看，几十年来一直沿用的 552 丙型和工农-16 型喷雾器，技术性能很差，用水量太大，雾滴粗而不均匀，60%～80%的药液白白流失到地上，操作劳累，工效极低，防效极差。防治第三、四代棉铃虫，用这类喷雾器不但费力费时，而且由于上下层棉叶之间的屏蔽作用，很难喷洒均匀周到。每公顷需要的喷水量往往达 1500 升以上，大多数农民，特别在缺水地区，根本做不到，只好盲目减少喷水量而增大剂量。结果防效不好，浪费药剂，还增大人员中毒机会。这是 1992 年大面积防治失效的第二个原因。

第三个原因才数得上药剂品种问题。这里的问题有二：一是使用的品种单一，二是品种不对头。实际上市售的品种并不少，大约有十几种药剂（包括复配剂和强化剂型），它们对一二龄幼虫的防效都能达到 70%～90%。但是，一户农民一次通常只买一种药

（大多为 1 千克或 0.5 千克瓶装），在这种药用完前不会换别的药。不仅防效差，还加速抗药性发展。近年来由于对农民的技术指导大为削弱，一部分农民购买的药剂品种又不对路。加上长时间单一使用，防效仅为 40％左右。至于伪劣农药，尽管仍然存在，但近几年已受到很大程度的管制，应不致成为大面积防治失效的重要原因。

第四个原因是防治重点选择不当。大多数棉农在防治第二代时竭尽全力。到了第三、第四代防治时，一方面由于田间打药困难费时，另一方面由于资金不足或认识不足而松懈。殊不知棉花等许多作物，部分花蕾特别是前期花蕾受害，并不一定造成减产（管致和，1981）。因为棉花受第二代棉铃虫为害后的补偿能力很强，而对第三、第四代为害的补偿能力很弱。防治重点应是第三、第四代。第二代防治的主要目的在于保护棉株顶部生长点不被完全破坏，而不在于保护下部和中部棉蕾。由于防治投入的重点选择不当，未能有计划地发挥十分有限的财力、物力和人力的作用。这是 1992 年大面积防治失效的又一重要原因。

（三）解决我国棉铃虫问题的根本出路

据上分析，我国棉铃虫大暴发的基本原因不是抗药性上升，大面积为害成灾的首要因素不是缺少农药新品种，因此解决我国棉铃虫问题的根本出路和决策就不应单纯依靠新农药。我们认为，根本出路是搞好组织协调，实施大面积统一防治。

统一防治的决定性意义已在局部地区得到证明。山东省聊城、德州地区的棉铃虫发生量和抗药性均居全国之首。即使是在这些地区，在大暴发的 1992 年，仍有一定面积范围的防治工作效果良好。每公顷药费开支 750 元左右，皮棉产量为 750～1 000 千克，达到了减灾的要求。他们的基本经验都是自觉或不自觉地实施了不同程度的统一防治，并非采用某种特效农药或其他什么绝招。防治工作的统一程度越高，防效越好，代价越低。

　　各地棉区在大面积受灾的情况下，都有一些农户防治成效明显。他们地里棉铃虫的耐药性肯定和邻近地的差不多，他们用的农药也是市售的品种，只不过施药适时、方法正确而已。可惜近年来由于分散经营，农民技术水平相差太大，有些农户能做好，其他人却做不好，整个地区无法做到步调一致的防治。由此也可看出组织协作，实施统一防治的必要性。

　　不搞统一防治，放任分散经营和独立防治，农民和农药销售商都将争先恐后地趋向销路"看好"的几种农药。那些效果尚好、本应轮用的大多数农药品种就很少有市场了。更不必说有其他的防治技术，比如集中连片种植、间作诱集作物、剪除玉米花丝、不种麦茬夏棉、机耕冬灌灭蛹、使用对天敌较安全的农药和 Bt、NPV 等微生物制剂，在棉田以外开展适当防治，以及用性引诱剂、黑光灯和杨树枝把等诱杀成虫等，无论它们对于当前世代和未来世代的防治效果怎样好，绝大多数个体农民也不会积极采用。

　　在分散经营防治的局面下，基层植保技术部门的服务费用没有来源。作为公众服务性机构的病虫测报站，也只好做起农药买卖，哪种赚钱卖哪种，于是也陷入了竞销走俏农药的旋涡。我们多次看到，在地里的棉铃虫大多长到四五龄时，早已过了防治适期，而测报站仍在推销农药。在眼前"经济效益"的驱使下，只顾卖药而不顾技术指导的倾向，使基层植保工作受到严重损失。虽然明知有害，但却无可奈何：即使你不卖，别人也会卖，何况是在做买卖。在国家不能大量补贴时，惟有统一防治才能解决病虫测报站的推广服务费问题。

　　实施大面积统一防治，是能有效地解决上述棉铃虫暴发和减灾的主要途径。首先，对于大暴发的基础即食料条件，通过统一采用棉花、小麦、玉米早熟品种和早熟性生产管理措施，减少第一代和第四代幼虫的食料源，使一部分幼虫不能完成发育而死亡，降低基数。20世纪60年代初,在云南保山路棉区统一实行一季棉种植,取代春棉、夏棉、秋棉及宿根棉混合种植。结果当年就将棉花大害虫金钢钻压至很低水平(张广学等,1963),成为统一防治的一个范例。第二,大面积统一防治中,适时防治得到保证。1992年防治不适时,主要原因一方面是缺乏测报和田间查虫人员,不少地区"三站"断了政府资金,人员转到第三产业上。另一方面是因为分散经营,每户仅667平方米至几千平方米棉田,户自为战,现有的植保技术指导人员不可能挨家挨户提供技术服务。只有组织统一防治,才可能解决这一矛盾。第三,大面积统一防治,才有可能指导农民科学用药,采用正确的喷洒技术。近年来出现的一些新式喷雾器械,包括手动吹雾器(屠豫钦,1990)、机动喷雾机(或带静电发生器)、电动喷雾机以及不载人的小型喷雾飞机等,对于提高防效能起很大作用。新式器械雾化性能好,工效高而且省药、省水、省力。但其中有些器械操作技术较复杂,特别是喷雾机,不适合于一家一户独自使用。第四,正确的药剂品种和轮换交替用药,只有在大面积统一防治时才能做到。第五,防治重点的确定,不同世代的经济阈值(必要防治的虫口密度)的采用,也只有在统一行动的情况下,经行政领导和技术专家的组织与指导才能做到。

棉铃虫是世界性大害虫,十多年前就上升为一个全球性的问题。这个问题在不同的技术水平和管理方式的产棉国引起的结果完全不同。比较国外不同的做法也能说明统一防治的决定性意义。在澳大利亚和美国,菊酯类农药始用于1977~1978年。几年后,于1982~1984年,棉铃虫对这类农药的抗性上升10~30倍,达中抗水平。此时,技术专家制定了暂时禁用或每季只用一次菊酯的对策,对其他农药也作了合理轮用的规定。经政府行政干预,加上棉花种植经营规模大,棉农科技文化水平高及经济条件发达,成功地实施了统一防治的方案。至现在,收效甚好,棉花生产正常,棉铃虫对菊酯类的抗性还有所回落。然而在泰国,却是另一番情形。该国开始使用菊酯类农药也是在 1977~1978 年。5~8 年后，棉铃虫的抗药性也达到了中抗水平。由于分散经营，未能采用统一防治措施，单纯依赖农药，而且使用也不合理，导致防治失效，为害成灾。1985 年植棉面积比 1982 年下降 70%。此时，该国农业部提出治理方案，其技术内容与澳大利亚、美国等国的大致相同，但因受小农经济的限制，加之行政手段不力，未能组织落实这一技术方案，防治工作仍是分散混乱。结果棉铃虫更难控制，棉花面积进一步下降。泰国和中美洲一些国家的例子从反面说明了小农经济和分散经营体制下加强统一防治措施的关键性意义。

小农经济社会并非一定解决不了棉铃虫问题。只要政府能适当运用其行政职能，通过各种组织形式和政策规章（包括乡规民约），把个体农民组织起来，就能实施统一防治。埃及和津巴布韦等国植棉经营规模并不大，社会经济技术水平并不高，但由于其政府发挥了职能，棉铃虫在这些国家就得到了控制，没有暴发成灾。还有印度尼西亚的稻飞虱的综合治理，1986 年颁发的当年第三号总统令，解决了一大难题，为小农国家的统一治虫工作树立了一个榜样。而我国是社会主义大国，长期实行计划经济，政府对农民的领导、号召及组织能力更强，因此应更有能力、也更应该组织起棉农，实施对棉铃虫的统一防治。

国内外关于棉铃虫防治的正反经验进一步说明解决问题的根本出路是实施统一防治，而不是单纯依赖某种新技术，更不是单纯依赖某种新农药。我们也支持研制新技术和农药，但值得深思的是当今世界主要产棉国防治棉铃虫的技术水平相差并不大，所用的药剂也几乎相同，而整体防效却截然不同。我们认为这种不同主要产生于是否实施了大面积统一防治。

20 世纪 70 年代初以来，国际上公认的害虫防治策略是综合防治（邱式邦，1976）。棉铃虫的防治当然也需要采取这一策略。将大面积统一防治视为解决我国棉铃虫问题的根本出路，是否与综合防治策略相背？我们说，不仅不背离，而且正是为了实现综合防治。不搞统一防治，依然是分散经营，户自为战，只能导致农民们追求各自的眼前小利。当害虫暴发成灾后不得不求助于农药，以至局面一发不可收拾。其他有效的、必要的、生态效益和社会效益显著的防治手段得不到应用，综合防治也就无从谈起。只有通过统一防治，综合防治才能实现，才能丰富和发展。

还需要说明的是，组织实施统一防治实际是行政与技术的结合，而政技结合发展我国农业的提法已有好几年了，在良种、肥料等方面均取得了公认的成就。其实在治虫方面更需要这两者的结合。治虫技术比水、肥、种子等技术更难掌握，其应用效果更依赖于农民的统一协作。道理很简单，因为棉田虽是一家一户经营的，但害虫却是大范围"统一行动"的，害虫是整个地区范围内共同的敌人。只有步调一致，才能赢得这场对于害虫的战争。因此，不能因为政技结合的提法不新鲜而忽视统一防治对于战胜棉铃虫的决定性意义。

附　记

本文初稿承蒙中国农业科学院生物防治研究所研究员邱式邦先生和中国科学院动物研究所研究员张广学先生、孟祥玲先生、丁岩钦先生以及伍德明先生审阅，并提出宝贵的修改意见，中国科学院动物研究所领导及业务处主管部门给予大力支持，笔者表示衷心的感谢。

农药使用技术的整体决策与农药的宏观毒理 *

引 言

关于农药使用技术,英国 Longashton 农药使用技术研究所的 Hislop 曾经简要概括为"是要把足够剂量的农药有效成分安全有效地输送到靶标生物上以获得预想中的防治效果。"[1] 这段文字概括包含了农药使用技术的 3 个基本要素:有效的农药和剂型、足够剂量的药剂输送、农药对靶标生物的毒力水平。在此 3 要素中,足够剂量是关键因素。因为农药对靶标生物的毒力水平和防治效果是建立在剂量的基础上的。在不同的剂量下,农药会表现出不同的毒力水平甚至是截然相反的毒理作用或作用方式。在高剂量下通常均表现为杀伤作用或生长抑制作用,而在低剂量下往往会表现出生长激发作用。这种情况几乎是所有农药的毒理学普遍现象。所以赵善欢曾经把毒理学定义为"剂量的科学(the science of doses)"[2]。可见,贯穿农药使用技术研究的一条基线是农药毒理学。农药使用技术就是研究如何把农药有效成分正确地输送到目标物上的技术实施过程,是农药使用的整体决策系统。农药使用技术研究所要查明的根本问题,就是通过各种方式最后到达目标生物体的农药剂量是否过高或过低,所采取的施药方法和施药器械是否能保证足够剂量的有效输送,以及沉积在目标物表面上的

---

* 《农药应用工艺学导论》,132~149 页

药剂会发生何种变化,其持效期能保持多长时间? 这一系列问题的焦点集中在"足够剂量"这一点上。把有害生物所需的足够中毒剂量输送到生物靶体上,是一个漫长而又复杂的历程,此历程的起始点是农药及其制剂,终点是生物靶标。

(一)农药使用技术研究涉及的科学领域

有害生物的化学防治需要有效的农药和适用的农药剂型,适用的施药器械,以及施用到目标生物上的药剂同有害生物的有效接触(effective contact)。

有效接触是农药最终能够进入生物体内发生致毒作用的必要条件,而有效接触的形成则要求农药必须具备最适宜的剂型,要求药剂的喷洒方法和施药器械能确保药剂在目标生物表面上形成良好的沉积。这些要求涉及不同的科学领域。

1. 农药与农药剂型

农药有效成分的发现必须依靠有害生物的毒理学研究。但一个有效化合物若没有适宜的剂型及相应的适用制剂,并不能成为用户手中的有效武器,从而丧失了农药的商品价值和使用价值。而剂型问题首先也是从农药的作用方式和毒理学问题而提出。Griffin(1927)和 English(1928)最早提出了药物的油珠直径对于蚜虫的药效之影响[3,4]。接着有许多人在其他害虫上做了研究进一步证实了这种相关性。赵善欢(1939)和 Bertholf (1941)最早相继提出了药剂的粉粒细度对害虫杀伤能力的影响[5,6]。后来 Burchfield 等(1950)在杀菌剂毒理学的经典研究中也发现了药剂粉粒细度对杀菌剂效果有极大影响[7]。20 世纪 40 年代以后,对农药剂型的研究工作迅速深入广泛展开。在 Hartley 和 Graham-Bryce 的两卷名著中对农药剂型与农药毒理学的依存关系做了详尽阐述(1980)[8]。足见农药和农药剂型研究都是在农药毒理学研究的基础上发展起来的。而剂型加工和制剂的研究生产则是基于胶体化学和界面化学以及化学和化学工程。

农药剂型和制剂研究,要求把农药原药加工成为稳定的各种形式的药物分散体系。即把农药原药作为分散相(dispersing phase)均匀分散在液态或固态的分散介质中(dispersing medium),形成乳剂、微乳剂、可湿性粉剂等一系列的多种形态的剂型,已制定为国家标准[9]。对农药的分散加工,一方面固然是剂型稳定性的需要,但同时也是农药得以发挥毒力作用的重要条件(见上述引用文献中的论述)。只有达到一定的分散度,农药有效成分才能充分发挥其应有的毒力作用。农药原药的分散加工,是农药的初始分散过程('primary dispersion process'*)。

农药剂型研究的理论基础是胶体化学和界面化学,但近年来剂型毒理学已显示出对于剂型研究开发的重要性而日益受到重视。同一种有效成分加工成为不同剂型和制剂后,对于有害生物的作用方式和毒力水平表现出明显的差异。例如三环锡可湿性粉剂(cyhexatin,50WP)对三点红蜘蛛 *Triticum urticae* 具有显著的驱避作用而其乳油制剂则没有;乳油制剂(30EC)和悬浮剂(6SC)具有显著的拒食作用而水分散粒剂 80WG 则没有[10]。同等剂量的多菌灵有效成分,微乳剂的药效显著高于可湿性粉剂。同一种杀螟硫磷乳油制剂在河北省对小麦长管蚜药效很好,但在甘肃张掖地区药效却极差,是蚜虫耐药力的地区性差异或是两地水质的差异所致,尚未查明(彭健,屠豫钦,1986),这种毒理学差异现象应加以重视。在进行使用技术决策时也必须作为重要因素加以考虑。

农药制剂在使用过程中其剂型结构往往会发生变化。如果农药制剂供直接使用,如粉剂、粒剂、超低容量油剂等,其原始分散体系始终保持不变。若供加水稀释后使用,则制剂的原始分散体系

---

* 本文中的术语凡用单引号者为笔者所提出

即不复存在,配制好的喷洒药液以稀释物料水为新的分散介质而形成了新的分散体系,原剂型中能与水相溶的各种成分均扩散或转溶于稀释用水中,从而会改变原剂型中原始分散体系的构成状况和稳定性,并有可能影响到原剂型的某些理化性质和实际使用效果,从而不能获得应有的沉积效率和预期的使用效果。笔者把这种现象称为农药制剂的'二次分散'过程('secondary dispersion')[11]。同一种制剂在不同地方不同的时间条件下常表现出不同的效果,同二次分散所产生的结果有关。各地水质的差异对二次分散的影响很大,是重要原因。但农药的二次分散现象在农药的使用过程中尚未受到应有的重视。

2. 农药施药方法

施药方法包括施药量和施药液量的选择、施药方式方法和施药器械的选择。施药(液)量的选择直接与剂量有关,而施药方式方法是保证剂量输送的手段,须根据施药目标物决定。农作物、果园、林地是使用农药的主要目标物,绝大多数农药直接喷洒在植物上,土壤、水域和种子也是重要的施药目标,所以施药的方式方法繁多。对封闭空间如温室大棚、仓库等还可以采取空间处理的施药方法。但所有这些方法都是为了把农药安全有效地输送到目标物上,并最大限度地提高农药的有效利用率。在这一过程中,除了直接处理用的农药外,其他各种农药的施药方法其实也是农药的又一种二次分散过程。这种二次分散是农药制剂自身或其配制的喷洒液的分散过程,是利用喷洒器械的喷洒部件把药液喷洒成为雾滴,形成了农药雾滴在空气中的分散体系,即 雾滴/空气 分散体系。有人把这种分散体系也称为"气溶胶"(aerosol)。但是实际上只有烟剂所产生的烟云属于典型的气溶胶,因为所谓气溶胶体系,其中的微粒直径一般应在 1 微米以下。热雾剂、冷雾剂施药后在空气中所形成的药雾雾滴比较粗大(在 5～20 微米范围),但已能在空中飘悬较长时间,其行为除了没有布朗运动现象以外,与气溶胶近似,所以在农药应用工艺学中也把它列入气溶胶分散体系作为空间处理型剂型来讨论。但是如果比较粗大的粉粒和雾滴只是由于被上升气流裹携而进入空中,在风力的作用下也能在空中飘翔较长时间,这种特殊情况则不能称为气溶胶分散体系。粉粒有一种飘翔行为,依靠这种行为粉粒也能在空中飘翔较长时间,但不稳定,所以也不能成为一种分散体系,通常称为"粉尘"(类似于气象学上的"飘尘")。这种粉尘虽然不稳定,但可利用于增强粉粒的沉积分布均匀性。

施药器械的选择则是为这种二次分散过程提供有效手段。雾化原理和方法是这种手段的科学依据,属于植保机械学和流体动力学研究领域。施药器械的选择依据是农药在目标物上的沉积分布应能达到药剂与有害生物形成有效接触。显然,对于不同的生物靶标均必须选择沉积效率最高的施药器械。对于没有飞翔行为的病虫害如蚜、螨、蚧类等以及病原菌,在露地农田中采用热雾机、冷雾机、气雾剂等空间处理型的施药器械喷施农药,在目标物上的沉积率很低,效果很差,而且会造成农药大量逸失。只有在封闭环境中如温室大棚等才能发挥作用。

农药在喷施过程中的运动行为是非常重要的研究课题。因为农田中的作物种类繁多,作物在田间的群体结构也复杂多变,同一种作物在不同生长阶段其田间群体结构也会不断发生变化。例如棉花是宽行距阔叶作物,但苗期行内棉苗密集,而成株期变为松散型群体结构。番茄属于郁密型群体结构,而花生则属于丛矮型群体结构。药雾的通透沉积行为差别很大,对农药雾滴的沉积分布状况必然有很大影响。如何控制药雾的运动行为以保证农药的有效输送,是农药施药方法的核心问题。1990 年 Hall 提出了"可控输送"(controlled delivery)一词[12],比较恰当准确地表达了农药喷洒过程的问题和实质。

3. 农药在目标物表面上的运动和变化

沉积在生物目标物表面上的农药有效成分的运动行为是农药使用后的重要研究内容。在形成沉积以前，农药本身并不发生变化。然而一旦沉积以后，农药的有效成分、制剂的理化性质、毒理和作用方式等都可能发生变化。这些变化直接间接地影响药剂的毒理学表现和药剂作用方式，是发生在生物体外部的毒理学现象，因此属于农药的宏观毒理学研究领域，将在后文进行详细阐述。

（二）农药的宏观毒理学现象[13]

1. 农药的宏观毒理学

笔者在一篇专论中曾提出了农药宏观毒理学的概念（2004）[13]，该文比较全面地阐述了关于农药宏观毒理学的现象。从农药应用工艺学的视角来看宏观毒理学，包含的主要研究内容有以下5个主要方面。

（1）农田毒力空间的毒理学意义　病虫杂草是农田生物群落中的一部分。除了杂草以外，在作物地面部分为害的病虫是寄生在作物上。在农田中喷洒农药，是给有害生物制造一种'毒力空间'（'toxic space'），使有害生物处于农药的包围之中，使其生存和发展受到阻遏。由于有害生物的栖息部位比较隐蔽，人们往往习惯于采取所谓"地毯式喷洒法"（blanket spray，此词是 Shaeffer 1980 年引用空军采取的地毯式轰炸一词，形容大面积笼罩覆盖式的农药喷洒方法）[14]，希望把作物全部用农药笼罩起来，形成一种有害生物无法逃脱的毒力空间。然而这样庞大的毒力空间，农药的有效利用率极低，也不利于农田生态环境保护。因此必须根据有害生物的生活习性和作物种类的不同，对农田中有害生物靶标的靶区进行定位并加以分类，把施药的范围尽可能缩到最小限度。广义的毒力空间就是指喷洒农药时的施药区域（靶区），即有害生物的集中活动区域。为了尽可能缩小靶区的范围，必须对这种毒力空间加以适当的界定。界定的原则和依据是有害生物的分布范围或生态位、病原菌和害虫的活动能力和活动范围等。关于病原菌和害虫在寄主植物上的活动行为,在病虫的生态学和化学生态学研究中有很详细的报告,均可作为建立毒力空间的依据。

毒力空间就是农药的施药空间。建立毒力空间的目的是为了把一定剂量的农药相对集中喷洒在有害生物活动分布的空间内。病虫的分布状况大致可以区分为密集型、分散型、可变型等几种类型[15],可据以指导农药喷洒时有明确的雾流导向。这项工作须结合作物的形态和田间群体结构以及病虫的分布特征研究,并结合病虫分布模型进行数学模拟,即可作为选择农药喷洒方式的设计依据。生态学研究中已经提供的一些有害生物分布模型也可以作为参考依据。如果把农药相对集中施用在有害生物的活动空间内,即可大幅度提高农药的有效利用率。近年利用 GPS 技术进行精准施药,是在设定毒力空间方面的一项重大尝试和进步。

在毒力空间内的农药用量,只需足以把有害生物的种群数量或危害程度控制到危害水平的经济阈值以下即可。这就是针对有效靶区建立毒力空间以及有效剂量和有效沉积量的宏观毒理学意义。例如,在小麦乳熟期麦长管蚜 *Sitobion avenae*（Fabricus）95％以上麇集在麦穗部,是防治的关键时期,只需把农药喷洒在小麦植株顶层,麦蚜就能捕获足够的剂量,即可获得极佳防治效果,无须全田整株施药。此时的毒力空间就是小麦的顶层,如图 8-1、图 8-2 所示。表 8-1 是采取窄幅细雾喷洒法进行麦田植株顶层喷洒防治麦长管蚜的效果比较。

图 8-1　两种喷雾法药雾在麦株上的分布趋势

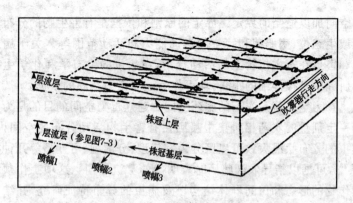

图 8-2 利用层流层喷洒法进行的对靶喷洒示意 （屠豫钦图）

表 8-1 层流层喷洒法* 对麦长管蚜的防治效果及

药剂沉积分布状况** （药剂:杀螟硫磷 50EC）

喷洒方法	药剂沉积量检测部位	8 点总检出量（毫克/千克植物样品）	平均每点沉积量（毫克/千克植物样品）	防治效果（%）
手动吹雾器（施药液量15 升/公顷）	上层叶	4591.5	571.8	98.88
	中层叶	2637.9	329.7	
	下层叶	1522.5	190.3	
	穗部	689.3	58.2	
常规喷雾器（工农-17 型）（施药液量450 升/公顷）	上层叶	1199.6	149.9	77.05
	中层叶	1294.2	161.8	
	下层叶	812.9	101.4	
	穗部	165.9	20.8	

* 层流层喷洒法——采用窄幅细雾喷头水平喷雾时,雾流在麦田顶层形成一层比较薄的药雾,称为层流层喷洒法(laminar-flow-layer spray)[16]

** 屠豫钦,赵福珍,1985,石家庄

稻飞虱多麇集在水稻基部为害,因此水稻基部是有效靶区,施

· 328 ·

约时的毒力空间很明确就是水稻基部的水平空间。此时采取窄幅细雾喷洒法即可把药相对集中喷洒在水稻基部，见图 8-3。

图 8-3　在水稻基部采取窄幅细雾进行的层流层喷洒,显示药雾沉积在
稻株基部至 30 厘米高度内,红色示踪剂为丽春红-G　（屠豫钦摄）

　　①毒力空间与有效靶区　毒力空间的毒理学意义是,它为有害生物提供了一个同农药沉积物发生有效接触的微环境。只有同

农药发生有效接触才有可能发生中毒,只有在毒力空间内有害生物才能有机会截获药剂,在宏观毒理学研究中把"有效接触"作为向有害生物进行剂量转移的必要条件。

由此二例可见,针对小麦顶层和水稻基层施药,即可大幅度提高有效利用率,能够节省大量农药。而这与喷洒器械的选型密切相关,没有适用的窄幅气流雾化喷洒器械则无法实施这种针对有限毒力空间的层流层喷洒作业。

毒力空间内病虫种群比较集中的部位称为'有效靶区'('effective target area')。例如黄瓜的上层株冠是防治白粉虱时施药的毒力空间,但白粉虱的分布部位集中在瓜叶背面,所以瓜叶背面是有效靶区,应当把瓜叶背面作为集中施药的目标区。其毒理学上的意义就是提高白粉虱所能截获的剂量。棉花伏蚜也是这种情况。这就需要选择适用的施药器械或喷洒方式,须有利于把农药喷洒到有效靶区。在防治棉花伏蚜时,若利用棉花叶的向光性,采取细雾窄幅气流喷头即可把药雾相对集中喷洒在棉叶背面,取得很好的防治效果。这种施药方法称为"对靶喷洒"(target-directed spray 或 targeting spray)。图 8-4 显示在棉花不同生长时期的两种喷雾方法,宽幅粗雾喷洒法不能把药雾集中喷洒到目标区内,有相当多的药液被喷到目标区以外的露地上。而窄幅细雾喷洒法则能显著提高药雾对株冠不同部位的命中率(与图 8-1 进行比较)。

对禾本科作物如小麦、水稻的窄幅梭形叶片采取气流雾化方法喷洒药液时,在气流运送下细雾滴的沉积方式有一种独特的"叶尖优势"现象。药雾在叶尖区的沉积率显著高于叶宽区。采用 Burkard 公司的波特塔喷雾头在 2 米高的尼龙沉降塔中进行定容、定压的气流雾化法喷雾。对沉积在水敏纸上的蓝色雾滴进行计数并测定雾滴直径,测出 VMD 值。测定的数据显示,叶尖部 40 毫米长度内的雾滴沉积密度比以下部位的雾滴密度约高 2 倍(屠豫钦等,1984)[17]。

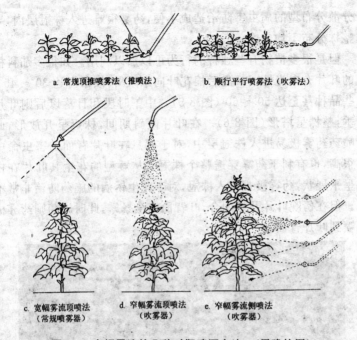

a. 常规顶推喷雾法（推喷法）　　b. 顺行平行喷雾法（吹雾法）

c. 宽幅雾流顶喷法　　d. 窄幅雾流顶喷法　　e. 窄幅雾流侧喷法
　（常规喷雾器）　　　　（吹雾器）　　　　　（吹雾器）

图 8-4　窄幅雾流的几种对靶喷洒方法　（屠豫钦图）
显示大雾角的空心雾不能实行对靶喷洒

a、b：棉苗期喷雾。a 为常规顶推喷雾法，药雾大量落在行间空地；b 为气流吹送窄幅雾流的顺行平行喷雾法，药雾基本集中在棉苗行内

c、d、e：棉苗成株期喷雾。c 为常规喷雾器宽幅雾流顶喷法；d 为顶喷法，药雾基本集中在棉花行内；e 为气流吹送窄幅雾流侧喷法，可以实行分层次侧喷

在小麦和水稻田的施药试验证明，气流雾化法所产生的药雾在植株上部的沉积率很高，植株下部很低。这种现象对于防治植株上层为害的有害生物效率比较高，如小麦赤霉病、稻纵卷叶螟、稻蓟马等均可以充分利用这种现象。

②作物的行为与毒力空间　多数作物的株冠层都是上层较密而下层较稀，尤其是阔叶作物，因此药雾往往很难穿透株冠。这对

于分散分布型的病虫害防治造成不便,药雾很难进入株冠层内,导致整株分布不均匀。

但是很多植物有些独特的行为可以加以利用。如很多茄科植物的叶片有向光性。日出后棉花叶向东倾斜,倾角可达30°~45°,有些品种甚至达50°~60°(图8-5)。中午时段和日落以后则叶片下垂,整株呈塔形(图8-6)。在叶片倾斜期间,株冠呈开放形,此时喷药药雾极易进入株冠层中,对于栖息在叶片背面的害虫命中率很高,也有利于药雾穿透整个株冠。丛矮型的花生其叶片在白昼呈平展状,药雾极难进入株冠,对于花生锈病的施药防治非常不利。但在傍晚叶片开始闭合,叶背面完全暴露,此时施药则药雾极易喷到叶片背面。

图8-5 棉花叶的趋光行为现象:日出后叶片向光倾斜
(屠豫钦,玉霞飞摄)

(2)有害生物同农药沉积物的接触方式 有害生物同农药的接触可分为'主动接触(active exposure)'和'被动接触(passive exposure)'两种方式[18]。害虫的爬行行为和病原菌的孢子萌发

图 8-6　棉花叶的趋光行为现象:中午,叶片下垂呈塔形
(屠豫钦,玉霞飞摄)

及芽管的延伸,使它们能够在植物表面上主动接触农药沉积物。各种害虫的爬行觅食行为都有一定的规律,有些是爬行啮食叶片的边缘如黏虫幼虫、蝗虫等;有些是在叶片中部取食叶肉,如菜粉蝶 *Pieris rapae L.* 幼虫、棉小造桥虫 Anomisflava (Fabricius)等。有人研究了昆虫的爬行轨迹,发现它与昆虫所取食的食物之化学信息相关(Nelson, M. C. 1977)[19]。还可以统计出害虫的平均爬行路线距离以及其有效爬行半径,即平均自由径(mean free pace)[20]。这对于活动能力较弱的幼虫如菜粉蝶幼虫、某些叶螨等的为害活动范围预测借以确定农药的使用方法有很大帮助。

叶部为害的病原菌的生长行为也是决定农药使用方式的重要依据。相对于害虫而言,除了空中散布的孢子外,病原菌在作物靶面上的活动能力很小,其芽管、吸器和菌丝体在叶片表面的延伸距离也不很长。但如果杀菌剂的微粒细度和表面分布密度恰当,病原菌仍然可以通过菌丝的延伸或孢子萌发时的分泌物对药剂沉积物的溶解作用而发生主动接触（参见 Horsfal 著 The Principles of Fungicides,1956）[21]。McCallan 等也查明,硫黄挥发的气态硫被生物体吸收后转化成为硫化氢,对生物体自身发生致毒作用,也是一种主动接触方式[22]。Curtis 发现植物的叶泌水也能促进农药溶解而引起主动接触中毒作用[23]。

除了活动性很强的害虫主动接触和被动接触两者都很重要之外,不论是病菌还是害虫,被动接触都是主要的接触方式。杂草对除草剂的接触则完全是被动接触。这种接触方式的效率依赖于药剂在靶标表面上的分布状况和沉积物微粒的黏附和溶解扩散能力。

害虫同药剂微粒接触后是否能够把药剂黏附到虫体上,已经有许多人做过研究工作（Lewis & Hughes, 1957；Gratwick, 1957；Hartley,1966；Polles &Vinson,1969 等）[24~27],发现影响药剂黏附的因素除了农药微粒的粒度、药剂在植物表面上的黏附牢固程度、喷雾药液在靶标表面上的湿润能力、害虫的爬行速度等因素外,靶标表面的结构和附属构造,千姿百态,大小形态各不相同,也会直接或间接影响有害生物同药剂沉积物的接触。

因此农药微粒之粒度,在靶标表面上的黏着性能需要根据防治对象的行为特征进行恰当调控,或者选用比较适宜的剂型或制剂或选用适当的喷雾助剂。这项研究需要把农药剂型研究同昆虫行为毒理学研究结合起来进行。

病原菌对杀菌剂主要是被动接触,是依靠药剂的溶解扩散作用而获得必要的剂量。但是许多研究工作发现病原菌也能够分泌酸性或碱性物质或某些有机代谢产物,溶解周围的杀菌剂后吸收,引起菌体中毒。

（3）农药同有害生物的接触和剂量转移作用　在毒力空间内和药剂的沉积表面上,药剂沉积物同有害生物进行碰撞接触,液/固接触是最常见的形式,不论是被动接触或主动接触,实质是生成了液/固界面。此界面的形成是农药对有害生物体进行剂量转移的决定性一步。但是药剂如何越过这种界面，迄今尚无明确的理论阐述。笔者提出了一种'假性膜'（'pseudomembrane'[29]）的主张。在假性膜存在期间，药液内部的药剂有效成分必须通过假性膜进入生物体表面蜡质层内，转而进入生物体内的微观毒理学进程。

现在我们对于这种由农药药液与生物体表面蜡质所形成的假性膜的结构和性质还不清楚，但是它与著名的 Dannielli 所提出的半透性细胞质膜结构很相似，其脂质分子的亲脂基相向链接而成为半透性膜。可以肯定，与透过细胞质膜而进入细胞内的物质一样，药液中的农药有效成分也必须透过上述假性膜才能进入生物体。

药液通透生物体的另外一种方式比较特殊。近年发现的一类有机硅表面活性剂具有很强的湿润展布能力和对于强拒水性表面的极强的附着力，含此类表面活性剂的水溶液滴落到强拒水性表面上时，液滴不会发生弹跳现象，而是瞬即牢固地黏附在表面上，并迅速展开使药液形成极薄的液膜，这种液膜能沿气孔边缘"溢入"植物叶片气孔，同时把药剂有效成分带入。这是一种很独特的药液对植物表面的通透现象。近年具有独特分子结构的有机硅表面活性剂三硅噁烷类（trisiloxanes），特别是七甲基三硅噁烷（商品名 SILWET L-77）的强大活性引起了广泛重视，在工业、农业、医药和化妆品行业中均得到了广泛应用。在 0.025% 的很低浓度下即可发挥超常的湿润展布能力，因此被称为"超级湿展剂"（superwetting 或 superspreading agents）（Zhu, X. 等，1994）。有人把这种超级快速湿展能力解释为"分子拉链作用"（molecular zippering action）（Ananthapadmanabhan, K. P. 等，1990；Stevens, P. J. G. 等，1993）[30]，并归因于独特的"T 形"或"锤形"分子结构。但 Hill 等根据分子结构研究及其水溶液的组成观察结果发现,是由于含很低浓度的三硅噁烷水溶液的表面能很小,0.005%的极稀溶液的表面张力在 3 秒钟内就能从 54mN/m 急降至 30mN/m,以及在溶液中形成许多独特的双层泡囊(bilayer vesicles)(Hill, R. M. 等, 1994),能够向新界面上迅速输送三硅噁烷分子,因此药液在接触蜡质表面后几乎瞬间即能展开并形成极薄的液膜,此类超强湿展剂的卓越性能拓展了药剂进入生物体的途径,植物体表面的各种孔道包括病原菌进入植物表面后所留下的孔道,昆虫气孔和体壁上的微孔道都可能成为通道。现在还不清楚可以通过这种方式被液膜运入这些生物体孔道的固态药剂的最大粒度大小,但至少应该达到溶胶状的假溶液状态。有关这方面的研究工作还很少,但必将成为宏观毒理学中十分有意义而有趣的新领域。

如果农药是乳剂,则这种假性膜的存在与否对药剂的剂量转移并无影响,因为乳剂不论是否破乳,含药的油珠都能在靶面上迅速展开成为油膜,能够直接侵入生物体的蜡质或角质层继而侵入生物体内。

固/固界面的碰撞和接触主要发生在粉剂、粉尘剂、烟剂等所谓"干制剂"上。此类制剂一般均不含表面活性剂,是通过药剂直接接触生物体表,然后溶解在体表蜡质层中再向体内扩散。或借助于药剂所挥发的蒸汽被生物体吸收。此外也可借助于自然水分和溶于水中的化学物质的助溶作用而进入生物体内。

(4)植物叶片表面构造与农药沉积分布的关系 植物叶片的表面构造差别很大,除少数植物的叶片表面比较平整外,绝大多数的叶片表面均有各种形状的蜡质层、毛、刺、凸起物或其他附着物,在生物放大镜下即可清楚看到。其功能是保护叶片表面不易受损伤并防止叶片水分迅速散失。叶面蜡质层的结构都不相同(图 8-7~图 8-9)。叶片表面的毛刺、附着物更是形态繁多(图 8-10~图 8-16,图 8-18)。许多植物的叶片表面还有多种能分泌特殊液体的毛（腺体），如腺毛或黏液毛（图 8-17～图 8-19），这些叶表面附着物，或称为叶表面装饰构造，对于农药喷洒物的沉积和黏附行为有很重要的影响，是制定农药使用技术的重要依据。例如 Gregory 等观察的马铃薯叶片上有两种主要的腺毛，A 型和 B 型（Gregory P. et al，1986，ibid，p. 182）[31]。A 型腺毛高 120～210 微米，顶部有一个四棱形球体会分泌出挥发性的昆虫神经毒素。B 型腺毛较长，可达 600～950 微米，顶部只有一个小球体，但能不断地分泌出直径 20～40 微米的黏液滴（Tingey，W. M. 1985）[32]。在棉花、大豆等作物的叶片上也有类似的腺毛或腺体。这种外分泌物对农药沉积物的附着能力会产生很大影响，通常会提高叶片表面对农药的持留能力。有些附着物还能够吸收某些农药的有效成分，随后又逐渐释放出来，使这些叶表面附着物变成了农药的缓释载体。

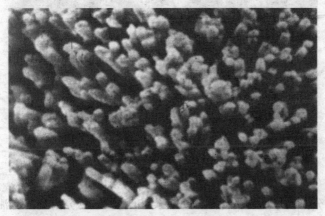

图 8-7　一种管状蜡质层（*Calidonium majus*）

　　叶表面的分泌液有些是水溶性的有些是脂溶性的，是由多种化学成分组成的。Dimock 和 Kennedy 等发现它是正-十三烷-2-酮（Dimock，M. A. & Kennedy，G. G. 1983）[33]，以及正-十二烷-2-酮、正-十一烷-2-酮等其他一些化学物质。业已发现各种植物的

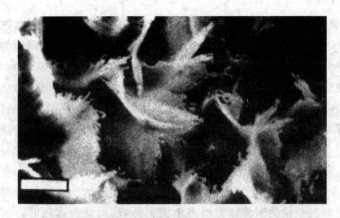

图 8-8　一种羽片状蜡质层(*Brassica oleracea var.*)

图 8-9　一种花盘状蜡质层

腺毛分泌物中所含的化学成分种类相当复杂,已分离到的有油质、酚类、树脂类、黄酮类。马铃薯叶片腺毛分泌物中还有多元酚氧化酶和过氧化酶、绿原酸等。Shade、Kreitmer 等并发现有些分泌液的分泌量在一日内各时段不等,分泌液的流动性和黏度也会发生变化,此外还同季节有关（Shade，R.E. 等；Kreitmer G.I. 等)[34,35]。这些分泌物无疑会对药剂的沉积附着以及药效发生正

图 8-10　一种浓密的分枝状毛刺(*Rose macrophylla*)

图 8-11　茄子叶面的紫色丛状毛刺

面的或反面的影响。外分泌物若被害虫的足和躯体黏附,就会增强害虫继续黏跗药剂的能力。在上述种种情况下害虫同农药沉积物的接触必然会受植物外分泌物的影响,出现许多比较复杂的宏观毒理现象。昆虫足的附节的爪垫上分布着大量化学感受器,也正是昆虫运动过程中最容易捕获农药沉积物的部分。

图 8-12 大豆叶面的刚毛状毛刺

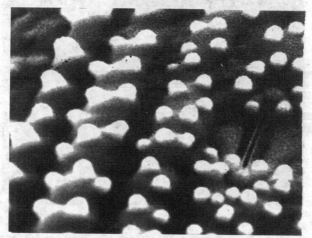

图 8-13 水稻叶面的球粒状凸起物

（球粒是叶表面蜡质与氧化硅的混合物，
叶背面的分叉毛刺丛具有极强的拒水能力）

Rich 等曾发现 2,4-二硝基-6-辛基苯基巴豆酸酯在室内玻璃

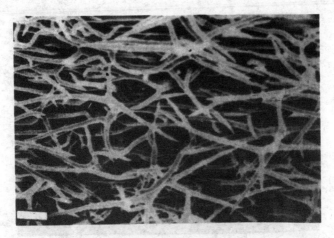

图 8-14　迷迭香(*Rosamarinus officinalis*)

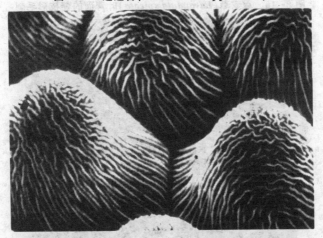

图 8-15　旱金莲(*Tropaeolum speciosum*)叶面的乳头状角质层

板上对束状匍柄霉 *Stemphylium sarcinaeforme* 的孢子无效,但喷洒在植物上则有效。认为这是由于此化合物能被吸溶在植物表面蜡质内不至于很快消失之故[36]。根据这一有趣现象可以推论:凡是能溶解于叶面蜡质中的农药有效成分,在没有被吸收进入叶

图 8-16　熏衣草(*Lavandula spicata*)叶背面的菱枝形毛刺

图 8-17　棉花叶面的分枝毛刺和腺体

片组织之前或不能进入植物组织的药剂,完全可能先溶入蜡质层中然后再从叶蜡中释放出来,特别是具有一定蒸汽压的农药更容

**图 8-18　马铃薯腺毛,具有四裂球状体的 A 型毛
和能分泌黏液的 B 型毛**

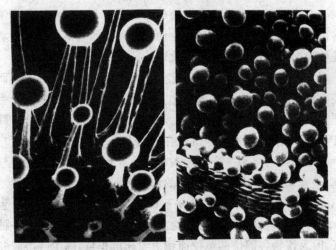

图 8-19　两种叶面腺体

（左—茅膏菜的带刚毛的腺体;右—藜,腺体附着在叶表面）

易发生这种现象。这可以说是农药的一种剂量间接转移现象,即

先从农药沉积物转移到叶蜡质层中,然后以类似"缓释作用"的方式再从叶蜡质层中释放出来转移到害虫体上或病原菌上。这种现象对于农药剂型研究开发和农药的使用技术的设计和决策具有重要的意义和作用。

从以上的图片中不难发现,当药液的雾滴沉降到这些叶片表面上时,不论是粗大的雾滴或微小的雾滴,可能出现的状况有 3 种:一是微小的雾滴可能落入叶面毛刺或其他附着物的间隙之中,这种情况最有利于雾滴或药液牢固地被叶片表面持留;二是雾滴被夹持在毛刺之间,这种情况也有利于雾滴或药液比较稳定地被叶面持留,但也有可能受到振动而脱落;三是雾滴比较粗大,这种情况下雾滴如果没有弹落,也只能被架空在毛刺或其他叶面附着物之上,处于极不稳定的状态。在后两种情况下,若药液具有较强的湿润展布能力,就有可能借助于药液的湿润展布作用而扩散到毛刺之间而得以比较稳定地被叶面持留,但是,粗大的雾滴却仍将由于药液容易发生流失现象而从叶片表面脱落。只有细雾滴在任何情况下都能够被叶面有效地持留。

粗大的雾滴沉降时撞击力比较大,雾滴比较容易被击碎而从叶表面溅落。而较小的雾滴撞击力比较小,一般会在叶面发生弹跳现象,最终落定在叶面上。但是很细的雾滴则不会发生弹跳现象,因此最容易迅速稳定地沉积在叶面上。

可以预期这将是一个饶有兴趣并且富有成果的宏观毒理学领域,应是宏观毒理学研究最活跃的部分之一。

(5)农药在株冠中的沉积分布状态与农药对有害生物的选择压 农药在作物株冠层中的不均匀分布对有害生物提供了一种选择压,因为作物各部位的单位面积上农药沉积量,除了气溶胶和粉尘剂状态的农药以外,差异很大。这就会使同一个有害生物种群中的不同个体接触的剂量发生差异,从而中毒程度也会发生相应的差别。接触的剂量小不容易中毒死亡,而接触到大剂量时则死亡率较高,这种情况为有害生物种群提供了可能诱发抗药性的田间选择压(Sawicki R. M. 1975;Wolf,M. S. 1975;Sawicki R. M. & Devonshjre A. L. 1978;Georghiou G. P. 1983)。早年 Bradbury 等采用 ^{14}C 标记的六六六研究家蝇 *M. domestica* 的抗药性,在 15 分钟到 16 小时的长时间内分时段测定家蝇所黏附的剂量,发现抗性个体所捕获的剂量很少,在 30 分钟时抗性与敏感性个体的药剂捕获量之比为 1:4,直到第四小时才趋于相似。但是检测两种家蝇个体的体外与进入体内的剂量比值却并无差异。据此,他们认为这种抗性家蝇并非由于六六六对体壁通透性的差异也非六六六在家蝇体内的失毒作用而完全是剂量摄取的差别所导致(Bradbury,F. R.,Niel P. & Newman. J. E. 1953)[38]。有人把这种抗药性现象称为"行为抗药性",是由于昆虫的行为特征所造成的。这对于研究害虫田间抗药性的发生原因很重要,也说明田间抗药性的发生同农药使用技术密切相关。所以 Georghiou (1983)提出,解决害虫抗药性问题也必须同时从农药使用技术设计方面考虑[39]。

农药喷洒质量差,极易造成植株株冠内农药沉积不均匀,尤其在生长茂密的株冠中往往容易出现两种分布不均匀现象:一种是株冠上层受药量多而株冠下层少;另一种是叶片正面受药量多而叶片背面少。若采用大水量粗雾喷洒法时这种情况格外严重,这是由于上层叶片对下层叶片的屏蔽效应所导致,在阔叶型作物中表现特别突出。当药雾从上方向株冠层内沉降时,药剂的沉积密度由上而下逐渐减少,出现所谓雾滴衰减现象(droplets attenuation)。这样,株冠层就形成了农药剂量不同的若干层次的毒力微环境(图 8-20)。

显然,在不同层次中的有害生物分别处于剂量不等的环境中。在高剂量微环境中种群的高抗性个体可能被选择出来,但在低剂量微环境中的种群则可能被亚致死剂量的药剂诱发而产生获

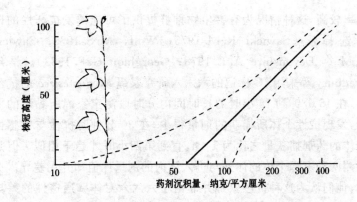

图 8-20　雾滴通过棉花株冠时的雾滴衰减现象,虚线表示95%置信限

（引自 Uk and Courshee）

得性抗药性。活动性比较小或爬行比较缓慢而且爬行平均距离（即平均自由径）不大的害虫都有可能发生这种现象,繁殖世代较多或世代交迭现象比较严重的害虫更容易发生。例如蚜虫、叶螨、以及世代交迭现象特别严重的 3～4 代棉铃虫（这是 3～4 代棉铃虫比较难治的重要原因）。病原菌当然更毋庸置疑。

但叶片正反面的不均匀受药现象更严重,特别是大容量粗雾喷洒方法,即便喷头向上喷洒,药液也很难被有效地输送到叶片背面。特别是阔叶作物,上下层叶片之间的屏蔽效应对药雾的穿行运动有很大障碍。多数害虫在叶片背面栖息为害,因为双子叶阔叶植物的叶背面温度低于叶正面,并且不容易受紫外线照射。这方面的研究工作已经很多,如 Willmer 对菜豆叶片正反面的温度日变化进行的测定足以展示这种情况,图 8-21（Willmer,P. 1986)[40]。在图 8-22 中也显示了叶正面温度高于周围气温的现象。叶面的相对湿度也有很微妙的变化,例如蚕豆叶片正反面的相对湿度证明了叶面湿度也存在高于周围空气湿度的现象,叶背面尤为显著,参见图 8-23。叶面微气候现象对于农药沉积物同有害生物的致毒作用显然有很大影响,而且这种影响是多方面的,包括药剂微粒的扩散能力、扩散距离、向有害生物体的剂量转移速度、药剂对有害生物体的渗透能力、有害生物对药剂的接受和反应强度等。

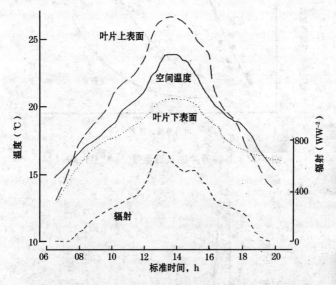

图 8-21　菜豆叶片的正面和背面的温差　（据 **Willmer**）

曹运红用热电偶测定的大棚内番茄叶表面温度比棚内气温高6℃ 左右[41]。但夜间这种温差逐渐缩小，叶面的热致迁移现象也逐渐消失，所以在夜间 22 时以后粉尘和烟云在叶面上的沉积率显著提高(图 8-24)。

2. 农药宏观毒理学研究在农药
使用技术整体决策系统中的意义

农药使用技术是一种整体技术决策系统('integral decision-making system of pesticide application techniques')，需要通过各方面技术的综合考虑和运用才得以实现。因此必须把各方面的技术指标调控到最有利于农药的有效剂量输送，实现农药的科学合理使用。

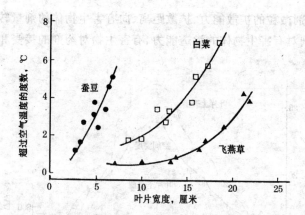

图 8-22　各种叶片的正面温差　（据 Willmer）

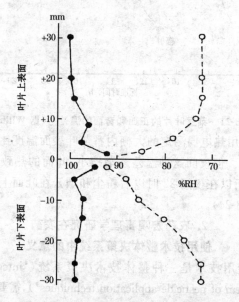

图 8-23　叶面相对湿度　（据 Willmer）

这里参照"鱼骨决策系统图(fish-bone decision making sys-

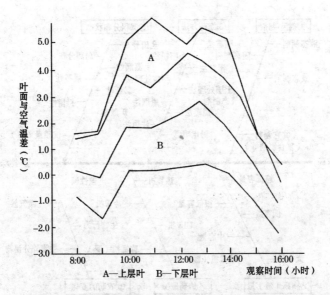

图 8-24 黄瓜上层叶与下层叶的叶温与气温之差

（各层之上线为叶温，下线为气温，左标为实际温差 曹运红图）

tem)"，用一张农药使用的整体技术决策系统图来说明这些方面的关系（图 8-25）。此图显示，基本决策方向是要求把适当剂量的农药施用到靶区的目标物上，如中央的一条粗箭头线所示。各项子系统（侧箭头线）所显示的技术都是为了实现这一总目的。为此，需要各子系统的各项相关技术的互相协调和配合。而每一子系统本身又各自形成了自己的技术体系。由此可见，农药使用技术实际上是一项比较复杂的系统工程，而并非孤立的互不相干的单项技术。在这一系统图中，①至④各子系统都是为农药喷施到目标物上提供物质和技术条件，除了药剂的形态有变化以外，农药本身只是完成机械的输送过程，并不发生任何本质变化。而⑤和⑥则属于农药宏观毒理学研究范围内两个密切相关的子系统，涉及农药制剂在目标物表面上的各种运动和变化过程，其间农药

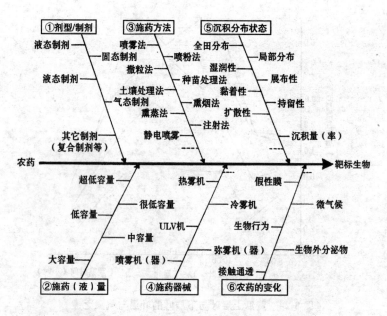

图 8-25　农药使用技术整体决策系统图　（屠豫钦）

本身会经历多种形式的变化,最后进入目标物体内发生致毒作用。
分别说明如下。

(1)农药的分散和成型　这一技术系统(图中的子系统①)通
过药物的分散过程把农药从原药转变为具有一定剂型结构的可使
用状态下的商品化制剂。农药剂型加工研究与农药使用技术和毒
理学研究并无直接关系,高分散度只是获得剂型和制剂物理化学
稳定性的要求。但是高分散度恰恰也是农药对剂型制剂的毒理学
要求和提高使用技术水平的必要条件。

此子系统中包括了各种类型的剂型和相关的分散体系。前文
曾提到,这些分散体系在使用时若需要用水稀释配制,则其原始分
散体系即将解体,所形成的新分散体系其物理化学性质可能发生
变化,此时就有可能影响到此决策体系中各后续子系统的预期运

行方式,并影响药剂的毒理学表现和实际使用效果。由于液态农药制剂中大部分制剂都需要进行稀释配制后才能使用,稀释配制过程中所发生的二次分散现象必须引起重视,在剂型和制剂设计时就应考虑到并对设计方案做出预案。否则二次分散现象的后果往往难以预料。Fraser 在其专著中曾经指出,甚至药液中的颗粒状固体杂质悬浮物对药液的雾化效果也会发生严重影响。尤其是拒水性的颗粒或油珠,都很容易导致喷头所产生的液膜提前破裂,从而形成粗大的雾滴[42]。可见子系统①的变化对子系统③也会产生重大影响。

(2) 施药量和施药液量　此子系统(图中的②)决定农药被输送到目标物上的量。施药量(千克有效成分/公顷)和施药液量(升药液/公顷)是指被输送到单位农田面积上的药量。从大容量到超低容量,是就施药液量而言,也表达了药剂有效成分的量。不过传统的大容量喷雾方法早已证明其药液流失量很大,可达 60%到80%不等,甚至更多。因此农药的有效利用率很低,并且很难喷洒均匀。所以大容量喷洒法虽然也能够取得所需的防治效果,但它是以大量药液和农药有效成分的流失为代价的。除某些特殊需要外,大容量喷洒法(HV)在此子系统中不应成为首选的技术。相对而言,低容量(LV)和超低容量(ULV)喷洒法的有效利用率比较高,没有药液流移现象,药剂的损失较少,不过容易发生细雾滴的飘失现象。所以选用此类喷洒方法时须考虑采取防止飘移的有关技术。20 世纪 70 年代研究成功的静电喷雾技术能够相当有效地防止飘移,不过此项技术还需要克服实际应用中的药雾流向控制问题。

田间毒力空间的选定也会改变田间施药量。在农田中,选定的毒力空间愈小则整块农田中的施药量也愈低。

由此可知,我们必须把毒力空间的大小或相对于农田整块植被的体积比,以及药液雾化细度看作农田施药量的互变参数,不应把施药量看作不变的常数。目前农药商品说明书以及一些农药手册和植保手册中一般都是把施药量作为常数,这种情况不利于农药的科学使用。

(3) 施药方式和方法　农药的施药方法很多,是为了适应在各种类型的作物和环境条件下防治不同类型的有害生物。图中的子系统③提供了各种类型的施药方式方法,须根据目标物的种类和特征选择。

施药方式方法有 3 种特征性类型:第一类是表面处理型,如喷雾法、喷粉法、种苗处理法等,药剂处理于目标物的表面,也包括土壤表面和水体表面。第二类是空间处理型,如熏烟法、熏蒸法、热雾法、冷雾法和气雾法等,不可作为针对性喷洒手段使用于目标物。空间处理型施药方法的目标物主要是在空间活动的有害生物,如具有夜间飞翔活动行为的多种夜蛾科害虫、飞蝗、稻飞虱以及蚊虫、家蝇等。第三类是土壤处理型。土壤是很复杂的重要农田生态环境,也是许多有害生物的重要活动场所,许多农药必须直接施用在土壤中。农药可以直接作用于土壤中有害生物,也可以在土壤中向有害生物进行剂量转移扩散分布到目标生物。

施药方式方法子系统的任务是为了保证施药时药剂的均匀沉积和分布,不发生漏喷和重喷。所以在各种田间施药方法中,喷雾行进路线的设计很重要。为了避免漏喷或重喷,特别是便携式喷雾器械问题尤为严重。采取“弓”字形喷洒路线能够有效地避免手动喷雾方法中的重喷和漏喷[43]。

(4) 施药器械　施药器械为施药方法提供有效手段。图中的子系统④所提供的施药器械包括固态制剂施药器械和液态制剂施药器械两大类。液态制剂施药器械中则有液力式、气力式、离心式3 大类,后两类能产生比较细而雾化相对均匀的雾滴,有利于药剂的均匀沉积分布。

施药器械的选型须同子系统③互相协调。但是必须明确,除了特别需要外,手动的大水量粗雾喷洒机械不应再继续使用,因为这种施药机具无例外地只能导致药液大量流失,不可能用于建立有效的毒力空间,也不可避免地会出现过量喷洒现象。对于分散的个体农民来说,应该选用可调控的低水量细雾喷洒器械。多年来在中国自发流行的一些不符合农药使用技术原理原则的所谓土办法如"喷雨法"、"水枪法"以及其他形形色色的无规范施药方法,应加以清理或禁止。

针对中国当前农村的实际情况,多功能手动吹雾器[44]是一种最适宜的便携式轻便型施药器械,在本书"小规模个体农户的施药器械问题"一章中做了评述。Kidd、Matthews 等也曾对中国的手动喷雾器械做过评述[45,46]。

(5)农药的沉积分布状态　农药沉积到目标物表面上以后即开始了药剂有效成分的扩散分布,沉积分布的结果对于农药的毒理学表现具有重要意义。前文已讲到药剂与生物体的接触同药剂的沉积密度和沉积量有关。单位面积上的沉积量决定了药剂的生物杀伤面积(biocidal area),沉积密度决定了药剂的与有效沉积半径和致死中距(LDist50)。

图中的子系统⑤提供了有关农药沉积分布方面的基本参数和指标,并为毒力空间的形成提出基本要求。但是这些参数和指标的形成在很大程度上取决于施药液量、施药方式方法和施药器械的选择。所以子系统⑤须不断对子系统②、③、④提出信息反馈,以便获得更多的技术支持,根据实际情况及时调整有关技术参数。

Graham-Bryce 提出了农药使用精确化的要求,特别强调了对农药在田间的沉积分布状况必须进行精细的研究,并指出农药沉积分布质量差是诱发农药田间抗药性选择压的重要原因[47]。

可以在施药进行时采取现场措施改变药剂的沉积分布状态。例如一类所谓"喷雾助剂"在除草剂使用中极受重视,可配加在喷洒液中以改善药液湿润展布性能以及其他理化性质,例如防止药液蒸发干涸、增强药液黏着性、防雨水冲刷性等。除草剂的一个重要问题,就是很难做到一种除草剂所配制的药液对田间种类繁多的各种杂草具有同等的湿润展布能力,对除草剂的使用效果影响很大,只能通过现场补加喷雾助剂而得到解决。英国的一种商品喷雾助剂 SPRAYFAST(以对-莰烯的衍生物为主要成分的非离子型表面活性剂的组合物),即同时具有这些特性,可以同各种农药的药液配加后喷洒。这种措施属于此子系统中的一种辅助决策手段。

(6)农药的变化　　子系统⑥所涉及的都是宏观毒理学方面的问题。农药在目标物表面上沉积以后,有效成分即开始在变动的环境条件下经历各种变化。简而言之,子系统⑥的各种因素对农药有效成分所产生的影响,最后使农药转变成为新的衍生物质。存在几种可能性,一种是变成效力更强的药物,另一种是药效减退或逐渐丧失药效。第三种也可能继续保持原有药效水平。由于宏观毒理学领域中还存在许多尚未为人所知的科学现象,这些变化在很大程度上是有待研究的新问题。但是也有许多问题已经在我们的科学视野之内,例如微气候对药剂有效成分的影响,生物体分泌物对药剂的作用和互作关系,生物行为同农药宏观毒理学的关系等。有待于深入研究,预期必将取得重要成果。

结　语

农药使用技术研究是一门系统科学,研究在农药输送到生物目标物的全过程中,各相关学科如何依托自身的学科体系为实现这一总目标而做出贡献。各相关学科之间的互作关系在农药使用技术的整体决策系统框架内得到协调。适时的信息反馈是决策系统能够彼此协调的重要途径。其中,农药沉积到生物目标物上以后的宏观毒理学表现和实际防治效果是提供这种反馈信息的主要科学依据。在各子系统之间也存在相应的信息反馈关系。这些都是农药应用工艺学所要研究的课题。

田间环境条件和植物吸水力与
1059 内吸药效的关系[*]

在使用 1059（内吸磷）防治棉蚜的多次生产实践中笔者曾经注意到，一天之内不同时间喷药，药效有差异，傍晚喷药药效较好。这是一种偶然现象还是一种客观规律？我们请教了有丰富生产经验的农民和农工，他们说："棉叶在中午以后会发干，可能吸收的药剂较多。"这个现象和农民的启发引起了我们的注意，因为它与内吸药剂的正确合理使用问题有关系。

不少外国科学工作者也曾对内吸药剂的吸收和传导作用进行过大量研究[6,7,8,9,10]。这些工作主要研究了内吸作用的途径、内吸传导作用的机理以及孤立的环境因子对内吸作用的静态影响，未能说明田间自然环境条件下以及植物体动态的生理状态下内吸药剂的运动规律。而这个运动规律却是正确合理使用内吸药剂的重要根据。

赵善欢等在 1960～1962 年曾提出"田间毒理学"的主张[1]，建议在田间环境条件下去研究农药的毒理问题。尽管对于"田间毒理"这个概念有过争论，但这种主张的指导思想是正确的。内吸杀虫作用是毒理学中一个较为特殊的问题。内吸杀虫剂首先必须被植物吸收，然后再和植物汁液一起被昆虫吮吸以后才表现出对昆虫的致毒作用。在此过程中，内吸杀虫剂要历经内吸、代谢、运转

等一系列的运动和变化。这些运动和变化不能不受到植物的生理活动及田间自然环境条件的严格制约,因此不能脱离昆虫的生活环境去研究内吸作用的机理。在人工模拟条件下对个别因子的影响做静态的研究虽然也是需要的,但不能停留在这个水平上。生产斗争是在变化着的环境条件中进行的,它要求科学试验从动态的变化过程中对毒理问题进行研究,为生产斗争提供切实的科学根据。

影响药效的因素错综复杂。在静态的单因子试验中是把这些因素平列看待的,尽管对各种各样的因素做了大量试验,却不知孰为主,孰为辅,正如毛主席在《矛盾论》中所形容的"结果如坠烟海,找不到中心,也就找不到解决矛盾的方法。"毛主席强调指出:"任何过程如果有多数矛盾存在的话,其中必定有一种是主要的,起着领导的、决定的作用,其他则处于次要和服从的地位。因此,研究任何过程,如果是存在着两个以上矛盾的复杂过程的话,就要用全力找出它的主要矛盾。"对于1059来说,影响其内吸药效的因素是什么?哪些是主要的、哪些是次要的?在动态的变化过程中,它们又是怎样互相转化、互相渗透的?这就是这份研究报告所要讨论的问题。这项研究还只是一些初步的试验观察,但已能反映出1059的动态的内吸运动规律的概貌。因此整理了这份报告,希望与科技工作者共同探讨,并为进一步深入研究提供一个引子。

(一)植物的吸水力是内吸作用的主要动力

过去有许多研究报告讨论了内吸药剂进入植物体内的途径,并提出了一些通透机理的假说。对于内吸药剂进入植物体内的动力,一般均认为是扩散作用,是植物表皮内外两侧药剂的浓度差所造成,外侧的浓度大于内侧,因此药剂就能向内侧扩散渗透,服从"费克定律"[10]。

但是这种学说把吸收作用仅仅看作一种被动的过程,而与植物体的生理活动无关,所以,它就不能很好地解释为什么在同样的施药浓度下 1059 在 1 日内的药效却表现为早、中、晚明显不同。

我们初步提出一种假设,即这种内吸药效的日变化规律可能与植物的吸水力有关。当吸水力增大时,植物体就能较多较快地把体外的内吸药剂摄取到体内。

植物的吸水力在 1 日内是怎样变化的?我们最初用小麦做了试验,结果如表 1(吸水力是用"细流法"测定的[3])。说明麦叶吸水力从早到晚是显著地逐步升高的。为了检验叶片吸水力对于叶部施用的 1059 的内吸效力是否有明确的相关性,我们对小麦、棉花、苹果三种作物进行了试验。试验方法如下:

表 1　小麦叶片吸水力日变化实测结果

测定时间(时)	8:00	10:00	15:00	17:00	19:00
麦叶吸水力(大气压)	4.14	6.55	11.95	13.18	13.74

棉花:在田间栽植的 4~5 片真叶期棉花上进行。分 5 组,每小区 4 平方米。温、湿度及光照度分别用干湿球计及照度计定时观测记录。叶片气孔数目和气孔开张度(张开面积)用火棉胶印迹法在显微镜下观察测量,均取第三真叶作材料。叶片含水量用烘干法称重测定。叶片吸水力用细流法在田间定时测定(以大气压表示)[3]。每区均匀喷布 0.025%"1059"500 毫升,4 小时后用 0.2%"宁乳 120"喷洗,干后接种棉蚜于叶背面,每区 200 头,5 点均布(每点 2 株,每株 20 头)。用半球形多孔泡罩固定蚜虫。

小麦:小区面积 4 平方米,从大田中划出,不留区间道,小麦为抽穗期。试验观测项目和方法同棉花试验一样,记录仪表放置在小区中央部分行间。取顶部往下第二叶片做试验材料。每区均匀喷布 0.025%"1059"750 毫升,4 小时后用 0.2%"宁乳 120"喷洗。干后每区分 4 点共用 40 个多孔泡罩接种麦蚜于顶部以下第二叶片上,每个泡罩内接蚜虫 5 头(供试蚜虫均系从温室内泥池小麦上饲养的麦蚜中挑出)。

苹果:在苹果园果树上进行(4~5 年生国光)。树高约 2.2 米。温、湿度的测定是把干湿球计悬挂在主干中部。吸水力是选叶层相同(中间层)、大小相似的叶片进行测定的。每棵树喷 0.025%"1059"2 000 毫升。4 小时后用乳化剂喷洗同前。于翌日接种苹果蚜(多孔泡罩)。试虫均接在叶背中部。24 小时后检查蚜虫中毒情况。

以上各组试验都是分别在 1 日内的不同时间进行喷药。根据 Tietz 的同位素标记化合物试验结果,1059 喷布于叶部时,1 小时后即约有 46% 挥发逸失,54% 留在叶上,而其中约有 75% 已进入叶中[9]。因此,喷药时间间隔在 2 小时以上是可以反映出不同时间喷药的差异来的。

3 组试验的结果分别整理在表 2,表 3,表 4 中。

表 2　棉花生理指标和环境因子与 1059 内吸药效的相关性*

观测和药剂处理时间	环境因子			棉花生理指标			接虫后不同时间的棉蚜中毒情况					
	气温(℃)	相对湿度(%)	光照度(勒)	叶背气孔开张面积(μ^2)	叶片含水量(%)	叶片吸水力(大气压)	4小时	8小时	14小时	24小时	48小时	60小时
6:00	21.5	94	4500	84.0	77.9	2.4						
8:00	29.0	75	55000	103.0	77.5	2.4	30*(15.0)	76(38.0)	85(42.5)	120(60.0)	165(82.5)	179(89.5)
10:00	31.0	70	75000	158.0	74.7	3.7	29(14.5)	67(33.5)	70(35.0)	111(55.5)	157(78.5)	171(85.5)
15:00	42.0	58	80000	264.1	73.6	7.2	50(25.0)	80(40.0)	94(47.0)	102(51.0)	159(79.5)	162(81.0)

观测和药剂处理时间	环境因子			棉花生理指标			接虫后不同时间的棉蚜中毒情况					
	气温(℃)	相对湿度(%)	光照度(勒)	叶背气孔开张面积(μ^2)	叶片含水量(%)	叶片吸水力(大气压)	4小时	8小时	14小时	24小时	48小时	60小时
17∶00	34.0	60	20000	132.6	73.1	8.2	87 (43.5)	106 (53.0)	119 (58.5)	157 (78.5)	178 (89.0)	189 (94.5)
19∶00	28.0	76	2000	106.1	73.2	8.6	114 (57.0)	155 (77.5)	161 (80.5)	182 (91.0)	190 (95.0)	195 (97.5)
22∶00	24.0	84	0	76.7	76.7	6.9	35 (17.5)	56 (28.0)	68 (34.0)	101 (50.5)	118 (59.0)	125 (62.5)

* 表中数字为 200 头试虫中的死虫数(包括昏迷翻倒者),括号中为相应的死亡百分率(%)

表3 环境因子、小麦生理指标与 1059 内吸药效的相关性

观测和施药时间	环境因子				小麦生理指标					不同时间后麦蚜更正死亡率(%)				
	气温(℃)	相对湿度(%)	光照度(勒)	土壤含水量(%)	气孔开张面积(μ^2)		叶片含水量(%)	叶片吸水力(大气压)		3小时	6小时	9小时	24小时	28小时
					叶正面	叶背面								
8∶00	24	82	32000		145.8	125	71.75	3.1		26.72	60.50	78.49	81.03	93.9
10∶00	27.5	73	70000	14.86	302.7	273.6	70.57	5.6		44.80	65.1	73.2	87.09	92.6
15∶00	31	74	78000		226.4	207.4	69.90	7.4		28.40	51.7	59.2	70.6	77.1
17∶00	28.5	81	68000	13.90	176.4	134.6	69.00	9.3		31.03	56.3	63.02	76.6	85.2
19∶00	23	92	5000		79.2	72	72.00	12.0		37.0	62.45	80.7	94.62	98.3

表 4 苹果叶片吸水力与 1059 内吸药效的相关性

观测和施药时间	环境因子		生理指标	24 小时后苹果蚜死亡率（%）
	气 温（℃）	相对湿度（%）	苹果叶片吸水力（大气压）	
6：00	24	77	0.73	73
8：00	26	71	1.5	82
10：00	27	71	2.2	75
12：00	31	51	3.0	71
14：00	34	43	4.5	73
17：00	31	61	5.6	86
19：00	30	61	6.3	88

从以上 3 组试验结果可明显看出：①3 种作物的叶片吸水力都具有相似的日变化规律，即从早到晚吸水力逐步增高，到夜间又开始降低。②1059 对 3 种作物蚜虫的内吸药效都以傍晚施药（19时）者为最高。③3 组试验中都是傍晚施药者内吸药效发挥得最快，接虫后 3～4 小时即能表现出 40%～50% 的杀虫效力（其中只有表 3 大田小麦试验中是上午 10 时药效发挥最快，19 时施药者为第二）。

在棉花试验中，晚间 22 时施药者药效发展很慢，而且 60 小时后的药效也只有 62.5%。但当时的吸水力却仍有 6.9 个大气压。这个问题要从叶面气孔开闭状况去找答案。当时的气孔开张度为"0"，即气孔已完全关闭，因此限制了 1059 的内吸，从而使药效降低。

所以，从田间的环境条件以及动态的植物生理活动指标来看，植物吸水力的消长与 1059 内吸药效的消长表现出十分密切的相关性，说明 1059 内吸作用的主要动力是植物吸水力。

但从 3 种作物上 1059 内吸药效的日变化规律还可发现一种现象,即上午、中午、傍晚 3 段时间的内吸药效的高低,顺序是傍晚大于上午,上午大于中午。其实这一现象并没有否定吸水力的重要作用,而是要进一步从一日内环境因子的变化中去找答案。

(二)环境因子的日变化对内吸药效的影响

上列表 3,表 4 中同时列出了气温、大气相对湿度以及光照度的日变化规律。没有例外,气温和光照度的日变化规律都是早晚低,中午高;而相对湿度的日变化规律则相反,早晚高、中午低。

这些环境因子的日变化规律在内吸药效的日变化规律上面有明显的反映,使得内吸药效出现了傍晚高于上午,上午高于中午的现象。

1. 气温的影响

1059 具有较强的气化性。Tietz 的试验报告指出喷在叶面上的 1059 在常温下 1 小时内就有 46% 挥发逸失。所以,高温条件下挥发逸失率必然更高。在上面的 3 个试验中,中午的气温(小气候)最高的达 42℃。一般中午的气温均相对地比上午及傍晚为高。另外,在阳光照射下的叶表面也要比周围的气温更高。因此,中午喷在叶面上的 1059 其挥发逸失量必然比上午及傍晚要大得多。钱传范 1962 年的试验也证明,在日光直接照射下的、温度较高的植株,1059 逸失较快[2]。这样,就使中午植物可能吸收的药量相对地减少。

但在较低温度范围内,当温差所造成的 1059 挥发逸失不明显的情况下,温度却表现为正效应。我们用盆栽小麦在室内试验,使土壤含水量控制在 20%,相对湿度 78%,无直接光照(室内漫射光,照度小于 1000 勒)。两个温度处理:20℃和 25℃。用 0.025% 1059 喷药,处理同前,用多孔泡罩接麦蚜于麦叶正面,然后定时检查麦蚜中毒情况,计算其死亡百分率(包括昏倒),结果如表 5。

表 5　不同温度下 1059 在小麦上的内吸药效*

接虫后检查时间（小时）	2	4	6	8	10	12	14	16	18	20	24
20℃	0	20	45	55	60	60	65	70	80	85	90
25℃	0	15	40	50	50	55	65	75	90	95	100

* 表中数字为蚜虫死亡百分率(%)

表明 25℃ 下内吸药效稍高于 20℃ 下的药效。但在 16 小时以前似乎看不出明显差异。由于温度对于蚜虫的中毒机制也有直接影响，一般也表现为正效应。所以这一组试验还不能充分揭示温度对内吸作用的直接效应。

2. 相对湿度的影响

分别用小麦、棉花盆栽材料做了试验,方法与上述温度试验相同。温度定为 20℃,相对湿度分为两组,每组 4 盆。干组直接放在室内空气中,相对湿度 76%～80%;湿组放在水封的钟罩内保湿,相对湿度 98%～100%。其他条件同温度试验。喷洗后接虫,每盆 50 头。然后两组均放在室内相同环境条件下观察内吸药效(表 6)。

表 6　空气相对湿度(RH)与 1059 内吸药效的相关性*

处理	接虫后不同时间蚜虫中毒情况											
	4 小时		7 小时		15 小时		26 小时		48 小时		60 小时	
	麦蚜	棉蚜	麦蚜	棉蚜	麦蚜	棉蚜	麦蚜	棉蚜	麦蚜	棉蚜	麦蚜	棉蚜
RH 98%～100%	127 (63.5)	86 (43.0)	149 (74.5)	105 (52.5)	165 (82.5)	140 (70.0)	169 (84.5)	160 (80.0)	180 (90.0)	177 (88.5)	188 (94.0)	195 (97.5)
RH 76%～80%	74 (37.0)	69 (34.5)	90 (40.5)	81 (40.5)	111 (55.5)	91 (45.5)	139 (69.5)	134 (67.0)	157 (78.5)	158 (79.0)	166 (83.0)	172 (86.0)

处 理	接虫后不同时间蚜虫中毒情况											
	4 小时		7 小时		15 小时		26 小时		48 小时		60 小时	
	麦蚜	棉蚜	麦蚜	棉蚜	麦蚜	棉蚜	麦蚜	棉蚜	麦蚜	棉蚜	麦蚜	棉蚜
自然 对照	0	+1 (+0.5)	0	+1 (+0.5)	0	+3 (+1.5)	1 (0.5)	+2 (+1.0)	1 (0.5)	+4 (+2.0)	1 (0.5)	+14 (+7.0)

* 表中数字为 200 头试虫中的死虫数(包括昏迷翻倒者)。括号中为相应的死亡百分率(%)。"+"号表示虫口自然增长数,括号中为相应的增长百分率(%)

表 6 说明在两组试验中 1059 的内吸药效都以相对湿度较高的条件下为好。

在相对湿度较高时,喷在叶面上的药剂水溶液,水分蒸发较慢,因此 1059 能较长时间保持为水溶液状态,这种状态比较有利于植物吸收。根据角质层渗透学说,在较高湿度下角质层发生吸胀现象,因而使紧密埋植在角质层中的蜡质分子或蜡质小板互相散开,这样就使角质层具有了较好的对水及对水溶液的通透性。

由此看来,早晚相对湿度高必定对于 1059 在早、晚两段时间内的内吸药效有明显增强。

3. 光照度的影响

用盆栽小麦、棉花做试验,方法同上。分为两组,光照组直接放在阳光下,照度为 80 000 勒。遮荫组用挡板遮去直射阳光,漫射光照度为 8 500 勒。施药时间为上午 10～11 时。4 小时后喷洗,然后把盆栽全部移置室内相同条件下接虫,每盆 50 头,陆续检查蚜虫中毒情况,结果见表 7。

表7　光照强度与1059内吸药效的相关性*

处　理	接虫后不同时间蚜虫中毒情况											
	4小时		8小时		14小时		24小时		48小时		60小时	
	麦蚜	棉蚜	麦蚜	棉蚜	麦蚜	棉蚜	麦蚜	棉蚜	麦蚜	棉蚜	麦蚜	棉蚜
光照度80000勒	41(20.5)	63(31.5)	57(28.5)	82(41.0)	89(44.5)	95(47.5)	127(63.5)	148(74.0)	155(77.5)	153(76.5)	161(80.5)	170(85.0)
光照度8500勒	35(17.5)	69(34.5)	66(33.0)	90(45.0)	109(54.5)	124(62.0)	152(76.0)	168(84.0)	181(90.5)	192(96.0)	189(94.5)	196(98.0)
自然对照	0	0	0	0	0	−1(−0.5)		+1(+0.5)		+2(+1.0)		+5(+2.5)

* 未计算校正死亡率。自然对照供参比对照中的数字，"−"号表示自然死亡数，"+"号表示增殖数(括号中为百分率)

　　光照度80 000勒条件下的内吸药效，显然低于遮荫条件下的药效。可见，中午的光照度最强，必然对中午施用的1059的内吸药效表现为负效应。

　　应加以说明的是：在光线直射下，叶面温度也必然升高，并且要高于周围气温。所以，光照组的试验结果实际上应看作光照和温度综合影响的结果。

　　综合以上温度、相对湿度、光照强度3项因子对内吸药效的影响，我们认为可以得出结论：在这3种环境因子的综合影响下，1059的内吸药效，在早、晚两段时间内加强，而在中午这段时间削弱。又因为上午的植物吸水力显著低于傍晚，所以结果就表现为傍晚的内吸药效最高，上午次之，中午最低。

4. 土壤含水量的影响

　　土壤含水量的变化对植物体的水分生理也必然会发生影响。当土壤失水时会引起植物根系吸水力增大，从而在植物体内诱发"反向蒸腾"作用。这种现象是否对内吸作用也有影响？为此做了以下一组试验。

用盆栽小麦和棉花作材料。用定量给水的办法控制盆栽土壤（营养土）含水量，各处理均放在室内相同条件下，室温 20℃，光线为漫射光，照度小于 1 000 勒，小麦每 4 盆一组，每盆接种麦蚜 50 头；棉花每 5 盆一组，每盆接种棉蚜 40 头。施药及处理方法同前面各组。结果见表 8。

表 8　土壤含水量与 1059 内吸药效的相关性*

处　理	接虫后不同时间蚜虫中毒情况											
	4 小时		8 小时		14 小时		24 小时		48 小时		60 小时	
	麦蚜	棉蚜	麦蚜	棉蚜	麦蚜	棉蚜	麦蚜	棉蚜	麦蚜	棉蚜	麦蚜	棉蚜
16% 土壤水	54 (27.0)	78 (39.0)	119 (59.5)	103 (51.5)	163 (81.5)	134 (67.0)	171 (85.5)	166 (83.0)	185 (92.5)	179 (89.5)	198 (99.0)	182 (91.5)
24% 土壤水	40 (20.0)	77 (38.5)	64 (32.0)	101 (50.5)	93 (46.5)	129 (64.5)	122 (61.0)	160 (80.0)	169 (84.5)	167 (83.5)	177 (88.5)	174 (87.0)
38% 土壤水	33 (16.5)	69 (34.5)	41 (20.5)	98 (49.0)	79 (39.5)	115 (57.5)	107 (53.5)	145 (72.5)	134 (67.0)	152 (76.0)	159 (79.5)	154 (77.0)
自然 对照	0	0	1 (0.5)	0	1 (0.5)	+2 (+1.0)	1 (0.5)	+1 (+0.5)	2 (1.0)	+4 (+2.0)	2 (1.0)	+6 (+3.0)

* 对照中的数字，"－"号表示自然死亡数，"＋"号表示增殖数（括号中为百分率）

可见土壤含水量对内吸作用确有很明显的影响。土壤含水量低时内吸作用强。

土壤含水量的降低会增强土壤吸水力。据 Paech（1952）的测定，黏壤土的土壤含水量由 38% 降低至 22% 和 16% 时，土壤吸水力可从 2.1 个大气压升高到 21 个和 79 个大气压[4]。虽然这个试验数字可能稍为偏高，但可见由于土壤失水所引起的土壤吸水力增高，其幅度是很大的。土壤吸水力增高就引起植物根系吸水力增高，从而诱发植株内的反向蒸腾，结果就引起了叶片吸水力增大。这可能就是土壤含水量低时叶部内吸药效高的原因。

为了证明土壤含水量与叶片吸水力的这种相关性,我们还做了一个补充试验,在土壤含水量不同的盆栽棉花(四叶期)上,测定棉叶吸水力后,施以 0.025% 的 1059,4 小时后洗去外部药迹,接种棉蚜,24 小时后检查棉蚜中毒情况,结果如表 9。

表 9

土壤含水量(%)	棉叶吸水力(大气压)	棉蚜死亡率(%)
36～37	1.7～2.0	67.5
19～20	3.5～4.2	80.5

表 9 可以说明,叶片吸水力确实与土壤含水量呈反相关。

在未经灌溉以及未下雨的情况下,由于植物的蒸腾作用以及土表的蒸发,耕作层土壤的含水量从早到晚必然是逐渐降低的趋势。入夜以后由于露水以及地下水上升,表层土壤含水量又会升高。表 10 列出了在麦田土壤中实测的结果。

表 10　麦田土壤含水量日变化与叶片吸水力日变化关系

观测时间 (小时)	6:00	8:00	11:00	12:00	14:00	15:00	17:00	19:00	21:00	23:00
气温 (℃)	17	19	25	26	28	26.5	24	21.5	21	18
相对湿度 (%)	95	78	63	61	59	55	76	84	—	—
光照度 (勒)	2500	40000	85000	85000	120000	30000	17000	6000	0	0
土壤含水量 (%)	20.04	18.68	16.87	16.80	15.47	15.50	15.68	16.48	17.40	18.89
叶片吸水力 (大气压)	0.7	1.4	2.2	2.2	3.0	3.3	4.8	6.2	4.7	4.7

所以,土壤含水量的变化显然对于叶片吸水力的变化有很密切的关系。从表2～表4数据中可见叶片含水量从早到晚也是逐渐下降、入夜又开始升高的。但其变化幅度不是很大。叶片失水会使叶细胞膨压增大,这必然也会使叶片吸水力加大。但我们认为,叶片吸水力的日变化,其深刻的诱因可能主要是土壤含水量的变化。"棉叶在中午以后会发干",正是有丰富生产经验的农民对这种自然规律的生动概括。

综合以上各组试验结果可以明白:环境条件的日变化规律对于内吸作用的日变化规律有很显著的影响,当它在量上达到一定程度时,就可以上升为限制内吸作用的矛盾主要方面。

(三)气孔数量及气孔开张度对于内吸药效的影响

早年,Zattler(1951)曾提出,气孔是内吸药剂的穿透途径。马茨科夫也认为溶液对叶面的渗透与气孔的数目、排列和开张度有关[5]。后来 Tietz 用放射性同位素标记 1059 做的试验,认为气孔并非穿透途径,而是经由叶表皮角质层及茸毛部位直接穿透进入叶内[9]。

我们组织了几个试验,对叶正面无气孔的苹果、桃,正面气孔多于背面的小麦以及正面气孔少于背面的棉花 4 种作物进行了1059 内吸药效的比较观察。除果树在果园进行外,其余均在盆栽植株上进行。施药方法同前述各项试验,均用 0.025% 1059。4 小时后洗去外部残留药迹,然后接种蚜虫(多孔泡罩)。经过不同时间陆续观察蚜虫中毒情况,结果见表 11,表 12,表 13。

表 11　苹果、桃叶正、背面气孔状况与 1059 内吸药效的关系

作物种类	处理		叶面气孔数(个/毫米²)	气孔开张度(微米²)	接虫后3小时		接虫后6小时		接虫后11小时		接虫后21小时		接虫后31小时		接虫后41小时	
					死虫数	死亡率(%)	死虫数	死亡率(%)	死虫数	死亡率(%)	死虫数	死亡率(%)	死虫数	死亡率(%)	死虫数	死亡率(%)
苹果叶	涂药	叶正面	0	—	0	0	0	0	0	0	3	10.0	4	13.3	6	20.0
		叶背面	<400	90~170	0	0	11	36.7	13	43.3	18	60.0	21	70.0	28	93.3
	对照				0	0	0	0	0	0	2	6.7	4	13.3	5	16.6
桃树叶	涂药	叶正面	0	—	0	0	0	0	0	0	1	3.3	3	10.0	11	36.7
		叶背面	约300	50~150	2	6.7	3	10.0	8	26.7	15	50.0	28	93.3	30	100
	对照				0	0	0	0	0	0	1	3.3	6	20.0	12	40.0

表 12　小麦叶正、背面 1059 内吸药效比较

作物种类	处理		叶面每平方毫米内气孔数	气孔开张度(微米²)	接虫后4小时		接虫后8小时		接虫后12小时		接虫后16小时		接虫后20小时		接虫后24小时	
					死虫数	死亡率(%)	死虫数	死亡率(%)	死虫数	死亡率(%)	死虫数	死亡率(%)	死虫数	死亡率(%)	死虫数	死亡率(%)
小麦(阴天)	涂药	叶正面	83.2	69.3	0	0	9	45	12	60	15	75	18	90	20	100
		叶背面	61.6	89.1	0	0	5	25	11	55	14	70	17	85	19	95
	对照				0	0	0	0	0	0	0	0	0	0	0	0
小麦(晴天)	涂药	叶正面	68.0	302.7			3	40	10	50	13	65	18	90	20	100
		叶背面	50.0	273.6			2	10	5	25	6	30	15	75	18	90
	对照				0	0	0	0	0	0	0	0	0	0	0	0

表 13　棉叶正面和背面对 1059 内吸药效的比较[*]

处理	叶面气孔数(个/毫米²)	气孔开张度(微米²)	接虫后2小时		接虫后5小时		接虫后7小时		接虫后9小时		接虫后11小时		接虫后24小时	
			死虫数	死亡率(%)	死虫数	死亡率(%)	死虫数	死亡率(%)	死虫数	死亡率(%)	死虫数	死亡率(%)	死虫数	死亡率(%)
白天施药(11：00) 叶正面		165.2	0	0	9	30.0	19	62.6	22	71.38	25	82.1	30	100
白天施药(11：00) 叶背面		128.4	4	13.3	11	36.7	23	74.0	24	77.77	26	85.1	30	100
夜间施药(22：00) 叶正面		0	0	0	0	0	6	14.25	14	42.76	15	46.4	16	49.94
夜间施药(22：00) 叶背面		0	0	0	2	6.2	7	14.77	16	48.1	16	48.1	16	48.1
自然对照 叶正面		165.2	0	0	0	0	2	6.7	2	6.7	2	6.7	2	6.7
自然对照 叶背面		128.4	0	0	0	0	3	10.0	3	10.0	3	10.0	3	10.0

[*] 棉叶正、背两面气孔数未实测，根据植物生理统计数字，棉叶背面气孔多于正面，

气孔数比值为 $\dfrac{正面}{背面}=0.27$。

可以看到：①1059 的内吸药效与叶面气孔的多少密切相关，气孔多的一面显然内吸作用较强。②表 13 中的棉叶，于夜间气孔已关闭的情况下施药，内吸药效显著低于白天气孔开启情况下的药效，更足以说明气孔对于药剂穿透的重要作用。③表 12 中的小麦在阴天和晴天气孔开张度有很大差异的情况下，内吸药效却没有表现出异常差别，这说明只要在气孔开启的情况下，气孔开张度对于内吸效率没有多大影响。

但棉叶气孔完全关闭的情况下仍能表现一定程度的内吸药效，因此叶面其他部位也有一定的穿透作用。为了进一步确证，在苹果叶片的正面(无气孔)进行了连续强迫施药试验。用半球形泡罩把 0.025% 1059 定点施加在叶正面的后半部，每 24 小时换 1 次药，以便使该点持续保持有药。苹果蚜接种在施药部位前方的叶背面。每隔 24 小时检查 1 次蚜虫死亡情况。因为对照组无死

亡亦未增殖,故不作校正。结果见表14。

表 14 苹果叶正面连续施药试验

施　　药	第一次	第二次	第三次	第四次	第五次	第六次
接种蚜虫 24 小时后死亡率(%)*	0	28	84	96	96	92

* 接种蚜虫数每次均为 25 头

　　显然,在连续强迫施药的情况下,苹果叶正面仍能逐渐吸入1059,蚜虫死亡率不断增加。

　　从以上 4 组试验可以得到如下认识:①气孔是 1059 发生内吸作用的重要途径;②气孔以外的叶面其他部位也能发生内吸作用,但其内吸效率似不如气孔部分。

(四)结　　论

　　通过试验,我们对于 1059 内吸药效的日变化规律有了比较明确的认识:在使用浓度相同的情况下,施用于叶部的 1059 的内吸药效,与一日内的施药时间有关。这种规律基本上与叶片吸水力的日变化相平行。但是因为高温、强光照和低的相对湿度使水分及 1059 有效成分容易挥发逸失,不利于植物吸收,因此在中午这段高温、低湿、强光照的时间内(大约 10～15 时)施用 1059,内吸药效较差。早晨虽然气温低、湿度高,但叶片吸水力比傍晚低得多,而且气温、光照正处于迅速增高;相对湿度正处于迅速降低的过程中,因此在这段时间(6～10 时)内施用 1059,其内吸药效也较差于傍晚(17～19 时)。

　　根据这样的认识,不同地区和不同季节可以参考当时当地田间实际条件制定正确合理使用 1059 的技术措施。在机械化施药条件较好的地区,把 1059 的施药时间安排在下午较为合理。

　　有些地区报告 1059 药效不稳定或怀疑蚜虫发生了抗药性。

在未能确证出现抗药性之前,建议有关地区可先从1059的施用技术方面进行分析和试验研究。

这份报告仅涉及1059的内吸作用。在田间喷药过程中,同时还表现有接触和熏蒸杀虫作用。但1059的接触和熏蒸杀虫作用是相当短暂的。在田间动态条件下,这两种作用的综合效果究竟如何变化,尚须做进一步研究。

1059的内吸药效日变化规律,对于其他类型的内吸药剂是否适用,也有待进一步研究。

9

天然源农药的研究开发

天然源农药的研究利用——机遇与问题 *

前　言

在环境保护、生态平衡、人畜和有益生物中毒等种种问题以及一些非政府组织和一些舆论的压力下,化学合成农药受到了严重挑战。一种过激的主张是要求完全取消化学农药,完全采用非化学的防治手段。这种主张必然要冒农作物大幅度减产的巨大风险,因此在可以预期的将来还不可能得到各国政府和联合国粮农组织的支持和认可,半个世纪以来世界化学农药的销售额仍在持续增长。另外一种主张是希望用天然源农药来取代化学合成农药,如植物源农药(包括低等植物藻类)和微生物农药(如真菌、细菌、放线菌等)以及病毒、原生动物等。后一种主张越来越受到重视。其中,植物源农药特别受到青睐。

植物源农药的研究和开发利用无疑是最为诱人的领域。因为,据统计地球上的植物最少有 25 万种,实际上可能达 50 万种(Farnsworth,1990)。但迄今只有约 10% 的植物经过了化学成分研究,只是极小一部分。然而就这几万种植物的化学成分至今仍未能完全查明,因为植物体内的化学成分种类太多,尤其是要作为农药或医药来加以利用时,各种次生物质之间可能发生的交互作用是十分复杂的毒理学问题,不是很容易研究清楚的。据考证,昆

---

* 《世界农药》1999 年,第 23 卷,第 4 期

虫与植物经过约 4 亿年的共同进化(co-evolution),植物体形成了多种能有效地抗御植食性昆虫侵袭的机制,包括植物的形态、行为以及体内所产生的次生物质。尽管次生物质的化学成分并未完全查明,但早已被注意和利用;其中作为农药利用的很多,除虫菊、烟草和鱼藤过去是最著名的 3 种植物性农药。

植物源药物的研究利用已经有几千年之久。作为农药,早年的研究主要限于植物材料的直接利用,如燃点发烟、机械粉碎后撒粉或浸汁或浸提加工后喷洒使用等。但是由于植物体内有效成分的含量一般都很低,直接加工需要大量的植物材料。不仅植物材料的供应很困难,在工厂中加工也存在原料运输、贮存、废渣处理和生产操作上的体积庞大臃肿等种种问题。新中国建立初期我国也曾大面积种植除虫菊和鱼藤,又发生了药用植物与农作物争地的矛盾。从国际上的发展趋势看,有药用价值的植物主要是作为提供化学合成的先导化合物而加以研究的(Berner,1993)。天然源农药资源浩瀚,其研究开发利用既存在大量机遇,也存在许多问题。本文只就一些典型实例对机遇和问题进行初步探讨。

(一)植物源农药的研究利用

各国各民族自古以来都有利用植物作为药物的经验和文字记载。我国在北魏时期,公元 530 年前后,即已有文字记录了利用藜芦根杀虫的民间经验。红花除虫菊早在古波斯就已用于杀虫,到 19 世纪 40 年代才发现了毒力更为强大的白花除虫菊。烟草在 16 世纪中叶就已被发现。鱼藤也是在 19 世纪中叶被用作杀虫剂的。这 3 种植物源农药在二战前后相当长一段时间里曾一度成为世界重要农药商品。二战期间,法西斯德国由于无法得到除虫菊而研究开发成功有机磷杀虫剂以满足农业生产上的需要。或许也可以说是有机磷杀虫剂的研究开发成功促进了植物源农药退出历史舞台。

但是为了寻找高效农药,同时也由于受到了来自环境、生态、毒性问题等方面的压力的影响,对于植物源农药的研究开发又重新受到了重视,许多植物中的有效物质陆续被查明,可以用于杀虫、杀菌、杀线虫、除草等多种用途。

1. 重要的植物源杀虫剂

图1、图2是一些比较突出的实例。其中的(1)、(2)、(3)是众所周知的除虫菊素、烟碱和鱼藤酮,是过去100多年中最重要的植物源杀虫剂。除虫菊素和烟碱已经成功地作为先导化合物发展出了一系列新型高效杀虫剂,历史性地改变了杀虫剂的面貌。鱼藤酮在毒理学上是一种结构专属性很强的物质,模拟合成比较困难。1959年Shumutterer发现了印楝(neem, *Azadirachta indica* A. Juss)。1972年分离得到了印楝素[azadiractin,图1(4)]。Kraus等后来又成功地进行了化学合成,但是由于价格昂贵,目前还难以实现商品化生产。印楝素的发现和研究开发成功可以说是植物源农药研究开发史上的又一重大成就。

鱼藤是我国的重要植物源农药资源,但是对它的研究主要停留在生物学和制剂加工等方面,多年来研究开发工作并没有什么新的发现和进展。另外有一种盛产于南美洲的梭果豆属植物(*Lonchocarpus* spp.)的根中也含有鱼藤酮且含量很高,最高可达20%左右,不亚于鱼藤。梭果豆属植物主要产于南半球一些国家,其中以秘鲁的最为著名,即秘鲁梭果豆(*L. utilis*)。值得注意的是,后来发现梭果豆和鱼藤这两种植物种子和叶中均含有一种多羟基生物碱[化学名称为(2R,5R)-二羟基甲基-(3R,4R)-二羟基-吡咯烷,DMDP],暂称为梭果豆碱,对某些害虫具有拒食和对葡萄糖酶的抑制活性(Fellows,1990),并且发现这种化学成分对线虫也有很特殊的作用。当采取浇灌法使用于长在沙钵中的番茄幼苗上时,为害番茄的爪哇根结线虫(*Meloidogyne javanica* Treub,)的危害率显著降低,在每升1毫克和每升10毫克的浓度下平均每株线虫虫瘿降低71%。但浓度提高到100毫克/升时，效果并未相应提高，似乎还有所降低(只有57%)。特别引起兴趣的是,采用叶部喷雾法时,DMDP表现出良好的向基性内吸输导作用,且药效可维持数周之久。在每升1毫克的浓度下在叶面上喷雾防效可达61%,但高浓度下的效果也并不高(Birch等,1993)。这种现象表明DMDP在番茄上存在某种独特的作用方式和作用机制。试验还表明,用DMDP作浇灌、种子处理或作叶部喷雾都对番茄有显著的促进根系生长发育的作用,根系比生长在水中的对照大2～3倍。此外对于马铃薯金线虫(*Globodera rostochinensis*)也有杀卵的作用;对于由裂尾剑线虫(*Xiphinema diversicaudatum*)引起的阿拉伯花叶病毒也有防治作用,与杀线威(oxamyl)的效果相似。但是DMDP只是在作物与线虫互作的田间环境条件下才表现出对线虫的上述种种作用,并表现出特殊的向基性输导。而在实验室内的离体试验中则作用比较微弱。这对于天然源农药的研究探索方法和思路的扩大会有所启示。

2. 植物源杀线虫剂

除了从鱼藤和梭果豆中发现的对杀线虫有效的物质外,从其他植物中也找到了许多有效物质。如一种非洲万寿菊(*Targetes enecta* L.),其中含有三联噻吩[α-terthienyl,图1之(5)],它同时也有很好的杀草作用。在紫外线照射下它能产生初生态氧,据认为这是发生致毒作用的原因。从马铃薯块茎中分离得到的2,3-二羟基萘(rishitin),在20微克的剂量下就能对线虫产生驱避作用,与线虫接触时则能使之麻痹。从刀豆(*Canavalia ensiformis*,豆科)中分离出来的刀豆氨酸(canavanine,L-2-氨基-4-胍氧基-丁酸)对于马铃薯金线虫卵也有阻止孵化的作用,在每升200毫克的浓度下有72%的卵不能孵化,已孵化的卵则有30%死亡。

3. 生物碱类杀虫有效物质

藜芦早已是一种有效的植物源农药,国内外都曾经用作杀虫

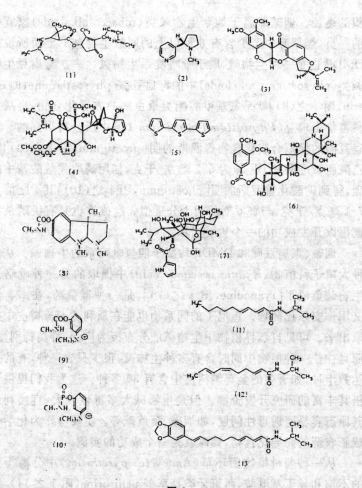

图 1

剂。藜芦的杀虫有效成分是一组生物碱,总称为藜芦生物碱(ver-atrin)。藜芦定(veratridine)(6)即其中之一,白假藜芦和绿假藜芦及莴茎百合中均可分离得到。由于毒性大已不再用作商品杀虫剂。但是从生物碱中研究开发农药先导化合物仍不失为一个有希

· 377 ·

望的途径。烟碱即属于烟草生物碱类（tobacco alkaloids）家族中的一员，烟草叶中至少含有 6 种以上的同族生物碱。上面所说的 DMDP 也是一种生物碱，属于吡咯啶系生物碱之一。毒扁豆生物碱类（physostigma alkaloids）中的毒扁豆碱[physostigmine，即 eserin，图 1 之(8)]就是氨基甲酸酯类杀虫剂的先导化合物，是从豆科植物毒扁豆（*Physostigma venenosum* L.）中所分离得到的。毒扁豆碱的模拟合成化合物普罗斯的明[prostigmin，图 1 之(9)]对乙酰胆碱酯酶的 PI_{50} 值为 5.2 毫克/千克，如用磷取代羧酸基中的碳，得到磷酸化普罗斯的明[phostigmin，图 1 之(10)]其 PI_{50} 值为 7.1 毫克/千克，与普罗斯的明十分近似。这或许也是有机磷杀虫剂得以开发成功的一个重要启示。

烟碱、毒扁豆碱和 DMDP 均属于四氢吡咯系的生物碱。从一种大风子科植物（*Ryania speciosa* Vahl）中提取的另一种吡咯系生物碱鱼尼丁[ryanodine，图 1 之(7)]，是一种毒鼠药，在南美洲又用作安乐死药物。鱼尼丁的同系物也能在斯利兰卡樟树皮中提取出来。可见自然界植物中生物碱的分布极为广泛，种类特别多。而且往往一种植物中同时含有多种生物碱，很少只含一种，有的多达数十种，如著名的金鸡纳树皮中含有 30 多种。这为我们提供了极其丰富的研究开发资源。但是生物碱大多毒性较大，直接利用其原态容易遭遇毒性问题，如烟碱、藜芦碱等。主要应作为化学合成新农药的先导化合物，烟碱就是一个成功的实例。

从一种菊科植物回环草（*Anacyclus pyrethrum*）中分离得到的不饱和异丁基酰胺，西班牙类蓍草碱 pellitorine（图 1 之 11），对多种飞翔昆虫有很强的击倒和杀伤作用。与此类似的如从美洲产的一种类葵花属植物（*Heliopsis longipes* (A. Gray) Blake）中分离得到的假向日葵酰胺[affinin，（图 1 之 12）]，从黑胡椒（*Piper nigrum* L.）中分离得到的 pipercide（图 1 之 13），也有相似的效力。业已发现这些成分是作用于昆虫体内的钠通道。

4. 具有杀菌活性的次生物质

从植物中所分离的具有杀菌作用的成分作为先导化合物的实例也很多。早已发现从茵陈蒿（*Artemisia capillaris Thumb*）中分离得到的茵陈素[capillin,图2之(14)]对多种植物病原菌有杀菌作用,也用作医药。后来发现从一种菊科植物（*Chrysanthemum frutescens*）中也能分离得到。从蚕豆（*Vicia faba*）的幼苗中分离得到一种茵陈素的类似物图2之(15)维尔酮（wyerone）也具有较好的杀菌作用。还有些其他类型的具有杀菌作用的植物提取物,其化学结构见图2。其中的图2之(16)硬尾醇（sclareol）,是从鼠

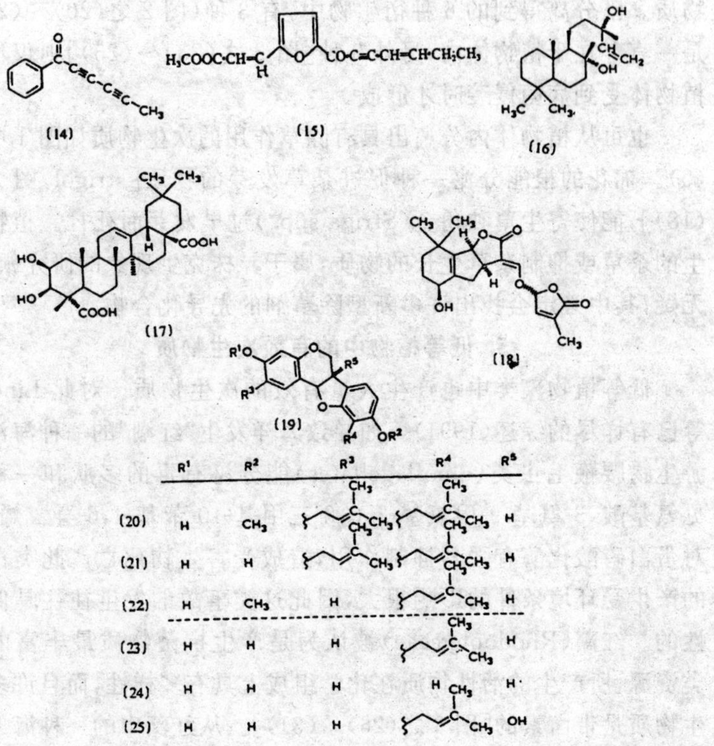

图 2

尾草(Salvia sclarea L.)和一种烟草(*Nicotiana glutinosa*)中分离得到,有趣的是这种烟草中含有烟草生物碱,主要是原烟碱(nornicotine,即去甲基烟碱)和少量烟碱。硬尾醇对菜豆锈病菌有效。图 2 之(17)是一种植物皂角苷(Medicagenic acid),从三叶草(*Medicago sativa* L.)的根分离得到,对一种疫病菌(*Phytophthora cinnamoni* Rands)有效,可用于防治鳄梨根腐病。这种皂角苷是一种异株克生物质。此类物质是作用于细胞膜的蛋白质、磷脂和甾醇。从一种刺桐(Erythrina crista galli L.)中提取的具有杀菌作用的紫檀素 pterocarpans 图 2 之(19)也是一种饶有兴趣的物质。已分离得到的 6 种衍生物中,有 3 种[图 2 之(20)~(22)]是一直存于植物体内,另外 3 种[图 2 之(23)~(25)]则仅仅在植物体受到病菌侵袭时才形成。

也可从植物体内分离出具有除草作用的次生物质如图 1 中之(5)。棉花的根能分泌一种促进杂草发芽的物质[strigol,图 2 之(18)],能使寄生草独脚金(Striga spp.)过早发芽而死亡。植物产生的杀草或抑制杂草生长的物质,属于异株克生现象的研究领域。无疑,其中必定会找出许多新型除草剂的先导化合物。

5. 低等植物中的有效次生物质

低等植物藻类中也产生大量有效的次生物质。对此 Lincoln 等已有详尽的综述(1991)。如导致海洋发生"红潮"的一种海洋浮游生物腰鞭毛虫类(dinoflagellates)能分泌有毒的多肽和一种罕见氨基酸,3-氨基-9-甲氧基-2,6,8-三甲基-10-苯基-4,6-癸二烯酸,对蛋白磷酸化酶有强烈抑制作用,造成受害生物死亡。此类毒素的产生受环境条件的影响很大,因此这类事故的发生往往是偶发性的。红藻(Rhodophyceae)被认为是产生抗菌物质最丰富的藻类资源,所产生的活性物质在化学组成上具有多样性,而且许多次生物质是带卤素的[图 3 之(26)~(31)]。从红藻中的一种海人草所分离得到的海人草酸(α-kainic acid,即卡因酸)是驱蛔虫药山道

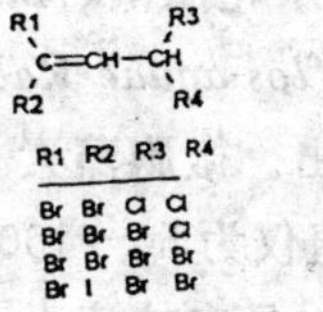

(26) Halogenated Alkenes

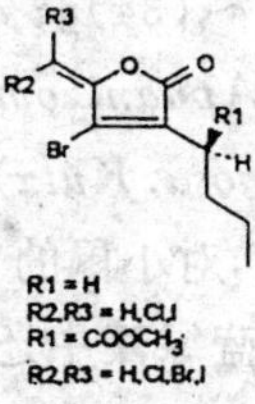

(27) Fimbrolides

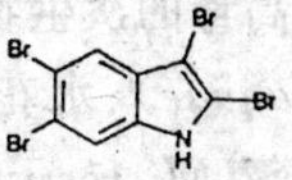

R1 = H
R2,R3 = H,Cl,J
R1 = COOCH₃
R2,R3 = H,Cl,Br,J

(28) 2,3,5,6-Tetrabromoindole

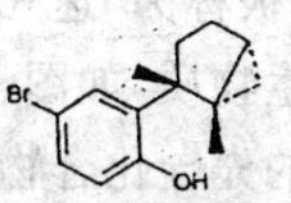

(29) Laurinterol

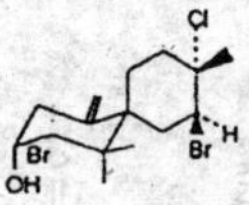

(30) Obutsol

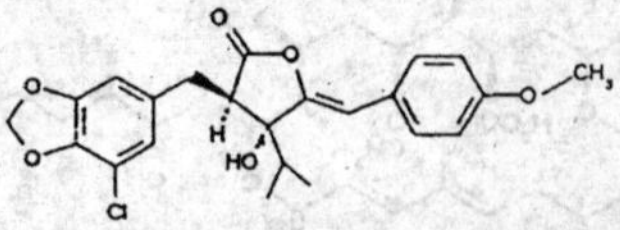

(31) Cyanobacterin.

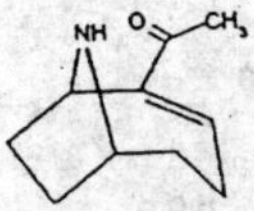

(32) Anatoxin-a

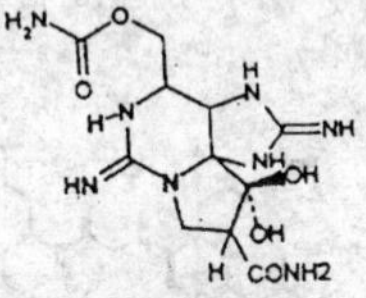

(33) Saxitoxin

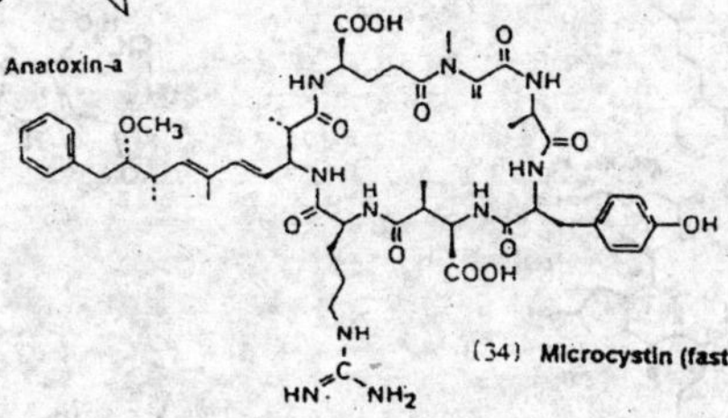

(34) Microcystin (fast death factor)

图 3

年的主要成分。从海头红藻（*Plocamium telfairiae*）所分离出来
的活性成分（telfairine）有很强的杀虫活性。从马尾藻（*Sargas-
sum tortile*）中可提取出一种昆虫生长调节剂长毛醇（crinitol）。
一些硅藻中提取出的软骨藻酸（domoic acid），是有效的杀蟑螂剂。
肌肽胺酸（camosadine）可从胶须藻（*Ricularia firma*，一种蓝藻）
和蜈蚣藻（Grateloupia carnosa，一种红藻）中分离得到。淡水藻类
也能产生多种活性物质，如一种蓝绿藻所产生的活性物质［cya-
nobacterin,（31）］，有杀草活性，已成为专利。这种藻类还能产生

许多高毒的次生物质[(32)～(34)]，分别从水花圈藻（*Anabaena flos-aquae*）、水花蓝针藻（*Aphanizomenon flos-aquae Ralfs*）和微胞藻（*Microcystis aeruginosa. Kutz*）中提出。微胞藻素 microcystin 是一种小分子量多肽，对小鼠的 LD_{50} 值仅为 50～100 微克/千克，被称为"速死因子"。蓝绿藻中还能产生具有抗病毒和抗癌的次生物质，如图 4 之(35)～(37)。这些研究结果表明藻类是很重要的先导化合物来源，值得加以重视。

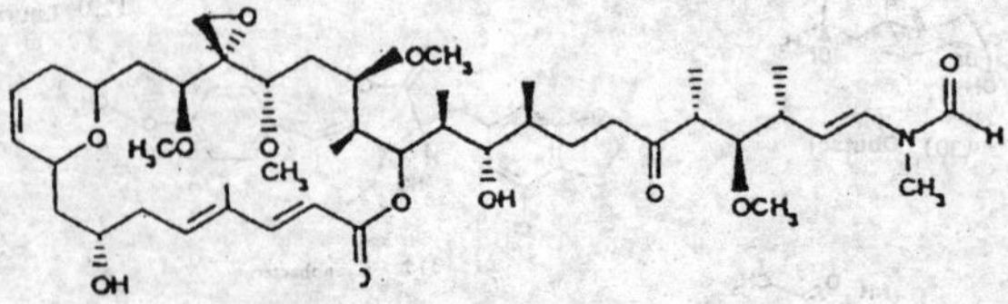

(35) Scytophycin B

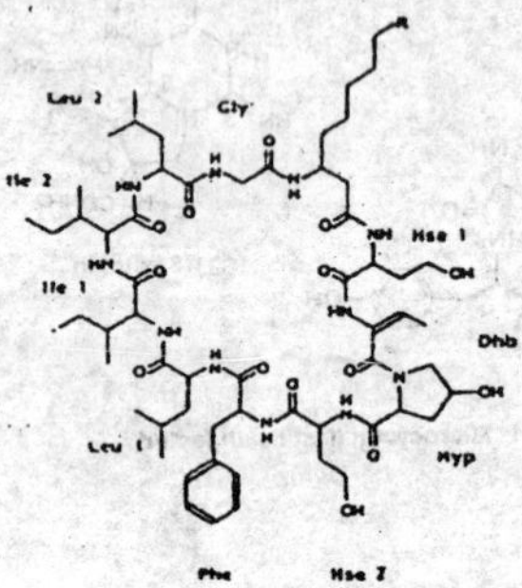

(36) Laxaphycins

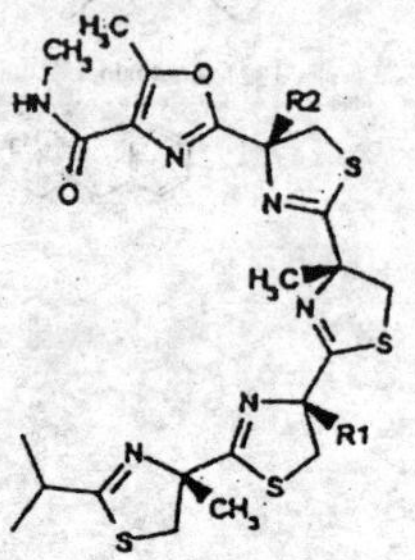

(37) Tantazoles

图 4

（二）其他天然源农药

除了植物和低等植物外，微生物、放线菌和病毒也是重要的开发资源。迄今已开发成功并已商品化的产品见表 1。

表 1　已开发成功的代谢活性物质

有效物质	主要活性	有效物质	主要活性
Bafilomycins	杀虫剂	Herbicidins	除草剂
Blasticidin S	杀菌剂	Piericidin A	杀虫剂
Polyenes	杀菌剂	Chromomycins	杀虫剂
Destruxin E	除草剂	Gougerotin	杀虫剂、杀菌剂
Griseofulvin	杀菌剂	Verrucarins	杀菌剂、除草剂
Tubercidins	杀虫、杀菌、除草剂	Roridins	杀菌剂、除草剂
Tunicamycins	杀菌剂		

　　Schaeffer 等(1990)报道了从一组放线菌中所分离得到的具有杀菌、杀虫、杀线虫活性的物质,如图 5 之(38)~(44)。其中的化合物 FR900520 图 5 之(42),有很强的杀菌活性,在 50 毫克/升的低浓度下对于水稻白叶枯病(*Pyricularia oryzae Carvara*)和葡萄灰霉病(*Botrytis cinerea* Pers. ex. Fr.)有效。已经研究开发成功的活性代谢物质见表 1。

(三)问题探讨

　　天然源农药的研究开发虽然提供了大量的机遇,但是在实际利用工作中存在许多问题,往往会使开发工作遇到许多困难。

1. 活性物质的不稳定性

　　植物源活性物质往往因植物品种和生长阶段而异,甚至因地而异。以除虫菊为例,菊素的含量在蕾果期最高,其他生长阶段均极低。这是植物源活性物质的普遍现象,不过各种植物各有其特点。因此,直接利用植物农药往往很难保证有效成分含量的稳定性,如果没有严格的分析检测手段,就不可能使产品含量得到保证,不同地区栽种的菊花的菊素含量也会有很大差别。例如,我国

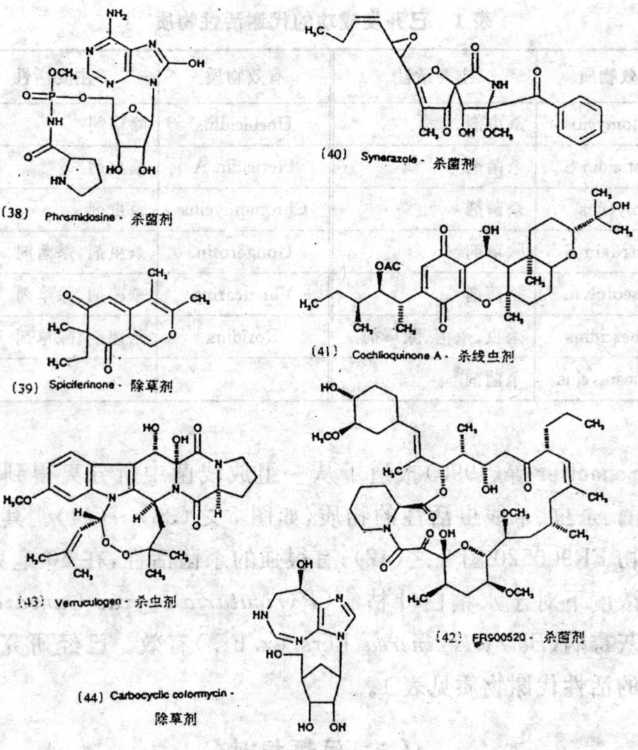

(38) Phosmidosine · 杀菌剂

(40) Synerazole · 杀菌剂

(39) Spiciferinone · 除草剂

(41) Cochlioquinone A · 杀线虫剂

(43) Verruculogen · 杀虫剂

(42) FR900520 · 杀菌剂

(44) Carbocyclic coformycin · 除草剂

图 5

各地除虫菊花的有效成分(总除虫菊素)含量从 $0.80\%\sim1.44\%$ 不等(屠豫钦,1952)。烟碱、鱼藤酮在不同地区的烟草和鱼藤中含量差别也很大,在东南亚各地,鱼藤酮含量低的只有 2.67%,高的可达 13.4%,有的品种植株中甚至不含鱼藤酮,如马来鱼藤(赵善欢,1942)。我国麻黄中有 6 种生物碱,但在法国麻黄中却不含任何生物碱。这种情况在植物性药物中是很普遍的现象。凡此种种只是由于我们对植物次生物质的生成机制还很不清楚,在天然源农药的研究开发中需要加以注意。有效成分还受阳光、温度、水分以及病虫为害的影响。如前文中紫檀素的(23)~(25)三种成分在植株受病菌为害时才产生。植物次生物质的形成是生物体为了抵御不良生存环境而发生的过程,因此必然会受环境因子的影响而发生变化。

2. 次生物质化学成分的复杂性

没有一种植物只形成一种单一的次生物质,而往往是一组化学结构类似的相关化合物。这为天然源农药的研究开发工作带来许多困难,不仅分离提取和化学成分的确定难度相当大而且工作量也很大。据报告,在被调查的对天然源农药开发感兴趣的12家公司中有8家均采取了与其他部门联合研究的办法进行开发工作(Rodgers,1990)。我国近年来开发利用天然源农药的研究很受重视,但是从化学方面进行平行研究的工作很少。特别在直接加工利用方面,活性物质的不稳定性和化学成分的复杂性没有得到足够的重视,往往使研究结果出现波动和产品使用效果不稳定的情况。

3. 关于天然源农药与中草药

中国是草药的发源地,几千年来在这一领域积累了极其丰富的草药利用经验。以李时珍的《本草纲目》为代表的中草药著作集中反映了这些经验。中药可以说是一个完整的天然源药物领域,作为药物的原材料,从植物、动物到矿物无所不包。但是不可否认,站在现代科学的背景来考查,这种经验无疑还存在许多不科学的成分。

有一种主张认为,可以用中草药的理论来开发植物源农药。这里有两个问题需要明确:其一,中草药是以药性表达为基础的草药利用研究,而不是以植物中所含有效生物活性物质为基础的药物学研究,因此,中草药是依靠多种草药的药性配伍来提出药方(即配剂)的。这种配剂方法作为医药尚可,若作为农药则根本不可能。首先,是因为这种配剂需要极大量的植物材料,根本不可能形成大宗商品化生产,即便采取中成药加工方法也无法满足农药这种大规模商品的生产和使用的要求。其次,是因为草药的有效成分含量不稳定,前文已提及,植物所含的次生物质受植物本身生长条件、气象条件、环境条件、病虫为害情况以及采收时期的诸多影响,采回的植物材料甚至受贮存和加工条件的影响。因此中草药的配剂很难保证有效成分的稳定性。其二,中草药的药性配伍是以人体疾病为对象而不是以农作物病虫害或杂草为对象,药剂进入人体和进入农作物病虫和杂草体内的方式和途径完全不同,作用方式和毒理也完全不同。因此中草药和农药不能类比或等同,试图用中草药的研究方法来指导农药研究是不切实际的。尽管《本草纲目》中也列出了许多具有杀虫作用的草药如百部、芫花、藜芦等,但也只是草药的直接加工利用,并不是从探索有效物质化学性质的角度研究的。只是经过现代化学研究才发现了其中的有效物质是鱼藤酮、藜芦碱等。因此,对于中草药只能把它作为给现代天然源农药研究提供丰富的植物性药物信息,以便通过提取和组份分离,进行有效成分的化学研究来加以利用,不可停留在草药直接加工使用的水平上。

4. 关于转基因作物

据认为,植物对病虫害的天然防御机制包括次生物质是基因产物(primary gene product)(Hilder 等,1989)。因此可以通过转基因工程把所需因子转入植物体内,这是转基因作物研究的理论基础。自 1996 年开始转基因作物已列入世界农药销售额统计范围,可以说它已被作为天然源农药来对待。苏云金杆菌制剂转基因作物和耐除草剂作物均已进入农药商品市场。但是转基因作物对人、畜发生为害风险的可能性也已引起了广泛的关注,因为转入的基因所可能产生的活性成分对于人、畜来说可能是他源性物质,而非人、畜机体所固有,因此有可能会引发机体产生不良反应。如果从人、畜食物或饲料植物中所转出的活性成分形成基因,则可以避免这种风险。例如一种牛豆(cowpea, *Vigna unguiculata*

L. Walp,或扁豆、豇豆）胰蛋白酶抑制基因（Cowpea trypsin inhibitor,CpTI)已克隆成功并被转入烟草植株中,使烟草获得了抗多种害虫(包括鳞翅目的烟夜蛾、玉米螟、黏虫、丫纹夜蛾以及鞘翅目多种害虫)的能力(Hilder 等,1989)。

10

小规模农户的施药器械问题

小规模个体农户的农药施药器械问题 *

引 言

当前,中国的小规模个体农户使用农药时一般还不可能采用机械化施药机具,因为耕地的土地面积很小,而且在这种以农户为单位的小块土地上不大可能种植单一作物,很难容纳机械化施药机具作业。只能采取便于施药人员灵活操作的小型便携式喷洒器械。这也是发展中国家小规模农户的共同问题。

自从我国实行了农业生产承包责任制以来,分散的小规模经营的个体自耕农农户成为广大农村的主要农业劳动者,大多都是以一家农户的劳动力组成的一种家庭农田作业组合。目前全国农户平均每户有地 0.52 公顷(约相当于当前美国现代化农场平均面积的 1/400),科学技术水平低,生产手段比较落后。这样的农业结构要过渡到机械化的规模化农业生产经营,还需要跨越相当长的历史进程。美国虽然在 19 世纪后半叶即已进入机械化农业生产时期,到 1935 年集约化生产的农场发展到 681.2 万个,每个农场的面积平均已达 69.2 公顷。到 1980 年,平均农场面积扩大到 191.6 公顷,农场数量减少到 242.8 万个,而全国农场土地总面积并未变化。可见,自 1935 年至 1980 年美国先后花了长达 45 年的时间才实现了从农业集约化发展到美国式的农业高度规模化经

---

* 《农药应用工艺学导论》,2006 年

营[1]。这种高度规模化是在资本主义式的兼并之下实现的,但在我国只能在农户自愿的原则下逐步实现,国家不容许采取强制性兼并方式。由于这种特殊的经济体制和历史社会背景,若再把农业集约化和农业机械化所需的时间考虑在内,在中国实现农业现代化规模经营的过程无疑将经历更长的时间。

实现机械化施药的前提首先是农业生产的集约化和生产手段的机械化。由此可知,就农药的使用手段而言,在今后相当长的历史阶段内仍将以小型便携式施药器械为主体。至今我国农村的农药喷洒最常用的手段仍是工农-16型的背负式手动喷雾器[包括引进的国外同类型背负式手动喷雾器如“没得比”(MATABI)、卫士、利农、NS16等],在我国几乎约占90%。这种施药器械的农药损失量极大,农药有效利用率很低,对环境的污染风险也很高。由于工效太低,此类便携式手动施药器械在工业化国家的农业生产中早在20世纪50年代初即已基本淘汰,市售商品主要用于小型温室和庭院花草以及卫生防疫等方面,也有相当数量的此类商品销售给发展中国家用于农业。对于我国亿万个小规模经营的分散农户,究竟应采用何种施药手段比较恰当,需要认真分析探讨。但是上述类型的手动喷雾器械必须尽快退出中国农村,则是不争的历史任务。

从社会经济效益方面看,使用机械化的植保施药器械,必须在劳动力成本比较高的情况下采用才能符合经济合理的原则。19世纪末叶美国的统计资料表明,农场面积在37.4公顷以下,苹果的年产量小于20 000箱(1箱体积约相当于35升)的种植园,采取机械化施药是不经济的(参见本书绪论)[2]。此外,同一块农田上如果不是单一作物而是多种作物交叉种植,或间作套种,也不可能实施机械化施药。

中国农村的生产承包责任制将保持相当长的历史时期,大量的小规模个体农户在分散的小规模农田上如何进行农药使用,应采用何种类型的施药器械,是当前迫切需要明确和解决的问题。

1. 我国农村农药使用方面存在的问题和困境

1.1 我国大多数地区的地形地貌特征和中国的梯田 据中国地图出版社的资料,我国的平原可耕地面积只占全国土地面积的14%,主要分布在几个平原地区和各大盆地。但在占土地面积59%的山区、旱塬地区、高原地区及丘陵地区,也有大面积的各种农作物和果树是栽种在广袤的梯田上。农药使用量也相当大。根据2004年的一份统计资料表明,仅西部10个省、直辖市、自治区(含山西省,不包括西藏自治区)的农药有效成分使用量为30 854.7吨,平均每公顷播种面积用药量为570.5克,还在不断增加中。虽然低于全国平均水平,相当于东部8个经济发达省、直辖市平均用药量的18.1%,但农药的使用难度则远大于经济发达地区。

在平原地区的农作物上进行施药作业相对比较容易。但是在山区、旱塬和高原地区及丘陵地区施药则问题非常复杂,尤其是水的供应问题很大。因此消耗药液量大的施药方法很难被这些地区的农民接受,特别是梯田地区。

1.1.1 中国的梯田 由于我国山区、高原地区、丘陵地区和旱塬地区占土地面积达59%,修筑梯田在中国已有1000多年的历史,新中国成立后更大力发展梯田建设,梯田不仅防止了约90%的水土流失,并且提高农业单产100%以上。我国各地的梯田面积达2 700万公顷之多,约相当于全国耕地面积的20%(尚未包括正在逐步改造为梯田的坡耕地约1 400万公顷)。仅四川省一省就有约500万公顷各种水旱梯田。在长江流域以南各省的梯田以种植水稻为主,也种植茶树、油料作物、蚕桑、药材、蚕豆等。长江流域以北各省主要是小麦、玉米等旱作以及一部分蔬菜、豆类、药材等作物。有许多梯田是在田埂上栽种这些作物,与梯田的本田作物形成间作。从图1至图6就可看出,在这些地区采取大药液量的农药喷洒方法,必然会发生用水困难和劳动强度过大等问题[3,4]。

　　梯田通常是沿山坡地的等高线而修筑,因此大多呈不规则的弯曲田面,不可能形成规则的方块形田块,并且梯田的土面大多数比较狭窄。本文汇集了一些不同地区的各种类型的梯田的图片,从这些地区的梯田的状况即可看出,希望在这些地区推行现代机械化喷洒作业,若并非根本不可能,也必然十分困难。

图 1　北方地区无灌溉条件的旱作梯田

　　由此可见,在相当长的一段历史时期内希望在这些地区采用机械化喷洒作业,显然极为困难。不仅机具的运作和田间作业很难设想,即便是相对比较轻便的 WBF-18AC 系列的背负式机动喷粉喷雾机和背负式动力喷雾机,荷重也已达 22 千克左右,在这种地区进行机械化和半机械化施药作业的难度和劳动强度不言而喻。而且大风力的药雾不可能控制在非常分散的小块狭窄农田之中,却非常容易被喷出农田从而引起对相邻作物的伤害以及大范围的环境污染问题。

图 2　贵州地区的山区稻作梯田

1.1.2　梯田地区的气象条件　这些地区的另一重要特征是气象条件非常不稳定。尤其是气流的运动特别不利于对农药药雾的运动行为进行控制。当上午梯田的上层在阳光照射下（见图 2～图 5），此时会出现上山风，气流顺上山风而向上部梯田运动。当太阳下山时，则会出现相反的气流自梯田上部向山下运动的现象，因为此时出现的是下山风。由于山区的地形地貌变化非常复杂，气流的运动不仅多变，而且不可能由人力控制。

此类农田分布在占我国 59％国土面积的广袤山区和半山区以及丘陵地区，要开发出适用于此类地区的轻便施药机械进行机

图 3 广西大面积的土埂水稻梯田

图 4 黄土高原丘陵沟壑区的旱作梯田

械化施药,不仅难度极大,而且必须对这种特殊的气流运动现象进行详细的研究考察。问题还在于,这种气流运动现象往往是随时随地而异,因此很难要求农民准确掌握利用。大功率的喷雾机械

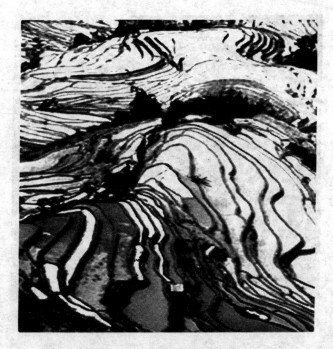

图 5　黄土高原区的水平梯田

有关梯田的图片资料均引自中华人民共和国水利部编辑的《中国的梯田》，
吉林人民出版社，1989 年

如 WBF-18AC 系列的喷粉喷雾机、热雾机、冷雾机等施药机具，在
强大气流的作用下，很容易造成药雾大范围扩散，并且很容易扩散
分布到沟壑和山坳中的居民聚居区。因此，在这些地区推广使用
此类大功率施药机械是不合适的。

而工农-16 型系列的背负式手动喷雾器械（包括引进或仿造
的各种类似系列产品），则属于大水量粗雾喷洒，施药作业的工效
很低，耗水量和劳动强度则很大。农民早已很难接受这种低效率
高劳动强度的农药喷洒器械，迫切要求对此类落后的喷雾器械进
行技术改造。在梯田地区采用这种笨重的施药器械更是很难被接

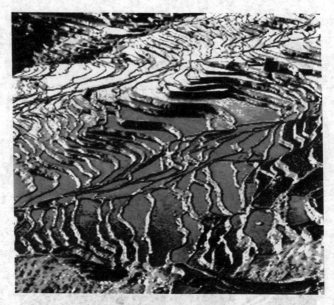

图 6   云南梯田之空中俯瞰图

受。

    1.1.3 干旱缺水　黄土高原地区和旱塬地区的又一重要特征是干旱缺水,其他地区的各种梯田,水同样很紧缺。在生活用水都比较紧缺的情况下,用大水量喷雾必然成为农民的沉重负担而受到抵制。所以大水量粗雾喷洒法显然不适宜于此类地区的农药使用。而低水量的细雾喷洒法则具有明显的优势,这种施药方法所需用的水仅相当于常规大水量粗雾喷洒法所用水量的 5% ~ 20%,可以节省大量用水。这种节水型施药方法不仅对黄土高原地区有意义,在任何地区都同样重要。而且向高地送水是一项十分繁重的劳动。

    在水资源比较充裕的平原地区和水网地区农田施药,大水量粗雾喷洒方法的药水流失率很高(一般可达 80% 以上),严重的药水流失现象极易造成药水进入水域而快速发生扩散性的水污染,并对水域养殖业造成系统性的危害,也会对饮用水的水源产生污染。尹润、吴斌等在四川郫县的三道堰乡对成都市最大的自来水厂的水源污染风险进行的比较监测表明,在三道堰乡水稻田喷洒杀虫双,采取低水量细雾喷洒法的手动吹雾器时进入稻田水系的药量,比采取工农-16型大水量粗雾喷洒法时降低97.37%之多,从而大大减轻了对成都市饮用水的污染压力和风险。

在水网地区,大功率的机动喷粉喷雾机显然更容易造成大范围的环境污染。在长江流域各省及华南地区这种水网地区非常普遍,在这样的农田环境状态下,粗雾大水量喷洒方法和机动喷粉喷雾法极易引发这种污染风险。

由此可见,地域的地形地貌特征和水环境对于农药施药方法的选择是十分重要的技术决策依据。

1.2 大水量粗雾喷洒方法不适应中国的主要大田作物 我国历年病虫草害防治面积每年约在2.5亿～3亿公顷/次,其中水稻田约占34%,小麦田约占30%,棉花田和玉米田约各占10%。这4种作物上的化学防治频率即占了全国防治面积的84%左右。其他防治面积较大的还有各种果树、油料作物和蔬菜类等。所以我国的农药使用技术问题在这几大类作物上的表现具有很普遍的代表性。

1.2.1 在禾谷类作物田中 水稻和小麦等禾谷类作物,具有独特的大倾斜度叶片甚至近于直立的叶片形态构造和极难湿润的叶片表面结构。这两种特征对于粗雾滴在叶面上的沉积极为不利,药液极易从叶片表面滚落。

铃木照麿早年用模拟水稻叶进行的研究发现了即便在药液具有一定湿润能力的情况下,当叶片的倾斜度达到45°时叶面上的雾滴即处于很不稳定状态,雾滴的下方前缘出现明显的前进接触角(advancing contact angle),达到60°以上时雾滴即处于极不稳定状态并发生严重的滚落现象。如果药液没有湿润能力,则雾滴在水稻叶面上几乎以几何圆的圆球形水滴出现,叶片有一定的倾斜时极易互相聚并而成为更粗大的雾滴而滚落,叶片稍有振动液滴也会滚落。早年 Furmidge(1962)的报告就已报告,在倾斜 10°的醋酸纤维素人造表面上水滴开始发生滚动的水滴临界直径约0.5 厘米,而在 45°的倾斜表面上则 0.05 立方厘米的水滴便开始滚动,在植物叶片上的比较试验结果也大体相似。加 1% 表面活性剂 Teepol 后,开始滚动的雾滴直径进一步缩小。这些试验结果说明,在稻、麦等禾谷类作物上喷洒大水量粗雾极易导致药水的大量损失,并对农田环境造成污染。

雾滴细度与雾滴的覆盖密度呈反相关。雾滴越细则同样体积的药液可以覆盖更大的植物叶片表面。图 7 说明了这种相关性。

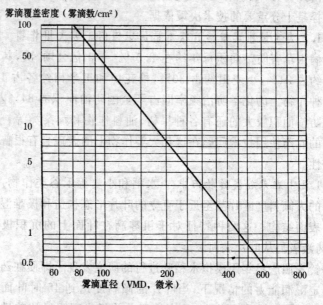

图 7 雾滴直径与雾滴覆盖密度之关系 （引自 Fraser）

由此可知,在禾谷类作物上采用大水量粗雾喷洒技术必然导致农药的大量损失,农药使用的技术回报率极低,并且极易造成对环境的污染。

1.2.2 在阔叶作物田

1.2.2.1 在成株作物上 在棉花田中虽然棉叶属于平展叶型,但是自然界没有绝对的平展叶,均有一定的倾斜度,有些作物叶片倾斜度相当大。棉花叶除了自然的倾斜以外,还有一种独特的趋光行为。日出以后,棉叶表面开始面向阳光向东倾斜,随着太阳光照射角度的升高,叶片倾角($D°$, decline angle)也相应地不断变化,可达45°左右,某些品种的棉叶倾角甚至接近于90°。到中午时段,叶片开始下垂,下午又转变为向西倾斜,至傍晚再度下垂整株呈塔形。

在农业上可以充分利用植物的各种行为来提高农药的沉积效率。棉花叶的这种趋光性行为非常有利于把药雾喷洒到棉花叶的正反两个表面上,背光喷洒作业有利于喷洒到棉叶正面,而逆光作业则有利于把药雾有效地喷入棉花株冠层中。如果采用有气流吹送的双流体细雾喷洒器械则更有利于把药雾喷洒到棉叶背面,这对于防治密集聚集在棉叶背面的害虫十分有利。但是,大水量粗雾喷洒法则不可能有效地利用植物的这种行为。

大水量粗雾喷洒法的药液在倾斜的棉叶上沉积量显著降低而流失的药液量则显著增大。即便未出现倾斜,大水量喷洒法的药液在棉叶上的流失问题已经比较严重,因为大量药液的沉积极易超出叶片表面对药液的持留能力,超载的药液迅即发生流失现象(这一瞬间的药液堆积度即所谓"流失点")。顾中言提出,根据叶片表面的亲水性和拒水性可把植物分为两大类。亲水性植物的叶片相对比较容易被药液黏附,药液沉积率也相对比较高;而拒水性植物则相反。由于各种植物叶片表面蜡质的化学结构和组分不尽相同,其亲水性或亲脂性程度也不会相同,因此药液的黏附力和药液持留量就会出现很大差别。但是若采取很低容量的细雾喷洒法则不会发生药液流失问题。

其他阔叶植物的情况与棉花田相似。如十字花科蔬菜田的白菜、甘蓝等,大部分生长阶段的叶片逐步由基本平展而转变为斜立最后形成包叶。采取大水量粗雾喷洒法时,药液十分容易流淌进入叶腋,而在叶片表面的沉积量很少。其他各种蔬菜的株形、叶形虽然变化多端,但情况与棉花和十字花科蔬菜类似。

1.2.2.2 苗期和幼株期作物上的药液沉积　在作物的苗期或幼株期施药,药液在作物行间裸露地面(尤其是宽行作物的行间露地)的失落量很大。例如棉苗期施药防治苗蚜和苗期病害,通常采取顺行平行喷施法,目的是让药液尽量集中在苗行中,减少药雾喷洒到行间空地上。但是常规喷雾器的宽雾角(雾角约为 120°)和空心雾锥不可能做到。因此农民往往采取所谓"顶推喷洒法",即让喷头紧靠棉苗或幼株向前边走边喷,试图把药液集中喷洒在植株上。但由于喷头离作物太近,雾化效果极差,甚至根本不能雾化,实际上变成了药液淋洗。这种喷洒方法的药液损失状况相当严重。但是若采用窄幅雾角喷洒的方式,例如手动吹雾器喷洒,则可以利用喷头所产生的气流对窄幅雾头(雾角约为 25°)的雾流导向作用和很低的施药液量,即可以把药雾显著集中在棉苗行中,可以显著降低药液在裸地上的损失。田间实测结果证明,失落在苗行两侧地面上的药液量(按 微升/600 平方厘米计),常规喷雾法为846 微升,而吹雾法只有 11.3 微升。虽然吹雾法的药液浓度一般比常量喷雾法约高 10 倍,按药剂有效成分计算,常规喷雾法药液在行间的失落量也比吹雾法大 7~8 倍,因此吹雾法能够节省大量药剂并显著提高工效。每 667 平方米用 8 克有效成分(120 克,ai/公顷)久效磷(monocrotophos)的苗蚜防治效果,吹雾法高于常规喷雾法约 10 个百分点,而且吹雾法每 667 平方米使用 6 克有效成分(90 克,ai/公顷)的药效仍显著高于每 667 平方米 8 克的常规喷雾法(荣晓冬,1989)。

1.2.3 药雾对作物株冠层的通透性问题 除了土居性的病虫草害以及种苗携带的有害生物以外,病虫草的发生主要在作物的株冠层中和茎秆中,尤其在株冠层中。因此株冠层是农田施药的主要有效靶区。在作物的不同生长阶段,株冠形态和结构有很大变化。若要求把药液喷洒到株冠层内部并在各部位均能形成农药沉积,首先必须使药雾能够充分自由地进入株冠层并且能同株冠层的各部位发生有效接触。但是由于枝叶交叉,叶片之间的相互屏蔽效应使药雾的通透行为受到很大阻碍。尤其大水量粗雾喷洒的粗雾滴的运动行为受阻现象更为严重。

在采用拖拉机牵引的机动喷杆喷雾机的情况下,通常须配置吊挂式喷杆,使喷头下插到株冠层中,在株冠下层进行喷洒。或选用袖筒式喷杆喷雾机,利用轴流风机所产生的大风量低风速气流,通过袖筒式喷雾罩产生下喷气流把药雾喷入株冠层。但是采用手动便携式常规喷雾器时,宽幅空心雾喷头所产生的宽幅药雾几乎不可能有效地进入株冠层中。尤其在植株进入成株期后或封垄后农药喷洒很难进行,雾滴在株冠层中的运动和扩散能力也极差,所以农药的有效沉积率很低,大部分失落到地面。

低水量细雾喷洒法所产生的药雾如果没有气流吹送,也会受到稠密叶片的阻挡,雾滴的运动距离仍然很有限。采用 WBF-18AC 机动弥雾喷粉机或热雾机喷洒药液的方法虽然工效比较高,虽然也属于风送式喷雾,但是由于机具的功率过大,在小规模农田中很难把药雾控制在农田中,极易喷出田外,因此也不适用于小规模分散经营的农田。

从上述 3 方面的分析可知,在当前中国分散经营的小规模自耕农的农田上,采取大水量粗雾喷洒法,或动力喷洒的背负式弥雾喷粉机和热雾机,农药的通透率很差而农药的损失和浪费却很严重,农药的有效利用率很低,工效也很低,劳动强度则很大,对农田环境的污染风险又比较严重。所以这两类喷洒方法在中国农村的分散经营的农田中都不是适用的方法，尤其是在广袤的梯田地区、水网地区问题更为突出。

以工农-16 型为代表的手动喷雾器一直是中国农民手中的基本施药手段。各地先后生产了 30 多种基本相似的产品，也引进和仿造了多种相似类型的国外产品，至今已有近 50 多年的历史。但是从未在雾化方式和实际技术性能、使用效果和经济效率等各方面进行过实质性的技术改造和革新。这种大水量粗雾喷洒器械的每公顷农田施药液量为 375～1 500 升，在果树和其他高大稠密作物上的施药液量更远高于此。所产生的雾滴直径一般在 200～400 微米，垂直降落 1.5 米 高度只需 1 秒钟左右，并且极易在叶面发生药液聚并而滚落或流失。在训练有素的人员的正确操作下，回收率一般也只有 30％～40％左右，而有 70％左右的药液损失。一般农民操作多不符合喷雾作业规范，所以药液损失更远高于 80％，这就意味着大约相当于 80％左右的农药损失。

这种常规类型的手动喷雾器械所采用的都是液力式雾化法，其共同的缺点是雾化不均匀、雾滴粗而雾滴谱宽，农药回收率很低。这种手动器械早在 19 世纪末即已在欧洲生产销售，但随着农业生产进入集约化和机械化，20 世纪 40 年代以后即已从农业生产领域退役，主要仅用于卫生防疫和庭院花草病虫害防治方面。我国在 20 世纪 50 年代引进，用于农业病虫害防治，同时也用于卫生防疫，一直沿用至今。

2. 施药液量的问题

除上述 3 方面问题之外，大水量粗雾喷洒法在施药液量和施药量的调控方面也存在问题。施药液量和施药量是选择施药方法和施药器械的技术决策依据之一。

施药液量的含义是在 1 公顷农田中喷洒农药所需的药液量，理论上的意义是此药液量应足以完全沉积覆盖在 1 公顷农作物上。根据实际使用的情况和经验，每公顷农田对施药液量的要求因药雾的雾化细度而有很大差别，表1是由 Bals 所提出的一个对比表，由此可见一斑。表中把 50 微米和 200 微米雾滴标出，以供对比。可见，若喷洒 200～400 微米的粗雾，施药液量将没有必要的大幅度增加。

表1　每公顷农田对各种细度的药雾的药液需要量　（Bals）

雾滴直径(微米)	每公顷药液需要量(升/公顷)
10	0.005
20	0.042
30	0.141
40	0.335
50	**0.655**
60	1.131
70	1.797
80	2.682
90	3.818
100	5.238
200	**41.905**
500	654.687

　　Matthews 根据各地的实际情况提出了一个各种粗细雾喷洒方法的雾滴直径范围和作物对药液的需要量，也有很好的参考价值（表2）。

表 2　各种作物上的施药液量分级　（Matthews）

喷雾方法	雾滴直径范围（VMD，微米）	大田作物方面（升/公顷）	林木和灌木方面（升/公顷）
大容量喷雾法（即常规喷雾法）	200～400	＜600	＞1000
中容量喷雾法	100～150	200～600	500～1000
低容量喷雾法	100～200	50～200	200～500
很低容量喷雾法	70～150	5～50	50～200
超低容量喷雾法	50～80	＜5	＜50

　　作物的叶面积指数(LAI)随作物的生长而不断变化，因此施药液量也需相应地调整变动以满足药液对作物覆盖密度的要求，所以施药液量并非定数，经常需要通过改变药液喷洒参数达到调控施药液量和施药量的目的。但对于手动喷雾器械来说，很难做到准确调控。

　　施药液量的调节，实质就是调节施药量，但另外也是由于希望同时改善药液在作物上的分布均匀性。采取大水量粗雾喷洒法时，虽然改变药液浓度也可以调节施药量，但是浓度超出一定范围就有可能引发药害。因为传统的大水量粗雾喷洒方法，其目的就是要求把作物全部喷透药液。这里存在一个严重的认识上的误区。

　　在理论上和实际上早已证明，要求作物整体都喷到药液，是根本不可能的，从农药的宏观毒理学看也不符合毒理学原理。其实只需计算一下作物的叶面积指数和全部叶面黏附药液时所需要的药液量，即可发现问题。这种认识上的误区导致喷雾器械一直以大水量喷洒作业作为基本方法。这也是我国农民之所以一直把是否能把植株喷到出现药液滴淌现象，作为喷药是否合格的质量指标的根本原因。这种认识上的误区，数十年来至少导致 80% 以上的农药被浪费在农田土壤和田水中。从 20 世纪 50 年代起，工业化国家已经开始把低水量细雾喷洒技术引用到农药使用之中，但是这种转变主要是体现在大型喷雾机械中。至于手动喷雾器械，实际上从 20 世纪 40 年代起就已经开始迅速退出工业化国家的农业施药的领域。然而在中国，手动施药器械却至今仍是农民手中的基本施药手段，60 年未变。

对于中国的农民，只有把传统的大水量粗雾喷洒方法改变为细雾低容量喷洒方法才可能克服这一根本矛盾。细雾低容量喷洒法既可以通过调节药液浓度自由调节施药量，又可以通过均匀沉降的细雾滴所形成的雾滴覆盖现象而达到使农药沉积均匀之目的。所谓雾滴覆盖方式，即对药剂沉积密度的要求是通过调节雾滴的覆盖密度来调控，而并不要求药液形成大水量的液膜式全覆盖。其实当药液的水分蒸发消失后，最后残剩在叶面上的是分散的药剂微粒或分散的细油珠，而并非想象中的一层连续的药膜，与直接喷洒细雾滴的效果是相同的。这是近数十年来细雾低容量喷洒法在工业化国家日益受到重视的根本原因之一。

所以必须大力提倡和推广细雾低容量喷洒方法。采用这种方法时操作人员对于施药液量和施药量的调控也有很大的主观能动性。

2.1 作物种类的差异和作物的不同生长阶段与施药液量的关系 各种作物的形态千差万别，在不同生长阶段的株冠结构形态和株冠体积，以及农作物的田间群体结构都有很大的变化[10]，这些都是判定施药液量的重要依据。从理论上讲，是希望喷洒的药雾之体积应足以置换株冠层中的空气，这样可以使株冠层完全浸没在药雾中。在这种状态下，理论上植株的叶片应能同药雾充分接触。然而实际上大水量喷洒法所产生的粗雾雾滴主要是沉降沉积运动，即雾滴基本上是垂直下降运动，基本上没有水平扩散运

动,因此不可能形成弥散性的均匀药雾,根本不可能出现把作物株
冠层完全浸没的状态。叶片之间的空间屏蔽效应对雾滴运动所产
生的阻滞作用,使雾滴只能同作物发生局部接触。只有烟和气雾
等近于气溶胶状态的微粒能够在空气中有较长的悬浮扩散时间,
才有可能在一定时间内和一定条件下浸没株冠层。其他各种粗雾
类雾滴大部分都很快沉降到地面,所以没有足够长的时间和机会
同株冠层发生充分接触。在我国农村中盲目加大喷雾量,误认为
只要把作物整株喷淋至"湿透",便能使植株完全同药液接触,但结
果则往往是事倍功半,事与愿违。

有害生物往往发生在作物的不同生长阶段和植株的不同部
位,对施药液量的需求有很大差别。所以施药液量的确定必需参
照这些因素才能做出准确的抉择,而且必须参照当时可供选择的
施药手段和器械的性能。同一种农药药液选用低容量喷雾器时可
以使用较高浓度/较小容量的药液,选择大容量喷洒的喷雾器时则
情况相反。而选用超低容量喷雾机时甚至每公顷仅需 4 500 毫升
的极少量药液,不过药液的浓度则需相应地提高。必须注意,超低
容量喷雾法(ULVA)是一种面处理喷雾法,必须利用一定的风力
把喷洒出去的雾滴借助于风力扩散分布到作物表面上(这种喷洒
方法也称为"飘移喷雾法"),并且必须采取喷幅交叠喷洒法才能使
雾滴在整块农田作物表面上达到相对均匀的分布,而雾滴向下透
过作物株冠层的能力则很小,也不可能实施对作物的对靶喷洒。
近年来生产了几种配置有电动风扇的超低容量喷雾机,可以在种
植园和温室中进行对靶喷洒。我国曾经有人提出几种手持超低容
量喷雾器的设计,并推荐在水稻田和棉花田的株冠内部进行喷洒。
这是错误的方法。由于必须采取喷幅交叠的喷洒法,借助于自然
风力的超低容量喷洒方法也必须在面积较大的单一作物农田上才
能发挥作用。因此这种喷洒方法也不适宜于分散的小规模个体农
户采用。

2.2 施药量和施药液量与有害生物的发生发展速度　有害生物的发生发展速度是一个很复杂的变量,往往受制于气象气候和影响生态环境的多种因素。迅速发展的有害生物种群和种群密度及个体数量的突然增长,对农药的需求量必然相应地需要增加。尤其是暴发性病虫害,常迅速发展成为毁灭性灾害因子,如蝗虫、稻飞虱、小麦锈病、白粉病等。有时必须采取提高施药液量或施药量的办法争取快速控制病虫害的发展蔓延速度。

大水量喷洒法的施药液量调节主要是通过施药时操作人员的行进速度和选择具有一定药液排出速度的喷洒部件。但是手动喷雾器械的行进速度常常因人因时而变,准确控制比较困难。因此增加施药液量只能通过选择大喷孔片或减慢行进速度。而减少施药液量则采取相反的措施。但是喷洒部件的选择有一定的局限性,例如我国曾经推广的小喷孔片(尚鹤言[12]),其喷孔直径为0.7毫米,在0.2～0.4兆帕的工作压力下药液排出速度可降低到250～300毫升/分钟,而标准的1.3毫米喷孔片的排液速度为580～630毫升/分钟。但0.7毫米喷孔片已经很容易发生喷孔堵塞问题,进一步缩小喷孔已不可能。在农田条件下尤其是在水稻田中行进速度的加快也有局限性。20世纪80年代浙江省曾经推广一种采用1毫米喷孔片的喷洒方法(孙敏功,1980),667平方米田只喷洒1桶药液(通称为"三个一喷雾法"),其原理与上述小喷孔片喷雾法相同,由于喷孔较大,在稻区推广时不容易发生喷头堵塞事故。上述两种喷洒方法,虽然施药液量可降低很多,但是否能够把药液喷洒均匀,则完全需要通过操作者对田间行进速度和喷洒方式的自我调控。由于对雾化方式没有作根本改变,药雾的运动行为仍然属于粗雾滴的快速沉降运动,因此难以实现药雾在农田和株冠层中的均匀分布。

在不改变药液浓度的情况下,施药液量的改变之结果是改变了施药量。通过增加施药液量,可以达到在扩大农药沉积覆盖面积的同时提高施药量,但是必须考虑到,增加施药液量的必然后果是提高了药液的流失量,降低了农药的有效利用率。实际上施药量不一定会有实质性的增加。这就是大水量粗雾喷洒方法喷洒技术的难以克服的内在矛盾。

如果把大水量喷洒法改变为低水量细雾喷洒法则药液流失可以显著减少或消除,但是同时必须相应地改变喷洒部件,才能使药雾在株冠层中形成比较均匀而有效的沉积。根据多年的研究试验和田间实际应用结果,笔者认为最重要的改变是必须采取气流输送药雾的喷雾方法,即双流体雾化法(twin fluid atomization)。在手动喷雾器械上采取气流输送药雾有多种方法,但其中以手动吹雾器的技术经济效果为最佳。

3. 关于手动吹雾器

手动吹雾法的施药技术在 1981 年开发成功。经过数年田间实际应用试验示范,证明了采取双流体雾化法在手动喷雾器械上完全能够实现低水量细雾喷洒,雾化性能很好[13],可以降低用水量 90％以上,降低施药量达 25％以上,有效地克服了传统的大水量粗雾喷洒方法和液力式手动喷雾器的弊病。用这种手动吹雾器取代液力式手动喷雾器是完全可行的技术。

根据 Fraser 的研究,当载压空气的流量与药液的流量质量比达到一定比例,即可产生 5 微米左右的比较均匀的雾滴[15]。手动吹雾器在喷头的设计中考虑到低容量细雾喷洒的要求,以及雾滴在作物上均匀沉积分布的要求,对载压空气的流量和流速以及药液的流量和流速进行了匹配,设计完成了这种双流体喷头。雾化产生的雾滴直径之 VMD 值在 35～75 微米[16],已经可以充分满足手动吹雾器的细雾气流喷洒法在各种类型的作物上病虫害防治的要求,并取得了满意的技术经济效益。

针对中国当前农村的实际情况,多功能手动吹雾器是一种最适用的便携式轻便型施药器械[14,16~18]。图 8,图 10,图 11 是吹雾器在稻麦田中的工作状况。图 9 是细雾滴在棉叶上的沉积分布状态,黄色细点是暗室中紫外光照射下的含有荧光剂的雾滴。

图 8　手动吹雾器的工作状态 （贵州凯里稻田,屠晓东摄）

图 9　吹雾器的雾滴在棉叶上的沉积分布状况
（叶面黄色微粒是含荧光剂的细雾滴在暗室紫外灯下的显影,屠晓东摄）

3.1 手动吹雾器的主要性能和特点　表 3 把手动吹雾器的各

图 10　吹雾器在稻田喷洒农药的药雾形成状况

（2005 年,笔者摄于邯郸）

图 11　新型号微量弥雾器与常规喷雾器药雾形成状态

（1986 年,笔者摄于海盐）

项技术性能同我国的工农-16 型手动喷雾器进行了比较,可以明确看出手动吹雾法在技术经济效果方面的显著优点。获得这种技术效果的最基本的技术因素是吹雾法所产生的雾滴细度和雾滴分散均匀度。而气流吹送又对细雾滴的运动行为提供了导向作用,使手动吹雾法得以适应多种不同情况下的作物和病虫害防治的需要。吹雾器喷头所喷出的气流速度足以对雾流运动产生导向作用而不会造成雾流的飘移,测得的气流速度如下(玉霞飞、屠豫钦,1988):

工作压力 (兆帕)	离喷头不同距离(厘米)处的气流速度[cm(m/sec)]				
0.01	20(1.7)	40(1.56)	60(1.04)	80(0.80)	100(0.59)
0.02	20(3.67)	40(1.75)	60(1.39)	80(0.60)	100(0.52)
0.03	20(3.58)	40(2.27)	60(1.63)	80(0.96)	100(0.60)
0.04	20(3.68)	40(3.04)	60(1.80)	80(1.37)	100(0.65)
0.05	20(3.75)	40(3.42)	60(1.98)	80(1.48)	100(1.12)

气流速度的测定在风洞中进行,测定点在喷头外的气流中心轴线上,60厘米以内用中风速表,60厘米以外用微风速表进行测量。结果表明,这样的气流速度已足以抵御作物表面上的风速对药雾的飘移干扰作用,并足以对药雾产生雾流导向作用。

表3 手动吹雾器与工农-16型手动喷雾器的
机械性能和雾化性能比较

技术指标	手动吹雾器	常规喷雾器(工农-16型)
喷药液量/(L/hm²)	15～45	750～1025
工效/(h/hm²)	5～10	15～30
一次药液装载量/L	6～8	12.5～20
一次药液装置量可喷洒的面积/hm²	0.27～0.54	0.017～0.068
药液雾化细度/μm	≤60	200～400
雾滴的叶面持留能力	持留牢固,不发生流失	绝大部分药液流失
农药有效利用率/%	>60	<30

手动吹雾器的主要性能特征分述如下。

3.1.1 雾化所需工作压力很小

这种手动吹雾器在 0.005 MPa 的低压下便能实现雾化,最高工作压力只需 0.03 MPa。适宜的工作区在 0.01~0.025MPa 范围内,不同强度的劳动力均能轻松操作,因此强弱劳动力之间所能获得的雾化效果没有根本差异。这一特点保证了使用吹雾器时不会由于操作人员劳动力的强弱差别而导致雾化性能发生剧烈变动,对于保证农药施药质量的稳定具有重要意义。吹雾器所形成的雾滴之 VMD 值在 35~75 微米范围内,能够在作物上形成均匀的雾滴覆盖状态,沉积分布均匀。然而使用常规手动喷雾器时,雾化性能受操作人员劳动力强弱的影响和波动极大,弱劳力操作所产生的雾滴粗大,甚至不能正常雾化,农药使用效果和药剂的回收率大幅度降低,这是常规手动喷雾器械造成农药浪费损失的重要原因。

3.1.2 施药液量很小

根据作物种类或生长阶段的不同,使用手动吹雾器时每公顷只需施药液 15~45 升即可获得良好的雾滴沉积分布。若采用常规喷雾器,每公顷施药液量高达 375~1 500 升,吹雾器的施药液量,可减少 95% 以上。因此,手动吹雾器是一种节水型施药器械。对于水资源紧缺的梯田地区、旱塬地区和黄土高原地区意义尤为重大。

手动吹雾器的额定药液装载量为 6 升(也可扩大到 7 升),一次装载药液可以喷洒 0.2~0.4 公顷农田。在一个耕作面积不足 1 公顷的小规模农户的分散的农田中,只需装载药液 2~3 次就可以完成喷洒作业。如果种植的是多种作物,若只对一种作物进行农药喷洒,则只需装载一次药液即可完成喷洒作业。因此能够大量减少在田间往返重复灌装药液的时间,从而节省了施药作业时间,并减轻了劳动强度。

这样低的施药液量使施药作业人员可以在很安全的条件下在出发下田之前预先把药液配制灌装完毕，完全避免了在田头现场配药的不安全作业。许多农药中毒事故往往发生在田头现场稀释配药的过程中同高浓度农药制剂的接触，由于田间缺乏清洗用品和防护材料，这种田头中毒事故一旦发生往往很难进行有效的现场应急救治。手动吹雾器是一种全密封施药器械，药液灌装以后在运动过程中不会发生跑冒滴漏现象，所以也是一种安全型施药器械。这一特点对于分散经营的小规模农民无疑具有很重要的意义。

低的施药液量对于梯田地区的小规模分散农户的施药作业尤为有利。计算好农田所需施药液量即可在出发前配制灌装完毕，避免了把大量药水运送到梯田高处，也避免了在梯田田头配制药液所带来的不方便和发生中毒的风险。

由于吹雾器的药液流量很小，0.5升的药液需 8～10 分钟可喷洒完毕，因此可以用吹雾器从容喷洒，非常适合于小规模农户在分散的小农田上使用。

3.1.3 具有雾流导向作用和对靶喷洒的功能

前文指出了吹雾器自身所产生的 2 米/sec 左右的喷口气流速度，使这种喷雾方法具有了对药雾的推送作用，不仅使药雾提高了对株冠的通透能力，并且能对雾流产生导向作用，有助于针对性较强地把药雾喷洒到目标区内。高效率的农药喷洒应把农药喷洒在毒力空间，并且让药剂能够高效率地沉积在有效靶区上。各种作物的有效靶区各不相同，需要根据作物种类和病虫的分布特征判定。如麇集在小麦穗部的麦长管蚜、小麦赤霉病，在水稻植株下部为害的稻飞虱、水稻纹枯病等。利用手动吹雾器的窄幅雾流即可采取层流层喷雾法[16]进行对靶喷洒，药剂能相对集中在靶区中。但常规手动喷雾器则不能进行这种对靶喷洒方法。

3.1.4 吹雾法药雾在植株上的药雾回收率高

由于吹雾法的细雾滴在植株上的沉积率比较高,因此植株上的回收率也比较高,而失落在农田和田水中的量大为降低,可从表4 的比较数字中清楚看出。

表4　几种喷雾方法的药雾回收率比较　(尹洵、吴斌等,1988)

喷雾方法	小麦田的沉积分布(%)				水稻田的沉积分布(%)	
	穗　部	麦　叶	麦　秆	地　面	植株上	田水中
吹雾法	29.46	40.58	16.30	13.91	64.32	33.87
常规喷雾法	12.74	3.817	6.47	76.92	15.39	82.33
"三个一"喷雾法	8.78	26.51	6.83	57.86		
小喷片喷雾法	19.36	30.24	8.13	42.26		

注:小麦为灌浆期,水稻为分蘖期,用丽春红做检测剂,比色法测定

3.1.5 手动吹雾器亦可用于喷粉

手动吹雾器配置有一只特制的喷粉盒,可以利用吹雾器所产生的气流进行株冠下层喷粉。适用于温室大棚中以及郁闭度比较高的大田作物如棉花、油菜、以及其他高秆作物。

以上各方面的分析和比较说明了手动吹雾器的多方面特点均显著优于大水量粗雾喷洒法的传统式喷雾器。由此可见,对于小规模分散经营的个体农户,手动吹雾器类型的便携式农药喷洒器械应是最适宜的施药手段。

3.1.6 手动吹雾器可用于进行超低容量喷洒

手动吹雾器的雾滴细度已经可以用于超低容量喷洒。用水质药液进行超低容量喷洒的方法已经取得成功,不过这种药液必须配加防止水分蒸发剂。须有特制药剂供应,或者在使用时临时配加桶混助剂,需在使用说明书中做出特别说明以指导用户使用。

结　语

　　本文对手动吹雾器的结构特征和工作性能做了简要介绍,并同常规的工农-16 型手动喷雾器进行了比较,证明这种便携式双流体雾化手动施药器械的性能和工作状况能够消除常规喷雾器的各种缺陷。尤其是其节水和节药性能、便于进行对靶喷洒的细雾窄幅雾流、机具本身所产生的气流对药雾的导向作用、以及很低的施药液量,能够大幅度提高小规模个体农户喷洒农药的效率和农药喷洒的质量,农药喷洒作业人员的劳力强弱差异对农药的雾化质量并无影响,从而有利于普遍提高个体农户的农药施药水平。这种施药器械的细雾喷洒特征和很低的施药液量,也克服了常规大容量喷雾法所造成的大量药液流失和农药的浪费损失以及对环境安全的风险。据此笔者认为,应尽快停止传统的大水量粗雾喷洒器械在农业上使用,而大力推广采取双流体雾化法的手动吹雾器。手动吹雾器的推广应用,对于近半个世纪束缚在传统的落后的大水量粗雾喷雾器械上的个体农户而言,是一项技术革命,将帮助他们在中国尚未能进入机械化的集约化大农业之前,把施药技术提高到比较高的水平,并从这项技术的社会效益、经济效益和环境效益等方面获得很好的回报,同时将挽回约 80% 的农药损失。开发这种类型的双流体雾化小型喷雾器械,不仅对中国的小农户而且对发展中国家的小农户也同样具有现实意义(Kidd[17],Matthews[18,19],FAO)。

11

卫生用农药剂型及
城市害虫防治问题

卫生用农药剂型与施药器械的互作关系 *

中国农业科学院植保所　屠豫钦

农业部农药检定所　王以燕

卫生用农药的剂型和施药器械的选型之间存在一种相互关系,即特定的剂型需要选用特定的施药器械,一定的施药器械比较适宜于施用某些特定的药剂剂型。影响这种相互关系的因素比较复杂,但是对剂型设计和药剂的正确使用和使用效果都会产生较大的影响。

未经特殊加工配制的原药固然不能直接使用,但是加工良好的制剂若未能选择恰当的施药器械和施药方法,也不能发挥理想的效果,甚至可能造成一些不良后果,药剂的商品价值就会受到损害,并会造成药剂的浪费甚至对环境的污染。

关于药物的剂型和制剂

"剂型"有3方面含义:一是指商品药剂的外观形态;二是指药剂的分散状态和所属分散体系;三是表示药剂商品的可使用方式,如喷雾用、喷粉用、熏烟用等。所谓"可使用方式",所涉及的就是施药手段和施药器械的问题。

＊ 在卫生药械协会委员大会(无锡市)上的报告,2004

剂型中所使用的各种助剂、填料和加工方法,是要使药剂具有一种明确而稳定的外观形态结构,常被统称为药物的"赋形剂"。有些则是预装在耐压容器中的压缩液态制剂,如气雾罐、装有可点燃的烟剂的熏烟筒等。"赋形"之目的,除了使药剂具有明确的形态结构之外,也是为了使药剂可以采取适当的使用方式和施药手段。

一种剂型经过研究设计而确定为具有明确规格和标准的可作为商品销售的药剂,称为"制剂"。一种剂型可以根据需要设计成不同规格的多种制剂。

药物的剂型属于一种特定的"分散体系"。制剂本身所具有的分散体系称为"原始分散体系",在使用中经过必要的配制后会形成新的分散体系(即"二次分散体系")。药剂若喷施到空中,雾滴或微粒又将以空气为分散介质而形成新的固/气或液/气分散体系,这种分散体系的形成是通过适当的施药器械喷施而完成的。药剂在空气中所形成的分散体系对于卫生用药具有特别重要的意义。

剂型和制剂的原始分散体系

分散体系由"分散相"(药物有效成分),和"分散介质"(包括载体和助剂)组成。药物有效成分在助剂的帮助下均匀地分散在载体中构成了稳定的分散体系。作为分散相的药物有效成分以及分散介质可以分别为固态或液态。因此,药物的剂型分散体系就可以有:固/固分散系、固/液分散系、液/液分散系和液/固分散系等多种分散体系。也可能成为几种不同分散系所组成的复合分散体系。如图1。

药剂喷施过程就是药剂在空气中的分散过程。此过程是利用喷洒器械来完成(烟的分散则是由热力完成)。最后形成了药剂微粒在空气中的相对稳定的分散体系,有人统称之为"气溶胶"。例

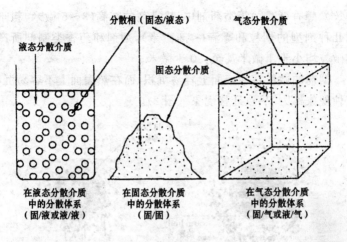

图1　药剂分散体系

如:烟剂、热雾剂、冷雾剂和气雾剂,施药后所形成的烟和雾,均被列入气溶胶分散体系。

在一定容积的空气中形成的分散体系在毒理学上称为"毒力空间"。毒力空间的形成要求药剂的分散度比较高,微粒能够在空气中稳定分散悬浮较长时间。粗大的粉粒或雾滴会很快坠落,不能形成毒力空间,因而只能作滞留喷洒用。

药剂微粒在空气中的沉降速度同其粒径有关,在无风情况下:

粒径1微米的微粒沉降3米高度需28.1小时,如烟剂(及某些热雾剂);

粒径达10微米时沉降速度就显著加快,只需16.9分钟,如气雾剂(及某些热雾剂);

20微米的粒径需4.2分钟;

50微米的微粒只需0.675分钟。

在热雾剂、烟剂、电热蚊香片(MV)、电热蚊香液(LV)、蚊香

(MC)、蟑香(CC*)等类药剂中,热雾剂的雾滴(3~5 微米)粗于其他几种剂型的烟粒和雾滴(<3 微米),烟剂和药香类制剂所产生的微粒均小于 1 微米甚至<0.1 微米。

烟剂的微粒在冷表面上容易沉积,而在热表面上不容易沉积,这种现象称为"热致迁移现象"(图 2)。

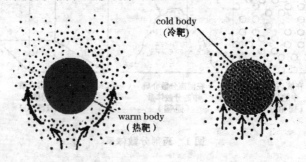

图 2　微粒的热致迁移现象

气溶胶分散体系是由两种分散系所组成,即烟或雾的微粒本身剂型的分散体系与烟和雾的微粒在空气中的分散体系。后一种分散体系之形成是由于药剂微粒的粒径决定的,存在气流涡动现象的情况下,微粒直径一般也须小于 5 微米以下,才能在空气中保持比较长时间的悬浮状态而形成一个相对稳定的分散体系。

施药器械的性能是影响雾滴细度(亦称分散度)的重要因素。如果施药器械的性能不能满足制剂雾化的要求,即便制剂合格,也不能产生高质量的药雾。所以,研究开发此类制剂时在使用说明书中必须交代清楚施药器械,指导用户正确使用。

烟在空气中悬浮时间长得多,在封闭条件较好的室内环境中,烟粒的悬浮时间一般可达 20 小时以上。

由于烟更容易大范围扩散分布,因此不适宜在户外环境中使用。在研究开发烟制剂系列产品前必须考虑到这一点。烟制剂的使用说明书中必须对此有明确的表述,并说明需经过多长时间开启门窗通风换气,才可以允许人员进入。这一段时间亦可称为"安全等待期"。

烟制剂的使用,须注意认定目标害虫。害虫的存在和活动状况差别很大。蚊、蝇多在空中飞翔或栖息在物体表面,而蜚蠊除外出觅食之外,常栖息在室内比较隐蔽处,尤其是各种缝隙、犄角部位。虱、蚤、臭虫等行为更为隐蔽。文物害虫如蠹虫、衣蛾、衣鱼等又不同于前述害虫。如日本中外制药株式会社的"百人蟑"(バルサン(r))熏烟剂,在产品说明书中清楚标明:烟罐的发烟时间是20~30sec,用于杀灭室内飞翔的蚊、蝇时房屋只须封闭 30~60 分钟即可通风换气,而用于杀灭蟑螂、跳蚤、虱子、臭虫等较隐蔽的害虫则须封闭 2~3 小时(并在说明书中特别用红字凸显,以提醒用户注意)才可通风换气。

应重视剂型设计和开发研究中的生物学和毒理学问题

药物的物理化学特征是剂型加工的基础,但是生物学和毒理学方面的问题对剂型设计可能格外重要。

有害生物的行为特征是研究设计剂型和制剂以及选择施药方法和器械的重要依据。各种有害生物的分布空间和行为往往有很大差别。

在室外环境中,蚊卵、幼虫(孑孓)和蛹都是在水域中栖息生长的。此阶段若采用烟剂或热雾剂等气溶胶形态的剂型基本上是无效的(只对水面以上集群飞翔的蚊子成虫有效),可选择施于水域中的剂型。但孑孓必须浮到水面用呼气管呼吸空气,呼气管出露在水面上(图 3)。根据这种行为,水面展膜油剂(SO)应是一种很好的剂型,油膜本身就能被孑孓和蛹吸入而产生窒息作用,加入适量的有效药剂将进一步提高油膜的杀灭效果。

蚊子成虫在物体表面上没有爬行行为,不可能通过爬行而接触到更多剂量,所以表面滞留喷洒的效果并不很好。但是家蝇成

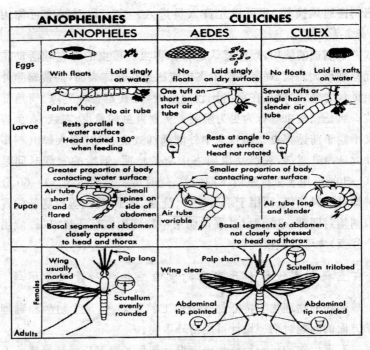

ANOPHELINES		CULICINES	
ANOPHELES		**AEDES**	**CULEX**

图3 蚊虫幼虫和蛹的行为特征

虫的爬行行为却非常强,通过爬行能够接触大量药剂。

在家蝇的孳生地如茅厕、禽畜宰杀场等,往往蝇蛆密集,虫口密度很大,而且爬行能力很强,有利于高效率地集中杀灭家蝇。这种情况在大部分农村地区和城乡结合部非常普遍,是消灭家蝇的重点地区。充分利用害虫的这种群集行为,选择滞留喷洒用的剂型就能取得极好的效果,没有必要采用其他无滞留能力的剂型和制剂如烟剂、气雾剂、热雾剂、气雾罐等,这些剂型既不经济也不利于环境保护,又很难发挥作用。

蟑螂极少飞翔,主要是爬行行为,其卵产在居室、医院、厨房的隐蔽处和缝隙犄角部位,成虫也多在隐蔽处群集,防治比较困难。

国际上防治蟑螂大多采取饵剂诱杀法和"诱饵-陷阱"法,药液喷洒也是常用的方法。熏蒸法的效果很好,但必须采取空间密闭和人员、宠物外出等安全措施,在实施上存在一定难度。而且熏蒸法对蟑螂卵的杀灭效果并不好,须反复多次进行才能对蟑群取得较好效果。

人体寄生的病媒害虫如虱、蚤、臭虫等,都没有飞翔行为,生存和活动环境与其他害虫也有很大差别,适用的药剂剂型就必须考虑到制剂对人体直接接触的安全性。

超低容量液剂(UL),是户外大面积露地上使用的专用剂型(或供飞机超低空喷洒作业用于卫生防疫方面特别是疫区防疫喷洒),均为高浓度直接喷洒用制剂。采取这种喷雾技术时,必须用"喷幅交叠式"的叠幅式逐行喷洒法,才能使药剂比较均匀地沉积在处理等地区的表面上。因此,这种方法不适用于公共场所、公园、居民地区,更不得用于室内。除了用于区域性防疫的特殊需要之外,卫生用药中不应采用超低容量液剂。

喷射剂、热雾剂等都是借助于专用喷洒器械而雾化,制剂无须稀释配制,所以属于直接使用的液态剂型。喷射剂必须与配置有专用喷头和喷嘴的喷药器具配套销售,否则无法操作。

气雾剂是卫生害虫防治中使用最多的一种剂型。必须借助于专门的施药器械(如气雾罐、油雾喷射机)才能使用。其特征都是以油状药液分散雾化,能产生很高的分散度,雾滴比较细,一般可达到 3 微米以下。

但热雾剂的溶剂都是沸点很高的矿物油类,因为热雾发生机的燃烧室温度高达 $1\,200℃\sim1\,400℃$,到喷管颈部才降低到 $500℃$左右,到喷管口部进一步降低到 $100℃$左右,油雾喷出后进入空气才迅速降低到 $50℃$左右,然后同空气混合而形成气雾。

冷雾剂则是利用双流体喷头把水基药液雾化为细雾,雾滴直径比较粗,达 20 微米 左右,不可能形成气雾。所使用的药剂也并非直接使用的专用剂型,任何湿用制剂加水调制后都可以用冷雾发生器喷洒。所以冷雾剂并非专用气雾剂剂型。

卫生药剂的施药器械问题

根据使用范围,卫生药械可分为以下 3 大类:

第一类是供常规药液喷洒之用。这一类又区分为手动、电动和机动 3 类,均为常量喷雾用。喷洒的药液雾滴之容量中径值(VMD)在 150～300 微米之间,在农药喷洒中属于高容量粗雾喷洒(HV),雾滴粗而不均匀。适宜于在公园、居家庭园、公厕或茅厕、公共场所等地方进行卫生消杀之用。这些场所喷药用水量可以比较大,所以可采用粗雾喷洒法。

第二类是低容量(LV)和超低容量(ULV)喷雾器械,均为电动或内燃机发动的机具。其种类很多,共同特点是均属于高浓度或较高浓度药液的喷洒,都只能在露天的大面积场合下使用,因为它们均必须采取叠幅式飘移喷雾法。

采取 ULV 法时,每公顷喷雾量只需 5 升药液,是利用超低容量喷雾器的转碟式雾化喷头在转碟高速旋转时所产生的离心力把药液分散成为均匀雾滴。转碟转速为 8 000 转/分钟左右(若转速小于此则雾滴会迅速增大),雾滴直径一般可达 50～70 微米。在无风情况下雾滴的运动距离不超过 0.5 米,因此必须有 1 米/秒以上风速的风力吹送才能使雾滴飘移扩散开,否则药雾无法达到 1 米以外较远处的目标物。

LV 法有液力式雾化法和气力式雾化法两种,后者特称为弥雾法(mist-blowing)或双流体雾化法(twin-fluid atomization)。弥雾法所产生的雾滴细而均匀,雾化效果显著优于各种液力式雾化法并能大量节省药剂和喷雾用水。因此很适用于剧场、室内公共场所、体育馆、超市等,以及大型禽畜厩舍,不会造成户内环境大量药水流淌现象和禽畜体躯大量药液淋湿现象。

气雾罐是一种特殊的药剂商品形式,本身兼具施药器具和药液贮罐的双重作用。气雾罐有两类,即单罐式和双室式。单罐式的气雾罐一般不存在余压问题。双室式气雾罐充压可达 0.9 兆帕,可保证内室中的药液全部雾化喷出。但如果充压不足,雾化性能就会受影响而难以形成气雾从而不能成为空间处理型的剂型,甚至根本不能雾化。

粉剂(DP)是一种低浓度即开即用制剂,无须用水加工配制,施药器械是简单的手摇喷粉器或挤压式鼓风器。粉剂用于防治特定条件下的害虫例如农村和城乡接合部的茅厕、污水池、畜厩、禽舍等地方的蚊子孑、蝇蛆均很有效并且工效很高。但是不能用于多孔物体如蚊帐、纱窗等,因为粒径仅为 200 微米的粉粒极易穿透蚊帐和纱窗的网眼,绝大部分均透过网眼进入空气中,粉粒在网丝上的附着力也极差。

手动吹雾器(HANDIMIST,也称手动微量弥雾器,是我国自主研发的新产品),主要特征是能形成 VMD 值为 35～50 微米的比较均匀的细雾滴,用水量比常规喷雾器约减少 95%,用药量减少约 25%。在 4 平方米面积上只需 20 毫升药液就能产生细密均匀的药雾,不会发生药液流淌的现象。这种小型施药器械可以完全取代传统式的大水量手动喷雾器,并可以取代电动和内燃机发动的各种低容量和超低容量喷洒器械,在各种小型室内环境中均可以推广使用。是目前各种手动喷雾器的更新换代产品。

结 束 语

从以上所讨论的几方面问题可以知道,药剂的剂型和制剂之选择与施药方法及施药器械的选型,存在明显的互作和互动关系。必须正确地掌握这种相关性并通过严格的科学试验,取得实施依据。

对这种互作和互动关系的掌握,需要对 3 个方面具有比较全面的了解：一是药剂毒理学和有害生物行为学方面；二是药剂的剂型和制剂学方面；三是施药器械的雾化原理和工作性能方面。此外，作为卫生用的农药，还必须特别注意对人体和环境的安全性，这一点应作为研究开发卫生用药剂和指导科学使用卫生药剂的原则，并作为掌控这种互作关系的原则。

农药剂型和制剂的研究开发是非常活跃的科学技术研究领域，只要正确地掌握这些原则，就能够不断创新，开发出新的产品，并且能够指导人们科学正确地把卫生用药剂用好，让卫生药剂为社会做出更大贡献。

12

农药的对靶喷洒技术

农药的对靶喷洒技术及其意义 *

在化学防治中，由于不恰当地使用化学农药所产生的一些引人注目的问题，例如对农田生态环境的影响、对有益生物和天敌的伤害、害虫的再增猖獗现象和抗药性等，引起了人们的关注。许多人认为这些问题的产生是农药本身的问题以及田间农药使用次数过多的结果。因此在各种综合防治方案中几乎都以减少喷药次数作为衡量技术水平的指标。固然，盲目增加喷药次数是错误的，应该根据病虫为害的经济阈值来确定用药的时间和次数。但如果仅仅从喷药次数多少去解释化学防治法所引起的上述问题则并不能得出令人信服的结论。

问 题 之 提 出

我国化学防治法的发展历程和实际状况表明，问题的产生是由于田间施药时的一次投药量过大以及农药的对靶沉积效率太低；而多年来各地流行的粗放施药方法则是造成对靶沉积效率太低的根本原因[4]。自 20 世纪 50 年代以来各种无规范的农药喷洒方法在各地自发地流行起来而没有进行科学的检验。由于这些方法既无规格要求又无须使用专门的喷洒机具，很容易被技术和经济水平都还比较低的农民所接受，不胫而走，流传甚广。对药液沉积分布状况的实际测定结果表明，这些粗放喷洒方法几乎 90% 以

---

* 《化学防治技术研究进展》，1992 年，9 月

上的药剂不能沉积到作物上而是落到地上或田水中[3]。铃木(1953)研究过,当水稻叶面倾斜度达到 Sinα>0.6 时,雾滴在叶面上就开始处于不稳态[1]。Johnstone(1963)研究了雾滴在叶面上开始发生滚动的极限体积(Vα)与叶片表面倾斜度(α)的关系,发现在一些植物叶片上当倾斜度达 15°时,0.001 厘米^3(大体相当于直径为 400 微米的雾滴)的液滴就能开始发生滚动[22]。而在大容量喷雾法中雾滴往往容易互相碰撞聚并而变成更粗大的雾滴,所以药液很容易脱靶。Young(1983)把雾滴在植物靶体表面的撞击作用分为低能量撞击、中能量撞击和高能量撞击 3 种状态。在低能量撞击状态下,雾滴只在靶面上发生弹跳现象;在中能量状态下液滴发生撞击而压扁,处于不稳态;而在高能量状态下撞击则雾滴发生撞击碎裂而处于极不稳定状态。良好的湿润展布性能有效地克服了这种不稳态[27](见图 1)。我国多年来喷雾用的农药制剂大多缺乏良好的湿润展布性能,特别是各种水溶液制剂如敌百虫、杀虫脒、杀虫双等,一般均不配加湿润助剂,可湿性粉剂配成的水悬液也基本上不能湿润植物和害虫体表。即便是乳剂,多年来由于"节乳"而使配成的乳浊液的湿润展布性能也受到一定的影响。加上各地流行的粗放喷洒方法,雾滴粗大而不均匀,这就必然导致药液很难在作物或虫体上形成有效沉积,大部分散落到地上或田水中。

各种植物的表面对药液的持留能力不同。对我国 7 种作物叶片的极限药液持留量进行测试的结果发现,持留量受湿润性能的明显影响,多数作物的叶片药液持留量随湿润剂用量的增加而提高,达到一定程度后,继续增加湿润剂用量则持留量又下降,呈峰形曲线。但有些作物如黄瓜、棉花叶片的药液持留量却与湿润助剂的用量呈负相关[4]。这充分表明,一种喷洒方法在不同的作物上的药液持留会有明显的差异,这必然会导致这种喷洒方法在不同作物上产生不同的生物学效果。因此,企图用一种单一的农

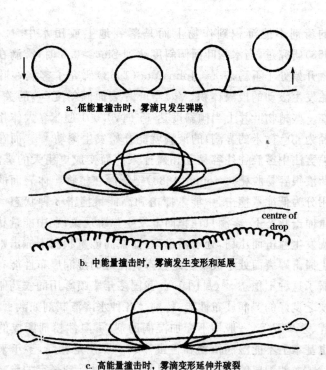

a. 低能量撞击时，雾滴只发生弹跳

centre of drop

b. 中能量撞击时，雾滴发生变形和延展

c. 高能量撞击时，雾滴变形延伸并破裂

图 1　雾滴撞击靶体表面时的 3 种情况

药喷洒方法而在不同作物上获得同等的药效评价是不符合实际的。但数十年来在我国各地各种作物上基本上采用了同一种喷洒方法——即以切向离心式喷头作为雾化部件的液力式喷雾法。由于这种方法在某些病虫防治上不能获得预期的防治效果，迫使人们增大用药量或增加喷药次数。所以 Courshee(1959)指出，根本问题在于一种喷洒方法在作物上的药剂沉积量有多大？是否达到了控制病虫害的有效沉积量？他提出了 DUE(Deposit per unit emission)的概念，即"一次喷洒沉积量"，田间一次喷洒的总剂量所能获得的叶片上的沉积量 $ngcm^{-2}/gha^{-1}$[13]。只要知道了有效沉积量的毫微克/厘米² 值,即可根据 DUE 值来判断这种喷洒方法是否正确,并可据此选择最适当的喷洒技术。

各地流行的粗放喷洒方法 DUE 值都很低,如水枪喷射法、喷雨法等,90%以上的药剂均不能沉积到作物上,正规的背负喷雾器喷洒法也有 70%左右打不到作物上。低的 DUE 值必然导致下列严重后果:①对作物上的病虫控制能力降低,因而不得不增加喷药次数或提高喷洒的剂量;②脱靶的药剂进入农田,成为农田生态环境的污染源;③增加了防治费用,降低了化学防治法的经济效益。

所以,喷药次数增多和用药量增高是药剂在有效靶区沉积量低所引起的结果;单纯减少喷药次数而不提高有效沉积量并不能从根本上解决化学防治法的前述种种问题。

提出农药对靶喷洒技术的依据

早在 20 世纪 40 年代农药的对靶沉积问题即已引起人们的注意(Sullivan,1942;Brooks,1947;Brown,1948;Busvine,1949 等),他们发现农药喷洒过程中的一种矛盾现象:必须提高药剂的分散度才能使药剂充分地同害虫发生接触;但是太高的分散度却使农药颗粒变得过小而会随着虫体边缘的流线形气流绕过而不能接触虫体(Brown,1950)[9]。因此在 20 世纪 50 年代已有很多人研究了雾粒的细度同杀虫效果的相关性,并注意到空气流动速度对于雾粒向靶体撞击沉积能力的影响。Latta(1947)[23]研究了运动中的烟雾态 DDT 颗粒的细度同风速的联合影响,发现雾粒在靶体表面上的沉积效率是受两个变量的交叉影响,即雾粒直径 D 和雾粒运动速度或气流速度 V 的影响。

Spillman(1976)[26]认为还应考虑到靶体表面同农药雾粒的碰撞几率。在雾粒运动方向内,靶体的迎面面积(S)是决定药剂对靶沉积率的主要参数。较小的迎面面积对于较细的雾粒的捕获能力较强,而迎面面积较大时细雾粒反而容易脱靶,粗雾粒则比较容易沉积。根据大量事实和流体动力学方面的实验数据,他提出了"杀伤几率"(kill probability,Pk)的概念,即:

$$p_k \sim \frac{60}{\pi} \cdot \left(\frac{100}{d}\right)^3 \cdot S \cdot E \cdot Q$$

其中 S 为虫体与药剂发生接触的面积;E 为雾粒与虫体接触的效率,即撞击效率或捕获效率;当喷雾量 Q(升/公顷)为已知时,雾滴直径为 d(微米)时的雾滴总数即可算出。他还指出,适度的空气扰动有助于提高细雾粒在靶体上的撞击效率,从而提高靶体捕获细雾粒的能力。因此,根据不同的生物靶体、选择适当的雾粒直径并辅以适当的气流运动,就可以改善雾粒在靶体上的撞击和沉积效率,提高杀伤几率。

但是在靶体上沉积的农药雾粒是否达到了生物有效程度,不仅取决于单位面积上的雾粒数和每一雾粒所包含的有效成分量,而且同每一雾粒的药剂扩散面积有关。Abdalla 和 Scopes (1983)[6]提出了 LDist50(暂译为"致死中距")的概念,即一个农药雾粒向周围扩散,能导致害物中毒死亡 50% 的扩散距离。同时也相应地提出了 LDist95 的概念。致死中距越大表明药剂雾粒的扩散能力越强。显然,扩散距离同雾粒大小、药剂的理化性质以及载体的性质均有关。在其他条件相同时,雾粒的细度有重要的影响,他们发现,雾滴直径从 114 微米缩小到 59 微米时,致死中距只缩短了 23.37%,但沉积致死中量(即每平方厘米面积内的 LD_{50} 量,微克)却减少了 76.61% 之多,LD_{90} 剂量也减少了 65.04%,说明较细的雾粒具有较大的扩散能力并能大幅度降低单位面积中的有效沉积量(LD_{50} 剂量)。显然这是因为较高的农药分散度增强了药剂的溶解或气化能力从而使扩散能力提高,并且增加了药剂同靶体的接触机会,而这些因素都是有利于提高药效的。

致死中距的概念对于农药的残效性喷洒技术研究尤为重要。

实际上大部分农药(杀虫和杀菌剂)都采取残效性喷洒。在这种情况下,病虫的活动场所成为农药喷洒的靶体或靶区,如麦长管蚜群集的麦穗部、稻飞虱和稻纹枯病集中为害的稻株茎基部等。只要查明了含有一定量的药剂雾粒的致死中距和 LDist95 值,就可以提出靶体或靶区单位面积上应有的雾粒沉积密度,这样就可以对农药的雾粒细度、喷洒量乃至喷洒技术提出明确的技术指标要求。Frick(1970)[16]、Hislop(1988)[21] 以及 Herrington 和 Baines (1983)[19] 做了深入的研究工作,发现在防治苹果树白粉病时把雾滴直径从 400 微米缩小到 175 微米可以显著提高防治效果;但是采用超低容量喷洒法时,效果并不好。这个问题尚须从病菌孢子芽管的平均延伸距离与雾粒中杀菌剂有效成分的致死中距两者之间的对应关系去寻找答案。病菌孢子的芽管延伸距离不长,因此对于雾粒的覆盖密度要求比较高。同样,不同种类和不同活动能力的害虫之间,要求也不尽相同。

Himel 和 Uk[20](1975)提出的生物最佳粒径理论(biological optimum droplet size,简称 BODS 理论),为农药的对靶喷洒技术提供了有力的理论依据。这项理论是在总结了许多学者的大量实验工作的基础上提出来的,并为嗣后的大量事实所进一步证实。生物靶体的最佳粒径范围一般均在 10~30 微米,因为生物体表面的微细构造往往是雾粒的真正靶标。昆虫体表和植物体表上有各种形态的附属构造或装饰构造,对于细雾粒有较强的捕获能力。因此,虽然宏观上看起来形体较大的生物体(如大的叶片、大的虫体)对于细雾粒的捕获能力比较弱;但是只要气流速度适宜,细雾粒却能被这些微小的表面附属物所捕获。所以,对于对靶喷洒技术不但有充分的依据,而且有非常宽广的调节利用余地。

Hampe(1947)[18]、Felici(1964)[15] 和 Coffee(1971)[10] 所发展的静电喷洒技术则是利用静电引力的原理来增强雾粒的对靶沉积能力。这种新技术目前还只能把整株植物作为靶标,不能针对有效靶区。

对靶喷洒技术的发展概况

近 20 年来对靶喷洒技术的研究以多种方式展开。

静电喷雾法是研究得较早的一种对靶喷洒技术。自从 Wilson 1942 年研究了颗粒带电现象以来，Hampe 首先于 1947 年发展了一种农田带电喷粉器，引起了人们的极大兴趣[18]。后来经过 Felici 和 Coffee 等对静电发生装置进行了不断的改进，终于在 20 世纪 70 年代研制成功可以商品化的静电喷雾器械。Frost 和 Law(1979)[17]研制成一种植入式静电诱导雾化器，药液先经超音速气流雾化，然后通过诱导电场使雾滴带电。Arnold 和 Pye (1980)[7]则在转碟式雾化器上安装了使药液带电的装置使药液带电雾化。但是真正具有实用价值的是 Coffee 在 1978、1979 年间提出的电场雾化装置[11]，它利用高达 25 千伏的电压所形成的库仑电场将药液分散成为均匀的液丝，在液丝流中形成驻波，从而获得非常均匀的雾滴，其 VMD/NMD 比值在 $1 \sim 1.08$ 之间。这种电场雾化装置的商品名称为 Electrodyn，因为没有机械转动部件，所以节约了电能，而且不易发生磨损所导致的性能减退问题。但是，各种形式的带电喷雾法所面临的一个突出问题是带电雾粒对植物株冠层的穿透能力问题。Hislop(1983)[21]研究提出补加风送装置来克服穿透能力问题，但是这在一定程度上削弱了这项技术的实用价值。

间歇喷雾法是近年所提出的一种避免在植株之间发生空喷的喷雾法。它利用一种传感元件使喷头对准植株间的空挡时自动停喷，遇到植株后又自动喷雾，因此称为自动间歇喷雾器(Automatic intermittent Sprayer)。传感元件有气动传感、电动传感和光电传感 3 种类型。以光电传感元件为最佳，它可以在靶标直径为 0.64 厘米、靶标间距 46 厘米的一行靶标中准确地判断空挡和靶体，反应灵敏。这种喷洒器械称为光电自动间歇喷雾器（POI）。在白菜、花椰菜和辣椒田试用，分别节省农药用量 35％、30％和 43％（Reiehard & Ladd,1981[24]）。但是在生长茂密的作物田或株冠相接的作物上不能使用。

在矮株形或幼龄果树园中，一种笼罩喷雾法（shielded spraying system）也取得了对靶喷洒的效果。Cooke、Herrington (1977)等[12]用一种马鞍形的方形塑料罩罩在果树上，塑料罩固定在拖拉机的一侧，能跟着拖拉机的行进而在果树顶上跨行。喷头装在罩内相对位置上同时从两侧对果树喷雾，脱靶的药液除少量滴淌到地上外，其余均沿着塑料罩的内侧流下到集液槽中，再抽回药液箱重新使用。试验表明，这种方法把药液在树上的对靶沉积率从 35％～44％提高到 95％左右。雾粒的飘移范围也从 18.4 米缩小到 9 米以内，尤其是地面上的飘移损失更少。

与此类似的方法也在玉米田上试验取得成功，但须使用高架拖拉机。

Courshee 和 Heath(1983)[14]报告了在小麦田喷雾时调节喷头角度可改变雾流的沉积部位。

但是手动喷雾器如何实行对靶喷洒，这是个特殊问题。由于近百年来农用手动喷雾器械均采用液力式大容量喷雾法，而且均属于大喷雾角喷头，在我国则又普遍采用切向离心式喷头，产生的是伞状空心雾锥，所以这种手动喷雾器不可能进行对靶喷洒。太大的喷雾角使雾头的覆盖面过大，使雾流不可能相对集中在一个有限的靶区内。这种喷雾方式实际上是以整株作物和整块农田作为靶标的。如果改用窄幅雾锥，使雾滴集中在一个比较狭小的雾锥中，就可以使雾滴沉积到一个相对集中的有限靶区内，而减少药剂在非有效靶区的沉积。例如对于小麦长管蚜、茶毛虫、稻飞虱、棉铃虫、稻纵卷叶螟幼虫、小麦赤霉病等多种为害部位相当集中的病虫，有效靶区面积相当小，只有窄幅雾锥才能实现较好的对靶喷洒。

笔者于 1981 年设计成功一种窄幅实心雾锥喷头并研制成功一种手动吹雾器[5,28]，其主要特性参数是：①雾锥角为 25°～30°；②实心雾流，雾流截面的雾滴分布呈波松分布型；③雾流吹送距离在静风条件下可达 150 厘米左右；④雾流有气流伴送，在喷孔外 80 厘米处的气流速度可达 1 米/秒左右；⑤在低压下雾化程度即可达到 VMD 为 50～100 微米。试验的成功证明这种窄幅实心雾锥喷头可以比较有效地实现对靶喷洒。在各种试验对象上分别取得了节约农药用量 25%～67% 的效果。气流的吹送使雾流的对靶沉积具备了更为有利的条件。这项新的喷洒技术的研究结果与 Bache(1980)[8] 的模型研究结果相似，他的研究指出，在株冠层内如有 1.2 米/秒的风速将有利于细雾滴在靶体上的沉积。

窄幅实心雾锥吹雾法使喷出的雾头可以从任何方向对作物进行对靶喷洒，使雾粒相对集中在一个有限的靶区内。这种新的喷洒技术对于病虫害综合防治技术体系的建立和发展具有明显的意义，同时也必然会明显地减轻农药的浪费和损失、减轻农药对环境的压力。

对靶喷洒技术对于综合防治技术体系的意义

保护农田中的有益生物(包括天敌、抗生菌)种群，以发挥它们在控制病虫害方面的应有作用，这是病虫害综合防治技术体系中的一个重要战略环节。由于不恰当的施药技术所引致的农药过量施用无疑会对农田有益生物发生危害。前已述及，各种粗放施药技术的农药对靶沉积效率太低导致农药的用量增加和施药次数增多。对靶喷洒技术用不同的方式提高了药剂的对靶沉积效率，从而提高了农药的使用效率，减轻了药剂对农田有益生物的压力。对靶喷洒技术的意义体现在以下几个方面。

首先，是减少了田间用药量。前面讨论过的各种对靶喷洒技术都大幅度地降低了用药量,但对病虫害的防治效果并未降低。这意味着在农田单位面积中的农药投放量减少,其结果必然会大幅度减轻对田间有益生物的压力。

其次,是对靶喷洒技术缩小了农药在田间的沉积范围,从而减少了某些有益生物同农药的接触机会。对靶喷洒技术有目的地使农药相对集中地沉积在病虫活动的有效靶区内,减少了对于这些有益生物的直接杀伤危险性。例如在嘉兴市用吹雾法防治大麦田黏虫,在每667平方米用药(敌百虫)25克的低剂量下杀虫效果达100%,但是对于麦田下层的天敌蜘蛛无害,每667平方米有蜘蛛3.84万头。而常规喷雾法每667平方米用药50克,防治效果为98.4%,每667平方米蜘蛛量为0.64万头。空白对照区为2.08万头(沈火明,1986)。在稻田中,吹雾法对狼蛛的影响也很小。这是因为吹雾法的雾粒在水稻和大麦植株的株冠层沉积率比较高,药剂在植株基部和田水中的沉落量少。但是对于在有效靶区内活动的天敌还应考虑其他因素,如对雾粒捕获能力的差异。

各种对靶喷洒技术都可大幅度降低农药在地面或田水中的沉积量,因此对于在地面或水面活动的有益动物和天敌昆虫以及土壤中的土居性有益生物(包括蚯蚓、步行虫甲、抗生菌等)的威胁都会显著减轻。在灌浆期小麦田用吹雾法喷洒,地面着药量只占14%,而常规喷雾法高达77%;在分蘖集期水稻田中则分别为34%和82%。

在加拿大防治枞树卷叶蛾的试验中,利用成虫在树冠上空群集飞行的特点采取了空中针对成虫的对靶喷洒,结果把防治此种害虫的用药量减少了99%之多[25];而且药剂不直接沉积在树冠和林间地面,从而完全不与有益生物和天敌接触。这也是一种特殊的对靶喷洒技术在综合防治技术体系中的实际应用。

雾粒沉积的某些特殊行为也应充分加以利用。例如雾滴沉积时的一种"叶尖优势"现象[2],细雾滴尤为突出。这种沉积现象是一种特殊的对靶沉积现象,是由于雾粒对靶面的流体动力学特性所产生的。对于许多在叶梢部为害或入侵的病虫如稻纵卷叶螟幼龄幼虫、蓟马、白叶枯病等,如果充分利用这种沉积规律无疑可以大幅度降低用药量。在阔叶植物如棉花叶片上,也观察到细雾滴在叶缘的沉积能力很强。这一特点显然也可以在防治从叶缘部开始取食的鳞翅目害虫幼虫的施药技术中加以利用。

第三,是对靶喷洒技术显著提高了化学防治法的效率,特别对于以手动喷雾机具为主的我国农村来说,防治效率的提高对于保证防治的适时性比较重要。作为一种手动喷洒技术,吹雾法比常规喷雾法可提高工效 3~5 倍。由于提高了工效,减少了用药量和喷雾量,使化学防治法的投资降低,经济效益得以提高,这对于综合防治技术体系来说也是不无意义的。

对靶喷洒技术是农药使用技术发展历程中一项令人注目的新发展,它必将为化学防治法带来一场重要的技术革命,并将使综合防治技术体系获得进一步的发展。

IMPLICATIONS OF BIOLOGICAL AND PESTICIDAL BEHAVIOUR IN CHEMICAL CONTROL OF PESTS*

TU YU QIN

ABSTRACT It is well established that under general practical conditions of application, the pesticide used is estimated to be only a small fraction of the actual amount applied. Such poor efficiency stems from an inefficient application system which delivers a very low quantity of pesticide onto target organisms and wastes most of it into the environment. The so called target spraying could be successful if the biological and pesticidal properties are brought into consideration. This paper gives examples of phosphamidon as ultra low volume spray used on rice for protection against Cnaphalocrocis medialis in China, and it is also used on cotton in Thailand for protection against Heliothis armigera. Depending on the requirements, the droplet size and deposit densities are important factors. Among the methods that have been developed for target spraying in recent years is a hand-held mist blower called 'HANDIMIST' developed in China by

---

* 在"农药与使用技术新发展国际论坛"上的报告,1990

the author for small-scale farmers. It could be used to save expensive pesticide active ingredients and would provide protection of the environment.

GENERAL CONSIDERATIONS

It is well established that pesticide requirement is only a small fraction of the actual amount applied in practice. Such poor efficiency stems from an inefficient application system which delivers a very low quantity of pesticide onto target organisms and most of it was wasted into the environment. The so called target spraying could be successful if both pest biology and pesticide properties are brought into consideration. In this paper examples are given on the utilization of the behavior of air-borne organisms and pesticide particles and their behavior on plant surfaces. Depending on the requirements, the droplet size and deposit densities are important factors. Among the methods that have been developed for target spraying in recent years is a hand-held mist blower called 'HANDIMIST' developed in China by the author for small scale farmers. It could be used to save expensive pesticide active ingredients and would provide protection of the environment.

Pesticides play an important part in agricultural pest management. The global yearly output of chemical pesticides has been estimated to be more than 2 million tonnes, but unfortunately, the application efficiency is very low. On average merely 1 in 107 of applied insecticide is received by the pest insects according to the recovery of chemicals extracted from insect bodies collected from the treated crop area.

This surprising information focused the attention of scientists of different disciplines on the efficiency of chemical control methods and we are now under pressure to face the urgent problem of how to increase the efficiency of pesticide usage.

It is very difficult, if not impossible, to foccus on the target organisms accurately during pesticide application without any loss of the chemicals, but there would be much improvement if both pest biology and pesticide behaviors were brought into consideration. What is a target? Against the background of pesticide application technology, a target is a place or site on which the applied pesticide should deposit in order to induce a prompt or residual response from the pest, whether the pest is in-situ or will come to the treated place later.

Accordingly, there are two different types of targets; direct targets, e. g. , pest insects, pathogenic diseases, weeds, harmful vertebrates, etc. , and indirect targets, e. g. , crop plants, soil, etc. Indirect targets are most important targets in pest control, because a residual spray on plant surfaces is generally capable of protecting the crop plant for a relatively long time, so that the repeated attack of the pests can be avoided. However, it is not necessary to spray heavily or thoroughly, i. e. , to give a blanket spraying. More than 60% of the chemicals would be lost under such a high volume spray, which takes the whole crop or whole crop field as its target. A correct and rational strategy for chemical control is to reduce the target area as much as possible to avoid any meaningless loss of chemicals in non-target areas. Pests usually have their own habitat as shown in Table 1, and this habitat can be called the effective target area (ETA).

TABLE 1 Effective Target Area (ETA)

Part of The Canopy	Pests and Pathogens
Top	Wheat Scab, English Grain Aphids, etc.
Middle	E. pseudoconspersa, etc.
Basal	Brown Planthopper, Rice Sheath Blight, etc.
Terminal Bud	Cotton Aphids, Cotton Bollworm, Apple Powdery Mildew, etc.
Fruit	Peach Fruit Borer, Lima Bean Pod Borer, etc.

ETA is a certain part of a plant where the pests live and develop, and once the ETA is covered by sufficient pesticide deposit, an effective control of the pests will then be achieved, no matter whether the other part of the crop plant is covered by the chemicals or not. Such a reasonable technique cannot be successful if we are ignorant of the behavior of the pests and the characteristics of the pesticides, especially the movement and behavior of pesticide droplets and particles. It will also be impossible if we lack suitable application equipment and sensible operation systems.

BEHAVIOUR OF AIR-BORNE ORGANISMS AND PESTICIDE PARTICLES

The famous Porton Method developed in 1945 for swarm control was based on the locusts migratory behavior and the spray droplets' physical behavior. A droplet size of 100-300μm was suggested to be the effective air-borne pesticide droplet size which was capable of forming a spray cloud or a toxic curtain in the air ahead of a swarm. Since the swarm has a positive anemotaxis behavior, the spray droplets could be easily captured by the locusts. Three to five drops each containing $50\mu g$ of toxicants were enough to kill an adult.

This technique had been improved[1] in a project for spruce budworm control in Canada. Fine droplets ($30—60\mu m$) of phosphamidon (Dimecron) solution were emitted into air to form a spray cloud about 250m high from the ground. The spray cloud remained in air as long as 50min so that the fine droplets had sufficient time to be captured by the flying moth. By this method merely 2g (a. i.) of phosphamidon per hectare was enough, while 200g (a. i.)/ha is generally necessary for conventional aerial application.

A number of the adults from Noctuidae fly at night, such as the rice leaf roller, the cotton boll worm, etc. Rendat[2] described an interesting system for control of cotton boll worm, Heliothis armigera, in Thailand. An ultra low volume application spray unit was set up in the field and connected to an automatic control system, so that the unit could spray automatically at night at an interval of 1 hr, forming an intermittent spray system.

We have tried to make the adults of rice leaf roller take off from the rice canopy in daytime and have then sprayed with fine droplets. This proved successful when a hand-operated mist blower, the HANDIMIST was used. The swinging of the nozzle and the air stream of the mist blower disturbed the rice canopy so that the moths took off from the canopy and impinged with the spray cloud. By this method a dosage of 255g (a. i.)/ha was enough to give an excellent efficacy[3]. This application method also proved useful in wheat bulb fly (Belia coarctata) control when a motorized knapsack mist blower or a HANDIMIST was used[4].

Flying adults may more easily capture fine droplets of pesticide solution because adult antennae are easily impacted by the fine droplets[5]. On the other hand, there are many chemoreceptive sensilla located on the antenna surfaces making it very vulnerable to contact insecticides.

The sensitivity of antennae to pesticides is shown in Table 2. The adult of litchi stink bug (Tessaratima papillosa) was tested by topical application of trichlorfon solution (in acetone) onto different parts of the adult's body. A 0.1% dilute solution of trichlorfon in acetone (2.0μL) was applied to the selected part or organ, and one group of bugs treated with acetone only as control.

TABLE 2 The sensitivity of different part of the litchi bug body to trichlorfon[6]

Part treated	Adults treated	Mortality of the adults (%)	
		after 24 hr	after 48 hr
Antennae	30	70.0	83.3
Protergum	30	40.0	53.3
Tarsus	30	50.0	70.0
strerna	30	26.7	40.0
Control	30	0	0

The movement of fine droplets or particles is strongly affected by meteorological conditions, especially air turbulence. In daytime the fine particles move upward with the ascending air current and the deposit efficiency will doubtlessly be decreased. Imversion condition is helpful to increase the deposit efficiency. For example, serious drift will happen if pesticide dust is applied in daytime, but it will form a stable cloud within the imversion layer at dusk. We have succeeded in applying a dust of trichlorfon-malathion-combi at dusk to control the cotton boll worm[7].

A very interesting phenomenon induced by the behavior of smoke particles attracted our attention. We found that the efficacy of Daconil Smoke Pellet (active ingredient: chlorothalonil) in the green house is much better at night or in early morning. This was not caused by the influence of temperature upon biological activity but stemmed from aerosol particle deposit behavior. The very fine particles could be captured by a target which is cooler than the ambient air but if the target is warmer than the environment air, the deposit will be far less than that on a cooler target (see Figures 1 and 2). This phenomenon was early discovered by Tyndall and termed the thermophoresis effect.

Making use of this phenomenon we have been able to improve the efficacy of cucumber downy mildew control with Daconil Smoke Pellet in vinyl house by treating the house at nearly midnight, because the temperature of leaves is lowest at that time[8].

BEHAVIOUR ON PLANT SURFACES

The behavior of pest organisms and pesticide particles appears to be much more complicated on plant surfaces. Prior to deposition, the pesticide particles must first impact with the

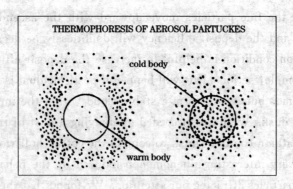

Figure 1   Thermophoresis effect

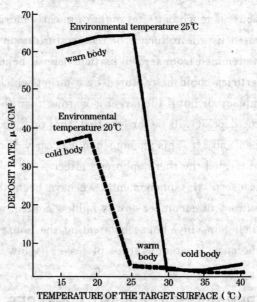

Figure 2   Thermophoresis on Artificial Targets (8)

plant surface. The mechanism of impaction has been studied by many research workers[9—13]. Bouncing of droplets on target surface, which usually occurs when the spray liquid lacks wetting ability, is an unfavorable behavioral factor which may reduce the depositing ability of spray droplets. Brunskill found that a droplet bigger than 100μm would bounce from a pea leaf but a wetting agent could prevent it. This was confirmed by Lake on barley and the so called critical droplet size was suggested, to express the stability of droplet on a plant surface. The critical droplet size of water was said to be 100μm and could be enlarged by certain wetting agents. However, drainage may happen if the concentration of the wetting agent is too high or the volume of applied liquid too great (Figure 3), because an overdose of the surfactant reduces the contact angle of the spray liquid (Table 3), so that a rather smaller volume of the liquid could be kept on the surface.

TABLE 3   Contact angles of surfactants on litchi leaves

(*Litchi chinensis*)[6]

Concentration of surfactant's solution (%)	Contact angle on adaxial/abaxial surface					
	ABS-Na		Tween-20		OP-10	
	adax.	abax.	adax.	abax.	adax.	abax.
0.001	60.0	111.3	66.3	112.7	57.0	91.7
0.002	49.2	100.3	60.0	86.0	52.7	68.3
0.005	47.3	76.0	56.0	72.0	50.0	59.7
0.01	38.3	52.3	50.3	69.3	46.3	51.0
0.02	32.0	37.3	48.7	58.7	43.7	48.3
0.05	28.3	31.0	43.3	56.3	40.0	41.3
0.10	27.7	26.7	36.3	53.0	33.8	33.7

According to Young's opinion three situations of bouncing

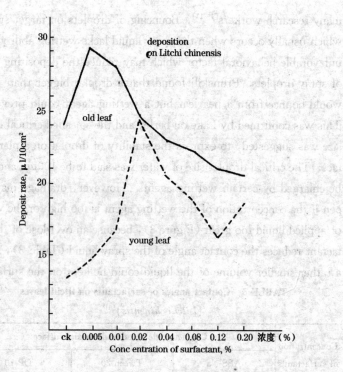

Figure 3   Relationship between rate of deposition and surfactant concentration (surfactant used: ABS-Na)[6]

may occur:

1. Low energy situations: the impacting droplet undergoes elastic oscillation and then detaches from the leaf. 2. Medium energy situations: the droplet impacts and progressively flattens over the leaf surface. The expanded drop may only contact the adjacent ridges, leaving air-gaps in between. 3. High energy situations: in this case the radial expansion is so rapid that the liquid perimeter is ruptured and satellites are thrown away. The remaining liquid recoils and may detach from the leaf.

Fine droplets have smaller terminal velocity and undergo flow energy impaction; no radial expansion or secondary disintegration will happen. Therefore fine drop spraying usually produces a more stable and steady deposition. However it was found that the deposit of fine drops was not uniform on the leaf. The droplets captured by the top third of a rice or wheat leaf is usually 2—3 fold more than that captured by the basal third of the leaf and double that of the middle third. This is valuable in control of pests such as rice leaf roller, leaf blight, thrips, etc. , and more than 25% of the pesticide could be saved[14].

Courshee[15] reported that the deposit pattern within a wheat canopy could be changed by selecting the spray angle. A spray angle of 60 degree made the deposit-density on the upper third of a 30cm tall wheat canopy double the density on the ground, and 2. 34 fold higher than that on the bottom third. Spraying perpendicularly (0°) reduced the deposit density on the upper third of the wheat canopy sharply to 1/15 of that deposited on the ground and about half of that on bottom third. However, this was never possible if a hollow cone nozzle was used with a wide spray angle.

A new hand-operated mist blower, the HANDIMIST, as mentioned before, gives good results. With a narrow-angled solid cone nozzle, HANDIMIST is able to deliver fine drops onto a relatively narrow target area, and the spray angle is adjustable by turning the nozzle upward, downward or sideways as required. This equipment has proved successful in the control of wheat aphids, wheat scab, rice blast, rice leaf roller and thrips locating at the top of the canopy, using a side-way spray.

Due to its very low application rate, 15—37 L/ha, HANDI-MIST appears to be very handy and easy for use if compared with a conventional hydraulic knapsack sprayer which is so far still the predominantly used equipment in China. Accordingly HANDI-MIST appears to be a rational hand-held spray equipment for small-scale peasant farmers.

A number of pest organisms localize on abaxial surfaces of plant leaves, such as aphids, white flies, pathogen of downy mildew, etc. It is very difficult to deliver spray drops onto abaxial surfaces, especially when the crop density is high, e. g. the full-bloom stage of cotton plant. At this stage the cotton field is fully stocked and a serious shielding effect occurs between cotton leaves, which reduces the penetration ability of spray droplets into the cotton canopy, and allows still less deposition on abaxial surfaces. However, we found a possibility to make use of such behavior of cotton leaves.

Cotton leaves have a phototaxic behavior which makes the leaves declined with their adaxial surfaces toward the sunlight, so that their abaxial surfaces will then be exposed to spray cloud. Thus the collonial structure of the cotton field changes from an enclosed system to an open system, permitting the spray cloud to penetrate casily into the cotton canopy[16,17]. The declination angle can be found from Table 4.

TABLE 4 **Declination of cotton leaves toward sunchine (D^0)**
in summertime (July, Beijing)

Location of the leaves	Declination (D^0) at different time							
	Eastwards				Westwards			
	6:30	7:30	8:30	9:30	16:30	17:30	18:30	19:30
Upper Part	0	33	45	41	35	41	45	42
Middle Part	0	25	40	35	33	38	40	36
Lower Part	0	15	25	20	15	20	25	25

An interesting phenomenon was also found in peanut canopy. The peanut plant possesses opposite leaves which used to close together face-to-face at night and open again from dawn till dusk. Doubtlessly this behavior could be made use of when the pesticides are required to be applied onto the abaxial surfaces.

农药对靶喷洒技术研究初报*

中国农业科学院植物保护研究所　屠豫钦

四川省农业科学院植物保护研究所　尹　泂

贵州省农业科学院植物保护研究所　孙希文

中国农业科学院茶叶研究所　陈雪芬

河北省稻作研究所　潘　勋

湖北省农业科学院植物保护研究所　朱文达

重庆市白蚁防治研究所　荣晓冬**

通过稻、麦、棉、茶、黄瓜、油菜等作物上一系列农药喷洒试验和生产性示范表明,采用对靶喷洒技术和相应的喷洒手段,可显著提高农药在有效靶区的沉积率,农药用量可减少 40%～50%,喷雾用水量可降低 95% 以上。农药对靶喷洒技术是根据病菌或害虫在作物上的分布、作物的田间群体结构以及农药雾滴在株冠中的行为的综合研究所提出的化学防治法的一项基本原理和基本技术。

长期以来,农药的喷洒都是为了让作物上均匀覆盖一层药物,使农作物被包围在有毒环境中。但在叶面积指数为 4 的一般情况

---

* 《植物保护学报》1993 年,第 20 卷,第 4 期

** 现在广东检疫检验所

下需要 2 万升药水才能使 1 公顷作物的叶片上单面覆盖一层 0.5 毫米厚的药液;如果考虑到喷雾时大约有 60% 的药水流淌到地面,则所需药水量就更大。因此大容量喷雾法缺乏理论上的支持。Joyce(1955)提出了超低容量喷雾法的新概念和新技术后,把喷雾量从常规的 750~1 500 升/公顷降到 7.5 升/公顷左右,实现了农药喷洒技术的重大突破。但这种方法仍然是让作物被包围在有毒环境中。所以,迄今为止的农药喷洒都是把整株作物或整块农田作靶标(Matthews,1992)。然而病菌和害虫的栖息和为害并非均匀分布在作物的各部分,而是相对集中在某些部位,这些部位称为"有效靶区"(Tu Yuqin,1990)。农药喷洒的理想结果是农药沉积在有效靶区,这种喷洒方法即本文所提出的农药对靶喷洒技术。

(一)关于有效靶区

昆虫和病菌在作物上的分布状况同农药的对靶喷洒技术密切相关。根据化学防治的要求以及田间实际调查,本项研究把病虫的分布分为 3 种基本类型。

1. 密集分布型

病虫相对集中在作物的某一部分,包括:①植株顶端密集型,如麦长管蚜(穗期)、稻穗颈瘟等;②植株上部密集型,如稻纵卷叶螟、茶树芽叶病虫等(茶假眼小绿叶蝉、茶橙瘿螨和茶跗线螨在树冠上部 0~5 厘米的叶层中的分布率分别占整株种群量的 91.6%、75.6% 和 98.6%(陈雪芬,1992);③植株下部密集型,如稻飞虱、茶黑翅粉虱、禾缢管蚜等。

2. 分散分布型

病虫作整株分布并随作物生长而继续扩散分布,如棉伏蚜,植株上部占 44.6%,中部占 30.6%,下部占 24.4%。但伏蚜基本都在叶背面,各层叶正面的蚜虫只占种群总量的 0.2%~0.6%(荣晓冬等,1992)。

3. 可变分布型

种群可随作物生长阶段或种群密度的变化而从密集分布型转变为整株分散分布型,如棉蚜、麦长管蚜、稻飞虱、稻纹枯病等。本报告即以此三种基本分布型的病虫作为研究材料,考察不同的喷洒方法所产生的药雾在有效靶区的相对沉积分布情况。

(二)农药的沉积分布与喷洒方法

1. 苗期和幼株

棉花、黄瓜、油菜和茶树的苗期和幼株期株行距呈现一种疏密相间的群体结构。各种传统的常规喷雾法和低容量、超低容量喷雾法都不能使药液集中到苗行中,大部分药液散落在行间空地上。只有窄幅雾流(25°～30°雾锥角)才能使药液相对集中到苗行内。实喷测定结果显示,在 225 升/公顷药液时,工农-16 型喷雾器的空心宽幅雾流在棉苗上的沉积回收率仅为 13.62%,而用窄幅雾流的手动吹雾器(屠豫钦,1990)作顺行平行喷洒时,在 15 升/公顷的低喷雾量下农药的沉积回收率达 30.41%,行间空地上的散落率则降低 79.8%(荣晓冬,屠豫钦,1992)。

黄瓜定植后 6～7 片真叶期对地面覆盖率为 28%～29%时进行的对比喷洒试验,把行间空地分为 5 个区段,分段采集沉积的药量进行测定。当喷雾量为 630 升/公顷时,常规喷雾法在 5 区段上的沉积回收率分别为 0.984 9、0.601 5、0.649 5、1.045 4 和 1.241 0 毫升/300 平方厘米。而苗行中的叶片上沉积率为 2.125 4 毫升/300 平方厘米,与邻接区段的差达 1.72～2.16 倍。用窄幅雾流的吹雾法(屠豫钦,1990)顺行平行喷洒时各区段的沉积率分别为 0.068 3、0.027 5、0.019 5、0.011 0 和 0.049 3 毫升/300 平方厘米(喷雾量 49.5 升/公顷),苗行中为 0.406 1 毫升/300 平方厘米,与邻接区段之差达 5.95～3.24 倍。如与沉积率最低的中央区段相比则吹雾法可达 36.9 倍,而常规喷雾法仅为 3.53 倍(屠豫钦等,未发表)。可见窄幅雾流的吹雾法的对靶沉积效果十分显著。在棉花上用此法防治苗蚜的效果见表1。

表1 久效磷40EC不同喷洒方法防治棉花苗蚜的效果 (山东临清)

用药量 (g, ai/ha)	喷洒方法	防治效果(%)			平 均 (%)
		1	2	3	
120	手动吹雾法	92.15	89.37	92.65	91.39
	常规喷雾法	83.15	79.94	80.27	81.12
	滴心法(150倍药液)	59.36	58.19	59.44	59.00
90	手动吹雾法	85.19	83.27	84.49	84.32
	常规喷雾法	70.15	72.44	71.51	71.36
	滴心法(150倍药液)	53.04	54.35	51.06	52.82
60	手动吹雾法	74.31	76.24	74.55	75.06
	常规喷雾法	60.12	65.87	61.55	62.45
	滴心法(150倍药液)	41.34	43.19	34.65	39.72

表1中的滴心法是临清地区棉农习惯采用的方法,即把用药量的150倍液从一用纱布包住的常规喷雾器的喷头上滴下,滴在心叶上。手动喷雾法在山东临清及河北饶阳两棉区生产性示范1 400余公顷的防治效果达95%～99.7%。工效比常规大容量喷雾法提高3～4倍,喷雾用水量减少达95%之多(孙玉庭等,1990,未发表)。

2. 成 株 期

(1)棉田 用棉铃虫及伏蚜作研究对象。在临清的实地调查,棉铃虫种群约70%分布在棉株的顶尖、蕾和叶正面,其余分布在下部叶正面(占12.7%)、上下部叶反面及下部蕾上(荣晓冬,屠豫钦,1992)。采取窄幅雾流的吹雾器进行气流喷雾,侧喷和压顶喷均能获得较高的对靶沉积效率,远优于常规大容量空心喷头的效果(表2)。

表2 几种喷洒方法在棉株各部位的溴氰菊酯分布状况* （北 京）

检测部位	不同喷洒方式和农药用量(g,al/ha)下的沉积量**								
	风送气流喷洒（侧喷）			风送气流喷洒（压顶喷）			常规粗雾喷洒（压顶喷）		
	56.25	37.50	28.20	56.25	37.50	28.20	56.25	37.50	28.20
顶 心	18.37 (+190.3)***	10.96	8.18	19.94 (+315.0)	14.98 (+240.1)	8.97	6.33	3.84	2.68
蕾	4.39 (+211.3)	2.85 (+241.0)	1.69	2.80 (+98.6)	1.94 (+132.1)	1.75	1.41	0.84	0.56
上部叶	0.63 (+222.2)	0.38 (+160.3)	0.26	0.49 (+152.6)	0.31 (+108.2)	0.24	0.19	0.15	0.09
下部叶	0.47 (+229.8)	0.29 (+211.8)	0.20	0.21 (+45.4)	0.15 (+58.1)	0.10	0.14	0.09	0.06

*用溴氰菊酯2.5EC,喷雾量:风送式气流侧喷为15升/公顷;同法压顶喷为22.5升/公顷,常规粗雾喷洒法(压顶喷)为300升/公顷。**顶心和蕾以微克/个计,叶片上以微克/平方厘米计。***括号中数字是比常规粗雾喷洒法相同剂量的沉积率提高百分率

　　这与棉花上下层叶片之间的屏蔽效应有关,不论自上而下压顶喷或自下而上的侧上喷,均会发生上下叶片之间的相互屏蔽现象,所以常规粗雾喷洒法难以取得较好的沉积效果。而用气流吹送的吹雾法细雾滴在气流的吹送作用下,在株冠层中有一定的局部飘移扩散行为,能在一定程度上消除这种屏蔽效应,所以沉积效果比较好。吹雾器的雾锥角小而且是实心雾流,可根据棉株大小调节喷头高度使雾流刚好笼罩住株冠,这样散失到行外空地上的农药较少。在临清把这种喷洒法称为"聚雾喷顶法"(临清植保站孙玉庭等,未发表)(图1-c),用水量只需22.5～30升/公顷,而常规粗雾喷洒法需300～375升/公顷。用吹雾法防治二代棉铃虫的

实际效果见表 3。在临清棉区用溴氰菊酯 2.5EC 225 毫升/公顷时吹雾法防治二代棉铃虫的效果达 86.3% ~ 98.0%,平均 90.6%,而常规喷雾法为 77.6%~81.8%,平均 79.8%。用吹雾法的工效为 7.5 小时/公顷(用水 22.5 升),常规喷雾法(用水 450 升)为 12 小时。用吹雾法药量减少 25%,并可减少 3~4 次喷药,每公顷节省农药费 67.5 元(孙玉庭等,1989,未发表)。

表3 溴氰菊酯 2.5EC 对靶喷洒法防治二代棉铃虫的效果 (临 清)

用药量 (g, ai/ha)	喷洒方法	防治效果(%)			平 均 (%)
		1	2	3	
56.25	风送气流喷洒(侧喷)	90.23	86.97	93.55	90.25
	风送气流喷洒(压顶喷)	87.72	84.15	80.05	84.00
	常规喷洒法(压顶喷)	73.16	71.24	65.66	70.02
37.50	风送气流喷洒(侧喷)	80.00	82.67	82.53	81.74
	风送气流喷洒(压顶喷)	78.72	81.18	78.80	79.56
	常规喷洒法(压顶喷)	60.09	64.15	59.38	61.20
28.20	风送气流喷洒(侧喷)	72.00	70.16	73.29	72.48
	风送气流喷洒(压顶喷)	70.42	68.67	68.68	69.11
	常规喷洒法(压顶喷)	43.05	39.21	42.90	41.72

油菜田的群体结构与棉田有一定的相似性,实测药剂沉积分布情况也表明吹雾法的细雾喷洒法明显优于常规喷雾。用三种喷雾方法喷洒腐霉利(50WP)防治油菜菌核病,气流吹雾法喷 1 次每次用有效成分 375 克/公顷,防治效果达 94.93%,而常量喷雾法喷 2 次的防治效果为 93.21%,机动弥雾法喷 2 次为 94.05%(尹洄等,1987,未发表)。

棉花伏蚜基本上分布在各层叶片的背面,占种群总量的 93% 左右(荣晓冬,屠豫钦,1992)。采取吹雾器的侧喷法能取得较好的对靶沉积效果,因此实际防治效果也较好(表4)。

表4 久效磷40EC对靶喷洒防治伏蚜的效果 (临 清)

用药量 (g, ai/ha)	喷洒方法	防治效果(%)			平 均 (%)
		1	2	3	
180	风送气流喷洒(侧喷)	98.32	97.16	98.78	98.42
	常规喷洒法(侧上喷)	81.34	85.46	85.88	84.16
135	风送气流喷洒(侧喷)	93.41	91.37	92.54	92.44
	常规喷洒法(侧上喷)	81.34	77.34	82.16	79.62
90	风送气流喷洒(侧喷)	85.15	82.94	87.39	85.15
	常规喷洒法(侧上喷)	76.79	73.49	76.37	76.55

棉叶的趋光行为十分有利于伏蚜的对靶喷洒。棉叶向阳光倾斜时把密集在叶背的蚜虫完全暴露在喷头射出的雾流之中,使雾滴极易打到有效靶区。此时棉田的封闭型群体结构也转变为开放型,上下叶层之间的屏蔽效应基本消失,使雾流很容易进入株冠层(屠豫钦,1985,未发表)。棉叶在白天的倾斜方向是上午向东,下午向西,倾角随时间而变化,下层叶片的倾角最大可达25°,上层叶片可达45°。在河南新乡发现851棉的上层棉叶几乎达90°,近于直立(荣晓冬,屠豫钦,1992)。但是只有风送式气流细雾喷洒法才能充分利用这一有利条件。常规喷雾器的空心雾流及粗雾滴难以对靶并极易坠落。

(2)稻麦田 代表一类直立型叶的作物包括谷子、糜子等及玉米、高粱的幼株期。稻麦田群体结构的特点是田间水平方向内自由空间狭小,而垂直方向内有较宽疏的自由通道,因此喷洒农药时雾滴容易坠落地上,特别是粗雾压顶喷。麦田幼苗期、拔节期、穗期的群体结构变化很大,幼苗期叶平展,对地面覆盖率高,拔节以后变为直立型。水稻秧田及南方一些撒播麦田则是一种高度密植的群体结构,用各种喷洒方法都有较高的对靶(整株)沉积率。拔节期后的稻麦田病虫可在植株的下部、上部、穗部密集分布。穗部和上部病虫可采取窄幅实心雾流作水平扫喷而取得很好的对靶沉积效果,见表5(屠豫钦等,1984,未发表)。

表5 几种喷洒方法对麦穗长管蚜的防治效果比较 (石家庄)

喷洒方法	药前虫口密度*	药后虫口密度*	虫口减退/增长率 (%)	校正防治效果 (%)
吹雾法株顶水平扫喷	48～483	0～16	95.46～100	99.05
常规工农-16型压顶喷	92～398	4～168	36.26～96.32	80.58
常规工农-16型小喷孔片	317～581	10～127	66.11～97.81	90.60
东方红-18机弥雾喷洒	112～353	32～201	37.20～87.30	60.78

* 每10穗上的虫口(所用药剂为杀螟硫磷50EC)

在四川绵阳推广用吹雾法喷洒杀螟硫磷50EC防治麦穗长管蚜,在降低用药量60.2%的情况下平均防治效果达98.2%,与使用全剂量的常规喷雾法防治效果97.6%相同,但节约农药60.3%,节约水98%。1987～1989年连续三年在7 400公顷麦田上示范防治麦穗长管蚜,小麦赤霉病、麦蜘蛛,吹雾法节约农药40%～50%,节省劳力75%左右,共节省药费11.88万元,节省劳动工费共计10.1万元。在大面积连片防治麦穗长管蚜用机动弥雾喷洒法时降低用药量33.3%,平均防治效果达99.7%,对靶效果也很好。但在小片麦田上由于强气流使药雾大量飘失,防治效果不佳(尹洵等,1992)。

在湖北咸宁用杀菌剂川化-018防治水稻白叶枯病(刘命朔等,1988,未发表),在贵州台江用三环唑防治穗稻瘟(孙希文等,1992),在四川仁寿用杀螟硫磷防治稻苞虫(吴斌等,1987,未发表)及在咸宁用甲胺磷防治稻纵卷叶螟(朱文达等,1988,未发表),吹雾法的对靶沉积效果及防治效果均显著优于常规大容量喷雾法,

表 6 是其中一例。

表6　噻枯唑对靶喷洒防治水稻白叶枯病的效果　（咸　宁）

喷洒方法	处　　理	病情指数			防治效果(%)				差异显著性	
		Ⅰ	Ⅱ	Ⅲ	Ⅰ	Ⅱ	Ⅲ	x̄	5%	1%
风送气流对靶喷洒（水 平 扫喷）	1.5千克/公顷	5.32	6.58	0.11	86.5	81.5	83.2	83.7	a	A
	1.2千克/公顷	10.36	11.08	9	73.6	68.8	75.3	72.6	b	B
	1.05千克/公顷	10	11.94	9.31	74.5	36.3	74.5	71.8	b	B
	CK	39.28	35.74	36.44	—	—	—	—		
常规喷洒（压顶喷）	1.5千克/公顷	7.15	8.03	7.5	76.3	72.2	72.8	73.8	b	B
	1.2千克/公顷	14.18	17.65	16.26	53.1	38.9	41.1	44.4	c	C
	1.05千克/公顷	19.76	19.0	20.4	34.6	34.2	26.1	31.6	d	D
	CK	30.23	28.89	27.62	—	—	—	—		

注：S. E. =1.276

　　在这些地区,用手动吹雾器喷洒的工效为 4.75～11.2 小时/公顷不等,平均 6.45 小时。而常规喷雾法则需 28.83～35.22 小时,平均 32.5 小时/公顷。平均节省工费 19.95 元/公顷,节省农药费 3.45～5.7 元/公顷。

　　对于植株下部病虫,如稻飞虱(用异丙威 20EC)、稻纹枯病(用井冈霉素)、二化螟(用杀虫双水剂)以及三化螟等(用杀虫双水剂),采取风送式气流雾化的吹雾器下倾喷洒法,由于气流能把细雾送到植株下层,而且细雾在下部空间有水平扩散作用,因此对靶沉积和防治效果也明显优于常规大容量喷雾法,用药量可降低 33%～36% 不等(尹洵等,1992;孙希文等,1992)。

　　(3)茶树及其他　茶树的叶形、株冠结构及田间群体结构与稻、麦、棉等作物均不同,但其幼龄树的喷洒方法与棉花、油菜相似。老龄树的喷洒,机动弥雾法和手动吹雾法的效果相似,雾滴在 0～5 厘米的上层叶的对靶沉积率均显著高于常规大容量粗雾喷洒法,因此对于冠面芽叶病虫害的防治效果均优于常规喷雾。但各种类型的茶园(手采茶园、机采茶园,留养茶园和高蓬茶园)的群体结构差异较大。在浙江余杭的机采茶园和留养茶园中,用同样的对靶喷洒法防治假眼小绿叶蝉,3天和7天后的虫口下降率分别为:机采茶园86.73%和76.43%,而留养茶园则为99.67%和99.28%(陈雪芬等,1992)。在茶园中采取手动吹雾法时,其用工量从常规喷雾法的0.37工/日降低到0.19工/日,用药费可减少46.05元/公顷(用杀灭菊酯20EC)。每公顷防治成本费从135.8元降到73.5元。

　　果园的群体结构比较特殊,实际上是以每棵树作为喷洒单元来进行的。在苹果园、梨园的初步试验显示对靶喷洒技术也是相当成功。用苹果树绢绣蚜(即苹果树黄蚜)作试验对象,该虫聚集在每一枝条的枝梢部密集为害,对全树来说呈分散分布型,又呈树冠冠面分布状态。由于果树树冠松散,机械的对靶喷洒法除某些特殊树种外较难实施。但利用细雾易被细枝条捕获的特性,用气流细雾喷洒法可以获得成功。在4~5年生的苹果园(北京昌平),用手动吹雾器喷洒氧化乐果(40EC),每树仅用200毫升药液并比大容量喷雾法降低40%药量,即取得了97%的防治效果。而用工农-36型喷雾机每棵树须喷药液10~15升,防治效果仅83%,若降低40%药量则防治效果只有68%(曹运红等,1987,未发表)。在湖北武汉洪山区梨园用久效磷40EC及甲胺磷50EC防治梨花网蝽,吹雾法的用水量比常规喷雾法降低98%之多,防治效果还稍优于常规法(朱文达等,1987,未发表)。

(三)结论与讨论

　　本项研究结果证明,对靶喷洒技术在理论上和实施技术上都有充分的实验依据,可以作为指导化学防治的一项基本原理和技术措施。对靶喷洒技术的理论基础是病虫行为、作物群体结构(及作物的某些行为如叶片的趋光性等)和农药雾滴的运动沉积行为相联系的系统科学。病虫行为、作物群体结构及行为以及农药雾滴的运动沉积无疑是复杂而多变的,但又有其一定的规律性。结合特定的作物及病虫,根据它们在不同生育阶段的行为和作物群体结构特征,选用适宜的喷洒机具和使用方式,就可以设计并制定出相应的对靶喷洒技术。这说明,农药的使用技术以及选用的药械都应该是多样化的。农药使用技术的单一化及药械的单一化恰恰是我国病虫害化学防治中多年来的一个严重弊病,不仅大大降低了农药的有效利用率,而且造成许多不应发生的不良副作用。在本项研究中,在防治稻飞虱、麦田黏虫、茶树黑翅粉虱、二化螟的试验中均证明了气流细雾对靶喷洒技术显著减轻了对多种天敌昆虫的伤害,有些甚至与空白对照田相似。杀虫双在水稻中、氟氯氰菊酯(功夫)及氯菊酯在茶叶中的残留水平以及在稻田水中的残留均低于常规喷洒法。限于篇幅,在本文中未作介绍。

山东省临清市及河北省饶阳县植保站等共 9 个单位先后 40 多人参与了多项研究,一并致谢。在北京地区的研究工作属于国家自然科学基金研究项目。

The effect of leaf shape on the deposition of spray droplets in rice [*]

Y. Q. Tu, Z. M. Lin AND J. Y. Zhang

Research Institute of Plant Protection, Chinese Academy of
Agricultural Sciences, Beijing, People's Republic of China

Introduction

Deposition and distribution of spray droplets on plants are
correlated with the rational use of pesticides, especially on cereal
crops, because vertical leaves are more difficult to treat than
those of broad-leaved plants. Suzuki et al. (1960) showed that
deposits of Bordeaux mixture on vertical rice leaves were less
than on horizontal leaves when downward spray nozzles were
used, but greater if a mist-blower direct the spray sideway in-
stead of downward. Bache (1980) demonstrated that for particles
with diameters $\geqslant 150 \mu m$, the absorption coefficient was deter-
mined by foliage structure and is essentially independent of parti-
cle size and inner canopy wind speed. As droplet size decreased
their movement became increasingly sensitive to changes in wind

---

[*] 《Crop Protection》,1986 年,第 8 卷第 1 期

speed and foliage size. On winter barley or wheat leaves. Hislop, Cooke and Harman (1983) found that deposition was higher at the tip of the top leaf and lower at its base. Similarly, more droplets were deposited on the tip of the leaves than at the base (Y. Q. Tu and H. R. Gao, unpublished paper). Experiments were carried out both in paddy fields and in the laboratory to ascertain the deposition and distribution patterns of droplets from sprayers generally or locally used in China.

Materials and methods

Field spraying method and leaf sampling

Some spray methods adopted by local peasants were examined together with knapsack hand-operated and mist-blower sprayers. One hand-operated sprayer used mainly in Zhejiang province produced a coarse spray called a 'raining' spray by removing the nozzle and the lance so that liquid was sprayed out directly through the valve hole. Application rates were 750 l/ha for the hand-operated knapsack sprayer, 150 l/ha for the mist-blower, 900 l/ha for 'raining' spray and 1500 l/ha for a hand-operated spray gun. The optimum application rate on rice for a hand-operated mist blower was 15 l/ha. A known concentration of aluminium hydroxide gel was incorporated in the spray as a tracer. Leaves were sampled just after the spray droplets dried, and cut into three sections, i. e. tip, middle and base sections (Figure 1), each sample containing 10 leaf sections. Leaf samples were then transferred to polyethylene bags separately and brought back to the laboratory for quantitative analysis. Aluminium hydroxide deposited on leaves was then dissolved with 0. 25x

HCl four times, 10ml each time; the acid solutions were then collected into volumetric flasks through a cotton plug and treated as described below.

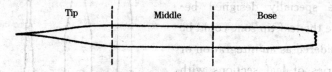

Figure 1 Sections of rice leaf

Settling tower

A plastic tower in four sections, each 500 mm in height and 400 mm in diameter, connected with each other by a flange joint, was used to study sedimentation of droplets under controlled conditions. The tower was placed on an iron tripod so that the bottom of the tower was 500 mm above the base of the tripod, to allow the air stream from the nozzle to escape. A Burkard nozzle was fixed at the centre of the top of the tower and a stream of pressurized air delivered through the nozzle atomized liquid from a pipette. A spray volume of 9 ml corresponding to a spray rate of 716. 6 l/ha, 0. 5ml to 39. 8 l/ha.

Target layout

Rice leaves and strips of water-sensitive paper (from Ciba-Geigy Ltd) were fixed on a fork-like target holder made from iron wire 1. 5-2 mm in diameter. Each of the fork teeth held one piece of leaf or paper strip. The target could be set at a specific angle, e. g. vertical (90 degrees), pointing downwards (60 degrees) or horizontal, and a normal position was also used.

Target shape

Water-sensitive paper was cut into leaf-like, diamond-

shaped or pagoda-shaped
strips (Figure 2) . The
pagoda-shaped paper strips
were specially designed be-
cause the leaf tip zone could be
considered as an integration or
a series of leaf sections with
their surface widths gradually
reduced, section after section,
and each section had a specific
width and height as shown in
Figure 2c.

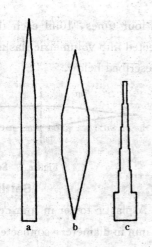

FIGURE 2 Leaf-like (a), diamond-
shaped (b) and pagoda-
shaped (c) strips of wa-
ter-sensitive paper

Deposit measurements

The number of droplets
per square centimeter deposi-
ted on target surfaces was counted under a magnifier, and the
volume median diameter (VMD) and number median diameter
(NMD) values were calculated following normal procedures
using MgO slides. Cresol red Colorimetry on a 721 Electrophoto-
meter was chosen as a simple method for estimating the volume
of spray liquid deposited on each of the three sections of rice
leaves. Leaf samples were collected in polyethylene bags. Ten
milliliters of 0. 025N NaOH solution was poured into each bag to
recover cresol red from the leaf samples, and the red solution
was directly measured at 580 nm. The volume of the deposited
liquid could then be calculated from the quantity of cresol red de-
tected, as the concentration of cresol red in the spray liquid was
already known. Aluminium hydroxide recovered from leaf sur-

faces with 0. 25 N HCl was treated with 8-hydroxy-quinolinone forming Al-oxinate which could be detected by electrophotometry at 390 nm; the quantity of aluminium detected was then interpreted as the volume of spray liquid.

Leaf area estimation

Leaf surface area was measured by a GCY-200 Electro-photometric leaf area meter.

Results

Data collected from field trials in Hubei, Guangdong and Zhejiang provinces and from a Beijing suburb detached leaves or water-sensitive papers (Tables 4, Tables 5, Tables 6). Deposition on the pagoda-shaped water-sensitive paper (Table 4) provided a clearer result as droplet density was inversely proportional to the target width, but there was no definite relationship between droplet size and target width, except on the 2 mm wide target where droplet size was smaller than those on other sections. Nozzle pressure and wettability of the spray liquid affected droplet deposition rate, but not deposition pattern (Tables 4, Tables 6). Experiments on paper targets showed that deposition density decreased as the target width widened. This phenomenon was referred to as the 'leaf tip preference' for droplet deposition. This may be an important factor closely correlated with the rationalization of spray technology, especially on graminaceous crops.

TABLE 1 Deposition and distribution pattern of spray droplets from different types of spray equipment on field rice leaves

Spray equipment	Application rate (l/ha)	Wetting agent	Rate of deposition (ml/cm^2)		Ratio of deposit (A/B)
			Upper half leaf (A)	Upper half leaf (B)	
Knapsack GN-16 * Beijing, 1981	600	No	0.00411 (0.00186~ 0.00444)	0.00218 (0.00059~ 0.00350)	1.885
		Yes	0.00534 (0.00377~ 0.00490)	0.00255 (0.00120~ 0.00381)	2.094
	750	No	0.00456 (0.00221~ 0.00980)	0.00276 (0.00145~ 0.00480)	1.652
		Yes	0.00652 (0.00372~ 0.01108)	0.00339 (0.00207~ 0.00541)	1.923
Knapsack, Berthould, Guangdong, 1982	750	No	0.00406 (0.0015~ 0.00889)	0.00222 (0.00107~ 0.00468)	1.830
Spray gun Guangdong, 1982	1500	No	0.00164 (0.00085~ 0.00277)	0.00089 (0.00052~ 0.00194)	1.843
'Raining' spray Hubei, 1982	1500	No	0.000493 (0.000404~ 0.00117)	0.000489 (0.00020~ 0.000674)	1.008

* A kind of hand-operated knapsack sprayer made in China

TABLE 2 Deposition and distribution pattern from mist-blowers on field rice leaves (Zhejiang, 1983)

Spray equipment and application rate	Rate of deposition (ml/cm²)			Deposit ratio	
	Tip section (A)	Middle section (B)	Base section (C)	A/C	B/C
Knapsack mist-blower, 150 l/ha	0.00141 (0.00085~ 0.00296)	0.00075 (0.00057~ 0.00104)	0.00102 (0.00047~ 0.0020)	1.380	0.74
Hand-operated knapsack mist-blower, 30l/ha	0.00015 (0.0001~ 0.00022)	0.0001 (0.0005~ 0.00023)	0.00009 (0.00005~ 0.00014)	1.667	1.111

TABLE 3 Deposition and distribution pattern of mist-blower droplets on rice leaves and the relationship between application rate and deposit ratios. (Hand-operated mist blower, Beijing, 1981)

Application rate (l/ha)	Rate of deposition (ml/cm²) on leaves, $\times 10^{-5}$			Deposit ratio	
	Tip section	Middle section	Base section	A/C	B/C
9 • 0, with wetting agent	7 • 11 (0.43~18.6)	3 • 15 (0.48~17.4)	1.05 (0.41~3.2)	6.77	3.0
11 • 25, no wetting agent	3 • 05 (0.56~5.14)	1 • 79 (0.80~2.86)	0.54 (0.19~1.10)	5.65	3.31
22 • 5, no wetting agent	5 • 40 (2.33~19.8)	1 • 63 (0.61~6.31)	1.02 (0.50~2.94)	5.29	1.60

Discussion

On the pagoda-like paper strips, more droplets were caught as the target width was narrowed. This shape of leaves could be treated as an integration of a series of micro-targets with their widths gradually diminished section by section. Deposition density varied with target widths but not droplet sizes (Tables 4, Tables 5), although

TABLE 4 Deposition and distribution pattern of droplets under different nozzle pressures on pagoda-shaped paper strips (horizontal in settling tower)

| Nozzle pressure (kg/cm²) | Target section | Droplet density on target (no. /cm²) | | Target shape | Widths (mm) |
		With wetting agent	No wetting agent		
1	1	1594	1782		2
	2	1300	1355		
	3	904	858		
	4	812	792		
	5	609	655		4
	6	548	670		
2	1	2048	2382		8
	2	1496	1604		
	3	1157	1198		
	4	996	978		
	5	846	958		12
	6	819	843		
3	1	2467	2482		16
	2	1824	1875		
	3	1354	1313		
	4	1120	1056		
	5	1022	954		20
	6	992	978		

TABLE 5 Deposition and distribution pattern of droplets on diamond-shaped paper target in settling tower. Target position-horizontal

Target shape	No. of target section	Droplet density (no. /cm²)	Droplet size* (μm)		
			VMD	NMD	Deposit ratio
	1	1540	128. 8	69. 1	0. 54
	2	1321	127. 4	64. 3	0. 50
	3	1167	155. 9	97. 2	0. 62
	4	1179	171. 4	98. 2	0. 58
	5	917	150. 8	106. 4	0. 71
	6	988	140. 0	70. 2	0. 50
10mm 25mm	7	595	193. 5	107. 6	0. 56
	Middle section	685	206. 5	119. 6	0. 58
	6′	607	184. 6	104. 3	0. 57
	5′	714	185. 0	69. 1	0. 37
	4′	595	156. 1	87. 2	0. 56
	3′	881	169. 9	92. 0	0. 54
	2′	1048	219. 5	111. 6	0. 48
	1′	1254	117. 7	47. 6	0. 40

* Stain diameter, not checked with spread factor

droplet size was a little less at the tip (i. e. the 2mm section). In practice, only a very short leaf-tip section is narrower than 2 mm, so it does not have an important role in droplet capture on rice leaves. Nozzle pressure did not change the droplet distribution pattern when similar spray volumes were applied, but droplet density increased with higher pressures because smaller droplets formed. A similar 'pagoda' sampling surface used by Johnstone, Rendell and Sutherland (1977) achieved slightly higher deposition ratios because collection efficiency is much more significant with smaller droplets. Unfortunately, the influence of air flow on deposition has not been clarified but it exerts influences on droplet size, their kinetic energy, bouncing of droplets and the velocity of air flow near the target surfaces, and all of these affected the probability of droplet impingement.

TABLE 6   Deposition and distribution pattern of droplets on detached rice
leaves in different positions under settling tower(1982)

Nozzle pressure (kg/cm²)	Leaf position*	Leaf section**	Wetting agent	Deposition rate of spray liquid (ml/cm²) ×10⁻³	Deposit ratio	
					A/C	B/C
1	H	A	+	1.78		
		B	+	1.61	1.348	1.220
		C	+	1.32		
		A	−	2.52		
		B	−	2.03	2.270	1.829
		C	−	1.11		
	V	A	+	0.56		
		B	+	0.41	1.867	1.367
		C	+	0.30		
		A	−	0.55		
		B	−	0.32	1.571	0.914
		C	−	0.35		
	D60°	A	+	1.27		
		B	+	0.98	1.608	1.214
		C	+	0.79		

续 TABLE 6

Nozzle pressure (kg/cm²)	Leaf position*	Leaf section**	Wetting agent	Deposition rate of spray liquid (ml/cm²) ×10⁻³	Deposit ratio	
					A/C	B/C
2	H	A	+	1.72	1.433	1.250
		B	+	1.50		
		C	+	1.20		
		A	−	3.15	1.559	1.307
		B	−	2.64		
		C	−	2.02		
	V	A	+	0.93	2.818	1.394
		B	+	0.46		
		C	+	0.33		
		A	−	0.86	1.720	1.120
		B	−	0.56		
		C	−	0.50		
	D60°	A	+	1.49	3.311	2.067
		B	+	0.93		
		C	+	0.45		

续 **TABLE 6**

Nozzle pressure (kg/cm²)	Leaf position*	Leaf section**	Wetting agent	Deposition rate of spray liquid (ml/cm²) ×10⁻³	Deposit ratio A/C	Deposit ratio B/C
3	H	A	+	1.79	2.106	1.682
		B	+	1.43		
		C	+	0.85		
		A	−	2.20	0.965	0.982
		B	−	2.24		
		C	−	2.28		
	V	A	+	0.71	2.450	1.724
		B	+	0.50		
		C	+	0.29		
		A	−	0.90	1.837	1.122
		B	−	0.55		
		C	−	0.49		
	D60°	A	+	1.15	1.825	1.603
		B	+	1.01		
		C	+	0.63		
		A	−	1.88	3.547	1.415
		B	−	0.75		
		C	−	0.53		

* H, horizontal; V, vertical; D60°, Pointing downwards at angle of 60 degrees
* * A, leaf tip section; B, middle section; C, base section

These effects will be quite different on fine and on large droplets. At a high air-flow rate, small droplets are easily carried away from a large target area by side-ways displacement near the target surface, but the air flow is less affected by a narrow target. With a low rate of air flow, small droplets are easier to impinge on to the target surface if the surface width is not large enough to induce a strong sideway air flow. The ratio of droplet diameter to target width and the target surface structure are factors which must be taken into consideration. Wetting agents increased deposition significantly but did not affect the leaf-tip preference phenomenon.

Wettability of a spray liquid enhanced droplet deposition because there was less bouncing of spray droplets (Brunskill, 1956), and spray droplets were smaller because of a reduction of surface tension. The surface of rice leaves is very difficult to be wet with aqueous sprays unless a strong wetting agent is used.

The leaf-tip preference phenomenon of droplet deposition on rice leaves has found some practical use for control of major pests, especially those found on the tips of rice leaves such as thrips, leafhoppers and leaf rollers. Considerable reductions in spray volume and in pesticide use have been achieved in field trials both on paddy rice and wheat. This will undoubtedly reduce the work-load in the field and will help to improve the quality of agricultural ecosystems.

Acknowledgement

This paper was presented as a poster at the 10th ICPP Conference, Brighton, England. We acknowledge the hard work of our colleague Miss M. Lee, who carried out the sample analysis.

农药雾滴在吊飞昆虫不同部位的沉积分布初探*

袁会珠　屠豫钦　李运藩　黄宏英　齐淑华

摘要　飞翔的昆虫对农药雾滴不只是被动的接收靶体,它对不同粒径的雾滴有一定的选择捕获能力。笔者在试验风洞中初步研究了粗雾滴、细雾滴两种喷雾方法在模拟昆虫靶标和吊飞活体黏虫靶标上沉积分布情况。结果表明:靶体形状对雾滴沉积有很大影响,雾滴在尖细靶标(触角、腿)上沉积量(微克/平方厘米)远高于粗大靶标(体);农药雾滴在吊飞昆虫上的沉积量;在翅上,雾滴粒径对其在靶标上沉积分布有很大影响,在同样的施药剂量下,吹雾法(43 微米)药剂在吊飞黏虫上的沉积量是常规喷雾法(181微米)的 1.49 倍。

关键词　雾滴粒径、昆虫部位、沉积分布

长期以来,人们习惯于把农药这种精细化工产品以简单粗放的喷洒手段在农业生产和卫生防疫上使用大容量、大雾滴喷洒杀虫剂,绝大部分药液流失到地面、土壤、水域等环境中,只有极少部分药剂能沉积到防治对象——靶标害虫上,这就使杀虫剂的实际用量远远超过理论上杀死害虫所需的剂量,大大降低了杀虫剂的使用效率。因而,众多学者认为"化学农药是高效的,使用却是低效率的"[1~3]。

---

* 《植物保护学报》1997 年,24 卷,第 4 期

近年来,围绕如何提高农药在靶标上的沉积量,人们做了不少工作。屠豫钦(1984)发现了植物叶片在雾滴沉积过程中的"叶尖优势"现象[4],Himel(1969)提出了"生物最佳粒径"理论(BODS),认为不同粒径雾滴在不同生物靶体上沉积量不同,两者存在一个最佳关系[5]。这就提醒人们,要提高农药的利用效率,必须把农药雾滴行为和生物特性结合起来进行研究。影响雾滴在靶体上沉积的因子很多,雾滴粒径则是很重要的因子。Franklin(1994)认为小雾滴在昆虫靶体上沉积量多[6],而 Alvin(1994)的试验发现联苯菊酯防治烟夜蛾时,大雾滴(VMD=397 微米)防效达 79.8%,小雾滴(VMD=91 微米)却只有 67.7%[7]。

农药雾滴在靶标上的沉积分布是农药使用的基础,是改进施药机具的依据。本文初步研究了不同粒径雾滴在模拟昆虫靶标和黏虫成虫靶标上的沉积分布特征。

1 材料与方法

1.1 不同粒径雾滴的获得

为排除其他环境因子的干扰,本试验在风洞中进行。国际上应用较多的旋转圆盘雾化控制雾滴直径的方法(CDA)在风洞中不适用,依据屠豫钦(1992)"双流体雾化可产生雾滴谱很窄的雾滴"的结论,试验采用双流体雾化原理,通过控制气体压力、药液流量控制到达靶标时的雾滴直径,在靶面处,用 MgO 板法测定雾滴直径(NMD)。

1.2 农药雾滴在模拟昆虫靶标上的沉积分布

用硬塑料制作大小一致的昆虫模型,昆虫模型在空中设俯、仰(均与水平成 45°角)、平 3 种姿势。在雾滴通过的靶面处,上下排列 3 行,每行固定 5 个昆虫模型,用前述方法控制雾滴粒径,喷洒 1.0%丽春红溶液,喷雾结束后,小心取下模型,把同一处理的模型按触角、腿、翅、体四部分剪开,放入小烧杯中,加入蒸馏水,振荡洗涤,定容至 50 毫升,用紫外分光光度计测定其吸光度,计算洗涤液中丽春红含量,以此计算药液在昆虫模型不同部位的沉积量。

1.3 农药雾滴在吊飞黏虫上的沉积分布

人工饲养黏虫,羽化出土 7 天后,挑选大小一致的蛾子,CO_2 麻醉后,用细铜丝黏附在蛾子后胸背板上,5 头成虫吊飞在一水平木条上,迅速放置在风洞内测定农药雾滴在吊飞黏虫上的沉积分布。喷雾方法设吹雾法[3]和常规喷雾法(空心圆锥雾喷头,喷孔直径为 1.3 毫米)两种,喷施药剂为林丹,在药液中加入 BSF 荧光剂作指示物质。喷雾结束后,记录虫子的死亡时间和死亡数(由于吊飞过程的影响,黏虫死亡时间和死亡率很混乱,未得到满意的结果);把成虫分为触角、翅、体、腿四部分,分别放入烧杯中,加入定量的含 3%酒精的蒸馏水,振荡洗涤,洗涤液用 LS-1 荧光仪测定,以此计算农药雾滴在吊飞黏虫不同部位的沉积量。

2 结果与分析

2.1 不同大小农药雾滴在模拟昆虫不同部位的沉积分布(表 1)

表 1   不同粒径雾滴剂在昆虫各部位的沉积分布   (模拟靶标)

雾滴粒径 (微米)	昆虫部位	沉积量(微克/平方厘米)			平　均
		俯(45°)	仰(45°)	平(0°)	
40	触　角	10.1	9.4	9.2	9.6
	腿	4.9	7.8	4.8	5.8
	翅	2.6	1.7	2.6	2.3
	体	1.1	1.1	1.2	1.1
50	触　角	9.3	10.3	6.5	8.7
	腿	5.9	6.2	10.0	7.4
	翅	2.5	3.4	3.7	3.2
	体	1.2	1.5	1.3	1.3

雾滴粒径 （微米）	昆虫部位	沉积量（微克/平方厘米）			平　均
		俯（45°）	仰（45°）	平（0°）	
113	触　角	5.4	6.0	7.1	6.2
	腿	6.8	6.7	4.9	6.1
	翅	6.0	4.3	5.7	5.3
	体	1.9	1.1	1.3	1.4
155	触　角	6.0	5.4	6.1	5.8
	腿	4.2	5.2	7.4	5.6
	翅	8.3	8.3	7.5	8.0
	体	1.4	1.4	1.3	1.4

从表 1 看出，农药雾滴（特别是细雾滴）在模拟昆虫触角、腿等细靶标上的沉积量远高于粗靶标（体），当雾滴 NMD 为 40 微米时，差别可达 10 倍。由于喷头生成的雾滴并不是均匀一致的，而是具有一定分布的雾滴谱，NMD 大的雾滴群中也有相当数量的小雾滴，因而，表中数据不能很好反映出不同大小雾滴在同一类型靶标上沉积量的差异。在光滑平面靶体（翅）上，NMD 小时，雾滴的沉积量较 NMD 大时低，这与其他 3 种靶标相反。

从表 1 看出，靶标形状对雾滴的沉积分布有很大的影响。模拟靶标是用光滑塑料制成，与实际的活体靶标差异很大，因而，笔者还进行了农药雾滴在活体成虫不同部位的沉积分布试验。

2.2 农药雾滴在吊飞黏虫不同部位的沉积分布试验(表2)

表2　不同用药方法,药剂在吊飞黏虫不同部位的沉积量　(微克/头)

黏虫部位	吹雾法(NMD=43 微米)					常规喷雾法(NMD=181 微米)					沉积比
	Ⅰ	Ⅱ	Ⅲ	平均	沉积率(%)	Ⅰ	Ⅱ	Ⅲ	平均	沉积率(%)	
触角	1.30	1.48	0.50	1.09	18.8	0.54	0.49	0.60	0.54	13.8	2.02
腿	0.40	0.26	0.09	0.25	4.3	0.13	0.13	0.17	0.14	3.6	1.79
翅	8.40	5.43	4.35	3.02	52.1	2.34	1.10	2.30	1.91	49.0	1.58
体	2.70	0.60	1.02	1.44	24.8	0.86	1.27	1.80	1.31	33.6	1.10
总体				5.80					3.39		1.49

注:沉积率(%)=(药剂在某部位的沉积量/药剂在黏虫各部位沉积量之和)×100

沉积比=吹雾法药剂在黏虫上的沉积量/喷雾法药剂在黏虫上的沉积量

由于昆虫表皮(特别是触角、腿等部分)有很丰富的体表结构(如纤毛),很难测定黏虫成虫不同部位体表的比表面积,因而,试验结果用微克/头表示,用沉积比表示不同施药方法药剂在成虫不同部位沉积分布上的差异。从表2看出,吹雾法药剂在黏虫触角上的沉积率为18.8%,远高于常规喷雾法的13.8%,说明采用细雾方法喷洒农药时,有较多的药剂沉积在尖细靶标触角上;在同样施药剂量下,吹雾法药剂在成虫上的沉积量是常规喷雾法的1.49倍。

农药使用技术规范化研究进展[*]

农药使用技术研究是"七五"期间的国家科技攻关项目,主要目的是研究不同类型的作物田里的农药使用技术标准及其科学依据。多年来,农民群众已习惯于各种无规范的农药喷洒方法,这是造成农药用量大,农药损失和污染环境的根本原因[1]。所以,农药使用技术规范化是在生产中推行科学用药的一个重要方面。农药使用技术规范化,涉及农药的剂型选择、使用的方式方法以及使用手段等多方面,这些方面又同农作物种类和防治对象有紧密联系,甚至也同地理条件有关。本攻关项目的近期研究内容,是比较各类农作物田里雾粒的运动和沉积分布特征,初步提出沉积效率较高的农药使用方式方法和适用的使用手段。因为在我国,使用方式方法的问题和使用手段的单一化和无规范现象是当前最突出的问题[1]。近几年的研究工作主要针对稻、麦、棉、菜、茶等 5 种作物。不仅因为它们是重要的、用药最多的作物,也因为它们代表了几类典型的作物田。

(一)农药雾粒在不同作物生长条件下的沉积分布特征

研究对象选择了禾本科植物的水稻和小麦,双子叶植物的棉花和黄瓜以及灌木型多年生长绿植物茶。对不同用药时期的作物生长特点与几种喷雾方法的雾粒沉积分布特点的相关性进行的研

---

* 《中国植物保护学会第五届年会会刊》,1989 年,6 月,安徽屯溪

究,表明不同的作物类型和生育时期,农药雾粒的沉积分布差异很大。

1. 稻麦类禾本科作物田

禾本科作物田的作物群体结构有利于雾粒的垂直通透,特别是粗的雾粒。Courshee(1980)曾对麦田的雾粒沉积分布进行研究证明,在垂直下喷的情况下,雾粒沉落地面者占 84.7%[2]。我国的喷雾器械,由于喷头的结构和雾化方式的限制,雾粒的主要沉积运动是垂直下沉,因此在稻麦田采取常量喷雾法时,药剂在植株的下部和地面上(田水中)沉落多,上层沉积量小。对常规喷雾法(工农-16 型)在稻麦田喷雾测定的结果,在麦田地面上的沉落量占 76.92%(抽穗期),在水稻田水中的沉落量占 84.61%(分蘖末期)。因此,如要求防治植株上部的病虫害时,实际有效药量只占总喷药量的 20%左右。这表明大约 80%的农药是浪费掉的。虽然在水稻田情况下,内吸性能良好的农药有可能被稻株基部吸收后再传输到植株上部,但仍不可避免溶散在田水中和被田泥吸附的部分难于发挥作用。

防治稻麦田上部病虫害时,喷雾方式如采取水平喷洒,让雾粒水平喷洒到穗和叶上,则植株上部的沉积量会显著提高。不过用空心雾锥的涡流芯喷头则很难做到,如果采取东方红-18 型机动弥雾机,由于雾流是基本上水平喷出,效果就比较好。在试验区范围内测得的地面沉落量只有 10%左右,雾粒大部分沉落在植株上部,但是雾粒的飘移损失则较为严重。因此这种使用方式在小规模的稻麦田里并不适用。

把气流雾化的方法应用到手动喷雾器械上所开发成功的手动吹雾器,具有喷雾的方向可调,雾粒有气流伴送以及雾化性能好等特点,在小规模农田上使用表现出一系列优点。它可以根据有效靶区的部位来改变喷洒角度以调节雾粒的沉积方向。在小麦孕穗期如采取水平吹雾,下部茎叶上的平均沉积量为 2.34 微克/10 平方厘米,如采取下倾吹雾法则可提高到 13.24 微克/10 平方厘米。在齐穗期由于株冠上部郁闭度提高,雾粒穿透能力受到一定影响,但水平吹雾和下倾吹雾的下部茎叶沉积量仍有显著差别,前者为 1.26 微克/10 平方厘米而后者为 8.0 微克/10 平方厘米。在齐穗期作沉积分布测定的结果表明,麦穗部捕集到的雾粒占 29.46%,麦叶上(全部叶片的平均值)为 10.58%,而地面上只有 13.91%(60°角前倾下喷)。可见手动吹雾法在喷雾方式上和雾粒沉积分布方面有较大的可调性。手动吹雾法的这一特点在防治麦蚜时表现出明显的优点,当采取水平扫描式吹雾时可降低用药量 60% 左右,防治小麦赤霉病(多菌灵胶悬剂)可降低用药量 50% 以上,防治稻蓟马(乐果乳油)也可降低用药量 50% 以上。对于那些在稻麦植株中上部为害的病虫,如稻瘟病、麦种蝇(成虫)、稻苞虫等,采取前倾下喷法进行扫描式吹雾可分别降低用药量 27%、20%、30%。对黏虫可降低药量 50% 左右。对于稻麦下部的病虫害,调节喷头喷洒方向使雾流垂直下喷也可取得显著的效果。如防治麦二叉蚜、稻飞虱等。防治稻飞虱(用叶蝉散 10WP)时用药量比常规喷雾法降低 50% 左右,可能与飞虱的行为有关。在受到气流的激扰时飞虱会发生短距离的飞翔活动甚至会落到水面上,因而有利于飞虱接触药剂雾粒,特别是当雾粒较细、沉落较慢时,尤为明显。

稻麦田的群体结构和喷雾方式见图 1,各种喷雾方式的防治效果见表 1。

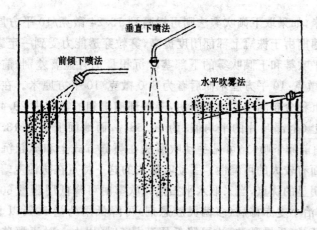

图1　禾本科作物田的群体结构与吹雾法的三种雾流情况和沉积趋向

表1　部分病虫害防治中吹雾法同其他方法的效果比较

病虫名称	喷雾方法	喷雾量 （升/公顷）	用药量 （g,ai/公顷）	防治效果 （%）	用药种类	地　点
稻蓟马	吹雾法	15	40	97.6	乐果 40EC	
			20	92.5		四　川
	喷雾法[1]	750	40	94.7		
			20	87.6		
稻飞虱	吹雾法	30	300	92.2	叶蝉散 10P	贵　州
	喷雾法	450	600	85.1		
	弥雾法[2]	90	300	88.2		
稻苞虫	吹雾法	15	750	100	杀螟松 50EC	四　川
			525	100		
	喷雾法	750	750	100		
			525	85.7		
	弥雾法	225	750	100		
			525	100		

病虫名称	喷雾方法	喷雾量 (升/公顷)	用药量 (g,ai/公顷)	防治效果 (%)	用药种类	地　点
麦长管蚜	吹雾法	15	187.5	98.3	杀螟松 50EC	甘　肃
			375	100		
	喷雾法	750	187.5	44.1		
			375	75.5		
	弥雾法	187.5	187.5	99.6		
麦种蝇 (成虫)	吹雾法	15	5	87.8	杀螟松 50EC	宁　夏
			12.5	92.6		
			20	97.6		
	喷雾法	450	12.5	88.7		
	弥雾法	112.5	12.5	89.3		
稻瘟病	吹雾法	30	750	98.3	三环唑 20WP	河　北
	喷雾法	300	1025	94.3		
	弥雾法	90	750	98.7		

注:1. 喷雾法——工农-16 型喷雾器;2. 弥雾法——东方红-18 型机动弥雾喷粉机

2. 棉花、黄瓜等双子叶作物田

(1)苗期施药 这两种作物从苗期开始就要频繁地进行施药防治,特别是黄瓜。长期以来均采用常量手动喷雾器进行推喷,即喷头向前顺着苗行喷出。由于喷头贴近幼苗,而且喷雾量大,实际上已不是喷雾而是淋洗。此外由于雾锥角很大,又是空心雾锥,而苗小行窄,因此药液脱靶而散落到行间地面上的现象不可避免(见图 2)。这种喷雾方式之不合理是显然的。现有的各种常用喷雾方法不能有效地解决这个问题。手动吹雾法的窄幅实心雾锥则十分有利于雾粒向苗行集中。在棉花和黄瓜的苗期实际测定沉积分布情况表明,采用快速推喷时 6~7 叶期棉苗上所能沉积的药液量只有 42.47%(如果采取慢速推喷则将更低),但用吹雾法进行顺行平行吹雾时则沉积量可达 71.2%。此时期棉苗对地面的覆盖率只有 10%～15%。6～7 叶期的已定植黄瓜苗的地面覆盖率为 25%～30%。用两种方法喷雾时进行沉积量测定的结果表明,喷雾法的行间地面散落率很高,瓜苗上的沉积量与贴近瓜行的地面沉积量相比,仅为 1.71～2.16 倍,与行间地面沉积量最低处相比也只为 3.5 倍。而吹雾法则分别达到 5.95～8.24 倍和 36.9 倍之多(表 2)。说明吹雾法对苗期作物的对靶沉积率很高。

表 2　黄瓜苗上与行间的药液沉积量(毫升/300 平方厘米)
与喷雾法之关系

喷洒方法及喷雾量	瓜苗上沉积量	苗行间 5 个区段上的沉积量				
		1	2	3	4	5
喷雾法 (40 升/667 平方米)	2.1254	1.2410	1.0454	0.6495	0.6015	0.9849
吹雾法 (3 升/667 平方米)	0.4061	0.0683	0.0275	0.0195	0.0110	0.0493

注:表中数字均系 12 组数据的平均值(屠豫钦,玉霞飞)

　　这种顺行平行吹雾法一直到植株封垄前都是有效的。但随着植株渐渐长大,喷头在顺行平行向前运动的同时要增加上下摆动以便使整株受药。这种喷雾方式的工效也随着植株长大而逐渐降低,但仍然显著优于常量喷雾法。

　　防治棉铃虫时可利用棉铃虫在群尖部位活动的特点采用吹雾法顺行压顶喷洒的方法。根据 Uk(1980)的研究表明,棉花的群尖部位容易捕获细雾粒,因此吹雾法与常量吹雾法相比有突出的优点。除了节省喷雾用水 87% 提高工效 1 倍外,并能降低用药量(敌杀死 2.5EC)20% 左右(孙玉庭,1988,临清协作点)。在大规模棉田里采用背负式机动弥雾机进行低量和超低容量喷洒法则工效要高得多,雾粒沉积性能也能满足棉铃虫防治的要求。

　　(2)成株期　在棉田封垄以后要防治伏蚜和棉铃虫,现行各种喷雾方法都不理想。手动的喷雾方法和吹雾方法工效均不高,但是吹雾方法的喷雾量比喷雾法要低 90%左右,喷雾方式则采取侧上吹雾。由于吹雾量小,减轻了荷重也减少了进出棉田加药的次数。为了满足棉田后期防治的要求,我们开发了一种棉田下层侧向喷粉法,已经测定了粉粒的分布沉积,左右喷幅可达 10 米左右,粉尘不逸出棉田,在技术上是成功的,现正在选择最佳的剂型。棉田机动吹雾法也正在开发中(屠豫钦,1988)。

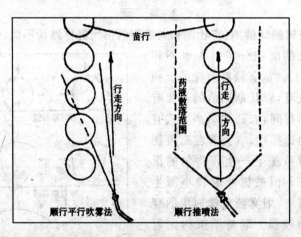

图 2　苗期作物田两种喷雾方法的雾流情况

喷粉法是一种已接近于淘汰的喷洒方法。但我们发现,在特定的条件下这种方法具有其独特的优点。除了棉田下层喷粉法以外,我们在保护地黄瓜和番茄上采用也取得了优异的效果。粉粒沉降分布情况测定结果表明,在黄瓜生长中后期,粉粒在植株上的沉积率可高达 77%左右,因此用药量大大降低(玉霞飞,1988)。与喷雾法相比,粉尘施药法每 667 平方米每次施用百菌清有效成分可降低 50%~60%之多,而且施药间隔期也可拉长。防治效果在 95%以上。由于这些效果,加之本法不需用水,工效高达每 667平方米只须 10 分钟,劳动强度又很小,所以深受菜农欢迎。保护地机动吹雾法也取得良好效果。用手扶拖拉机带动的吹雾系统,处理 667 平方米黄瓜大棚也只需 10 分钟,喷雾量为 2 升。用此法防治黄瓜蚜虫,防效达到 99.8%(全棚平均值)(玉霞飞,屠豫钦,1988)。

研究结果表明,在保护地蔬菜上采取粉尘施药法和机动吹雾法相配合,就可以使保护地施药技术得到根本改观,将大幅度提高工效并节省很多农药和劳力。

3. 茶 园

茶树的幼龄期、青壮期和老龄期的田间群体结构不同,因此农药雾粒的沉积分布行为也不相同(图3)。从雾粒对植株的沉积过程来看,青壮期以前的茶园有较宽的行间,农药的喷洒方式有较多的选择性,农药雾粒有可能在茶树植株上产生较均匀的沉积分布。但茶树叶形较小而生长较密集,细雾粒对株冠层的穿透能力较强。老龄期茶树则冠面相接,行间封闭严密。此时喷药既比较困难,雾粒对株冠层的穿透能力也较差。但各种喷雾方法的雾粒穿透能力和沉积分布特征仍有较显著的差异,细雾粒的穿透能力还是比粗雾滴强(表3)。

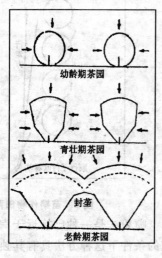

图3 茶园不同时期的结构
(箭头示可能的喷雾方向)

表3 茶园中各种喷雾方法的雾粒沉积分布

茶园种类		各种喷雾方法的不同部位回收率(%)			
		手动吹雾	机动弥雾	1毫米喷孔片	常规手动喷雾
成龄茶园	地 表	21.62	10.09	30.88	25.72
	上层叶	60.26	46.30	55.04	35.59
	中下层叶	8.25	17.91	12.40	29.69
成龄茶园	地 表	18.20	32.92	25.24	40.28
	上层叶	59.97	37.85	23.44	16.83
	中下层叶	10.06	17.29	34.10	31.07

＊茶叶所协作点 陈雪芬、夏会龙,1988

4. 苹果树和桃树

为了同大田作物和蔬菜田、茶园作一比较我们对苹果树和桃树上的雾粒沉积分布特征也作了测定。生产上一般均采取常量喷雾法,所用的喷雾器械为手动喷雾器(背负式和单管式)、踏板手压式喷雾器以及工农-36型喷雾机等,但喷头均相同(也有少数采用喷枪)。一般都采取常量喷雾,3～4米高的每棵树需10～15升水。由于雾滴粗、喷雾量大,这些喷雾法均有大量药水流落地面。采用吹雾方法时,雾粒细而喷雾量小,每棵树只须喷0.1～0.2升药液,所以农药在地面上的散落量就很小。在9年生高2米的桃树上,吹雾法每棵树用药液0.06升,喷雾法(工农-36型)每棵树用10升。树冠顶部、树冠中层外侧和内膛、树冠下层外侧和内膛的药剂沉积量均是吹雾法大于喷雾法1.6～1.8倍,而地面散落量则喷雾法比吹雾法大3.61倍。在12年生的3～4米高的苹果树上进行同样的比较,则树冠各部吹雾法比喷雾法大1.04～2.38倍,而地面散落量则喷雾法比吹雾法大4.86倍。利用苹果绣娟蚜(即黄蚜)进行药效试验的结果(用氧化乐果),降低60%的用药量和减少98%的喷雾量,吹雾法的平均防效为95.0%;而喷雾法不降低用药量情况下只有 92.5% 的防效,如降低 40% 的用药量,防效就降低到 79.9%(曹运红,屠豫钦,1987)。

(二)环境因子对农药沉积量的影响

1. 降水的影响

分别在水稻和茶树上观察研究了雨水的冲刷作用。在水稻上(冀粳八号)用克瘟唑 20WP 防治稻瘟(人工接种发病),用人工降雨法进行 0.5、2.0、8.0、30 毫米的不同降水量试验并同时考察了从 0.5~24 小时的药后遇雨时间的不同影响,以不施药和药后不降雨作两种对照,检查水稻成熟前 15 天时的防效和产量情况。发现降水量与防治效果呈明显的负相关,药后降雨时间越迟则对防效影响越小。如雨量为 0.5 毫米,在施药后 24 小时遇雨则对防效的影响很小。根据水稻产量水平和施药费用以及降雨所造成的防效损失,初步提出了遇雨须补施药的经济阈限。降雨量(X_1)和药后遇雨时间(X_2)与农药克瘟唑冲刷量(A)的关系为 $A = 100 - (39.5793 - 1.7921X_1 + 2.7125X_2)$(潘勋等,1988,唐海协作点)。

在茶树上进行的人工降雨试验也表明药剂的淋失作用同降雨时间的迟早和强度有密切关系。但是也同药剂的水溶解度和药剂在叶面蜡质层内的渗透性和内吸性能有关。敌敌畏、乐果、马拉硫磷的水溶度较大,施药后 1 小时遇 5 毫米的降雨量便有 85% 以上的淋失率,但氯氰菊酯则低于 50%。乐果的内吸作用很强,施药后 1 小时叶肉和叶片的药量比为 10.5,氯氰菊酯为 7.1,两者差别不大。但 48 小时后就分别为 70.4 和 11.7,因此乐果的淋失率直线下降,而氯氰菊酯变化不大(陈宗懋,1988,茶叶所协作点)。

2. 温度对超细雾粒沉积运动的影响

在利用百菌清烟剂防治黄瓜霜霉病的实践中注意到,傍晚施放烟雾的效果好于白天放烟。根据气溶胶力学研究所已阐明的"热致迁移效应"对烟粒的沉积运动进行了研究,发现烟粒在较热的叶片上的沉积量比较冷的叶片低。对一日内黄瓜和番茄植株上的叶片温度变化进行的测量表明,在白天阳光照射下叶片温度明显高于空气温度,而晚上则相反。并观测到在 5 月份北京的气候条件下,中午大棚内的黄瓜叶片温度除最下一层叶片外;以上十几个叶片的温度分别比空气温度高 1℃～6℃不等。番茄叶的情况也相似。测定中午和夜间的烟粒沉积量发现,午夜时分黄瓜叶上的沉积量比中午时分高 2.13～2.45 倍,番茄叶则高 2.33～3.36 倍(曹运红,1986)。

植物叶片温度变化对超细雾粒沉积量的影响之研究,本项研究尚属首次。对于正在迅速发展的低容量和超低容量使用技术,特别是这两项使用技术中所同时产生的超细雾粒的沉积和去向的研究具有重要意义。

(三)农药使用技术的规范化

根据我们已进行的多年试验和示范,从使用手段和使用方式方面已形成了初步的使用技术规范化方案,可在小规模农业生产中应用。

1. 作物的幼苗期

在稻、麦、棉、菜、茶、油菜、烟草等已进行过试验的农田中,手动吹雾法是最好的方法,可以在各类作物幼苗期采用,实际上对其他各种作物幼苗期都是适用的。虽然在棉苗期也成功地发展了涂茎法,但手动吹雾法只要采取慢速低压吹雾并适当提高药液浓度。则工效和药效都比涂茎法高。另外,为了防治苗蚜,种衣法和拌种法以及拌种法(施用颗粒剂)都是很好的方法。

幼苗期用手动吹雾法的最佳适用期是苗高约 40 厘米以前阶段。因为手动吹雾法设计的喷头是窄幅实心雾锥,在苗高 40 厘米以前喷头无须作上下摆动,工效得以充分发挥。但植株高一点如喷头稍加摆动也是可以接受的,因为吹雾法可以大量节省喷雾用水和用药量。

2. 作物青壮期（封垄期以前）

在大规模农田中机动弥雾机是最理想的使用手段。在播种比较整齐种植比较集中的大田作物如小麦、棉花等,通过植保公司或技术专业户组织统一施药,此法也是最好的方法。但是在使用技术方面还有必要组织严格的技术培训,因为目前对此种机具的使用还有很多不合理的现象,同样会浪费农药和能源并污染环境。

在小规模农业中,现正在推广的小喷孔片喷雾法仍应继续推广应用。但从发展方向来说则应把重点放在手动吹雾法上,因为不论从用水量、用药量和雾粒的对靶沉积性能方面来说吹雾法都具有突出的优越性。在使用方式方面吹雾法也具有明显的优点,利用它的窄幅实心雾锥和喷头结构,吹雾法可根据病虫习性和行为采取侧喷、侧上喷、水平扫描喷洒、下倾喷、顶喷以及分层喷等多种有效的对靶喷洒方法。例如,对小麦长管蚜、小麦赤霉病、水稻白叶枯病等植株顶部为害的病虫,只有吹雾法能把药液相对集中地喷到狭窄的有效靶区中;又如茶毛虫,在茶树侧面中部群集为害,也只有用吹雾法能取得集中对靶喷洒的效果。大喷角的空心雾锥喷头不能做到,扁扇喷头则喷雾量过大。

一种高工效的小型机动吹雾机已经开发成功,可望在小规模农田中发挥很大优势并可在大规模农田中应用。

3. 作物封垄期

对于植株上部为害的病虫以采用吹雾法水平扫描喷洒法为最好,在较集中的大田作物上采取机动弥雾机是很好的方法。对于植株下层的病虫害如稻飞虱、纹枯病、麦二叉蚜等,手动吹雾法或小型机动吹雾法具有明显的优越性,能把雾粒吹送到下部。但机动弥雾机则不能发挥作用。

在水稻田如能选择到较好的内吸性药剂则撒粒法是一种高工效的施药技术。用杀虫双大粒剂进行远距离抛施的技术已通过本攻关项目的研究和示范推广应用到近 40 万公顷稻田。

在棉花、油菜等作物田,株冠下层机动吹雾法和喷粉法应成为有效的技术,研究和试验示范正在进行中。

4. 保护地蔬菜

在幼苗期施药,吹雾法是最好的方法。由于幼苗期对地面覆盖率很低,采用烟雾法、粉尘法是不合理的,药剂的脱靶损失率均在 70% 以上。

在中后期施药,在目前条件下粉尘法是最佳选择。不仅由于药剂的沉积分布性能好、工效高、无须用水等优点,同时因为此项技术投资最小或无须投资,容易推广。机动吹雾法可以作为辅助手段以便于施用那些加工粉剂有一定难度的药剂。

以上所述各种使用技术的规范化主要是从喷洒农药的角度提出的。有些其他方法如防治黄瓜枯萎病的土壤浇灌法、种苗处理法以及地面药膜覆盖法等施药技术无疑是有效的科学的使用方法,不在本文讨论之列。

顺便要提到一点,根据前述超细雾粒的热致迁移现象,低容量和超低容量喷洒方法应避免在晴朗的中午时分进行。已经发现超低容量法所产生的细雾粒在晴朗的白天会随上升气流逸失[3]。用东方红-18 型弥雾机喷洒细雾时也发现未能收测到的"不知去向"雾粒所占比例甚高。明确这个问题也是农药使用技术规范化的重要条件。

13

农药与环境安全问题

关于农药与环境问题的反思*

关于农药与环境

环境,简而言之是指人类赖以生存的空间、土地和水域。环境问题之所以成为一个重要议题,是因为自从人类开始有了生产活动以后,逐渐对环境引发出一系列可能不利于人类持续发展的负面影响,特别是工业革命以后由于城市大气污染、工业废水污染、汽车废气污染等所引起的一些典型事例,提高了人们的警惕。还有不幸的是,原来认为对人、畜十分安全的 DDT 及其相关的有机氯杀虫剂的污染以及后来氯氟烃类化合物对臭氧层的破坏作用,有机磷的一些高毒、剧毒品种在使用中发生的中毒事件等,特别引起了人们的恐惧心理,因为这种中毒是直接发生在人体身上。由此进一步引起了食用农产品的安全性问题、农药残留问题、对有益生物的危害问题等,农药对环境的影响问题于是被突出地提到议程上。近年甚至发展到了对于棉花这类非食用作物农产品也要求禁止使用农药和化肥,担心农药、化肥会通过织物污染人体。

农药是一类生物活性物质,可能会对特定环境中生物群落的组成和变化引起某种冲击;同时农药又是一类化学活性物质,能够同环境中的某些其他物质或物体发生相互作用,或在特定的环境中扩散分布,最后也表现为对生物的影响。有许多学者对于农药

---

* 《农药科学与管理》,2001 年,第 22 卷,第 1 期

在环境中的扩散分布和归趋做了大量研究并用各种图式来表示这种情况。其中 Edward 的图被引用得最多。此图显示的是，DDT从土壤、大气、雨水等多种不同渠道通过各种方式和途径辗转迁移到人体中，可被富集到很高的浓度。

这种生物富集过程已有许多学者利用模型试验加以证实。生物富集理论所提供给人们的主要信息是，农药能够在很大的环境范围内漫游并广泛扩散分布，从而危及人类的生存环境和人类的健康以及其他生物的正常发展。

另外一个问题是，有些农药在环境中的淀积可能使环境受到污染，包括土壤、大气和水，特别是作为饮用水源的地下水中的农药渗入量已引起高度重视。在土壤中的淀积是田间喷洒农药时的药液流失、土壤药剂处理或化学灌溉（Chemigation）以及使用后所抛洒的废弃农药所造成。上层土壤中的农药淀积物如果继续向下层移动即可能进入地下水。进入大气的农药可能有两个来源：一是农药的超细微粒，在大气中能飘悬很长时间难以降落；二是蒸汽压较高的农药所散发的蒸汽可以混存在大气中。

农药对环境的这几种污染途径和污染方式，在生命科学、环境科学、卫生科学中都引起了高度关注和重视。尤其值得注意的是在广大人民群众中业已造成了极大的影响，可以说达到了谈"药"色变的地步。特别对于蔬菜、水果等食用农产品以及饮用水，几乎人人都担心有"农药污染"问题。在市场、广告上也大量宣传这种污染问题，并推销一些据说能够"洗掉"农药残留物的药水和检出农药残留物的快速检测纸。可是这种宣传只不过给了消费者以一种安慰而已，实际情况是很可疑的，因为现在还没有这样的清洗剂能够清洗掉任何农药残留物，或快速检测出任何农药残留。

对农药产生恐惧心理的原因分析

造成社会上对农药产生恐惧心理的原因，主要有以下 3 个方面。

1. 宣传中对于农药污染环境的必然性与可能性没有加以区别，对于可能性也缺乏定量的阐述和相关条件的说明

污染是一个定量的概念，是相对于人类、畜禽类和其他有益生物的安全性、生物群落的稳定性以及其他环境质量指标而言的。这些指标对于冲击因素的耐受能力都有一个相对的阈值，这种阈值实际上还要受到当时环境条件的强力制约，如温度、湿度、光照、雨露、气流运动以及其他生物的和非生物的因素。这些因素既制约了农药，也制约了受冲击生物本身。所以，这种阈值并不是固定不变的，而且实际变动的幅度很大。只须根据一般的生物学和物理化学知识便很容易得到这样的认知。由此可见，农药污染环境只能说是一种必须加以重视的可能性，应当加以认真研究；但农药污染绝不是无条件的必然性，并非"凡使用农药必污染环境"。

2. 部分药剂所发生的问题被不恰当地扩大为全部农药的共性问题

例如，关于农药在环境中的迁移和富集现象的研究是从 DDT 开始的，是用 DDT 为典型材料进行研究所获得的结果。DDT 是一种物理化学性质相当稳定，在环境中不容易降解的杀虫剂，是一种长残留药剂。此外，其亲油/亲水比值极高，因此极易从水相转移到脂相中，使它成为一种生物富集能力很强的杀虫剂。但此类长残留药物主要集中在以 DDT 为代表的几种有机氯杀虫剂中。其他农药如有机磷、氨基甲酸酯、菊酯类杀虫剂中药物的半衰期一般都比较短；除草剂、杀菌剂中虽然有少数品种半衰期较长，但对人、畜的毒性却比较小，而且它们的亲油/亲水比值也与 DDT 相差十分悬殊。因此，通过食物链而富集到人、畜和其他有益生物体内的可能性小得多，即便发生富集作用，其历程和在体内的蓄积时间也不可能与 DDT 同日而语。所以，不宜用 DDT 的这种特殊的生物富集作用来概括全部"农药"。但直到近年国内外一些专著和论文中讲到"农药与环境"的问题时仍然继续用 DDT 作为典型事例。这就也会在广大人民群众中引起一种误导作用，把 DDT 的强大生物富集作用误认为是"农药"的普遍现象，从而增加了人们对各种农药的畏惧感。

又例如，关于农药的毒性问题，绝大多数高毒或剧毒药剂出现在杀虫剂及灭鼠剂中，因为高毒药剂主要都是动物的神经毒剂和体内代谢系统毒剂。杀菌剂、除草剂、生长调节剂中很少此类药剂。如果把某些药剂的高毒性概括为全部农药的共性，在群众中会造成认识上和舆论上的混乱，实际上这种混乱已经对人民群众日常饮食生活上的安全感和某些农业生产活动造成了相当严重的消极影响。

这种状况也表现在对生态平衡问题的认识上，这也是有关农药环境问题的重要聚焦点之一。批评较多的是"农药的使用会引起害虫的再增猖獗现象"，这种现象一般是由于所用的农药品种杀伤了防治对象的天敌。众所周知，不同生物种群之间可能会存在某种"相生相克"现象。有益生物对有害生物的"相克"作用有助于控制有害生物的发生发展，从而成为一种可利用的天然生物控制因子，是应当加以保护的。若农药选择不当，可能危及有益生物因子。然而这种现象并非在任何有害生物防治中都必然存在的，并且再增猖獗现象的出现也决定于多种因素和条件。例如，两种种群的数量比和各自的种群发展速度，对所用农药的敏感度差异，当时的环境条件，农药的种类和剂型、剂量以及农药的使用技术等。所以再增猖獗现象也不是使用任何农药的必然结果，而且是有条件的。实践早已证明，通过农药的重新选择和组合、改变农药剂型和配方、改进农药使用技术是完全可以解决的。抗药性螨的选育成功证明了科学家运用科学技术进步战胜自然现象的能力。运用基因工程培育成功的抗除草剂作物又从另一侧面证明了这一点。

这里不妨顺便提一下抗药性问题。所谓"化学农药容易引起抗药性"，也是一种有失偏颇的论断。例如"国际农药研究顾问小组"（CGIAR）1995年的一份报告中说，"自40年代末对DDT首次大规模地观察到抗药性以来，抗药性已加速了"。我国一个研究机构1992年的一份立项报告中说"我国已面临抗药性大爆发的严峻形势"。在农民中也往往把所用农药的药效不好统统归之于抗药性。所谓"抗药性加速"、"抗药性大爆发"的说法都是不恰当的。抗药性现象在20世纪初即已有发现（HCN），在DDT之后抗药性事例之所以日益增多同有机合成农药的迅速发展有关。农药毒理学研究早已阐明，药物在生物体内经过各种方式的生化代谢后可能使毒力消失或衰减从而使生物体产生了获得性抗药性。这种经过生化代谢而失毒的现象对于有机化合物最容易发生。DDT作为一种高效有机杀虫剂是揭开有机合成农药世纪的一只代表性药物，之后有机合成农药迅速发展，到20世纪60年代末杀虫剂中即达到99%，除草剂92%，杀菌剂75%。而在此之前国际农药市场是以无机化合物农药为主体的。所以，从毒理学上说，不存在所谓抗药性"加速"、"大爆发"的问题。从另一方面看，也并非任何农药都必然发生抗药性。许多种农药已使用数十年至今尚未出现抗药性问题。也有许多农药在发生了抗药性问题以后，经过暂停使用一段时间后抗药性也会消失。此外，也必须明确抗药性的发生也是有条件的。例如，药剂的使用剂量和频率，使用时有害生物的状态和发育阶段，环境条件，农药的使用技术水平和药剂在农田中的沉积分布状况等多种因素都会影响有害生物对农药的耐受能力。在20世纪80年代已经注意到，由于使用技术的不得当致使农药在农作物上的沉积分布不均匀，是造成农药在田间对有害生物产生选择压力的重要原因。

3. 关于生态平衡的问题

"破坏生态平衡"也是对农药破坏环境的主要批评之一。

所谓生态平衡，是指一个生态系统中的生物群落与环境之间物质和能量转换的一种动态平衡。特别是农业生态环境，所研究的是以作物为中心的能量转换和物质循环。农田生态系统是在人的干预和调控下的一种开放型生态系统，其特点是农田环境内所生产的物质和能量（农产品）不断地被移出农田用于人类生活的需求。这一移出过程就是对农田生态平衡的一种实质性破坏。但是又可以通过人类的生产活动不断地向农田输入商业能源，包括石油、化肥、农药等以矿物原料生产的生产资料，使之恢复平衡或达到更高级的平衡。所以生态平衡并不是指生物种群之间种群数量消长方面的平衡。如果这种数量消长所发生的变化很大以至于影响到农田的物质和能量平衡，而且是人力所无法加以调控的，或可以说是破坏了生态平衡。

就"农药—害物—天敌—作物"这4者之间的关系而言，真正影响农田生态平衡的是害虫，尤其是迁飞性害虫。防治害虫的目的就是为了保护农田的生态平衡。依靠天敌控制害虫和利用农药防治害虫，其目的是相同的。如果实行化学防治又不伤害天敌，这是上策，是综合防治的最理想境界；但是如果能有效地控制害虫，却不幸而伤害了天敌，这并不属于破坏生态平衡的问题，通过重新选择农药品种或剂型，或改变农药使用技术，是完全可以解决的。

这里还有必要着重说明一点：所谓农田，它是人类营造的一种特定的生态环境，完全是在人力调控之下的一种不稳态系统，包括土地的耕作、灌溉和排水、施肥、除草、防治病虫害（包括喷洒农药和释放或利用天敌）以及其他各种农业技术措施。也就是说，农田是完全按照人类的主观意志和要求而加以调控的一种封闭式环境，尽管它也受到气象气候条件的影响，但也要受到人力的控制；所以它完全不同于开放式的自然环境，如原始森林、草原、未开垦的土地等。现代农业已经完全产业化，成为"农业产业"（agricultural industry）。目的是大幅度提高土地的生产率以满足人类生存和发展的日益迫切的需求。现代农业由于输入了大量商业能源,其土地生产量(用生物能表示)每平方米土地可高达 1 000 大卡/年以上,而传统农业或"有机农业"的土地生产量只有 250 大卡/年。一个高产出的农业无疑是世界人口迅猛增长情况下的迫切需要。一份"世界人口增长趋势和预测"说明了问题的严重性(引自《世界环境资源报告》,1998),亚洲尤为突出(同前)。

以上三方面都涉及农药是否还应该继续存在这样一个比较重要的问题,也涉及农药的一些根本性问题。因此,对于所涉及的有关问题应当在质和度两个方面都交代清楚,不可采取形式逻辑的推理方式从而引出一个以一概全的结论,如:"DDT 能通过生物富集作用而污染环境并危害人类;DDT 是农药,所以农药会污染环境并危害人类"这种形式逻辑推理方式在农药环境问题上的误导作用危害是很大的。无论在科技界还是在群众的评论性文章或媒体、报告中,批评的对象往往都是抽象的"农药"或"化学防治",而不是针对某一类或某一种具体的农药品类所发生的问题进行有针对性的分析研讨,这样往往得出全盘否定农药或化学防治法的错误结论。

对于一种科学技术的褒或贬,观点不一致是正常现象。但对于一切科学技术的褒贬都应立足于"两分法",因为一切科学技术没有例外地都包含正反两方面。我们的任务是在开发其对人类有益方面并把它变为生产力的同时,研究解决防止其对人类不利或有害的消极方面。农药也是如此,在这方面农药科学工作者任重而道远。

我国农药存在的问题和建议

农药对环境造成污染,在第三世界包括中国在内的国家中问题比较多。根据联合国粮农组织对第三世界国家农药使用情况的调查报告(AGSE,1998)以及我国自己的实际情况。主要的都是农药使用中的问题。但在我国,由于改革开放以后这些年来农药生产和销售中的许多混乱现象和问题,诸如不合格农药商品、不合理的复配农药以及伪劣农药等,使得农药本身所直接造成的污染也成为我国的一个特殊问题,这种情况在其他第三世界国家是很少见的。

归纳起来,存在的主要问题有以下几方面。

1. 农药使用者缺乏必要的农药使用科学知识,缺乏有效的技术指导,因而不能科学地使用农药

这是第三世界国家普遍存在的问题,但在我国尤为突出。因为在其他第三世界国家,农药销售商的售后技术服务活动非常活跃,包括对使用者的技术培训和现场技术指导。而在我国特别缺乏这方面的培训和现场指导,农民盲目混用农药、过量使用农药以及任意抛撒废弃农药的现象几乎司空见惯。这不仅污染了环境,而且极易造成中毒事故。

2. 使用手段严重落后是在我国造成农药污染问题的重要技术原因

众所周知,喷洒农药必须使用专用工具,即施药机具。我国农村至今所使用的施药机具仍然是 20 世纪 50 年代以前的老式传统喷雾器,进行大水量粗雾喷洒。这种施药方法几乎有 70％以上的农药散落到环境中,并且由于药液容易泼溅滴漏,也容易对施药人员发生污染和导致中毒事故,工效也极低,因此这种机具在工业化国家早在 20 世纪 50 年代就已淘汰。我国农村所使用的这种传统机具已有 50 多年历史,机具结构和性能至今没有变化。社会保有量达 5 000 万~6 000 万台,每年的产销量还有 1 000 万台。据有关方面预测,在"十五"期间还将发展到 1 500 万台的年产量。如从环境保护的角度来看,这种传统喷雾器如不加以根本改造或基本淘汰并进行更新换代,农药污染问题以及施药人员中毒问题恐怕是很难根本解决的。这是一个很大的问题,看来只有依靠国家的大力干预才有望得到根本解决。

3. 农药管理方面的问题比较多

一方面是对农药生产、销售方面的管理不够严密,以至于伪劣农药至今屡禁不绝。有些早已明文禁止生产的高毒农药如杀虫脒、工业六六六等在某些地方仍在进行非法地下生产。另一方面是农药的使用,可以说尚处于完全无管理的状态。

这里不妨以美国为例来做一比较。美国 EPA 规定,农场施药人员和施药后进入田间工作的人员都必须经过专门培训。在衣阿华州农民必须通过笔试合格才能购买和使用规定的农药。美国1976 年实施的著名法案 FIFRA 明确规定农药使用者必须懂得农药的正确使用方法,凡违反该规定者处以 5 000 美元以下的罚款,若属于明知故犯者则可按刑事犯罪课以 25 000 美元以下的罚款或处以 1 年监禁。可以预见,在这样严厉的强制性管理下,农药污染环境的现象必然会得到很好的控制。在德国则强制性要求农药生产商负责回收农药空容器,并禁止在田间和农场里燃烧空容器。英国、荷兰、意大利及其他一些欧洲国家也采取类似的办法。

所以,农药的环境问题实际上是"人"的问题,而不是"药"的问题。只要做好人的工作,提高认识,加强责任心,加上严格的管理(包括强制性管理),农药的环境问题是会逐步得到有效控制的。

农药安全问题、各国立法动向以及
农药和药械企业的贡献 *

化学农药正日益成为公众关心的问题。他们所希望于农药的是：既能使农作物生产出高质量和高产量的农产品，又要对使用者绝对安全（"零"危险），还要对环境没有不良影响（包括水、土壤、空气、野生动物等），而且在食物中绝对无残留（"零"残留）。

但是，要想对"安全"一词取得完全一致的认识实际上是相当困难的。因为公众很难或者可以说根本不可能接受这样的事实：绝对的安全是不存在的。有史以来人类所创造的全部工具和产品，为之做出了贡献的人总是同某种程度的危险并存。技术的进步是永远与新的风险相伴而生的。

国际组织如联合国环境计划署（UNEP）和粮农组织（FAO）一方面明确肯定农业化学品在保证世界粮食的充分供应以及防治病媒昆虫方面的重要性，也同时指出使用农业化学品时所可能发生的风险，要求确保使用时的安全性。Eisenkramer 在谈到欧洲的农业时指出，1989 前的 10 年中欧洲农业的增产虽然也引发了一些环境问题，但是解决问题的办法不能简单地采取"回归自然"的态度，而是要积极采用明智的工艺技术（1989）。

---

* 《农药译丛》，1972 年，第 19 卷第 2 期（本文是作者的译评）

安全一词的定义

所谓安全,就是在特定的剂量和使用方法条件下使用某种物质时不会造成伤害。安全的概念是相对的,因为它与一定时期内人们的知识水平以及社会对于风险的接受能力有关。对安全的看法必须与产品的用途及可用的代用品结合起来考虑。最终每一个国家都必须据此做出自己的决策:何种风险在何种社会、经济和环境条件下是可以接受的。政策性决策(即立法)将会影响到产品的注册。

目前,国家与国家之间的管理状况不一样。发展中国家的农药管理是根据 FAO/WHO 的综合性建议,而欧洲、北美洲等工业化地区国家则另外还关注一些特殊的问题,如荷兰对于农药废弃物的处置,美国对于包装材料的循环回收使用,英国对于操作人员的安全性以及美国、欧洲对于地下水污染问题的要求等。

来自立法的挑战和动向

在北美洲、欧洲以及其他工业化国家,公众的舆论甚至把农业都看成是危害环境的一种产业,要求"农业应保护环境",而立法部门则必须对来自公众的舆论压力做出反应。在这些地区,要对待这种复杂局面只有确立一种概念,即积极引导农药的精细使用和科学使用。这种概念促使农药工业和喷雾设备制造工业积极研究和生产新型的环境可接受的产品。欧洲各国政府正在起草有关安全使用方法以及有关剩余喷雾液和空容器处置方面的严格法案。可以预见,立法不太严和执法力度不大的其他国家将追随那些已制定了严格法律的国家。这样,走向国际协调一致的趋势将增强。WHO 和 FAO 通过其每年一次的联席会议对重点农药进行的毒理学评估已成功地开始了这种国际一致化进程。这种联席会议所形成的报告被许多本身并无自己的专家团的有关当局当作农药安全评价的准则而已。

地下水是重要的饮用水源之一。欧共体的饮用水标准规定，水中农药最大允许浓度为每一种农药 0.1ppb,但多种农药相加的总浓度不得超过 0.5ppb,不管其毒性如何(Griffiths,1988)。此规定不是基于食品管理中所采用的每日允许摄入量的概念,也不是基于其他毒理学的考虑。尽管如此,工业界、农民和官方还是不得不迎合这些规定。

丹麦环保部门虽然提出了露天水源旁 10 米宽的禁药区,但实际上无妨把整个丹麦看作水源保护区了,因为丹麦的环保管理人员可随意以"某种替代物更安全"为由而拒绝农药的注册登记申请,即便其注册登记资料已完全满足法定要求。丹麦国会于 1986 年决定把农药的用量削减 25％,1997 年将再减 25％,同时限制用药次数。农药的注册有效期也大为缩短,高毒和一般毒性的只有 4 年,毒性不大的也只允许 8 年。

英国公众反对使用农药的压力不断加强。1985 年和 1986 年相继出台了新的农药销售和使用的管理规定。德国对农药登记和重新登记的要求近几年来也急剧提高,不论是新老农药,制造商必须提供对土壤、水系、空气、植物和野生动物影响的资料。近年来又提出了农药在大气中的行为问题(Lyre,1990),并非指施药过程中的农药飘移而是指沉积在靶标上的农药向大气中蒸发的问题。此外,现有的地下水域的范围也将被扩大,德国官方正在考虑将露天水面的边缘禁药带扩大到 20 米宽。这些立法活动必将进一步限制农药的使用。欧洲立法的总的动向是,不单要针对地下水中的农药残留量问题及其在田间使用的限制,而且还针对农药包装容器的废弃物处置问题。例如,荷兰政府已与农药企业商定,要求所有农民在喷药机械上安装清洗设备,使空容器中的残剩药量降低到原包装量的 0.01％,或者要求农民把未经清洗的空容器送回当地化学废弃物处置中心。如果未被执行,则政府将责令工厂收回全部未经清洗的空容器加以妥善处理。特设的检查小组已受权强制要求在农场就地清洗。意大利也重视农药空容器的处置问题。政府责成地方当局收集此类废弃物并采取有毒废弃物专用的处置方法。德国则强制要求农药生产商负责回收空容器,并禁止在田间和农场里焚烧,也禁止农药及其他有毒物品在运输过程中通过饮用水区域。

英国允许就地焚烧或深埋空容器但含有激素类药物者除外。这种做法看来也将改变,有人已经提出要求回收空容器交由废物处置公司负责处理,将不允许把废水倒入休耕地和农田。英国生产的一种流动废水处理车引起了人们的兴趣。

美国的立法动向与欧洲相似。美国和英国都强调培训。EPA 规定农场施药人员和施药后须进入田间工作的工人都必须经过专门培训。在农阿华州农民必须通过笔试合格才能购买和使用"限制使用"的农药,加利福尼亚州的一项法律要求农民呈报所购买的农药和在商品作物上的使用情况。1989 年 EPA 提出了保护地下水的分阶段管理计划,已首先选定了 10 个州限制使用涕灭威。

企业在保护用户和环境方面的贡献

提高农药使用安全性和降低农药对环境的负面影响,涉及许多方面,诸如新剂型、包装方法、药液灌装系统、防护服、施药机具选择乃至废弃物处置方法和空容器清洗技术等。只有在农民、官方机构和农药企业互相配合、加强信息流通、采取切实可行的措施,才能奏效。

培训 有些欧洲农药企业公司在培训活动中已取得了 20 多年的成功经验,GIFAP 也已向世界各地提供了培训大纲供农药销售商和农场培训人员使用。但是考虑到发展中国家还没有专业施药人员,几乎完全是由农民亲自施药的,这种培训工作还有待于加强。另外,这些国家中官方的和技术推广服务人员的指导和管理也很差。培训决非一日之功,必须持续进行方能见效,而且要进行追踪检查。培训的对象不仅是农民和专业施药人员,而且应包括销售人员和政府官员。

消除操作人员的污染风险 Dover 曾指出,大量文献中已报道过有关人体接触农药的危险性,但是这方面的研究迄今缺乏严格的统计学依据,因此所做出的结论往往难于自圆其说。实质问题是在操持农药原药、配制药液和喷洒农药时如何防止农药沾染到人体皮肤上,这些称为操作人员的主动防护,即积极加强操作人员的自我保护意识。但在第三世界国家里这还是一个比较大的问题,因为那里的农民大多仍采用手动施药机具特别是背负式手动喷雾器,这比拖拉机施药机械的作业人员接触农药的机会大多了。尤其在炎热地区使用Ⅰa级和Ⅰb级高毒农药往往需要穿戴较厚实的防护服,难以被农民接受。所以在这类地区主要应推广低毒农药和经皮毒性低的新剂型,此外也要推广应用新的包装方式以便降低在取药和配药时的危险性。在施药机具的内部预先安装好防护设施,使操作人员在施药时不自觉地被动地执行安全防护措施。这种办法称为被动防护。不过,目前还只有在大型喷洒设备上能够实际应用。但是改进农药和农药的剂型,使之对操作人员更加安全,这也是近年来一个重要的发展趋势。Scheurer(1987)指出,对现代农药的要求是,要有新的作用方式、用药量小、经口和经皮毒性低、在环境中能快速降解、对有益昆虫和野生动物安全,还应能阻止或抑制抗药性的发生。此外,还要优化剂型、改进包装、提供可准确配制喷雾液的工具并最大限度地减少操作人员身体与农药接触。

农药剂型的改进 由于大多数农药不可能具备上面所要求的多方面的优点和特性,因此必须从改进和创制新的剂型方面来加以补足。

1. 水分散性粒剂(WG)　第一个 WG 大约出现在 10 多年前,现已有多种农药可加工成 WG 制剂。实际上 WG 可以看作压缩态的可湿性粉剂。其优点是体积比可湿性粉剂小、有良好的粉粒流动性,而且在使用时几乎没有粉尘扬起,经皮接触及经呼吸道接触的危险性也显著降低,但除此之外,WG 还必须能在水中迅速扩散而且在配药槽中不会产生沉淀、不堵塞喷头,形成的药斑能抗摩擦剥落。

2. 微胶囊悬浮剂　这是一种缓释剂型,其释放能力可以通过囊壁厚度和粒度来加以调控。与其他剂型相比,这种剂型显著降低了农药有效成分的经口和经皮毒性,对使用者非常安全,例如 furathiocarb 的 400EC 制剂对大鼠的经口和经皮 LD_{50} 分别为 81 和 1808 毫克/千克,而 400 CS 制剂则分别为 >3 000 和 <4 000 毫克/千克。

3. 水乳剂(EW)　水乳剂也能降低经皮毒性。其实只要想象一下上述微囊剂的囊壁如果无限地变薄直到囊壁消失,所得到的就是 EW 了。制备 EW 与 EC 的主要差别就是 EW 不用有机溶剂而代之以水。近年来,由于许多有机溶剂也有毒性已不再允许使用,有机溶剂往往会增强有效成分对皮肤的渗透力从而会增强毒性。制备 EW 的先决条件是有效成分是液态的而且在水介质中很稳定。

4. 水分散性农药片剂　新型的高活性低用量的农药具备了加工水分散性片剂的可能。包装在水密性金属箔中的片剂有很多好处:经皮接触危险性小(无粉尘)、便于计量、片剂还可包装在易燃烧的卡片纸筒中,此外,这种片剂比 WP 的运输和仓贮的费用低。

5. 农药的包装和标签　Fuller-Lewis(1989)指出,过去的包装设计往往只考虑在工厂里如何能快速包装、便于堆放、保证农药不会外漏以及在运输和贮藏中的耐久性而没有考虑使用时如何使农药很快从容器中彻底干净地排出。但现在的包装设计则必须考虑两个问题:操作时用户的安全保证以及空容器的处置。今日的包装容器必须便于快速排空和清洗,重量不宜大,要能在戴着手套的情况下很方便地用扳子打开。这些都是为了考虑到取用时的安全性。此外,利用易降解材料作包装材料、采用可回收或可循环使用的包装材料则是为了考虑环境的安全。

有两种策略。一种是在任何可行的情况下都用固态剂型代替液态剂型。固态剂型便于采用可减轻环境污染的包装材料,例如采用水溶性包装袋包装 WP 和 WG。人们对于水溶性包装袋早已有所了解,但一直没有一种满意的实用技术。因为过去的水溶性包装袋对湿气极为敏感,而且密封胶在水中也不能完全溶解,造成施药过程中发生困难。不过这个问题现已解决。水溶性包装袋是以小包装上市,为用户提供了高度的安全保护和计量的可靠性。但如果使用时还要把它再分成几份来用就完全没有意义了。用户还必须懂得,所谓的水溶性包装袋并不是入水即溶的,必须等一段时间才能溶完。水溶性包装袋的另一好处是不会遗留任何沾有农药的废弃包装材料,因此无须清洗和处置废弃物。不过,目前水溶性包装袋的使用还只限于可加工为 WP 或其他固态制剂的农药。最近有报道说,将来也可能把农药的有机溶剂溶液用水溶性包装袋分装上市销售。

第二种包装策略是采取可回收再灌装的容器。在美国的前CIBA-GEIGY 公司曾有几种除草剂和杀虫剂采用了此项技术。这种容器 Farm-Pak,容积 400~600 升。容器中装有一只抽吸头、一只电动泵和一只带有流量计的输药管。这是一种全封闭式灌装系统。容器排空后即可送到药剂供应站重新灌装,省去了清洗工序,因为重新灌装的是同一种药。在加拿大的应用试验表明,Farm-Pak 系统中人员接触农药的机会比常规方法降低了 20 倍。如今此类可回收容器在美国已非常普遍。在欧洲正在研究较小的可回收容器(10～60升)以便更容易被农民接受。

　　第三种策略是对现有的包装器材进行重新设计。有些农药企业已经提出了新的塑料包装瓶,以及一种药液易于流动的新设计,可使药液排空时间缩短2/3。这种设计的关键是在倒出药液时让空气更容易进入药瓶中,这一改进同时也消除了药液倾倒时的泼溅和反泡现象,这些是过去老包装瓶极易造成配药人员沾染农药的主要原因。而这一改进把配药人员沾染农药的机会降低了17倍。包装瓶重新设计的另一目的是让药液排得更干净并使残余药液更容易清洗出来。一条关键措施是药瓶必须采用实心提手。过去的空心提手容易积贮药液而且很难清洗出来。实心提手包装瓶只要清洗2次就能保证空瓶内残剩农药量降低到原装药量的0.01%以下。

　　现代包装的发展趋势是着重于容器和瓶口的标准化。这有利于加速全封闭灌装系统的发展和普遍采用,并将促使喷药机具生产企业在施药机具上发展标准化的接口,从而实现农药"从药瓶直接进入药液槽"的原则。在欧洲多数公司已同意了1.0～10.0升的药瓶采用瓶口统一标准化的办法。这些公司还将进一步缩小包装瓶的尺寸从而逐渐取消大包装瓶。由于高效低用量新农药的发展,这已成为可能。

　　如果手头没有适当的计量器,要从药瓶中取出诸如50毫升的少量药液往往是很困难的。因此农民常不得不用空罐头盒或果酱瓶来作"计量器"用,然后又拿去作生活用品。现已发展出一类新型的塑料包装瓶,有的是在瓶体上同时铸有一只配药器,有的是在长瓶颈中铸入一只药液计量器,使用时用手挤压药瓶把所需量的药液通过瓶上的一支溢流管挤入计量器中,定量的药液即可从计量器瓶口直接倒出。包装技术已进入了一个很有趣的发展阶段:正在进行水可溶性瓶、光降解和生物降解塑料材料以及内层为可溶性外层为生物降解性的复合材料研究。

产品的标签必须能反映国际的、国家的和制造商的有关规定和使用指导。调查研究表明许多工厂的产品标签和技术说明书对用户没有吸引力,甚至更糟,农民很难看懂它。GIFAP曾印发了一些指导准则,要求有关的标签资料更适合于农民的知识水平和理解能力。准则之一是有关安全使用问题采取"图标法"(Pitogram),让农民一看便懂"该做什么"和"不该做什么"。对于那些连阅读和看图都很困难的农民来说就需要由GIFAP和有关的农药公司就地进行现场培训。

配药和装药工具、容器的使用和空容器的清洗　20世纪70年代中期,加里福尼亚州制定了一条法律,要求在操作危险性为Ⅱ级或更高的液态制剂时必须采用封闭式灌装系统(CFS)。这一法律加速了封闭式灌装系统的发展,出现了诸如Goodwin、Captain Crunch、Packman、Chemeasure等许多此类系统。在美国最常用的系统是回收式再灌装容器。一家德国研究所在研究一种最大为12升药桶的封闭式灌装系统。但是使用这套系统的先决条件是必须实现药桶的开关、锁闭装置和形状的标准化。

容器的清洗　老式的容器当药液倒空后在"空药桶"中实际上可能还残剩有相当量的药液,一个200升药液桶中可能会残剩1～2升。在美国和欧洲药桶清洗已将成为强制性的措施。欧洲的一些喷雾设备企业如Fishcher、Hardi、Technoma等已开始供应清洗系统,有的是装在喷雾机上,有的是放在地面上。然而发展中国家农民还不认识清洗药桶是一种节约资金的办法。如今在喷雾机上装清水箱已很常见,它是便于操作人员洗手和手套用的。

农药飘移问题　风力所造成的农药飘移是人员和环境受污染的主要潜在原因。前CibaGeigy公司的农药使用技术组发展了一种用于使作物植株歪斜的拨杆器(Crop Tilter),即在机载喷杆前下方装有一根平行的横杆,此杆在拖拉机行进时能把作物株冠拨开以便于药雾进入株冠中。使用这种拨杆时可把喷杆降低到离作物顶部5~10厘米的高度,这样,即便风速超过3米/秒也可把农药飘移量减少10倍。减少飘移和提高农药沉积量都是风送式喷杆喷雾机的目标。一种袖筒式风送喷杆喷雾机是利用轴流风机产生一股气流经过罩在喷杆上的一个气袖而吹送到作物上去,可把药雾完全送入株冠中而不发生飘移。

在葡萄园和其他某些果园药雾很容易飘失,沉积在地面上的损失量也很大。喷雾机械工厂现正在开发一种装有雾滴回收装置的机具,回收起来的雾滴可再送去循环使用。在叶片较稀少的果树如葡萄园和其他果园,这种循环喷雾法的农药回收利用率可高达50%。但采用这种回收循环装置的先决条件是作物株型大小要均匀、形状相似、作业地面地形平整。

直接注入法 直接注入系统(DIS)的基本概念是在药液即将进入喷杆之前把液态农药制剂直接注入喷雾机的主管道中,农药的剂量是靠一种机械计量装置或电子控制的计量泵来控制。因此,这种新型的喷雾机的药液箱中装的已不再是预先配好的药液而只是清水。其优点很明显:DIS的全封闭系统完全防止了农药直接接触人体;未用完的农药原药仍原样保存在药桶中;喷雾机的药液箱和其他绝大部分部件都不会沾染农药。此外,喷杆是在田间就地利用药液箱中的清水清洗而不必拉回农场场院内。特别是当需要混合使用两种或多种农药时也不会发生药剂之间是否相容的问题了。DIS的开发成功是政府研究小组、农药企业、喷雾机具制造厂商和研究人员密切合作所取得的成功的范例。

废水处置 农药容器和喷雾机械的清洗所产生的废水的处置也是一个有待解决的问题。通常是把清洗农药容器的废水作为下一次配制药液用的稀释水,而把清洗喷雾机的废水喷在农田土壤中和液态厩肥中。把废水收集在贮槽中以便下次配制药液时再用,可能是最省钱的办法,但很少采用,因为日后可能要换药。英国正在销售的一种流动废水处理车,其工作原理是基于絮凝作用和活性碳吸收作用。这种设备商品名称叫 Sentinel,日处理能力为 2 立方米,可降低废水中的残余药剂浓度指数值到 100 000。例如,从 300 克/立方米降低到 3 毫克/立方米,不过,残渣仍须作为化学废渣处理。Sentinel 的主要用途是商业施药机械、农业合作社、田间试验站、种植园、种子处理公司等。

译 评

我国的农药浪费严重、人员中毒问题突出、环境污染问题也已引起了普遍关注。

但是对于这些问题产生的真正原因却研究很少,公众的呼声大于严肃的科学研究报告。因此,对于处理这些问题所应持的态度和应采取的办法值得探讨。总的说来,人们注意的焦点是针对农药本身:化学化工方面的研究人员和管理人员把希望寄托在研究开发新的农药化合物上,而农业和生物学方面的研究人员和管理人员则把希望寄托在生物防治上,后者甚至对化学农药采取了全面否定的态度。这两种态度和办法都不能解决我国的农药和化学防治问题。决策部门如果采取这两种或其中一种办法作为技术政策,对于我国的农业病虫害防治都将是十分不利的。某些农药本身所固有的毒性问题和环境污染问题固然值得注意研究,但是多年来我国严重忽略了一个极其重要的科学技术领域,即农药剂型和农药使用技术(包括植保机具问题)。近半个世纪以来,工业先进国家在发展化学农药的同时也发展了农药剂型研究开发以及农药使用技术的研究开发,并同时推动了植保机械的进步发展,从而使农药和化学防治中的一些负面影响不断地得到解决。这篇综述简明扼要地展示了这几个方面之间的相互关系以及对于指导和发展农药及化学防治技术的重要作用。美国 ASTM 每 2 年出版一本 Pesticide Formulations and Application Systems,专门讨论这一领域的问题。我国现在仍然属于发展中国家,农药的使用基本上仍处于手工使用阶段,与工业化国家不能同日而语。但是如何根据我国农业体制的特点,积极研究开发适合于我国分散的、个体经营的小型农业生产特殊情况的安全、方便、适用的剂型、农药包装、使用技术、农药计量手段以及清洗和排污方法,应是当务之急。在这方面进行投入,相信必定能迅速改变我国农药和化学防治的面貌并走出一条我国自己的道路。

14

农药科学的发展

农 药 学*

(Pesticide Sciences)

农药学是研究农药化学及农药生产工艺学、农药毒理学、农药制剂学、农药使用技术、农药环境毒理学的一门综合性科学,在 19 世纪末已初具雏形。随着农药的发展,特别是 20 世纪中期有机合成农药的迅速发展和应用范围的迅速扩大,逐步形成一门内涵广泛并涉及多种边缘学科的综合性科学。

农药学的研究在我国起步虽较晚,但中华人民共和国成立后在国家的重视和大力扶持下得以展现生机。1959 年周恩来总理亲自主持成立了由化工部、农业部、商业部、卫生部和公安部组成的全国农药领导小组,极大地推动了我国农药的生产和农药学的进步。黄瑞纶、赵善欢、吴福桢、龚坤元、程暄生等许多老一辈科学家是我国农药学的先驱和奠基人,他们从 20 世纪 30 年代中期便开始在我国推动农药学的发展。

(一)农药化学及农药生产工艺学

1956 年北京农业大学黄瑞纶出版了我国第一部农药化学专著《杀虫药剂学》。该校是我国第一个建立农药专业并进行农药化学研究的高等学校。1950 年该校胡秉方最早在我国进行了有机

---

* 《20 世纪中国学术大典》,2002,P114~318

磷的农药化学研究并合成了我国第一个有机磷杀虫剂品种对硫磷,1960年前后该校又研制成功乐果、蝇毒磷、灭蚜松等,从此有机磷农药化学的研究便在我国各地迅速展开,发展成为我国仅次于有机氯杀虫剂的重要农药。几乎与此同时,有机氯、有机硫、有机砷、氨基甲酸酯等主要杀虫、杀菌剂的农药化学研究也在各地陆续发展起来。其中有机氯杀虫剂的研究特别是六六六和滴滴涕发展最快。六六六的产量从1952年开始生产时的百余吨,到1959年即占我国农药总产量的70%,一直到80年代中期仍占60%左右。六六六的化学研究重点在于丙体六六六的分离提纯、六六六工业品中丙体含量的提高以及无效异构体的处理方法。由于环境方面的压力,我国于1985年宣布六六六停产。沈阳化工研究院张绍铭等开发成功的多菌灵也成为我国内吸杀菌剂的龙头产品,一直延用至今。1972年江苏农药研究所在程暄生的倡导下进行了拟除虫菊酯类杀虫剂的研究,与无锡化工研究所合作探索以菊酸为基础的合成方法,首次合成了菊酸乙酯并相继合成了胺菊酯、苄呋菊酯和氯菊酯,从而推动了我国拟除虫菊酯类农药的化学研究。除菊酯的合成工艺外,研究的重点是菊酯类化合物光学异构体的拆分以及利用差向异构法提高高效光学异构体产率的化学工艺。南开大学元素所黄润秋发明了用差向异构法将含8个异构体的氯氰菊酯直接制造出高效顺反氯氰菊酯取得成功,在生产上取得了很大技术经济效益。

为了发展我国农药化学研究以促进农药生产,教育部在北京农业大学建立了国内惟一的农药专业进行农药研究并培养农药化学专门人才。之后我国又相继建立了南开大学元素有机化学研究所、化工部沈阳农药工业科技情报中心站和沈阳化工研究院、上海农药研究所、江苏省农药研究所、安徽化工研究所、金坛激素研究所等许多专业研究院、所。中国科学院昆虫研究所(今动物研究所)、中国农业科学院植物保护研究所也建立了专门的室、组进行农药化学研究。各省、市的化工研究所有的是一部分、有的几乎是全部从事农药化学研究,许多农药厂也建立了自己的专门研究室。在其他一些高等院校,如华中师范大学、上海同济大学、华东师范大学、南京大学、西北大学等也相继开展了这方面的研究工作。一个庞大的农药化学和农药生产工艺学研究力量已在我国形成。1995年和1996年,国家又以巨额投资在国家科委领导下先后组建了国家农药工程研究中心(简称北方中心)和国家南方农药创制中心(简称南方中心),将进一步加速我国农药化学和生产工艺研究的进步和发展。

农药生产是我国农药科学领域中发展最快、成绩最大的方面。建国初期我国只有解放前遗留下来的少数几个小型农药厂,生产砷素杀虫剂、铜素杀菌剂以及鱼藤精、除虫菊精等少数几种农药,到解放前夕年产量仅数千吨。解放后,许多新农药厂拔地而起。农药品种数量和产量逐年猛增。到1959年,我国已有农药厂40余家,农药品种发展到42种(杀虫剂21种、杀菌剂14种、粮食熏蒸剂3种、杀鼠剂2种、除草剂和植物生长调节剂3种),农药产量达到13.7万吨,已跻身世界农药生产大国。到1989年农药产量增长到20余万吨,仅次于美国和前苏联;1996年的农药产量增长到38万余吨,跃居世界第二位,大小农药厂近千家,其中产值在2亿元上下的骨干企业已有16家,农药品种发展到150多种,而且已有多种农药产品进入国际市场,年出口额已近2亿美元。化工部沈阳化学工业研究院是我国农药生产工艺研究的中心,并与全国各省、市的化工研究所、农药研究所以及农药生产厂家共同为发展和提高我国的农药生产工艺做出了重大贡献。作为农药工业的入门书,天津农药厂张立言于1965年编著了《农药工业》一书,1972年以后又相继翻译出版了Sittig的两本《农药制造方法》和Fest-Schmidt的《有机磷农药的化学》,对于我国的农药特别是有机磷农药的化学和生产工艺研究产生了很大的促进作用。天津农药厂是我国有机磷农药的龙头产业,并带动了其他农药厂的有机磷农药生产和研究开发。20 世纪 70 年代以来,拟除虫菊酯类杀虫剂逐步成为新的研究开发热点,特别是高活性光学异构体菊酯的化学和生产工艺研究,在江苏、上海、天津、北京、沈阳等地的科研单位和高校中都取得了许多重大进展。1961 年中国科学院上海有机化学研究所研究成功我国第一个自行开发的杀菌剂乙基硫代磺酸乙酯。

农药化学和生产工艺的研究在杀菌剂、除草剂、植物生长调节剂及其他农药中也有很大发展,如有机硫杀菌剂、苯并咪唑类和三唑类杀菌剂、均三氮苯类、取代脲类和磺酰脲类除草剂,是我国杀菌剂和除草剂中的重要类群。上海农药研究所沈寅初等在微生物源农药方面的化学和生产工艺研究也取得了突出成绩,研制出效力强大的井冈霉素、阿维菌素等。昆虫性外激素在中国科学院动物研究所、金坛激素研究所等单位的多年研究开发后已有多种产品投入生产。植物源农药的研究最早是由赵善欢、黄瑞纶、吴福桢等所开创,他们研究开发的鱼藤酮、烟碱、除虫菊精等是解放初期我国的重要农药品种。黄瑞纶对鱼藤酮的化学,赵善欢对鱼藤的品种、含量及区域分布分别做了大量基础性研究。20 世纪 80 年代印楝素成为国际上备受重视的植物源农药。赵善欢首先从国外引种印楝成功,并研究发现我国的川楝含有的川楝素其化学结构与印楝素相似。

(二)农药毒理学

赵善欢、张宗炳、龚坤元、尤子平等是我国农药毒理学研究的先驱,他们从基本理论和基本技术以及研究手段等各方面为毒理学研究奠定了基础,并建立了我国最早的昆虫毒理研究实验室。张宗炳著于 1958/1959 年的《昆虫毒理学》(上、下册),尤子平于 1962 年编著的《昆虫生理生化及毒理》是我国最早的昆虫毒理学专著。1962年赵善欢又提出了"田间毒理学"的新概念,开创了一种在自然环境条件下的动态毒理学研究方法,拓展了昆虫毒理学研究的领域,在国际国内的毒理学研究中独树一帜,1993年他出版了《Principles of Insect Toxicology》。1986年张宗炳出版的《杀虫药剂分子毒理学》一书,促进了昆虫毒理学研究向分子水平发展。害虫的抗药性问题随着有机合成农药的迅速发展而日益突出,20世纪60年代初龚坤元、赵善欢等首先对此进行了研究,随后在中国科学院动物研究所毒理室、华南农学院及上海昆虫研究所展开。1980年唐振华等出版了《农业害虫抗药性》一书。除草剂的毒理学研究起始于对稻田除草剂五氯酚钠、敌稗、除草醚的作用机制研究,以及玉米地均三氮苯类除草剂的潜在药害问题研究。近年来,高效除草剂磺酰脲类的药害问题以及安全剂的作用机制研究也已成为研究热点。杀菌剂及其他农药的毒理学研究相对比较薄弱。最早林传光曾在1940年研究过铜离子对于苹果褐腐病菌孢子萌芽的影响。方中达1957年出版的《植病研究法》则为杀菌剂毒理学研究提供了基本手段。林孔勋等1962年翻译了Horsfall的《杀菌剂作用原理》和1977年郑仲等所译Marsh的《内吸杀菌剂》,1991年李树正等翻译的深见顺一等所编著的《农药实验法——杀菌剂篇》,均有助于推动我国杀菌剂毒理学研究的发展。

(三)农药制剂学

农药制剂学研究的是农药的剂型、加工方法和加工工艺问题。农药原药只有加工成一定的剂型才能成为可使用的商品,因此农药制剂学是农药学必不可少的重要分支。农药制剂学在我国发展较慢,20世纪50年代主要的剂型是粉剂和可湿性粉剂,后来由于有机磷农药的剂型大都是乳油制剂,需要选用性能优良的乳化剂和复合型乳化剂,促进了我国对乳化剂的研究和生产。沈阳化工研究院、上海市农药研究所、南京钟山化工厂、安徽化工研究所等在 60 年代合成了多种非离子型乳化剂和作为复合乳化剂重要组分的离子型表面活性剂烷基苯磺酸钙,并在南京钟山化工厂投产,使乳油制剂成为我国一个新的重要剂型。至今可湿性粉剂和乳油制剂仍是我国产量最大的两种农药剂型。为了克服早年高效助剂不足的困难,中国农业科学院植保所及其他许多研究单位积极研究利用国内较易获得的材料研究开发了一些适合国情的农药剂型,如滴滴涕乳粉、滴滴涕固体乳剂、胶体硫制剂、甲六粉剂等,在生产上发挥了很大作用。我国自行研究成功的新剂型还有屠豫钦的烟态硫、划燃式丙体六六六烟雾片剂,杀虫双大粒剂、洒滴剂等。黄瑞纶等 1959 年研究利用炉渣、碎砖等材料制备六六六颗粒剂用于防治玉米螟取得成功。此后粒剂的加工和生产工艺研究在 70 年代取得了很快发展,较多用在除草剂方面,浓悬浮剂 1978 年在沈阳化工研究院试制成功后,近年来日益成为我国可能取代可湿性粉剂和乳油制剂的一种重要农药剂型。为了进一步提高我国农药制剂研究水平并向国际水平靠拢,化工部在安徽化工研究所建立了农药剂型研究中心,1994 年又与联合国协作在南通市建立了农药剂型开发中心,并于 1997 年正式建成为联合国农药剂型开发中心暨江苏省农药新剂型及新助剂工程技术研究中心中试基地。

(四)农药使用技术研究

使用技术研究的目的是提高农药的效力和有效利用率并消除农药的不良副作用,其核心问题是对农药运动行为的调控,涉及许多边缘科学特别是影响农药行为的各方面,如农药分散度、农药雾滴的表面化学、雾滴运动的流体动力学、气象学以及农药的使用方式和植保机械学等。吴福桢等最早在 1936 年试制出我国第一批手动喷雾器,但直到解放后植保机械才发展成为国家的支农产业,到 1952 年已能生产手动喷雾器 25 万架,朱济生、钱浩声等又扩大了机具的种类以适应不同的需求。但由于我国农业生产水平的限制,主要发展的是手动机具,到20世纪90年代手动植保机具产量已达1000万架左右。但产品质量问题严重,已引起了国家的高度重视。1996年中央有关领导批示要求迅速改变我国农药使用手段的落后状态,对我国的农药使用技术的研究产生了巨大的推动作用。近年来,半机械化的背负式机动弥雾喷粉机有较快发展,有的产品已可出口。20世纪70年代一度大批量生产过手持超低容量喷雾机,但由于不适应我国农村的实际情况以及产品性能方面的问题而未能发展起来。尚鹤言倡导的小喷孔片喷雾法和孙敏功倡导的"三个一"喷雾法促进了手动喷雾器的科学使用。1985年屠豫钦创制了手动微量弥雾器(吹雾器)。利用飞机喷洒农药国际上在20世纪20年代即已开始,我国虽然在50年代也已起步,但受农业生产规模的限制而未能得到大发展。近年来研制的农用小型飞机则尚处于试验开发阶段。1990年王荣出版了《植保机械学》。

农药使用技术的基本理论和基本技术研究在我国起步较晚,与国际先进水平有较大差距。1981年国家科委在中国农业科学院植保所建立了我国第一个农药使用技术研究实验室,引进了当时国际上最先进的激光雾滴分析仪、图象分析仪等并建立了研究农药运动行为的风洞实验室,研究发现了雾滴运动的叶尖优势现象、热致迁移效应以及农药在田间作物群体上的沉积分布规律,在我国基本理论研究领域内跨出了第一步。1985年屠豫钦出版了我国第一本《农药使用技术原理》,推动了我国的农药使用技术研究。

(五)农药环境毒理学

环境毒理学是环境科学的一个重要分支,农药环境毒理学则主要研究农药对于环境的压力,一般在环境科学研究部门进行研究。北京市环境保护科学研究所是成立于 1973 年的我国第一个这种研究所，之后在江苏省、南京市等一些省、市也相继建立。六六六和滴滴涕作为我国的大吨位和长残效农药首先成为重点研究对象。1983 年至 1985 年城乡建设环境保护部会同农牧渔业部、商业部共同组织中国环境检测总站等单位开展了全国粮食的农药（六六六、滴滴涕）污染调查研究，为六六六停产做好了环境毒理学的准备。1989 年国家环境保护局颁布了《农药安全使用标准》。同年我国加入了《保护臭氧层维也纳公约》并成为蒙特利尔缔约国成员，承担了逐步限用和最后停止使用含氯氟烃类发射剂（氟利昂等）和溴甲烷的义务。农药的残留研究最早由黄瑞纶和刘伊玲开始于 1958 年对粮食中的六六六残留量研究，之后农药残留研究迅速在我国发展并成为农药环境毒理学研究和新农药登记注册的重要内容。农药的毒性研究主要是在卫生部门进行，如中国医学科学院劳动卫生研究所、上海第一医学院及许多省、市的相关研究所和医学院，化工部沈阳化工研究院也建立了高水平的农药安全评价中心。环境毒理学还包括农药对环境中有益生物如鸟类、蜜蜂、鱼类、青蛙、天敌昆虫及土壤微生物等的毒害作用，我国虽然已经做了许多工作，但还不够系统和完善。潘道一曾对常用农药对青蛙和蝌蚪的毒性进行了详细的评价研究，对于稻田施药时的农药选择有指导意义。

农药科学的发展与社会进步*

近 50 年来,农药日益成为社会各界人士所普遍关注的重要话题。但在有些人的心目中,可能已形成了"农药猛于虎"的看法,认为农药非但无益,反而对人类和社会进步发展有害。

因此,近 30 年来国际社会上尤其是西方国家出现了许多名目繁多的非政府组织,如"地球解放阵线(Earth Liberation Front,ELF)"、"动物解放阵线(Animal Liberation Front,ALF)"、"地球之友(The Friend of The Earth)"、"抢救地球!(Earth First!)"、"抵制农药(Beyondpesticides)"等。这些 NGO 中有些是"绿色和平组织(Green Peace)"的派生组织或机构。他们反对一切人工制造的物品,农药首当其冲;但是,基因工程所培育的转基因作物和生产的转基因食品也在被反对之列。"非洲科学教育规划组织(SEPA)"在"Beyondpesticides"的网站上发布的一则文件题目就是"反对基因工程作物和基因食品的十大理由"[1]。在中国也出现了一些比较极端的观点[2],或在学术会议上提出农药应迅速退出历史舞台等主张。

然而世界农药的生产却一直保持着旺盛的发展势头。1953年世界农药销售额仅为 1.6 亿美元,1970 年即达 30 亿美元。之后每 10 年上一个台阶,到 2000 年达 292 亿美元并一度突破 300 亿美元大关。近年来,尽管有高效和超高效农药不断上市使农药

---

* 《农药科学发展与社会进步研讨会论文集》,2004 年,绵阳

的实际需用量减少,WTO 的成立引起国际农产品市场的波动,以及欧洲农业政策改革等因素的影响,但国际农药销售市场仍保持在 300 亿美元上下[3,4]。

中国的情况尤为突出。新中国成立之初,全国只有从旧社会保留下来的农药生产能力,为 1 000～2 000 吨(据李宗成 1994 资料为 500 吨)。1953 年增加到 15 200 吨。由于建国伊始,农业生产尚不稳定,加之许多病虫害连年频发,国家迫切需要大量效果良好的农药,1956 年农药产量迅速上升到 139 600 吨(以上均按未折纯产品计),1986 年达 19.42 万吨(折纯,下同),已居世界第三位,但农药品种只有约 150 种。1992 年产量达 26.2 万吨,1998 年更飙升至 40.8 万吨,品种也发展到 250 种,化学防治面积多年保持在 2.7 亿公顷/次 的水平。之后几年产量不断上升,2001 年已达 69.64 万吨。在"十五规划"中实际生产能力已达 80 万吨以上,农药品种则要求发展到 270 种。

1998 年以来,中国农药的快速增长固然同除草剂产量的增加和农药出口量的快速提升也有关,但国内外总的趋势清楚表明,农药一直是防治农业有害生物不可或缺的重要生产资料,这已是各国政府的一种共识。联合国粮农组织农业技术服务部的弗里得利奇在 1996 年的一份报告中也指出,"化学合成农药仍将保持其在世界有害生物防治中的重要地位。"[8]

如此强烈的反差,决非偶然。为了把农药科学这篇大文章做到实处,需要从多方面去分析认识这种反差的原因。认识的基本点是必须明确,农药科学的发展从来都是建立在人类社会进步发展的需求之上,而并非对化学和化学工业的偏爱[9]。

(一)防治有害生物是建立在以人为本的人文主义基础上

若从自然生态学的观点看,其实并不存在"有害生物"与"有益生物"之分。昆虫学家哈里斯 1852 年即指出,"'害虫'一词与昆分类学概念毫不相干。所谓害虫,仅表示它是对人类造成麻烦的昆虫[10]"。赫得利等经济昆虫学家更明确地指出,"有害生物"一词是基于"人类中心论(anthropocentric concept)"而形成的一种概念[11]。就是说,消灭有害生物之目的是要保护人类在农业活动中所获得的产品能满足自身生存和发展之需而不被有害生物毁损。是从以人为本的人文主义(humanism)出发,而不应像 Carson 等人的自然主义(naturalism)所主张的"昆虫给我们造成一定的损失,我们应多少忍受点,不应用尽各种方法消灭它们以求免于受害。"(Carson,1962,《寂静的春天》)。

至于采取什么方式方法防治有害生物,则取决于社会的进步所达到的技术水平,所能提供的物质条件以及对取得的效果和经济效益的全面评估。

古代人类如何同病虫害作斗争无法查考。但是文献资料表明,大多是祈求神灵驱虫,东西方均如此。日本 1183 年前后就有皇帝颁发"蝗灾防御神符"诏书等活动,直到 1759 年前后尚有持虫形灯笼游行驱虫的习俗[12]。不可思议的是,直到 20 世纪 80 年代中国的一些地方仍有挂黄裱符咒烧香祈求鬼神驱虫的活动。这应该是地区和民族之间发展进步不平衡所致。

下面两幅图是很有趣的对照。图 1 是日本江户时代稻农在使用一种手持水枪(日文中称为"水铁炮")喷洒鱼油防治水稻螟虫的场面,稻农身着蓑衣防护鱼油喷沫。图 2 是中国广东省 20 世纪 80 年代使用一种当地制造的"水唧筒"喷洒农药。

用手工驱打害虫表明不再相信鬼神,已经是人类的一大进步。日本和中国都曾采取人工扑打蝗虫的办法。在中国还曾采取振落法、梳篦法(用"稻梳"把叶片上的害虫梳落)等人工方法,落地的害虫由鸡、鸭或鱼、鸟捕食。除草则向来都是靠中耕锄草作业。依靠天敌消灭害虫也是农民早已采用的方法,包括稻田禁止捕杀青蛙,一直是稻农的世代传统。防治病害虽比较困难,但也发明了温汤

图1 古代日本所使用的原始喷洒工具"水铁炮"

浸种、烧土消毒等物理方法。然而所有这些方法惟有在分散的小农经济模式和缺乏有效手段的情况下采用,并且只有非暴发性病虫害、灾情不很严重时才有一定效果。一旦进入了大农业,在有害生物暴发流行的情况下,这些办法就无能为力,并且不能获得所希望的经济回报。因此,美国进入 19 世纪后,苏联实行集体农庄制度后,甚至中国在进入公社化时期后,病虫害防治都不能不采取高效力和高工效的方法以求得较高的经济回报。农药和化学防治法正是以其高效力和高工效获得了集约化的农民和农场主的青睐。而且,与其他低效率和低工效的防治方法相比,即便是分散的个体

图 2　中国的一种喷洒工具"水唧筒"　（1970 年至今）

农民,也乐于采用化学防治法。所以,有害生物防治技术的发展同社会的发展和需要密切相关。离开这一观点便无法理解人类长时期来不断追求新方法和手段同有害生物进行斗争及化学防治法很难退出历史舞台的原因。

(二)农药和化学防治法的形成和发展之历史背景

　　农药和化学防治法只能建立在化学和化学工业的基础上。化学在 16 世纪才正式确立为一门科学。利用化学和化学工业,人类从此能够合成和制造自己所需要的新物质、新产品,并很容易形成批量化生产以满足迫切需求,这是其他任何科学技术所不能做到的。化学送给农业的第一份礼物就是化肥和农药。1828 年 Liebig 和 Wöhler 首次合成的尿素至今仍是最重要的化肥。在此之前,无人敢相信生物体内的天然物质可以人工合成。

1. 无机化学农药的发展及其历史背景

棉花和苹果是美国农业的两大支柱产业,但害虫严重,采用非化学的方法不能有效地控制。1917年美国农业部(USDA)的昆虫学家柯德首先发现了巴黎绿(醋酸铜与亚砷酸铜的复盐,本为一种绿色染料,并非农药)用于防治棉铃象甲 *Anthonomus grandis Bob.* 效果很好。至1923年产量即达5 900吨[13]。由于安全性较差,巴黎绿后来被效果更好的砷酸钙和砷酸铅所替代并迅速推广应用于棉区和苹果种植园。1929年美国砷酸铅的产量是13 800吨,并出口703吨。到1944年产量高达40 815吨,出口2 369吨。同年砷酸钙的产量为19 958吨,出口1 085吨。两者产量合计为60 773吨(未计其他砷酸盐农药产品)。1944年美国的白砒产量为32 484吨,并进口8 969吨,有62.15%用于生产砷酸盐类杀虫剂,17.65%用于生产亚砷酸钠除草剂。直到二战结束后的1948年这两种杀虫剂的总产量仍达12 807吨并出口1 123吨[14]。而1945年世界农药总产量才100 000吨[15]。近半个世纪中,无机砷酸盐类农药如此大量而广泛地生产使用,堪称"砷酸盐农药世纪(The Era of Arsenicals)"[16]。在中国几乎妇孺皆知的剧毒砒霜,如此大量地用于生产杀虫剂,今天看来似乎不可思议,但这是历史事实。

须从两方面分析认识这一历史现象。首先,进入19世纪美国农业已经向集约化和产业化迅速迈进,由于其他方法杀虫效果不理想,不能满足高经济效益回报的要求,迫切需要高效的防治方法。无机杀虫剂中砷酸盐类是毒力最强效果最好的一类而受到欢迎,理所当然地成为早期化学农药的佼佼者。其次,当时还没有发现效力更强大而安全的有机合成农药。但发人深省的是,早在1874年DDT已由Zeidler合成,BHC更早在1825年就已由Faraday合成,却均未注意它们强大的杀虫作用,这是由于毒理学研究未能同步发展所留下的历史遗憾,否则农药科学的历史必将改

· 530 ·

写。当时美国集约化农民所有的土地面积至少在 40 公顷以上，而劳动力比较少而昂贵，因此他们迫切期待高新技术的支持。这就为后来有机合成农药的迅速发展做好了舆论准备。Perkins 曾经详细说明了这种情况，把这种农业现代化对新技术的召唤称为一场"农业革命"(agricultural revolution)[17]。

白砒、硫黄等无机物用于防治病虫害，在古代（包括中国）的历史史料中已有很多记载，但都是以天然矿物的状态而被利用，并非人工合成的化学农药。石灰硫黄合剂和波尔多液无疑也是最重要的两种无机农药，从 19 世纪中叶一直沿用至今。虽然这两者都是农民在未明原理的情况下自配而得，非化学化工产品，但是后来已经被化学家研究查明了反应原理，故也属于化学科学的贡献。实际上早在 1800 年法国化学家 Proust 就已制备成功了硫酸铜与石灰的胶态悬浮液，但却未注意它的突出的杀菌作用而错失了历史机遇。

亚砷酸钠、矿物油、氟硅酸钠等也都属于化工产品，硫酸、硫酸亚铁等则是冶炼厂的副产品或废料，后来才研究发现它们都可以作为农药使用。所以这些化工产品也都是化学和化学工业早期对农业的贡献。

由此可见，化学和化学工业最早是以无机化合物类型的农药支持了农业病虫害防治。但是无机农药的缺点和局限性已开始显露，例如，对于刺吸式口器的害虫无效，没有通透有害生物体表的能力等。所以，虽然比其他非化学防治方法效果好得多，但仍不能令人满意。农业还在期待着更好的农药。

2. 有机合成农药世纪的出现和发展及其历史背景

自从进入化学的世纪以来，许多化学家早已陆续研究合成了一些有机化合物用作农药获得成功，不过大多属于偶然发现，并非有目的地开发。如 DDT、BHC 等直到二战前夕才发现它们原来是效力强大的杀虫剂，二战期间在军事、卫生和农业害虫防治方面都做出了重大贡献,因此迅速发展成为大宗工业产品。1847年前后 Thenard、Hoffmann 等已合成了若干种磷化合物,Michaelis 在 1874 年前后又开展了系统的有机磷化学研究。1904 年 Арбузов 等也开始了大量的有机磷研究工作。但他们也都没有注意在农业生产中开发其应用价值。直到 20 世纪 30 年代中期才由 Shrader 的实验室有目的地开发出具有很强生物活性的有机磷化合物并成为纳粹德国二战期间的重要农用和军用物资。有机磷和有机氯在二战后解密,迅速成为世界上最重要的两大类有机合成农药[18]。可见这些化合物都是在社会实际需要下研究开发而成为新型农药。

这里须提一下,六六六在中国曾多年独占农药市场 60% 以上份额,后来成为环境保护主义者批判的焦点。但人们是否应考虑到,新中国建国伊始便处于长时期遭受国际政治和军事包围、经济和技术封杀乃至战争压力威胁的情况下,农药工业非常薄弱又无法引进国外先进技术和产品,面对十分严重的农业病虫害威胁,除了大量生产六六六等比较廉价而易于生产的农药之外,有无他法? 何况在相当长时期内六六六一直是国际上看好的农药。直到 1971 年,美国生产的有机氯杀虫剂仍占其全部农药之 36.32%[15]。如果再同 20 世纪前半叶美国大量生产以白砒为原料的砷酸盐类杀虫剂相比,不过是各有千秋而已。1946 年联合国善后救济总署援助国民党南京政府物资总额 53.7 亿美元,其中 8 600 万美元是农业援助,其中就包含了砷酸铅、砷酸钙、氟硅酸钠、氰化钙、DDT、有机汞等农药[19]。所以,对待历史上的科学技术发展进程和有关事件,必须客观地分析其历史和社会背景而不宜有所偏责。

有机合成农药的研究涉及的化学合成反应变化多端。19 世纪初期以后 100 多年里,化学家研究确立了 100 多种经典有机合成反应,Surrey 在他 1954 年所编撰的"Name Reactions"一书中共收编了 120 多种,到 1961 年时又增补了一些新的反应,共计 127 种[20]。有机合成基本反应的确立使新有机化合物的研究开发速度大大加快,是有机合成农药在 20 世纪中叶以后得以快速大量涌现的主要原因。近年来,在仪器设备、试验手段等方面的飞速发展更提供了强大的保证。此外,农药结构毒理学方面的重大进步如三维结构活性定量相关性,计算机模拟分子设计,组合化学及相关的高通量筛选等现代研究方法和技术,更为有机合成农药开辟了无限广阔的道路[21,22,23,24]。

如果从 Perkins 的"农业革命"理论来看,可以说有机合成农药时代的到来正是回应了现代农业革命的需要和召唤。

(三)从历史案例透视高效化学防治法的技术经济意义

历史上有大量例证说明,化学防治法是惟一能够解决农业病虫害燃眉之急的手段。

1. 历史上的一些重大案例

1845 年夏,英国爱尔兰马铃薯晚疫病 *Phytophthora infestans* 大发生,近 20 万人饿死并引发了人口向美国的大迁徙,此即有名的"爱尔兰大饥荒"案例。直到 19 世纪晚期才知道此病极易用波尔多液防治和控制。

1870 年,法国从美国引进一种抗根瘤蚜的葡萄品种,但同时却引进了葡萄霜霉病 *Plasmopara viticola*,80 年代中期病害暴发大流行,法国的葡萄种植业几乎破产并严重威胁到著名的法国葡萄酒业也面临破产,成为著名的法国葡萄危机。植物病理学家 Millardet 偶然发现的波尔多液,使此病迅速得到控制,这项经验迅速推广到美国及欧洲其他国家[25,26],同时发现此药对马铃薯晚疫病及其他病害也有极好的防治效果。为了永久纪念 Millardet 的历史贡献,在波尔多市专门树立了他的半身铜像(据 McCallan S. E. A. ,1967)。

日本在二战后工农业几乎完全瘫痪，主要粮食作物水稻的产量极低，加之螟虫和稻瘟病严重，1944 年时单产仅为 2 000 千克/公顷，因此必须进口稻米。后购进对硫磷和赛力散，迅速控制了这两种病虫害，水稻产量迅速上升。1964 年时单产已提高到 5 300 千克/公顷。从此这个稻米进口国变为出口国。为了表示纪念，日本也为对硫磷和赛力散建立了两座纪念碑[27,28]。

新中国成立前，在广袤的农村基本上没有植物保护可言。公元前 707 年到 1935 年间曾发生蝗灾多达 796 次，中华大地饿殍遍野。1949～1952 年又连年大发生，受害面积达 400 多万公顷。由于缺少农药，主要只能依靠人工灭蝗，1951 年和 1952 年两年共发动民工 2.66 亿人次。1952 年底全国治蝗会议决定改为以药剂防治为主的治蝗方针[29]。据统计，每 2 000 公顷蝗灾区用 10 000 人工扑打至少需 3 天，而飞机喷洒农药每架 6 小时即可处理 600 公顷，相当于 3 000～5 000 个民工 10 小时的工作量，经济效益和社会效益十分突出[30]。蝗灾一旦发生，绝非鸡、鸭捕食所能解决，其他的生物技术也不可能解危急于燃眉。至于其他各种严重病虫害，采取化学防治的经济和社会效益也都非常显著，不一一列举。

2. 化学防治法是在各种防治方法的对比中确立

通过一些病虫害防治方法先后交替情况的典型案例，可以比较清楚地了解化学防治法登上历史舞台的深刻原因。

棉花是世界上最重要的经济作物之一。在美国，仅棉铃象甲 *Anthonomus grandis* 就几乎毁掉了美国的棉花种植带，1917 年使用巴黎绿首次解决了问题，然后砷酸钙取得了更好的效果，使棉花单产提高了 22%～34%。而改用了有机氯杀虫剂后，单产又进一步提高了 41%～54%[31]。为了取得更高的效益，美国和苏联最早在 1921～1923 年首先用飞机喷洒农药防治棉虫。中国的棉铃虫和棉蚜多次暴发成灾也是很好的实例。

对二氯苯(PDB)用于防治桃透翅蛾 *Sanninoidea exitiosa* 是

一有趣的实例。此虫一直采取剥树皮查杀幼虫的农业防治法,极其费工且投资很大。美国农业部的昆虫学家 Blakeslee 于 1917 年发现 PDB 对此虫有很强的熏杀作用,采取了 PDB 包扎法获得巨大成功,成为既省钱又省工的方法,经济效益极高[32]。PDB 原本是合成苦味酸制造炸药的一个中间体,从未用作农药。PDB 的成功,引发了苦味酸、环氧乙烷等也被用作熏蒸剂取得很大成功并一直沿用至今。

玉米也是世界性的重要作物。玉米叶甲 *Diabrotica vergifera* 原先一直采取轮作法防治(小麦、燕麦、大豆等),但这些作物的价格和经济效益远不如玉米。DDT 和 BHC 成功地控制了玉米叶甲,取得了很高经济效益,农民便不再采用轮作法和物理机械的方法[33,34]。尽管当时有一些昆虫学家反对放弃这种农业防治法,但美国农业部认为,如果不采取化学防治法,美国的玉米种植带将无法维持,对农民也将造成很大经济损失[35]。

此外,加利福尼亚州的食物与农业部 1978 年在农药对环境的影响的评估报告中指出,使用农药防治盲蝽,使三叶草和菜豆的增产幅度分别达到 79% 和 198%,这种情况在做出否定农药使用的技术决策时不能不认真考虑[36]。

果树的经济价值很高。苹果是世界性的重要果种,但苹果舞毒蛾 *Porthetria dispar* 一直是重要害虫,19 世纪末首次用砷酸铅得到了控制。苹果蠹蛾 *Cydia pomonella* 的危害更大。在不防治的情况下,损失可达 20%~95%。鉴于砷酸铅的毒性问题,1942 年华盛顿州立大学的技术推广服务部提出改用清洁田园销毁落果的办法。这种方法无疑很费工并且劳工投资很大。DDT 取得成功后,他们主动放弃了田园清洁法,改而推荐使用 DDT[37]。

果品的价值除了反映在产量上,更重要的是果品的外观和质量对销售市场和价位影响极大。使用砷酸铅的虫果率可降低到 15% 左右,而使用 DDT 则可降低到 1%~2%,从而成为首选的手段[38]。这种情况在其他果品上也同样很突出。例如柑橘蓟马常常在果实表面留下斑点,对价位影响极大。为了预防,农场主不得不打预防药,这种农药使用不完全是为了防虫增产,因此被称为"美容喷洒(cosmetic spray)"[39]。这种"美容"同产品的市场经济价值密切相关。在农产品高度商品化、在国际市场激烈竞争的历史背景下,该如何考虑,值得深思。

　　总之,对农药与化学防治法的评价必须放在历史和社会进步的背景下,必须放在全球市场经济一体化的新的历史条件下,才能做出全面的评估。当然,对于化学农药可能带来的不良副作用不应忽视。但历史已经证明,这些副作用完全可以在科学技术的不断进步和发展中找到很好的解决办法。科学毕竟无止境。

农业病虫害防治策略理念与
农药使用的技术政策问题[*]

前　言

　　有害生物对我国农业生产所造成的损失巨大。虽然新中国成立以来病虫害防治工作已取得了巨大成就,但是由于农业体制、技术服务体系和耕作制度的几经变化,近 20 年来仍不断有一些重大灾情发生。有关部门统计报告表明,1985 年小麦赤霉病的大发生,甚至危及从未发生此病的我国最大的小麦产地河南省,全省 50% 的小麦遭灾,损失粮食 9 亿千克。1991 年的稻飞虱大发生,受灾面积达 0.32 亿公顷,比 1990 年扩大了 41%,四川省受灾区扩大了 3 倍多,在往常不发生稻飞虱的北方稻区也暴发成灾,由于农药供应不足或调配不及时,全国因此损失的稻谷达 30.8 亿千克。1994 年仅稻飞虱、小麦赤霉病等造成的粮食损失即达 11 亿千克。2005 年,南方几省又发生了稻飞虱异常高发灾情。小麦白粉病的为害和发生面积在我国逐年扩大,1990～1991 年连续两年大流行,发生面积超过 0.12 亿公顷,覆盖十几个省,损失小麦 64 亿千克。小麦锈病是一种世界性的严重病害,1950 年曾在中国大流行,1958、1960、1962、1964 年又相继多次流行,流行年受害面积平均达 0.33 千万～0.67 千万公顷。仅 1950 年和 1964 年两次大

---

　　* "中国农业专家讲师团"之系列讲座文选(一),2006

流行小麦分别减产 60 亿千克和 30 亿千克,2002 年又发生全国大流行。1992 年后棉铃虫也连续多年暴发成灾,甚至严重影响了我国棉纺工业的发展。2005 年江苏、湖北等省棉铃虫再次大发生。近几年来蝗虫也频频暴发成灾,2003 年为害尤其严重,2005 年在海南岛也发生了建省以来最严重的蝗灾,受灾面积达 14.67 万公顷。

我国暴发性病虫灾害发生的频率比较高,其原因往往都是由于农药供应不足,错失防治时机而造成重大损失。国内外的历史经验证明,重要农业有害生物尤其是暴发性病虫害的防治离不开农药。但是 20 世纪 70 年代以来有人认为化学农药会破坏环境和生态平衡,对农药的负面影响的批评和反对化学农药的舆论日益强烈,并引发社会各方面的疑虑,使农药成为社会各阶层普遍关注的重要话题。有些舆论甚至认为农药非但无益,对人类反而有害[1]。在如何认识农药的功与过,采取何种病虫害防治策略等问题上发生很多意见分歧和争论。

为此,有必要分析探讨一下有关农业有害生物防治策略理念和化学农药使用方面的技术政策问题。

(一)有害生物的防治策略理念问题

关于有害生物防治策略的理念,综合治理(IPM)通常是被作为经典技术政策提出,认为只需把害虫种群控制在不造成作物重大损失的水平上即可。这种理念的依据是必须保持生态平衡。但是另外有些学者则认为,应当根据害虫的实际为害情况来制订防治策略,对有些害虫甚至必须实行种群整体处理。如蝗虫、黏虫、稻飞虱、蚊虫、家蝇等。因此,美国农业部的昆虫学家尼帕林提出了 TPM 的理念,即有害生物种群整体治理。主张对某些跨越国界的害虫必须建立跨国联合防治行动[2],以阻遏害虫的地域性扩散。

须注意的是,IPM 是一个战略问题,而不是战术。在不同地区、不同时间、不同土壤和施肥条件、不同给水条件和气象气候条件情况下,病虫害的发生都会发生难以预料的变化,必须根据当时的现场实际情况及时进行研究加以调整,才能形成具有实际可行性的战术。虽然可以预先设计一种"电脑专家系统"可能有助于研究和调整战术,但电脑程序不可能反映复杂多变的自然条件变化,若单纯依赖电脑决策往往包含很大风险。而 TPM 则必须组织大范围的甚至跨国的防治行动,显然也不是个体农户所能做到的。

因此,国际上许多学者曾就有害生物防治策略的理念问题展开激烈辩论。英国著名农学家吉格教授指出:"一旦病虫害发生,当务之急是必须毫不犹豫地采取快速有效而可靠的方法尽快控制住灾害的发展蔓延;但作为一种原则性的策略,IPM 却不可能对防治方法做出迅速反应",他认为这正是 IPM 策略理念的严重的"瓶颈"问题,并指出只有化学农药能够及时提供快速有效的方法和手段,并能提供多种选择以满足快速防治的实际需要,没有其他方法能够提供这样的手段[3]。著名经济学家阿福雷教授(当时任美国总统科学技术顾问团首席顾问),曾经应邀在英国举行的第 24 届"世界名人讲座"上的专题报告中强调指出,只有依靠化学农药才能快速有效地控制有害生物的快速发展为害。他根据联合国粮农组织的统计资料指出,1960 年以来地球上并未扩大耕地面积而仍能使农产品增加了 3 倍之多,使地球能养活已猛增了 80% 的世界人口,其中农药在增产保收方面所做出的贡献巨大[4],化学防治法能挽回 1/3 的病虫害所造成的损失。

但是反对采用化学农药的呼声日益高涨,甚至发展到反对使用一切人工合成的化学化工产品包括农药、化肥和农用塑料制品以及人工培育的转基因工程产品。认为这些人为制造的产品都会导致环境污染、生态破坏、人类受害并妨碍农业的可持续发展。主张采用非人工制造的、非化学方法的、生物的和天然的方法防治病虫害。这种思潮在我国也有很强的反响。但是,反对这种观点的学者也发表了大量论文和专著,其中最著名的如阿福雷的报告、贝克曼(英国皇家环境污染治理委员会委员,著名经济学家)的专著[5]和帕金斯的专著[6]等。在我国,刘巽浩[7]、方原[8]等农业生态学家在报刊和专著中也发表了他们的看法。英国的希斯洛教授指出,若削减50%的农药用量,必将使农产品产量减少约50%[9],包括由于采用其他防治法不能适时防治或延误防治时机所造成的损失。

阿福雷教授强调指出,当前人类面临的主要挑战是如何满足2035年即将达到85亿的世界人口对农产品的迫切需求。为此,今后50年内世界粮食产量至少必须增加2~3倍,才能充分利用现有的土地资源发展高产农业以满足人类的迫切需求,如果不采用化学防治以保证农业稳产,这一目标是不可能实现的。国际统计资料早已表明,有害生物的为害使粮食类作物的收获平均减少约33%,水果、蔬菜类作物的损失则可高达80%以上。化学农药发挥了重要的增产保收作用。汉森等农业专家在美国一项连续15年的典型的"有机农业"试验结果总结报告中说,在大西洋中部罗得拉研究所进行的这项试验,其谷物产量水平比传统主流农业低21%,所消耗的劳动力则增加了42%,而且有机农业的农田基本建设投资又很大,从而使有机农产品价格大幅度飙升(1997)[10]。如果仅仅为了不使用化肥、农药而想通过这种低产型有机农业来满足世界人口增长对农产品的迫切需求,则必须再开垦出1.47亿公顷的耕地(约相当于英、德、法、意、荷兰、丹麦、比利时等7国的耕地总面积)才能实现,其结果将严重破坏地球生态环境,恰恰与可持续发展策略背道而驰。所以现在提出不使用化学农药是不切实际的(阿福雷,1998)。联合国粮农组织农业技术服务部的一份报告也指出,"化学合成农药仍将保持其在世界有害生物防治中的重要地位"(FAO信息报告,1996)[11]。

图1、图2和表1、表2分别列出了世界各国和中国的农药使

用量与农产品生产水平的相关性。表2显示某些国家的人口生育率同粮食产量的关系,指出粮食供应充足有利于生育率的降低。

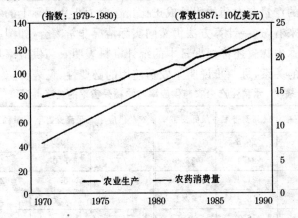

图1 世界农药消费量与农业生产水平的相关性

(FAO. 及 Wood Mackenzie 咨询公司资料)

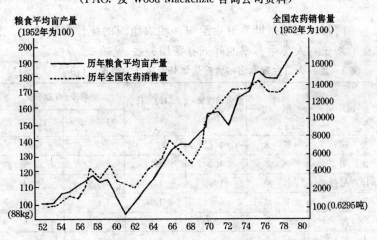

图2 我国粮食单产水平与农药销售量的相关性

(农业部及生产资料公司统计资料)

日本科学技术厅的石仓秀次曾经根据国际上粮食产量增长同农药化肥施用量水平的关系总结出一组数学关系(1970)[12]，说明了粮食的产量与农药的用量成正比。迄今为止从国际上的农业生产情况来看，这一计算方法仍然同实际情况非常吻合(如图1和图2)。日本农林省还曾根据日本的统计资料表明农药供应率与水稻受害率的关系，进一步说明了农药使用的必要性，见表1。

表1　水稻生产中农药供应率与水稻受害率的关系　（%）

农药供应率	最高受害率	最低受害率	农药供应率	最高受害率	最低受害率
0	26.8	26.8	60	10.7	6.0
10	24.1	18.3	70	8.0	4.4
20	21.4	15.0	80	5.4	2.8
30	18.8	12.1	90	2.7	1.4
40	16.1	9.8	100	0	0
50	13.4	7.8			

阿福雷还根据世界卫生组织和粮农组织的统计资料说明，粮食的增长与人类生育率的降低有密切关系，见表2。

表2　世界人口生育率因粮食产量增长而降低的情况　（1950～1995）*

国　别	作　物	粮食的增长率（%）	人口的增长率（%）	生育率/育龄妇女	
				1950 年	1995 年
美　国	玉　米	152	89		2.1
法　国	小　麦	195	38		1.8
印度尼西亚	水　稻	160	142	5.5	2.4
智　利	玉　米	4×	130	4.0	2.1
印　度	水　稻	>2×	149	5.8	3.1
中　国**	小　麦	4×	114	6.4	1.9

　　* 阿福雷,1995.

　　** 中国的小麦产量增长及 1950 年生育率统计是笔者增补

这些统计资料对我们如何看待化学农药和做出比较全面的技术决策或许有所启迪。

尽管对化学农药有很多争议,然而农药的生产和发展仍一直在持续不断进行之中。出现这种现象的原因也很值得我们深思。尤其是我国的情况更为特殊,一方面反对使用化学农药的呼声日益高涨,另一方面化学农药的生产量却以更快的速度在增长。

(二)化学农药的发展状况和化学防治法的特点

1. 化学农药的发展状况

1953 年世界农药销售额只有 1.6 亿美元,但二战后由无机农药时代快速进入有机合成农药新时代,1970 年销售额扩大到 30 亿美元,近年来国际农药销售市场仍保持在约 300 亿美元的水平[13]。

1950 年我国从旧社会保留下来的农药生产能力只有 1 000 吨左右。1953 年增加到 1.52 万吨,1956 年猛升到 13.96 万吨(以上均按未折纯产品计),1986 年达 19.42 万吨(折纯,下同,相当于未折纯 38.84 万吨),已居世界第三位。2001 年达 69.64 万吨并开始成为农药出口国。在"十五规划"中实际生产能力已达 80 万吨以上(其中约有一半出口)。农药品种要求发展到 270 种[14,15]。

世界农药的增长,从有效控制农业病虫草害这一方面保证了世界食物生产指数(FPI)在 1985～1995 年的 10 年间增长了 22.1%,超过了世界人口的增长速度 16.1%(据 FAO 年鉴,第 50 卷,1996)。

2. 化学防治法的主要特点

化学防治策略的经济效益和社会效益十分显著。国内外发展趋势清楚表明,农药一直是防治农业有害生物不可或缺的重要生产资料,已成为各国政府的共识。这是因为化学防治法具有以下几方面重要特点。

(1)对有害生物的控制作用快速 控制有害生物发生和危害的基本战略就是快速阻止其繁殖和扩散,所谓"救灾如救火","虫口夺食"。在各种防治方法中,只有农药和化学防治法能够实现这一快速反应战略战术。

(2)对有害生物作用方式的多样性 杀虫剂除了具有触杀、内吸、胃毒和熏蒸作用等对有害生物的基本作用方式外,还具有昆虫行为控制作用、昆虫生长调节作用、拒食作用和驱避作用等。在病害防治方面,杀菌剂也有保护作用、治疗作用、内吸作用、种苗处理、土壤处理等多种方式。为针对有害生物采取最适宜的方法提供了广阔的选择余地。而其他防治方法都不具备可供选择的作用方式多样性。

(3)用药量很小 现在常规农药的有效成分用药量在750克/公顷左右,高效农药在375克/公顷左右,而超高效农药则仅需150克/公顷甚至低于150克/公顷。近30年来研发超高效农药已成为各大农药公司和研究机构的主要热点和主流,并已在各类农药中都取得了很大进步和发展。

(4)农药可加工成为多种适用剂型和制剂 通常一种农药原药可以加工成5~10种剂型和制剂。因此可以根据作物和病虫害的种类以及施药期间的环境条件,选用最适宜的剂型和制剂规格,提高和增强药剂的作用,扩大化学防治法的效力,进一步提高了机动性和灵活性。

(5)农药使用手段的多样性 植保机械是农药和化学防治法的必不可少的重要配套手段。从手动器械、半机动器械、机动器械到航空喷洒器械,可以根据病虫害的情况、农田的状况和环境条件选用适宜的剂型和制剂以及相应的施药器械。设计合理的适用的施药器械不仅可以充分发挥农药的威力,提高农药的有效利用率,而且可以提高施药工效,节省农药和用水量,节省劳动力、减轻劳动强度。

此外,化学农药另一重要特点是可以进行迅速的工业化大量生产以应急需,可以长时间贮存备用,这就为防治暴发性病虫害提供了可靠的保障。这是各国政府对于化学农药之所以备加重视的重要原因。

农药和化学防治法的上述特点是其他任何防治方法所不可能具备的,也是化学防治法能够进入历史舞台而持久不衰的根本原因。这清楚表明了化学防治法是一种对有害生物的应变能力最强的防治手段。特别对于暴发性病虫害,农药的作用其实相当于"消防器材",化学防治法的实施则相当于一支"快速反应部队"。改革开放之前,我国的农业生产资料公司常年保持有相当大的农药库存量(大体上每年生产的农药的 30% 作为库存应急生产资料,逐年更新),并充分保证在病虫害暴发时全国范围的应急调运机制,这项政策正是建立在化学农药的上述特点之上。因此,化学农药一直是各国政府农业技术政策的重要决策依据。

(三)农药使用过程中存在的的问题

农药使用过程中也可能由于使用不当(不包括伪劣农药商品问题)而产生一些负面影响,尤其是农药残留、农药中毒、环境污染等问题引起了各方面关注和批评。但长时期来对于负面影响产生的原因却缺乏科学的全面分析。农药使用的负面影响原因很多,但是共同的一点都是由于使用技术的严重落后[11]。自 20 世纪 80年代初以来,我们在大范围地区调查了农村的农药使用情况,并进行了大量监测和分析比较,充分证明了各地农村存在的种种错误使用方法和落后的施药手段,使农药有效利用率一般只有 30% 以下,很多甚至低于 10%,导致农药大量进入环境并污染了环境和农产品,是产生这些负面影响的根本原因。只有大力扭转这种状况,农药的使用和化学防治才能走上健康发展的道路。如果在不明原因的情况下只是单纯地把问题归罪于化学农药本身,从而回避甚至反对使用化学农药,只能对我国有害生物的防治和农业生产造成不利影响和不可挽回的损失。

1. 错误的施药方法

我国各地农村多年来习惯于采用一些所谓"土办法"喷施农药。由于这些办法操作简单,甚至不需要施药器械,可以徒手撒施,因此很受欢迎,不胫而走,流传甚广。其实农民为此要浪费很多农药并引起人员中毒和环境污染风险,所付出的代价十分沉重。流传最广的有以下各种施药方法。

喷雨法 源自20世纪70年代江浙稻区。虽然仍采用工农-16型喷雾器,却摘去喷管和喷头,药水从开关处直接喷出,完全不能形成药雾,药水的水滴极粗,类似雨滴,故称为"喷雨法"。这样粗的药水滴极易直接落入稻田田水,农药损失浪费极大,而农民却认为这种方法效率高而乐于采用。

水枪法 也称"水唧筒法",源自70年代末广东稻区。这是当地植保部门制作的一种简单手持水枪,喷出的药滴更粗。这种水枪当时每只仅需2～3元,因此很快推开,并作为一项经验和新产品推广到其他稻区。个别地方甚至还有用洒水壶直接浇洒药液者。

毒土法 最早源自20世纪60年代稻区施用六六六粉,有些农户把混有墙土或道路尘土的药粉直接用手逐兜点施于稻丛基部,用于治螟,无须喷雾器和喷粉器,因此极受欢迎,不推自广。六六六停产后继续流行,发展到任何农药制剂甚至包括乳油都被配加土粉后混合成"毒土"进行手撒,改称为"毒土法"而被广泛采用。"毒土"并无任何技术规格和标准,完全由农民自行手工掺和而成,无人也无法进行检测。可湿性粉剂、乳油制剂主要是供加水稀释后喷雾用,但做成"毒土"撒施在作物上则附着性极差,由此造成的农药损失浪费和对环境的污染可想而知。

以上3种施药方法在各地农村流行甚广,农药损失和浪费极大,不仅是国家的损失,农民的损失,对农业生态环境的危害性也相当严重。

此外还有一种"泼浇法",原本是稻农追施粪肥水的一项措施,但是有人提倡把农药直接混入粪肥水中同时泼浇,以为如此可以一举两得,致使这种完全违反农药科学使用技术原则的"土办法"得以流传至今。但是所用的农药与粪肥水会发生何种反应和变化,无人加以研究也无法研究,至于这种方法会造成农药绝大部分流失并进入周边水系,更没有引起重视。

2. 不恰当的农药混配所造成的农药浪费和农药的多残留问题

盲目的混配会造成农药的浪费和农药多残留等问题。我国的农药混配制剂数量之大品种之多,是世界之最。1992 年我国登记的混配制剂只有 93 种,1998 年时已达 1 146 种,占全部农药登记品种的 68.2%。2002 年更高达 5 245 种之多,农药混配之风已一发而不可收拾。其中一个重要原因是农药制造商把混配农药当作提高农药附加值的手段,而并不考虑这种做法所造成的农药浪费和给农民所增加的不应有的额外经济负担,以及对环境造成的额外污染。

有害生物的发生发展受环境条件变化的影响极大,地区之间的差异也很大,并非任何地区都必须采用同一种混配制剂。如果一律加工成固定配方的混配制剂在各地销售,极易使其中一个组分因为未能发挥作用而浪费并散失于环境之中,徒然增加了环境污染的风险,也增加了农产品中的多残留风险。

农药专家启德在英国《农药展望》(1997)中评论中国的农药混用问题时曾指出,"一次同时混用多种农药也是造成中国农药中毒事故多发的重要原因"[18]。所以农药混配混用的问题必须引起有关部门高度重视。

3. 农药施药时机和施药策略失误所造成的农药浪费

适时施药,是化学防治法的基本策略之一,但是许多防治指标农户很难掌握。例如,植保手册中规定"在害虫孵化盛期施药"或"在虫口密度达到百株有虫若干头时施药",在"病原菌孢子数量达到某种程度时施药",等等,这些指标对于缺乏科学技术素养的绝大多数个体农户来说很难掌握,所以极易错过施药适期。特别是病害防治,往往直到病原菌已越过潜伏期而明显出现发病徵象时才会引起注意,而此时已必须提高施药量或药液浓度,或增加施药次数才能控制病情的发展,甚至为时已晚,由于病害在潜伏期一般很难被发现,这是许多病害容易暴发成灾的重要原因。蔬菜和水果一旦发病以后就会丧失食用价值和商品价值。许多灾变性的害虫大多也是由于错过了最有利的施药时机而失控,以至于在虫口密度骤增或害虫扩散面积急剧扩大的情况下,不得不增加农药的施药量或施药次数,甚至已经很难控制虫情的发展势头。这些情况下的农药浪费都是不应发生的策略性失误所造成的。

另外一个突出的问题是往往忽略了对于有害生物原发地的注意,原发地比较集中而面积相对较小,对原发地施药一般都可以事半功倍,从而大量节省农药并且能更有效地控制灾情的发生发展。例如蝗虫、黏虫、多种蚜虫、小麦锈病、白粉病、多种土传病虫害等。但在高度分散的个体农户情况下很难做到,必须依靠植保主管部门及时发布病虫害发生情况的信息并通知农户。

(四)我国农村农药施药器械方面存在的问题和施药技术的技术革命问题

我国自从实行了农业生产联产承包责任制以来,分散的小规模经营的个体自耕农户成为广大农村的主要农业劳动者,大多都是以一家一户的劳动力组成的初级家庭农田作业模式。目前全国农户平均每户有地 0.52 公顷(约相当于当前美国现代化农场平均面积的 1/400),科学技术水平低,生产手段比较落后。在美国,自1935 年至 1980 年用了长达 45 年的时间才实现了从农业集约化发展到美国式的农业高度规模化机械化经营[19]。这种高度规模化是在资本主义式的兼并之下实现的,但在我国只能在农户自愿的原则下逐步实现,国家不容许采取强制性兼并方式。由于这种特殊的经济体制和历史社会背景,在中国实现农业现代化规模经营的过程无疑将经历更长的时间。由此可知,就农药的使用手段而言,在今后相当长的历史阶段内仍将以小型便携式施药器械为主要手段。

显然,在相当长的一段历史时期内希望这些地区采取机械化农药喷洒作业是不可能的。不仅机具的运输和田间作业十分困难,即便是相对比较轻便的东方红-18 系列的背负式机动喷粉喷雾机和背负式动力喷雾机,荷重也已达 22 千克左右,作业的难度和劳动强度可想而知,而且由于喷雾机的风力一般可达 12 米/秒左右,农药绝大部分都将被喷出田外而飘向山凹和峡谷中,极易引起大范围的环境污染。

在我国已使用了半个多世纪的工农-16 型系列的背负式手动喷雾器械(包括引进或仿造的类似产品如"没得比"、"卫士"等),属于大水量粗雾喷洒器械,每 667 平方米喷雾量 25~100 升不等,雾滴细度用"容量中径值(VMD)"表示,为 200~400 微米。施药作业的工效很低,耗水量和劳动强度则很大。农民早已很难接受这种低效率、高劳动强度的农药喷洒手段。中央领导同志 1996 年即指出:"必须下决心,采取得力措施,尽快扭转植保机械研制、生产落后,管理混乱的状况。"并要求"尽快研制开发一批防渗性能好、负重小、价格低、操作简便、利于推广的小型植保机械。"

这种手动喷雾器械的年产量仍保持在千万台左右,社会保有量还有数千万台。此类喷雾器械在不同地区所造成的弊端有如下几个主要方面:

1. 在高原和旱塬地区

这些地区的重要特征是干旱缺水。在生活用水都比较紧缺的情况下,用大水量喷雾必然成为沉重负担而很难被农民接受。

2. 在水网地区

由于大水量粗雾喷洒方法的药水流失率极高(一般在 70% 以上,施药水平较差的地方则往往在 80% 以上),极易造成药水进入水域而快速发生扩散性的水污染,甚至可能对水域养殖业造成系统性的危害,也会对饮用水的水源产生污染。尹润等在四川郫县的三道堰乡水稻田喷洒杀虫双,采取低水量细雾喷洒法的手动吹雾法进入稻田水系的药量,比采取工农-16 型大水量粗雾喷洒法降低了 97.37% 之多,从而可以大大减轻对成都市饮用水的污染压力和风险[20]。

3. 大水量粗雾喷洒方法不适宜于中国的主要大田作物

我国历年病虫草害防治面积每年约在 2.5 亿～3 亿公顷/次,其中水稻田约占 34%,小麦田约占 30%,棉花田和玉米田约各占 10%。这 4 种作物上的化学防治面积即占了全国的 84% 左右。其他防治面积较大的还有各种果树、油料作物和蔬菜类等。

水稻和小麦等大田禾本科作物,具有独特的近于直立的叶片形态构造和极难湿润的叶片表面结构。尤其是水稻,湿润性很差的粗大雾滴极难在水稻叶片表面沾着,非常易滚落,因此农药有效利用率极低,通常在 20% 以下,其余部分均落入田水。

在棉花、蔬菜、果树等作物上,粗大雾滴也极易造成药液大量流失到农田土壤中。

以工农-16 型为代表的手动喷雾器一直是中国农民手中的基本手段。各地先后生产了 30 多种同类型的产品,也引进和仿造了多种相似类型的国外产品,已有近 50 多年的历史,至今仍然保留着大水量粗雾喷洒的方式。所产生的粗大雾滴垂直降落 1.5 米高度只需 1 秒钟左右,并且极易在叶面发生药液聚并而滚落或流失。在训练有素人员的正确操作下,回收率一般也只有 30% 左右而有 70% 左右的药液损失。一般农民操作大多不符合喷雾作业规范,所以药液损失更远高于 80%,这就意味着大约相当于 80% 左右的农药由于长期使用这种粗雾喷雾器械而浪费损失。数十年来这样巨大的损失和浪费是非常惊人的严重问题,应引起各级主管部门的高度重视,积极设法尽快从根本上解决这个历史遗留下来的大问题。当前最迫切的是如何从技术政策上对各种大水量喷洒器械加以限制,并积极扶持能够从根本上解决大水量喷洒之弊端的喷雾技术,鼓励并通过各种渠道扶持农民积极采用新技术。

工农-16 型及与其相似类型的手动喷雾器械所采用的都是液力式雾化法,这种常用雾化方法其致命的缺点是雾滴粗,农药回收率很低。这种手动器械早在 19 世纪末即已在欧洲生产销售,但随着农业生产进入集约化和机械化,20 世纪 40 年代以后即已从发达国家的农业生产领域退役,主要用于卫生防疫和庭院花草方面。我国在 20 世纪 50 年代引进用于农业病虫害防治,同时也用于卫生防疫,并一直沿用至今。

在尚未能实现大型机械化耕作的分散的小农经济状态下,要提高农民的施药水平,只有从施药器械的基本性能方面进行革命性的改造,即对落后的大水量喷雾器械进行有计划的淘汰。笔者认为,根本的改造方向是把液力式雾化改变为气力式雾化,国际科学界公认气流雾化法能够形成最好的药雾,能够大幅度降低喷雾用水量。经过长时间研究探索和应用实践,一种独特的手动吹雾器已经研制成功并取得了国家专利,在生产实践中取得了很好的效果,已经具备了完全取代传统的老式手动喷雾器的条件。

(五)适于分散的个体农户使用的施药器械——手动吹雾器

手动吹雾器是一种微型双流体雾化器械。其雾化的基本原理完全不同于传统的大水量喷雾器。它是利用气流在喷孔处对药液发生雾化作用,这种雾化方式非常有利于形成细而均匀的药雾,并大幅度降低喷雾用水量。

吹雾器的工作压力仅需 0.01～0.03 兆帕(工农-16 型喷雾器则需 0.2～0.3 兆帕)。产生的雾滴直径的 VMD 值在 35～60 微米[21](而工农-16 型则粗达 200～400 微米)。因此可以充分发挥手动吹雾器在各种类型的作物上防治病虫害的优越性。

表 3 是手动吹雾器与工农-16 型喷雾器的性能比较。可清楚看出,吹雾法的突出优越性即在于它通过细雾喷洒和很低的用水量从根本上解决了常规喷雾器的种种弊端,并且大大提高了农药在作物上的有效沉积率。这就可以帮助农民从过去长时期来落后的施药技术中完全解脱出来。采用这种手动吹雾器对于广大的分

表 3　手动吹雾器与常规喷雾器的使用技术性能比较

技术指标	吹 雾 器	常规喷雾器(工农-16 型)
施药液量(升/公顷)	15 ～ 45	750 ～ 1025
工 效 (小时/公顷)	5 ～ 10	15 ～ 30
一次药液装载量(升)	6 ～ 8	12.5 ～ 20
一次药液装载量可喷洒面积(公顷)	0.27 ～ 0.54	0.017 ～ 0.068
药液雾化细度(微米)(VMD)	≤60	200 ～ 400
雾滴的叶面持留能力	持留牢固,不发生流失	绝大部分药液流失
农药有效利用率(%)	> 60	< 30

散的个体农户来说,应是一项重要的技术革命。通过这项技术革命,将至少节省 50% 以上的农药用量,并可基本上消除农药对农田土壤和田水的污染压力,从而大幅度减轻农药对土壤环境和水环境的污染风险。

对于手动吹雾器,马修斯[22]、启德[18]等在他们的著作中均已

专门作了推介,认为是发展中国家的分散小农户最好的一种手动喷洒器械。尤其是亚太地区广大水稻产区稻农的最好施药工具,因为由于水稻田的特殊环境,农药的喷洒特别困难。联合国粮农组织出版的《农业技术服务公报》(112/1卷)[23]中也把手动吹雾器列入为推介的中国新产品。认为推广使用这种新型手动喷洒器械将大幅度降低发展中国家农药的施药量,可以取得显著的经济效益和社会效益。对于发展中国家的小规模农民也将提供很大的技术帮助。

在我国,除了水稻田外,手动吹雾器还非常适合于在旱塬和高原缺水地区、梯田地区、水网地区使用,使这些地区的农药使用成为既省药省水又节省劳动力的比较轻松的田间作业。在山丘梯田地区,只须背负一桶药水即可喷洒 0.2～0.4 公顷田,无须另外再装第二 次药液。对于分散的小农户无疑是非常有益的。这项新技术并将消除老式大水量喷雾器所造成的种种弊端。

农药和化学防治的"三 E"问题 *

——效力、效率和环境

摩根(N. Morgan)早年曾对农药和化学防治问题提出了"三E"之说,即 Effectiveness,Efficiency,Environment(效力、效率、环境),对于农药的研制、生产、使用,乃至植保工作特别是综合防治策略都是重要的决策依据。他所说的 Effectiveness 是指农药的效力和防治效果,这里我想把它分为正面效果和负面效果两个方面。正面效果不言自明,所谓负面效果则是指诸如药害问题、人畜中毒问题、农药残留问题、对有益生物的伤害问题以及抗药性问题等。Efficiency 是指农药的使用效率,这里我也把它分为高效率和低效率两个方面。高效率是指农药用量少、能量(和人力)资源和水资源消耗少、农药的有效利用率高、防治工效高、防治效果好;低效率则相反,而且还会导致某些负面效果。Environment 主要是指农业区域环境(Agricultural regional environment),但是从农药使用效率问题来说还应包括微环境(Micro-environment)。三个"E"之间还存在着互联关系,可以在人的能动作用调控下互为调节因子。

---

* 《农药译丛》,1998 年,第 20 卷,第 2 期

(一)农药的效力和化学防治效果

农药的效力和化学防治效果无疑是人们最为关心的首要问题,因为过去由于缺乏高效力的防治手段而遭受农业病虫为害所酿成的悲剧,人们至今记忆犹新:1845 年由于马铃薯晚疫病大流行所造成的震惊世界的爱尔兰大饥荒;1870~1880 年间由于葡萄霜霉病大流行所导致的法国葡萄种植业的崩溃以及所引起的法国葡萄酒酿造业的倒闭;我国历史上十多次由于"南蝗北蝗"所造成的全国性大饥荒,史书上用"饿殍遍野"来形容当时的惨状;以及解放初期小麦黑穗病、棉花蚜虫、小麦吸浆虫、小麦锈病在我国所造成的严重灾害,不仅使农业生产遭受重大损失,而且在当时的国际环境下在政治上对我国也造成了十分不利的影响。还有斑疹伤寒、疟疾、黑死病等问题,尽管 DDT 在国际上已被禁用,但世界卫生组织长期以来仍特许 DDT 用于防治这些疾病的传媒昆虫,因为这关系到世界上上千万人的健康和社会安定。如印度在二战前每年有 1 亿人感染疟疾,死亡 75 万人;战后由于使用 DDT 防治传媒昆虫,到 1966 年只有 15 万人得病,死亡仅 1500 人(B. Freedman,1989)。美国的苹果舞毒蛾(gypsymoth, *Porthetria dispar*)和蠹蛾(*Carpocapsa pomonella*,codling moth)过去的危害率曾高达 20%~95%,到 1892~1893 年间开始使用砷酸钙和砷酸铅才得到控制,使苹果种植业实现了商品化生产,并一直沿用到 1944 年才由于砷剂防治后的虫果率仍有 15%而让位于效力更高、虫果率低于 2%的 DDT,使商品价值更高。华盛顿州立大学的技术推广服务站曾建议采用农业防治法和果园卫生消灭越冬幼虫的办法来代替喷药,但其费用远高于药剂防治且保果率很低,最后不得不转而推荐使用 DDT。此例很好地说明了农药的效力和防治效果与技术经济性之间紧密的相互关系(Perkins,1982)。又如美国的玉米带遭受玉米根虫(*Diabrotica vergifera*)严重危害,虽然可用小麦、燕麦等进行轮作倒茬解决,但由于倒茬作物的经济价值远不如玉米,结果农民还是选择了化学防治。美国农业部的贝利(J. H. Berry, 1972)在 Economic Research on Pesticides for Policy Decision Making 一文中对此做了精辟的论述。如果用历史的观点去认识这些事件,我们就能正确地理解为什么在第二次世界大战结束以后的几十年里国际上对于高效合成农药如此赞誉备至,并作为国家决策。

五十年前,以有机氯和有机磷两大类高效新农药为排头兵,化学合成农药以飞快的速度发展起来,几乎每天都有新的农药候选物出现,"…以至药物学家和生物学家都难于紧跟化学合成工作者的脚步。"(G. Shrader, 1963)。化学合成农药的效力和防治效果大体上比二战前的无机农药提高了 10 倍以上,后来以溴氰菊酯为代表的超高效杀虫、杀菌、除草剂的出现,又进一步把效力提高了 10~20 倍。以至当时国际上对病虫害防治普遍出现了一种乐观情绪。奥迪希(Ordish, 1963)报告指出,如果没有合成农药的出现,英国每年的农业病虫害所造成的损失达 1.5 亿~3 亿英镑;根塞和捷普森(Gunther & Jeppson, 1960)所报告的美国的损失每年超过 30 亿英镑。工业化国家的这些成功经验也引起了我国的高度重视。20 世纪 50 年代末周恩来总理亲自领导成立了由 5 个部、所组成的"农药领导小组"来促进农药的迅速发展。与此同时,农业部和农业生产资料公司也相应地颁发了《农药安全使用标准》,详细规定了各种农药的安全使用方法和安全间隔期。六六六大量投产以后,以其高效、广谱、长效、廉价和原料易得、容易生产而受到各方面的热烈欢迎,以至直到 80 年代中期以前六六六的产量长期占我国农药总产量的 60% 以上。对此,后来的人们可能会有各种各样的批评。但必须记住,如果没有六六六的 20 多年"统治"局面,我国的蝗虫、吸浆虫、螟虫、玉米螟等所造成的严重灾害决不可能用任何其他方法得到如此经济而有效的控制,它对我国农业生产、社会安定和国际地位等方面所做出的历史性巨大贡献是难以估量的。

但是,任何先进的科学技术在其辉煌成绩的后面往往总是伴随着负面影响的影子。问题在于我们应如何去认识和处理这种影子问题。艾森克莱默(Eisenkramer,1989)指出,对于使用农药所产生的一些负面影响问题不能采取"回归自然(back to nature)"的躲避态度,而应积极采取明智的先进工艺技术去解决。所以,对化学农药提出"零风险(zero risk)"和"零残留(zero residue)"的要求是不切实际的(Pfalzer,1992)。法尔泽还指出"公众很难或根本不可能接受这样的事实:"绝对的安全是不存在的,……技术的进步永远与新的风险相伴而生。"安全要靠管理来保证。他特别指出,发达国家如欧洲、北美各国对于农药的要求和管理状况也是很不一样的,他认为"每一个国家都必须根据本国的情况做出自己的决策:何种风险在何种社会经济和环境条件下是可以接受的。"

据预测,由于 20 世纪 70 年代开发出来的化学农药其专利保护期都将过期,产品的价格将下降,因此将进一步鼓励第三世界国家进入 21 世纪后使用农药的积极性(Sugavanam,UNIDO,1997)。实际上世界农药生产至今仍在上升,1995 年比 1994 年实际增长 5%,销售额达 302.6 亿美元,是近几年实际增长最高的一年(余鲸年,1997)。我国的农药生产 1996 年达 38.17 万吨,也达到了历史最高水平。这只能从农药的效力与化学防治所取得的技术经济效果和社会效果得到正确的解释。

(二)农药和化学防治的环境问题

从环境保护主义的角度首先对农药进行发难的就是卡森(R.Carson,1962)。对她所写的书《Silent Spring》有很大争议。德国的环境化学家柯特教授即其中之一。根据他对有机氯农药多年的环境化学研究结果,他认为"有机氯在环境中的危害性被人们夸大了。有机氯农药使用近 40 年（到 1981 年）尚无一例中毒死亡"。当然，今天没有必要重新呼唤有机氯农药，这里只是提出一个问题：如果用上文所谈到的"零风险"、"零残留"的绝对要求来评估农药对环境的影响，恐怕就很容易对农药产生偏激的看法了。但不管怎样，各国农药研究生产部门都已相继把农药对环境质量的影响列为重要研究内容，并已成为农药的管理标准之一。我国也是如此。但这与环境保护主义者的"零"观点完全不是一回事。

在如何对待环境问题上实际上存在着根本性的哲学观点分歧。如经济昆虫学家帕金（J. H. Parkins）在其《Insects, Experts, and the Insecticide Crisis》（1982）一书中批评卡森是一个主张无所作为的自然主义者（naturalist）。因为卡森认为"人想控制和改变自然，是一种狂妄无知的想法，是当生物学和哲学还处于低级幼稚阶段的产物。""我们必须改变我们的哲学观点，放弃认为我们人类优越的观点。"然而帕金认为，科学工作者应该是人文主义或人道主义者（humanist），承认人类能够控制和改变自然，目前虽然还未能完全做到，只是因为人类对自然的知识还在不断加深之中。

勒孚洛克（Lovelook, 1979）在其噪世名著《GAIA-A New Look of Life on Earth》一书中根据地球化学和地质学的大量数据和地球演变的历史考证，指出地球（包括大气层）是一个"活的"自洁体。他举了伍德威尔（George Woodwell）的有关 DDT 在全球分布与去向的研究工作，发现 DDT 的累积量不如预期中的多，复原也相当快，因为地球有很强的自洁能力，DDT 在生物圈中的最高浓度早已成过眼烟云了。关于臭氧层的破坏问题，他们的 Shackleton 号考察船在海上航行途中所进行的精密检测发现，具有消耗臭氧层作用的氯甲烷的自然流通量即达每年 1000 万吨，比全世界农药总产量还多 3、4 倍。因此他们认为关于含氟利昂的杀虫气雾剂破坏臭氧层的说法是被过分夸大了。在美国，以氟利昂为喷射剂的杀虫喷雾罐被"地球之友"之类的非政府组织（NGO）

宣传为"死神之沫"、"将摧毁地球上的所有生命"。Love look 认为这种宣传不过是"高明的政治学，拙劣的科学"。又据世界气象组织（WMO）1991 年报告，全球对流层中的溴甲烷含量为 9～13 PPT，相当于 15 万～20 万吨，其中约 75% 是生物圈天然产生的，只有 25% 左右是人工合成的。它是一种天然物，因此如何评估工厂合成的溴甲烷对环境的影响，至今还有争论。

卡森竭力宣传一种观点："昆虫给我们造成一定的损失，我们应多少忍受点，不应用尽各种方法消灭它以求暂时免于受害"。但是对于第三世界的人民来说是否能"多少忍受点呢"？英国 Bristol 大学的 Hislop 教授直言不讳地批评了"忍受"论："当你们的肚子吃饱时是可以道貌岸然地批评使用农药，而使用农药保证了农业生产的人在你们的眼中却成了绿色环境的破坏者"（Hislop，1992）。Love look 还特别提醒："目前最毒的物质还是大自然制造的毒素，如由细菌所分泌出来的肉毒素、海栖单细胞生物腰鞭毛虫分泌的剧毒素、毒蘑菇所分泌的一种多肽鬼笔鹅膏，以及非洲的毒鼠子属植物 Dichapetalum toxicarum 及类似植物所产生的氟乙酸（注：即杀鼠剂氟乙酰胺、杀鼠剂 1080 的原酸）。"

这些是关于农药与环境保护问题争论的一瞥，对于我们不无参考价值。

我国的环境保护政策是：实行经济效益和环境效益相统一的原则，一方面不能以污染环境为代价实现经济效益；另一方面也不能以阻碍、限制生产来换取环境效益（李明庄，《环境管理》，1990）。显然，我国的政策与环境保护主义者的观点有本质的不同。

但是，由于农药的不正确使用所造成的环境污染问题却是我们必须认真对待的，这个问题在下一节中讨论。

（三）农药使用和化学防治的效率问题

我把效率问题放在最后讨论是因为前面两个"E"都受到农药

使用效率的影响,其中最重要的是农药的有效利用率,即农药在有害生物的活动范围(即"有效靶区")内沉积的量与田间喷药量之比值。比值越高则表明利用率也越高,反之则表明有相当一部分农药进入了非靶区,这样就会带来一些问题。

早在50年代即已有很多科学家对农药喷洒中的脱靶问题进行了大量研究工作,并发展出诸如"生物最佳粒径"(BODS)等农药雾滴运动行为方面的新理论,为现代农药使用技术的发展提供了重要的理论依据。我在过去发表的一些文章中已经做过许多介绍,这里不作赘述。但是这些新技术在发展中国家的应用是很差的。这个问题引起了联合国粮农组织的关注。FAO的农业技术服务部AGS在3年前开始了一项计划,通过农业工程分部AGSE和植物保护服务部AGPP组织了一系列的国际活动,并起草了一些文件以督促各国采取措施提高农药的使用技术水平。AGS的Friedrich在一篇报告中指出(1996),"合成农药现在和可预见的将来仍将是使用最广泛的病虫害防治手段……但是许多国家的农民还缺乏科学和明智地使用农药的知识。""甚至农业技术推广系统的工作人员也并不知道农药使用技术原理和技术标准,甚至也并不了解农药的作用原理。因此至今仍习惯于采取大容量喷雾法,每公顷喷6 000升甚至10 000升药液(Wiles,1994),造成药液污染土壤和地下水。"据FAO的调查报告,印度尼西亚有58%的手动喷雾器发生药液渗漏,菲律宾的情况也相似;巴基斯坦约有50%的农药损失于劣质的喷雾器和不科学的使用技术;印度由于农药使用技术差而导致农作物中农药残留过高;马来西亚由于使用者缺乏必要的培训而中毒事故很多。实际上我国的情况也差不多同样严重。

Courshee早已报告指出,常规喷雾器的大容量喷雾,药剂在条播作物上的沉积回收率只有20%左右,其余均落到地上;在茂密多叶的作物上稍高些,但沉积量会由上而下发生衰减,导致农药沉积分布不均匀(1967)。我们的研究工作也证明了这一点,并发现双流体细雾对靶喷洒法可大幅度提高农药的沉积回收率和有效利用率(屠豫钦,1982,1986,1992)。实际上传统的大容量喷雾法(或所谓"地毯式喷雾法")是企图把农田制造成为一个有毒大环境,使有害生物无处脱身。但根据害物栖息分布的生态位特点所采取的有效靶区对靶喷洒技术(屠豫钦等,1992)则可以把农药相对集中在害物栖息的微环境中,这样就不仅大幅度提高了农药的有效利用率而且大大减轻了农药对农业区域环境的压力。

Friedrich(UNIDO,1996)提醒各国注意,许多国家的农药使用并没有反映最新的技术成就。一些典型试验证明,手动喷雾器经过改进甚至可减少 70% 的农药用量(Stallen & Lumkes,1990)。

农药有效利用率低的主要原因有以下几方面。

一是如 FAO 的报告所说,使用者对农药的使用技术和农药的作用原理缺乏必要的知识,不懂得如何明智地、科学地使用农药。因此对操作人员进行培训是必不可少的要求。

二是在发展中国家缺乏优质先进的施药机具。今年 5 月在罗马 FAO 总部举行的 AGSE/AGPP 联合专家组会议上,提出了为喷雾器产品进行 FAO 质量认证的办法,为合格产品上打上 FAO 的绿色认证标记,此举将逼迫不合格的喷雾器退出市场。专家组会议一致认为,优质施药机具不仅是提高农药有效利用率的重要保证,而且也是保护施药人员安全、防止农药流失到环境中污染环境并引发各种负面影响的重要手段。FAO 认证对我国的植保机械行业将是一个巨大的压力,但也将促进我国喷雾器市场走向健康发展的道路。

根据发达国家的经验,对使用者进行农药使用技术培训和颁发使用许可证是一种很有效的办法。美国的 Iowa 州,规定农民必须通过笔试合格才能获准购买和使用"限制使用"的农药。德国在 1993 年便开始实施喷雾器械的"强制性检验",不合格者不得进入市场。1996 年 7 月,温家宝同志根据专家建议对我国植保机具的严重落后状况迅速做了批示,有关主管部门已在研究喷雾器械的市场准入问题和中国适用的新型手动喷雾器械研制开发。这些措施必将显著提高农药的使用效率并有效地减轻或消除由于农药的不科学使用所带来的负面影响。

综上所述,"三 E"无疑是农药和化学防治法所面对的重要问题,其中效率问题是关键。对不正确地使用农药所带来的负面效果和影响应采取人员培训、技术支援、改善使用手段来解决,积极提高农药使用技术水平以提高农药有效利用率,才能全面处理好"三 E"问题,使农药和化学防治法为农业发展做出新贡献。

正确认识化学农药的问题

众所周知,使用化学物质控制农业有害生物,是一种效力和效率都很高的方法,产出/投入比也很高,因此不仅受到农民和农场主的欢迎,并且至今都是各国政府的重要国家技术政策之一。中国的农业病虫草害化学防治面积每年达 2.7 亿公顷,随着西部地区农业经济水平的迅速提高,全国化学防治面积还将进一步扩大,对农药的需求量也必将显著增加。在全球经济一体化框架下,今后还将有更多的非国产农药进入中国市场。

联合国粮农组织(FAO)的历年统计资料表明,过去 100 多年中,农药和化学防治法为世界农业生产做出了重大贡献,这已是公认的史实(FAO,Agrostat PC,1993)。1949 年以来,中国农业生产量的大幅度增长也与农药的增长量趋势呈平行关系。化学农药及化学防治无疑仍将是植保战线上的主力军。

但是在农药使用过程中发生的毒性问题、残留问题、生态问题、环境污染等问题,引起了严重关注。特别是在一部分环境保护主义者中产生了全面反对使用农药、化肥的极端主义主张。不过,化肥农药仍然是农业生产上必不可少的基本生产资料,这一点则是联合国粮农组织和各国政府之间不争的共识。但是农药使用过程中所出现的一些负面问题究竟应该如何解决?首先应认真分析化学农药所产生的上述种种负面问题的根本原因。

正确认识农药使用中存在的问题

首先必须对一些基本概念有统一的认识。农药使用中最受关注的主要热点问题涉及以下几方面。

(一)关于农药的毒性和中毒问题

农药是用于防治农业病虫杂草(包括有害动物)的各种生物活性物质的统称。首先应明确"毒性"的概念。毒性是用动物试验的LD_{50}值表达,数值越小表示毒性水平越高。各种农用化学品毒性水平差别极大,并非任何农药都是高风险性的"有毒物质"。在杀菌剂、除草剂、植物生长调节剂、昆虫生长调节剂、昆虫信息素中绝大多数都是低毒(或"实际无毒")化合物,其中个别品种也仅属于中等毒。高毒和剧毒农药品种实际上大多出现在有机磷酸酯类和氨基甲酸酯类杀虫剂的部分品种中。表1列出了一组剧毒至低毒化合物的毒性水平,其中加入了一些非农药用物质作参比。

表 1　部分农药品种的毒性水平同非农药用品的比较

（根据联合国世界卫生组织 1998 毒性水平资料摘录并补充）*

毒性分级	名称**	毒性水平 LD$_{50}$（毫克／千克,bw）	毒性分级	名称**	毒性水平 LD$_{50}$（毫克／千克,bw）
剧毒	**河豚毒素(河豚鱼中)**	**0.01**		敌百虫	560
	石房蛤毒素(海洋红潮中)	**0.26**		三唑酮	602
	涕灭威	0.93		氧氯化铜	1440
	甲拌磷	2		**阿斯匹灵**	**1700**
	甲基对硫磷	14		马拉硫磷	2100
	阿维菌素	10		噻嗪酮	2200
高毒	克百威	8 (经皮>10200)		氟虫脲	>3000
	磷 胺	14		**碳酸氢钠(小苏打)**	**3500**
	灭多威	17	低毒		
	甲胺磷	30		**氯化钠(食盐)**	**3750**
	茄碱(马铃薯薯块中)	40		**葡萄糖**	**>5000**
	尼古丁(烟碱)	50		伏虫隆	>5000
中等毒	顺式氯氰菊酯	80 (经皮>2000)		代森锌	5200
	硫 丹	80		苯菌灵	>10000
	锐劲特	92		多菌灵	>10000
	咖啡因(茶、咖啡、可乐中)	**200**		灭幼脲	>20000
	甲萘威	300 (经皮>2000)			
	顺式氰戊菊酯	325 (经皮>6000)			

* 笔者补充了部分农药品种及生活用品化合物

** 黑体字是生活用品或非农药化合物

　　上表列出的某些医药用品、食品、饮料、嗜好品和生活用化学品的"毒性水平"远高于某些农药。由此可见，不可笼统地把一切农药都视为有毒危险品。但真正的高毒和剧毒农药则必须在农药安全使用规则指导下使用。实际上绝大多数农药中毒事故都是由于违背了高毒农药操作规程而发生的,犹如不遵守交通规则而发生的车祸事故。

根据国际规则和各国政府之间的协议,任何农药在上市之前,必须完成如下各项试验,并向权威部门提交正式试验报告供审查合格后才能登记注册,目的就是为了确保使用的安全性。

急性经口毒性;	三代毒性研究(小鼠);
急性经皮毒性;	每日容许摄入量评估;
对眼睛的刺激性;	鱼毒性和野生动物毒性研究;
呼吸毒性;	在人体和植物体内的代谢研究;
慢性毒性(90天和2年的喂饲试验);	残留研究。

三致试验:致畸(孕大鼠);致突变;致癌(肿瘤敏感系)。

所以,只要严格按照说明书和农药安全使用操作规程施药,即便是高毒农药也不应该发生中毒事故问题和慢性毒性、致癌和残留问题。

(二)关于农药的残留问题

"农药残留"是指农药使用后在农产品上或环境中所残存的药量,这是一个随时间和环境条件的变迁而逐渐降低的变量,各种农药都有一定的允许残留量标准。在农药安全使用标准中有一项"安全等待期"(或称"安全间隔期")的规定,即指在作物采收前一定时间内必须停止施药,"等待期"就是让农药残留量自行降低到安全阈值以下,是经过许多部门合作反复试验检测而确定的。只要严格按照此要求施药,作物和农产品上的农药残留量就不会超出安全阈值,这种农产品通常称为农药残留量"不超标",是安全的。农药残留标准的制定,由联合国粮农组织(FAO)和世界卫生组织(WHO)公告发布,由各国政府参照执行。也会根据实际情况的变化而定期加以修订。

至于农药在环境中的残留,则是指环境对农药的"最大负荷量",即在一定地区与一定期限内保证环境质量不受到破坏。"最大负荷量"是一个阈值,也是一个随时间和环境条件的变迁而逐渐降低的变量。只要不超过此阈值,农药的环境安全系数就属于合格。

但是有些环境保护主义者却提出了"零残留"(zero-residue)的要求,不接受"残留不超标"这一科学的表达方式,实际上就是反对使用农药;因为只要使用了农药,而残留量也远远低于安全阈值,即便只残余几个农药分子,也不可能是"零残留"。

(三)关于农药与环境污染问题

所谓"环境污染",是指农药在环境(土壤环境、水环境、大气环境)中的"最大负荷量"超过了安全阈值,开始引发环境质量发生了质的变化,才可以认为发生了环境污染问题。所以,并非凡是使用了农药就必然发生环境污染。有许多农药在土壤环境和水环境中能够通过环境的"自洁能力"而逐渐降低到最大负荷量以下。大量试验研究早已证明,在残留阈值以下时,许多农药对环境还有某些积极的影响,例如刺激土壤有益微生物的繁殖,刺激蚯蚓的生长繁殖,刺激作物根系发育生长等。所以,对于农药环境污染问题必须通过认真的调查和科学研究作出科学的全面评价才能作出结论。从环境科学的观点看,农药只要不超过环境的"最大负荷量",就不会伤害农业的可持续发展。

(四)关于农药与生态平衡问题

生态平衡,是指一个生态系统中的生物群落与环境之间物质和能量转换的一种动态平衡,并非指各种生物种群之间的数量平衡。农田是一种在人类主动调控之下的开放型特殊生态系统,根本不同于大自然的封闭型生态系统(如原始森林、热带雨林等)。重要的是,农田生态系统是以人类的需要为中心的。因为农田所生产的物质和能量(即农产品)必须不断移出农田以供人类生存发展之需,而这一过程是对农田生态平衡的实质上的"破坏"。但是人类之所以不同于其他任何生物,是人类能够采用各种先进科学技术向农田环境补充新的能量,包括化学农药和其他农用化学品等矿物能源以及现代生物工程和基因工程,能够有意识地主动地恢复并大幅度提高农田的再生产能力,从而能够不断维护和发展农田的动态生态平衡。从这个意义上说,在科学管理的前提下,人类在农田上进行的一切活动都不存在破坏生态平衡的问题,而恰恰是在有意识地科学地营造一个能不断满足人类生存发展需求的更高级的农田生态平衡。

(五)关于"生物农药"问题

用"生物农药"代替化学农药的呼声最高,但"生物农药"是一个不准确的词。从生物体内提取分离所得到的生物活性物质所生产的农药,应称为生物源农药,其生物活性物质的分子结构和理化性质均应已查明,经过加工制剂或经过模拟合成而成为商品化农药并具备明确的商品规格和标准。但直接使用的活体生物并且无法确立商品规格和标准的,则称为天敌昆虫或抗生菌利用,属于"生物防治",不属于生物源农药范畴,也不应称为"生物农药"。

从生物源化合物中寻找有效和高效生物活性物质并开发成为新农药,是一条重要路线。如已经发现的鱼藤酮、印楝素、井冈霉素、阿维菌素和近年发现的"多杀菌素 A/D"(spinnosyn A/D)被认为是生物源农药中一个新的突出实例,多杀菌素的分子结构与阿维菌素相似,均属于一种大环内酯。已发现多杀菌素有 10 个组分(A~J),组分 A 和 D 的效力最好,因此用"多杀菌素 A/D"表示。对十多种害虫的有效剂量仅为 25~100 克/公顷,对于小菜蛾甚至只需 15~50 克/公顷。属于超高效生物源杀虫剂。多杀菌素的一个重要特点是其选择毒性比(VSR 值,大鼠/烟蚜夜蛾)远高于其他常用农药,达 2627~3632,而阿维菌素只有 9.1~9.74。因此受到了特别重视。但是寻找和开发这样好的生物源农药必须有大量的投入,多杀菌素发现于 1982 年,直到 1999 年才在查明了化学结构、理化性质、药效范围的基础上开发成功为商品化农药问世。

可见任何生物源农药最终必须回归到其有效成分的化学问题上，才可能制定出产品规格和标准，成为商品农药。如果由于对"化学有害论"的流行性误解而回避对生物源农药的化学研究，就不可能取得成功。在农药登记注册时，对生物源农药的要求是与化学农药相同的，如井冈霉素等。由此可知，用井岗霉素防治稻瘟病并非生物防治，把它统计在生物防治的推广面积内是不恰当的。此外，还必须注意，生物体内所含的活性物质含量和组成无例外地都是不稳定的，因此，直接使用生物材料而不作化学的分析鉴定，不加以标准化，这样的生物源农药是不能作为商品农药的，更不能称之为"生物农药"。

上述 5 个方面之所以成为热点问题，重要原因是在概念上不统一。在基本概念统一的基础上，对这些问题就很容易取得共识。

农药的科学使用问题

但是化学农药问题也还有另外一个侧面，即农药使用过程中存在的一些技术性问题所出现的负面影响。主要有以下 5 方面。本文在分析问题原因的同时，提出了一些建议供参考。

（一）关于农药的喷洒方法

农药有多种使用方法，最普遍的是喷雾法。从发展史看，工业化国家在 20 世纪中期就已从大水量粗雾喷洒向细雾喷洒发展，先后发展出低容量、很低容量、超低容量喷雾法以及静电喷雾法等先进喷洒技术。施液量从每公顷 >600 升逐步降低到～100 升、～50 升乃至 <5 升，静电喷雾法甚至仅需<1.5 升药液。实现了历史性的重大技术革命。但我国现在仍普遍采用每公顷 >600 升的大水量粗雾喷洒法，这种喷雾方法的主要弊端是：①药液流失量极大，在手动喷洒状态下流失量一般在 70%～80%（即相当于农药的损失率），若喷洒很粗放，甚至超过 80%。不仅损失大量农药,浪费了水资源,并且造成药液对土壤、地表径流水和地下水的污染,并容易造成人员中毒。这是最大的弊端。②工效极低,若按喷雾器排液量为每分钟 250 毫升计,喷洒 40 升药液(每 667 平方米)需 160 分钟。③劳动量大,目前我国生产的手动背负式喷雾器药液装载量为 15 升,装机重量近 20 千克,一般弱劳力难以承受,尤其是妇女劳动力。

背负式机动喷雾机(如"泰山-18 型"等)虽然属于低容量细雾喷洒机具,功率强大,喷口风速高达 70 米/秒左右,水平喷洒距离可达 10 米以外。但是如此强大的工效在小面积分散的农田上却很难发挥作用:其一,药雾会被强大的气流吹送到田块以外进入周边环境,造成农药大量损失;其二,背负机必须采取"喷幅交叠喷洒法",才能获得比较均匀的药剂沉积分布,但这种方法在小块分散农田上根本无法施展;其三,喷出田外的药剂会对周边环境及其他作物造成不应有的污染。所以,虽然工效高,在我国当前农村情况下却属于一种环境不相容的喷洒法。在丘陵地区、水网地区、梯田地区更不宜采用,因为这些地区气流极不稳定,药雾极易被强气流裹胁逸出田块污染周边环境和水域,农药的有效利用率也很低。同理,以飘移喷雾为特征的手持超低容量喷雾法也是环境不相容性喷洒法,也不宜采用。

因此,我国应尽快推广采用低容量细雾喷洒技术,逐步淘汰大水量粗雾喷洒机具,而我国迫切需要发展的是小型高工效环境相容性细雾喷洒机具,以满足小规模农民的需求。这是我国当前十分迫切的问题和任务。如果"十五"期间还不能使状况开始有所改观,农村的农药使用技术水平就将继续严重滞后。

(二)喷雾作业的田间操作方法问题

我国各地常用的大水量粗雾喷洒法药液流失量已经很大。但在田间作业时,操作人员大多认为必须喷洒到作物上发生药液滴淌现象才表明已经把植株"喷透"。但是早已研究证明,由于植物株冠层上下叶片之间的"屏蔽效应",大水量粗雾喷洒根本不可能把植株整株喷透,技术高超的人每公顷喷洒高达 3 500 升药液的情况下也未能喷透。这是粗雾的药液雾滴行为特性所决定了的。从农药使用技术原理而论也根本没有必要把植株喷透,而是如何使药雾在作物株冠中形成均匀分布。只有采取风送式细雾喷洒技术才可能获得比较均匀的药雾分布。联合国粮农组织根据对亚太地区十多个发展中国家的农药使用状况调查所发现的问题指出,"所谓农药问题,实际上都属于农药使用技术问题"(FAO/AGSE,1998),并指出,必须对发展中国家农民进行农药使用技术和喷雾器械使用方法的培训,FAO 在 2001 年的施药器械操作规程中规定,即便是小型手动喷雾器械的使用也必须取得使用资格证书。在美国、英国、德国等工业化国家中的农民早已必须通过考试获得合格证书,才容许购买农药和使用喷雾器械。美国甚至明文规定:凡违反了农药管理法案规定的农药使用方法者,一次要处以高达 5 000 美元的罚款,若属于明知故犯者则罚款高达 25 000 美元,或监禁 1 年,情节严重者则罚款与监禁同时执行。在如此严厉的强制性管理下,农药使用中发生事故的风险自然就可大幅度避免。当然这些主要是供我们思考,对于我国农药使用中存在的种种问题,如何解决,还需要结合我国当前的实际情况进行研究探索。

(三)农药的混合使用问题

出于种种目的和考虑,我国各种农药商品混配制剂多达数千种。正确的混合和混配可能扩大和提高农药使用的效果和效率。但是只有在几种有害生物发生时期/施药适期和持效期能够很好地匹配的情况下,混用才是合理可行的。否则,必然至少会有一种混用药剂是混而无用,实际上造成无谓的浪费,增加了农民不必要的经济负担和对农田环境的额外压力。英国 1997 年的《农药展望》期刊中评论中国的农药混用问题时指出,"一次同时混用多种农药也是造成中国农药中毒事故较多的重要原因。"其实也是导致不应有的农药残留超标的重要原因。把毒性水平较高的两种有机磷农药或有机磷与氨基甲酸酯农药混配使用则风险更大。从毒理学上讲,这样的混配是否必要和合理也值得怀疑。有些菜农甚至把多达 4、5 种的各种农药混合使用,并称之为"四合一"、"五合一",这种做法显然是错误和危险的。

(四)农药的取用计量问题

大多数农民不使用农药计量器,取药时大多用药瓶的瓶盖作为计量器,农药污染和中毒风险极大。瓶盖并无计量功能,因此实际上取用的药量都偏高,农药的损失很大,由此而带来的环境污染和人员中毒问题也很大。国外农药公司在 1980 年已经推出一种内置计量器的液态农药包装瓶。使用者只需轻捏药瓶,药液即从内置的药液导管上升到内置计量器中,然后即可直接从计量器中倒出。既方便快捷又十分安全,药液完全不会同人体发生接触。我国应尽快引入这种包装技术。

(五)喷洒农药时的安全防护问题

由于所有制的缘故,属于全民所有制的工业生产系统的劳动保护服装和用品一直有专门的生产厂家和供应渠道。但属于集体所有制的农业生产领域却没有专门的劳保用具生产供应系统。这问题至今仍未得到解决。而农药使用特别需要专用的劳动防护用具。按照联合国粮农组织的要求和规定,喷洒农药必须穿戴防护服和佩戴防护工具如风镜、口罩或防毒面罩、手套、胶靴等。在工业化国家早已有专用的农药喷洒防护用品详细目录并列入国家标准。不穿戴防护用具者禁止参加田间农药使用作业。所以,缺乏必要的适用安全防护用具,也是我国高毒农药使用中毒事故发生频率比较高的重要原因。我国迫切需要有专门为农药使用者研究生产适用的劳动防护用品的企业。

结　语

　　总之,虽然有人主张停止使用化学农药,但是农药和化学防治法在有害生物防治中仍然是主力军。我们的任务是大力提倡科学使用农药,消除农药可能出现的负面影响,而不是回避使用化学农药。我国农药使用中存在的一些主要问题,其中有些属于需要取得共识的概念问题,只有在共识的基础上,才能全面地认识农药,也就能把农药使用好。而很多问题则属于农药实际使用中所存在的一些人为的技术性问题。由此可以看出,所谓化学农药问题,实际上是人的认识和实际操作如何规范化的问题,而并非化学农药本身固有的问题。

　　随着我国农业体制的发展进步、农业现代化的快速步伐和参加世贸组织以后国际先进农药科学技术的引进,我国的农药科学和使用技术水平必须与时俱进,迅速提高。

中国农药科学五十年*

庆祝黄瑞纶先生百年诞辰暨农药专业成立五十周年大会

屠豫钦　陈万义

农药科学在我国的发展已有半个多世纪,现在我国已是世界第二农药生产大国。从一个没有农药化学工业基础的贫穷落后的半封建半殖民地旧中国,在短短半个世纪后发展成为今天这样举世瞩目的农药生产大国,这一光辉历程既值得我们自豪,也值得我们作一番回顾,特别是对于老一辈科学家对我国农药事业所作出的卓越贡献表示我们的敬仰缅怀之情。

世界农药科学的形成和发展历史已近二百年,很多生产农药的著名大跨国公司都已有近百年的发展史。但是有许多农药是在农药生产厂建立之前,早在19世纪初期和中后期就已被发现并已在农业生产中使用且取得了实际效果,而后转入工业化生产,逐渐形成了农药产业,并已出现了"胃毒杀虫"、"接触杀虫"和"熏蒸杀虫"等毒理学概念。这就是说,化学农药是在病虫害防治的长期实践中伴随着化学和生物科学的发展成熟而产生的,最后才形成了农药科学,出现了农药工业。

---

* 《黄瑞纶先生百年诞辰暨农药专业成立50周年纪念大会纪念册》,2002年,北京

化学这门科学形成于 16 世纪。但直到清朝末年国人对化学的认识才刚起步，更无论"化学农药"的概念了。不过中国却是世界上第一个建立了"农药厂"的国家，因为古代生产的砒霜除了少量用于铸铜外，主要都是用于拌种防治地下病虫害、杀田鼠和水稻秧苗蘸根。"拌种"和"蘸秧"这两个现代植物化学保护术语也是我们的古人首先提出的。所以生产砒霜的作坊实际上早已是一个"农药厂"的雏形。然而我们却没有理由为此而骄傲，因为历经数百年，在化学早已发展成熟的国际大背景下，中国却始终没有人对砒霜这个妇孺皆知的毒物从化学和毒理学方面进行过研究，大量砒霜生产作坊始终未能发展成为真正意义上的农药工厂，在农业上的使用效果也从未有人想到要从生物学和毒理学的科学意义上加以阐明。由于自然科学研究在我国历史上从来未受重视，致使许多有价值的技术发现都与我们擦肩而过，未能进入科学的殿堂。

这种状况直到 20 世纪初中国摆脱了数千年封建闭关主义的桎梏才开始发生转变。

近代中国农药科学事业的兴起

我国对于近代化学农药的认识最早始于 20 世纪初期从国外引进的杀虫剂和杀菌剂。1912 年一些农林院校和农事试验场为了防治病虫害而购买了少量进口农药供试验之用。不久便开始有人进行石硫合剂、波尔多液的配制试验。由于效果很好、原料易得、配制方便，又可就地加工使用，在国内很快引起广泛兴趣，使很多人认识到了农药和化学防治法的威力，这对我国农药科学和农药工业的诞生产生了很大影响。开始有一些研究所、农事试验场和管理局陆续开展了杀虫杀菌药剂的研究和推广应用，其中如江苏省昆虫局、浙江省植物病虫防治所（即浙江省昆虫局）等我国最早的植物保护研究机构，开展比较早。不过这段时间主要还属于对化学农药作进一步认识和宣传的阶段，早期农药科学技术的重要发展是在 20 世纪 30～40 年代。

1930 年,吴福桢在浙江省病虫害防治所组建了我国第一个农药研究室和施药器械研究室,他认为病虫害研究、农药研究和施药器械研究三者必须结合起来才能取得病虫害防治的成功。作为一位极富实践精神的老一辈植物保护科学家和昆虫学家,他为化学农药在中国大地上生根发芽开辟了一片沃土,为化学农药的推广应用乃至工业化生产做好了强有力的舆论和实践准备,并联合和带动了许多人投身于这项事业,如龚坤元、程暄生、孙云沛、钱浩声等。20 世纪 30 年代已经有许多研究所、高等学校、农事试验场相继参加到农药科学试验、农药制备的研究工作中。如中央大学农学院、中山大学农学院、浙江大学农学院、广西农事试验场、四川省中心农场,乃至燕京大学生物系、清华大学农业研究所等都在进行农药应用和制备方面的研究,尽管研究规模很小而且主要研究的是无机化合物类和植物性杀虫剂。当时的中央农业实验所病虫害系获得了美国洛克菲勒基金会赠款,供专项用于发展中国的农业害虫防治和杀虫剂及施药机具的研究制造,也激励和促进了中国早期的农药和药械研究。

植保机械当时在中国还完全是一片空白。在吴福桢的倡导和鼓励下,钱浩声投身于喷雾器的研究,成为我国植保机械研究的创始人之一。1934 年中央农业实验所利用洛氏基金会赠款从国外引进多种型号的施药机械作为样本开始自行设计制造施药机具,接着其他一些研究所也相继开展了施药机械的研究制造,这对于我国农药的发展和推广应用无疑也起了巨大的推动作用。

在此期间,1933 年起黄瑞纶在浙江大学讲授农用药剂学,研究江浙一带的雷公藤,并首次发现雷公藤碱,在广西农事试验场对植物性农药特别是毒鱼藤、豆薯、百部等开展了大量开创性的研究工作。赵善欢在 1940 年对我国西南地区的杀虫植物资源进行了详细的调查研究并建立了杀虫植物园圃。他们是我国植物源农药研究的先驱者。

20 世纪 40 年代是我国早期农药发展比较快的一段时间,主要有两个原因:一是二战结束前后西方各工业国在战时研究开发出来的新农药和新技术迅速传入我国,尤其是有机氯和有机磷杀虫剂、二硫代氨基甲酸酯类杀菌剂的传入,对我国产生了很大影响,已经有人开始仿制,仿制成功的第一个有机合成新农药就是滴滴涕;二是抗战胜利后日本在我国东北和台湾省所遗留下的农药生产企业,经过我们的改造后也成为我国早期农药生产的一个重要组成部分,如砷酸铅、砷酸钙、鱼藤精、氧氯化铜、硫酸铜、除虫菊精、硫酸烟精等的工业化生产在 40 年代后期已经具有相当规模,但产量不大,这是因为频繁的战乱和中国农民的极端贫穷,还不可能大量采用化学防治技术。1946 年联合国善后救济总署的援助物资中用于病虫药械方面的有 86 万美元,购买了一批进口农药和药械。在这些主客观条件下,当时的农林部分别在上海和沈阳苏家屯建立了病虫药械制造实验厂(前者解放后改为上海农业药械厂,后分为上海农业药械厂、上海农药厂和上海农药研究所;后者改称苏家屯农药厂,即今沈阳农药厂)。

与此同时,农药毒理学的研究也已起步。赵善欢、尤子平、张宗炳、龚坤元、林传光、方中达等在杀虫剂和杀菌剂的作用机理和毒理学研究方面都做出了很大贡献。林传光在国外所做的以真菌生理生化研究为基础的铜素杀菌作用原理研究,在国际学术界有很大影响。赵善欢在美国所作的"惰性物质对害虫的毒理研究及应用"发表后也引起重视,有很多人跟踪研究,近年英国生产的所谓环保型粮食害虫杀虫剂 Super-Kill 就是应用了这项研究成果。回国后他在北京大学开设了"昆虫毒理学"课程。

中国现代农药科学的形成

我国农药科学的大发展是在新中国成立以后才得以实现的。

农药原药产量由 1950 年的不足 500 吨,迅速发展到 1960 年的 16 200吨,20 世纪 60 年代农药产量即已达到世界第三位,引人注目。重要的原因是,新中国成立后所面对的一些严重病虫害问题都是依靠农药而得以化险为夷,其中最突出的如飞蝗、小麦黑穗病、小麦吸浆虫、水稻螟虫、棉蚜、棉红铃虫等。这些问题的解决,不仅对粮棉生产发挥了决定性的保驾作用,保证了新中国建国初期的社会稳定,而且对维护新中国的国际形象至关重要。欧美、日本等发达国家多年来利用化学防治法所取得的成功经验对于我国政府的科学技术决策也起了重要促进作用。当时欧美、日本、苏联以及联合国的统计资料均表明,化学防治法的投入产出比一般为 1:10,有些还超过 10。农药和化学防治这种突出的技术经济效益无疑对政府的技术决策有很大影响。20 世纪 50 年代后期,在周恩来总理亲自主持下成立了由 5 个部的主管副部长所组成的"国务院农药领导小组",以进一步推动我国农药的迅速发展并统一协调农药生产、销售和推广应用过程中的各方面关系。"领导小组"在很长一段时期内对我国的农药研究开发和生产应用发挥了极其巨大的作用。

在此期间,对我国现代农药科学的形成产生巨大影响的事件主要有以下几方面。

1. 农药科技专业人才的培养体制

为了培养学有专长的农药科技工作者,1952 年北京农业大学成立了我国第一个农药专业,它是在国家对农药的研究生产给予高度重视的政治经济大背景下诞生的,黄瑞纶先生是农药专业的奠基人也是创办人。农药专业的成立,表明中国的现代农药科学研究开始形成完整的科学体系。在黄瑞纶 1956 年编写的我国第一本农药专著《杀虫药剂学》中,包含了农药的合成、生产流程、生产工艺、助剂和表面活性剂、剂型加工、使用方法、毒理和安全性等各方面,以及植物性杀虫剂的药物化学。书中还包括了硫和铜素杀菌剂的介绍。这本著作的意义在于,它首次为我国勾画出了农药科学的内涵和学科领域,为中国农药科学向现代化发展指明了方向。数十年来农药专业为我国现代农药科学的发展培养了约800名各有专长的研究、教学、生产和管理人才,他们工作在各条战线上,对推动我国现代农药科学的发展做出了重大贡献。

农林院校则参照前苏联的教学大纲开设了植物化学保护课程,除了各校参考苏联教学大纲自行编写的教材外,1959年由黄瑞纶、赵善欢、方中达合作编写了我国第一本《植物化学保护》通用教材。这门课的开设培养了植保和森保专业的学生掌握农药科学使用方法和研究解决农药推广应用过程中实际问题的能力。这无疑也是现代农药科学得以迅速发展的重要条件和农业生产的基础。

2. 农药研究机构的建立

新中国成立前夕,华北农业科学研究所的农化室已进行了农药合成研究工作,后改为中国农业科学院,其植保所在1957年成立了农药研究室。1958年沈阳化工研究院设立了农药研究室,并建立了化工部农药情报中心站。1962年著名化学家杨石先组织了一批化学家在南开大学创建了元素有机化学研究所。上海市农药研究所、江苏省农药研究所也相继成为我国重要的农药研究基地。许多省、市也先后成立了以农药合成、生产工艺研究为主的化学化工研究所(室)或农药研究所(室)。但由于我国当时尚未对外开放,这个时期主要是采取"拿来主义"或"技术跟进"的策略,首先是进行仿制以解决农业病虫害防治的需要,特别是暴发型病虫害的应急防治。在当时的国际环境气候下这是必须采取的策略。20世纪50年代至80年代,在国家科委和化工部的统一领导下,以沈阳化工研究院为首的许多农药研究所(室),在引进国外品种实现工业化生产,对我国农药品种的快速发展方面做出了很大贡献。至于植保机械则纳入了机械部的研究生产系统,建立了由周总理亲自命名的北京中国农业机械化科学研究院,在中国农业科学院也设立了农业机械化研究所(后划归农业部;近年又返回中国农业科学院),都分别相应地设立了植保机械研究室。以上海农业药械厂为主,朱济生和钱浩声等一批植保机械科学家,引进、研制了国际上的许多中小型施药机械。

3. 对现代农药科学发展影响巨大的几次重要会议

20世纪50年代到60年代中期,是我国科学技术全面大发展的重要时期。在胜利完成第一个"五年计划",国民经济已取得全面发展的基础上,1956年中央提出了宏伟的"12年科学技术发展远景规划"和"向科学进军"的号召。并且通过一系列政策调整和实际措施极大地调动了全国人民特别是知识分子的积极性,各行各业都掀起了建设和发展的热潮,农药科学和农药生产也是如此。通过这期间举行过的三次重要会议可以看出这一盛况。

1963年初,在国家科委和国务院农林办公室主持下由12个部门联合召开了"全国农业科学技术会议",这是新中国成立后规模最大级别最高的一次农业科学技术会议,与会者近2 000人。会议主题是审定十个专业(包括农业机械和内燃机)的十年科学技术规划草案,交换关于二十至二十五年农业技术改革总体规划的意见。充分表明了中央发展农业科技的远见和巨大决心。其中有一个"植保农药药械十年科学技术规划小组扩大会议",共有45人参加,黄瑞纶、杨石先、赵善欢、程暄生、龚坤元、王君奎、朱济生等农药和药械科学领域的学科带头人亲自与会。这次大会为代表们设立了一个特别的资料查阅室,提供了大量国际科学技术发展状况的内部参考资料,包括文字和影像资料。其中有一份是《日本战后12年的农业科学技术发展》,特别引人注目。在讲到日本战后的农药科学技术发展对农业生产的贡献时指出,由于引进有机磷杀虫剂防治了水稻螟虫,使日本由粮食不足的贫困状态一跃而成为水稻出口国,日本特地为对硫磷树立了一块纪念碑。对日本的农药研究生产和小型植保机械的研究制造发展状况,也都作了详细介绍。日本战后仅用了 12 年就由一个工业凋敝、农业生产瘫痪的战败国跃居为世界农业科学技术强国,对与会专家产生了巨大震撼。一方面极大地鼓舞了代表们发展我国农药科学技术的积极性,另一方面也使大家深感我们同发达国家的科学技术差距太大。所以这次会议可以说是中央安排的一次农业科技动员大会,对农药科学的快速发展产生了重大影响。

1963 年秋,中国植保学会在长沙召开了年会,也可以看作是植保科学技术发展的一个动员会,与会者 141 人。黄瑞纶、赵善欢、吴福桢、齐兆生、尤子平、方中达、张宗炳、王君奎、程暄生、钱浩声、朱济生等农林科教系统的农药和药械研发、推广应用方面工作者及有关的主要专家、教授都云集长沙。农药和药械科学技术问题是此会重要主题之一,会议期间还特别举办了规模很大的我国十年来生产的新农药和新植保器械两个展览会和演示场,说明会议组织者对农药和药械的高度重视。这次会议虽然是一次学术性会议,但是讨论的主题都紧密结合我国农药和植保机械的科学技术水平、生产水平和农药使用技术水平的提高等实际问题。为加速发展农药和农药应用科学营造了浓烈的学术氛围。

1965 年,化工部在杭州召开了规模很大的“全国农药科学技术工作会议”,这也是一次重要会议。与会者有 200 多人,黄瑞纶、杨石先等几十位著名农药科学家都亲自与会。围绕新农药研究生产、剂型加工、生产工艺等各方面的问题展开全面讨论。会议还特别设立了有关农药的植保应用问题包括安全使用问题方面的小组。这次会议为编拟全国农药科学技术研究任务绘制了蓝图。实际上是我国现代农药科学技术大发展的一次动员会和组织会。

农药毒理研究和毒性研究也迅速展开。在华南农学院建立了国家命名的“昆虫毒理研究室”。张宗炳编著了《昆虫毒理学》;尤子平编著了《昆虫生理生化及毒理》,并在南京农学院开设了“昆虫生理毒理学"课程,建立了"昆虫生理毒理实验室";中国科学院动物研究所设立了以龚坤元为首的"药剂毒理研究室"。此外,还有一些研究所也开展了毒理研究工作。但杀菌剂的毒理学研究则比较薄弱。国家科委又在农业部、化工部、商业部的统一管辖下设立了"全国新农药大田药效试验网",由中国农业科学院植保所主持。

除此以外,还有许多教学科研和植保部门的农药科学家都做了大量工作,做出了很大贡献。挂一漏万,在此不一一列举。

这样,到1966年,我国已经基本上完成了向现代农药科学过渡的历史重任,进入了现代农药科学发展的快车道。但是这段历史进程也经过了不少周折。

中国现代农药科学技术发展的进程

我国现代农药科学技术发展大致经历了3个阶段。

20世纪50年代初至60年代中期,是现代农药科学技术体系的创建时期,已如上文所述。但是在农药品种结构上出现了不合理的现象,即有机氯和有机磷两大类杀虫剂一边倒,特别是六六六的产量占全部农药产量的70%左右,最高年份甚至高达80%多。这在国际上是十分罕见的。原因很多,但过度使用单一农药,尤其是高残留有机氯农药,最终带来了严重问题。1971年6月国家曾组成农药小组开展农药调查,探讨取代高毒、高残留农药的可能性。1978年化工部在张家口召开了一个特别的"农药座谈会",中心是讨论六六六和滴滴涕的取代问题,因为我国农畜产品出口由于有机氯残留超标而被拒绝上岸,对国家造成了巨大经济损失。六六六的废除,是对我国农药工业牵一发而动全身的极为敏感的大问题,但取代已经是不可避免的现实。在此期间,江苏省农药研究所程暄生等研制成功的氯菊酯为我国引进国际上最新型的杀虫剂迈出了重要的一步。

20世纪60年代至80年代,可以看作农药科技发展的大调整时期。这有两方面含义。其一是农药科技本身的调整。石家庄会议是一个信号。大量引进国际上最新型的农药是我国所采取的主要应对措施之一,包括高效杀虫剂、杀菌剂和除草剂。到 80 年代末,我国已经引进了国际上几乎所有的新型高活性农药,对我国农药产品结构实现了重大调整。其二是对于来自环境保护和生物防治方面的挑战如何应对的问题。1983 年"国家科委生物防治科技座谈会"在常州召开,这是很特殊的一次会议,其主题是批评化学农药污染环境,强调生物防治,虽然是同正在酝酿中的取代有机氯有关,但是这次会议的基调是全面摒弃化学农药。此后这种舆论倾向日益明显,对于化学农药的安全性问题和环境污染问题似乎已不再是如何治理,而是化学农药的存亡问题了。这些问题对化学农药的进一步发展提出了严峻挑战。

在我国还发生了农药营销渠道改制的特殊问题。许多植保站纷纷提出了要求开放农药销售渠道,容许植保站"开方卖药"自主营销农药,有些省、市植保站已经自发地这样做了。这种情况打乱了原有的产供销渠道,发生了一系列问题。最严重的后果是为假冒伪劣农药大开了方便之门。生产厂同植保进货部门之间的经济纠纷问题日益突出,也对农药的正常生产发展产生了意外的冲击。为了探讨这些新问题,中国植物保护学会农药分会与中国农药工业协会在嘉兴联合召开了规模很大的座谈会,许多农药厂的营销人员也参加了,讨论十分激烈。会议综合与会代表的意见提出了很多积极的建议。

进入 20 世纪 90 年代以来,我国的农药科技跨上了一个新台阶,从以下各方面可以看出。

由国家投资建立了北方和南方两个新农药研究创制中心,大力推动新农药创制。据了解至今已经开发出约 10 个新农药并已获得临时登记。创制中心的建立,为我国现代农药科学技术的创新发展注入了新的活力。

在南通建立了由联合国计划开发署资助的农药剂型开发中心，在合肥建立了农药剂型工程研究中心。加上业已建立的农药安全评价中心、环境评价中心和新农药大田药效试验网，表明我国的农药研究、生产和使用已经形成了比较完整的科学体系。

对农药及其市场的管理也已提到法制的高度，20世纪70年代末成立的农业部农药检定所在这方面发挥了重要作用。1982年国务院下属六部门联合颁布《农药登记规定》之后15年，1997年国务院颁布《农药管理条例》。农业行政主管部门及其所属农业部农药检定所和28个省、直辖市、自治区先后建立的农药检定机构肩负着农药监督管理的重任。开展了农药登记、田间药效试验、产品质量检测、残留分析等工作。农药管理工作的加强，促进了农药工业进步及农药商品质量的提高。

十五大后国家实施了"抓大放小"的企业管理政策，鼓励企业实行强强联合。这项政策已经迫使一批实力薄弱的中小企业陆续淘汰出局，为大型农药企业的组建创造了条件。

中国加入世贸组织前后，已吸引了许多境外大农药公司到中国投资建厂，这将非常有利于快速引进国际先进的农药科学技术和管理技术，必将使中国的农药科技更快地发展。

我们还很高兴地看到，20世纪80年代以来中国科学院的一些研究所如大连化学物理研究所、有机化学研究所等近年来在农药化学、农药基础研究和合成工艺现代化方面已经做出了许多新贡献，还有很多高等院校如华东理工大学、华中师范大学等也相继成为我国现代农药科学技术大厦的重要支柱。

中国的农药科学任重道远

尽管我国的农药科学已经取得了巨大进步，但我们所面对的问题仍然很严重。时至今日已经可以看出，目前我国的农药正处于几个方面所造成的新的困境中。首先，主张生物防治或非化学防治者希望尽快让化学农药退出历史舞台；其次，伪劣农药泛滥成灾，严重损害了化学农药原有的良好形象，使国家和农民蒙受了不应有的损失，并且严重妨碍了农药科技的发展；第三方面，现代农药的高科技含量同大部分农民的科技文化水平之间的巨大落差，使农药不能得到科学合理的使用，由此而发生的农药污染问题、安全性问题，反过来又被反对化学农药的人们当作反对的理由。后两个方面的问题可以通过管理和技术的提高逐步解决，但关于生物防治与化学防治之争，问题就比较复杂。可从两个方面分析。

一是用生物农药取代化学农药的可能性问题。1992年的世界环境发展大会第21条决议提出，"要求在全球范围内控制化学农药的销售、使用，到2000年生物农药的产量将占60％。"然而，1998年世界农药销售额约为320亿美元，而生物农药仅为3.5亿美元，仅占1.1％。说明环发大会把主观愿望当作决议，是完全不切实际的。问题的实质是这种排斥一切化学物质的思潮，对人类科学技术的进步是一种哲学上的反动，对人类的进步和发展十分有害。环境保护本来是正确的主张，人类不应任意污染环境，对污染风险必须加以控制并对污染进行治理。但现在的环境保护主义者已经远远超越了这样的理念，已发展到反对一切人为制造的物质，甚至包括生物工程、基因工程。这种思潮的泛滥已经对公众的正常思维产生了严重的不利影响，使他们对真伪的判断能力受到严重干扰。

二是生物防治的有效性问题。任何一种生物防治方法都会有一定的效果，有些也可能很好，完全可以作为一种手段来使用甚至取代某些农药。问题在于，所谓的生物农药，是否能够完全取代化学农药？在这个问题面前，不可以仅从学术观点争论的角度作辩解，而必须从联合国和各国政府所公认的人类生存和发展的实际情况出发，做出明确的负责任的回答。同时也必须认识到，化学农药可能出现的不良副作用完全能够通过技术进步而得到很好的解决。

现在呼声很高的生物农药、中草药农药，基本上是源自同一种思维逻辑，即化学农药是有害的或弊多利少的，凡是天然的、非化学合成的农药都是无害的。这种认识同环境保护主义者的观点一样，他们反对使用化肥、化学农药乃至化学方法制造的一切物质。这种观点反映到同大众生活有关的日常食品上，就是完全禁止使用化学农药的 AA 级绿色食品被看作食物极品。由于人民大众对与农药科学有关的问题并不清楚，如果使用"天然的"、"绿色的"这样似是而非的形容词去给"农药"命名，极易发生误导，会给农药的科学发展和病虫害防治工作带来极为不利的影响。安全的农药应该理解为高效、低毒、残留不超标、与环境相容的化学农药与生物源农药。

化学农药仍将继续快速发展，并在发展过程中不断地克服前进道路上的障碍和问题。21 世纪是科技高速发展进步的新世纪，组合化学、生物工程、纳米技术、信息技术、现代有机化学和化工技术等都在飞速发展之中，而且都已开始在农药科学研究领域中应用。在如此飞速发展的现代科技世纪中，要预测任何一种科学技术的发展前景都是很困难的。但是化学农药必定会充分吸收利用迅猛发展中的各种科学新技术、新成就，不断完善自己，不断以新的面貌出现在世界上，不断地为人类的生存发展做出新贡献。在全体农药科学工作者的共同努力下，我国的农药科学也必将开创出灿烂的新天地。

参加世界贸易组织前夕的中国农药行业 *

　　我国即将进入世界贸易组织(WTO)。毫无疑问,加入世贸组织将对我国的经济、国际贸易带来巨大商机,并且必将大大促进我国科学技术水平、生产水平和服务业水平的提高和迅猛发展,当然对某些领域也可能带来很大冲击和风险。对于我国农药行业情况又会怎样,已成为业内人士关注的焦点。我国现有近 2 000 个农药生产厂家,虽已形成庞大的行业,然而还不具备足以抗衡国际农药大企业的能力。参加世贸组织后的中国农药行业究竟如何面对这种形势,本文拟就近半个世纪来国际经济贸易发展的背景,世界贸易组织的形成及其性质以及国内外农药行业的发展状况作一分析探讨。

世界贸易组织成立前后的国际经济贸易背景

　　进入 20 世纪 70 年代,国际上发达国家先后经历了所谓"后工业革命"而跨入了知识经济(或"信息经济")时代,使国际上服务贸易迅速发展,从而导致国际贸易格局发生了巨大变化并引发出一系列矛盾。不仅在科技发达国家与发展中国家之间而且在发达国家之间也存在严重矛盾。据统计,从 20 世纪 70 年代发展到 90 年代初,世界服务贸易的增长率达 12%,传统的货物贸易却只增加了 6%。成立于 1947 年的"世界关税与贸易总协定"(GATT,当

---

　　* 《世界农药》,2001 年,第 23 卷,第 6 期

时的中国政府也是发起国之一,1986 年我国政府已申办恢复了在 GATT 中的席位)最初完全是针对货物贸易而建立,对于服务贸易的国际规则从未作任何规定,因此没有能力处理和解决这些贸易矛盾。

所谓服务贸易,是由于知识经济的迅猛发展所催生出来的产物,特别是信息服务业和电讯服务业,它们直接涉及科技知识的国际传播并强烈反映在一个国家的生产技术水平和经济实力上从而影响到国际经济贸易。以知识产权形式表现出来的新科学技术不仅是一个国家科学水平和生产力水平的重要标识,而且本身就可以通过商品的形式直接换取巨大财富。美国一直是国际专利大国,2000 年世界知识产权组织(WIPO)的统计表明,美国已连续 10 年名列专利大国榜首,占国际专利总数的 42%,德国占 13.2%,日本占 10.3%,英国占 6.1%。这 4 国的专利数量已占世界专利总量的 71.6%。其他国家如果采取不正当或不公平的方式和手段获取了发达国家的专利技术,利用廉价劳动力把它变成廉价的或假冒伪劣商品,或经过后续开发而成为竞争力更强的商品再打回国际市场,就会打乱国际贸易的健康平衡发展,特别将使科技发达国家的经济和贸易蒙受损失。所以克林顿有一句名言:"贸易是国家安全的首要因素。"而在知识经济时代,保护知识产权正是保护国家经济贸易利益的重要手段。在他访问中国与江泽民主席的会谈中还特别包括了农药的知识产权问题,可见这问题在双方贸易关系中的敏感性和重要性。我国的农药至今绝大部分仍不属于自主知识产权,主要是通过仿制,所以理所当然地会引起技术主产权国家的关注。

关于知识产权问题,早在 1883 年(清光绪九年)就已经有 11 个国家签订了《巴黎公约》以保护他们的工业产权,实际上已经包含了现在专利法中专利权的各方面。经过一百年发展到 92 个同盟国,我国于 1984 年参加了该公约。1967 年,有 51 个国家签订了《世界知识产权组织公约》,1970 年生效并同时在日内瓦成立了"世界知识产权组织"(WIPO),1974 年成为联合国的一个下属机构,我国也已于 1980 年成为正式成员国。

但所有这些公约和组织只是对知识产权的认定和申报程序做出了规定,并未建立能够处理产权争端的争端处理和解决机制,发达国家不可能依靠它去保护他们的技术和国际经济贸易利益。但在 GATT 的框架内科技发达国家则可以采取经济制裁的手段对他国施压,以赢得贸易战的胜利。这是为什么美国等发达国家坚持要求对 GATT 进行修订,在 GATT 的框架中特别补充列入保护知识产权协定的主要原因。但在关贸总协定中发展中国家占大多数,与贸易挂钩的保护知识产权协定显然对发展中国家不利。因此在 GATT 的"乌拉圭回合"谈判中,有关服务贸易的谈判斗争十分激烈而且旷日持久,从 1986 年 9 月开始,直到 1994 年才正式形成《与贸易有关的知识产权协定》,1995 年生效,我国也签了字。协定中对最不发达国家给予了特殊的照顾和优惠,允许这些国家可以采取更为灵活的办法对知识产权提供保护。这样的结果,不仅保护了发达国家的贸易利益也维护了发展中国家的利益,同时也有效地打击了包括冒牌商品、对人类和环境有害的商品在内的国际非法贸易活动,对于促进国际贸易的健康发展带来极大好处,这对双方都是有益的,因此被称为是一个"双赢"的谈判结果。

由于乌拉圭回合谈判所涉及的多边贸易内容涉及大量非货物贸易的新议题,已非 GATT 所能处理的单纯货物贸易问题,因此另行定名为"世界贸易组织"(WTO),于 1995 年 1 月 1 日正式成立。它所包罗的范围之广、职能之全和权威性之高史无前例,因此 WTO 实际上也被看作"经济联合国",被公认为国际贸易史上的一项历史性重大成果。其结果是实现全球经济一体化和国际自由贸易。有 152 个国家和单独关税地区可以成为 WTO 成员,但除 76 国在第一天即成为成员国外,有些国家处于等待政府批准阶段,有些国家及单独关税区则正处于就"入世"条件进行谈判之中。

　　须明确的是,加入世贸组织是一种国与国之间的政府行为而并非企业行为。一个国家的某种企业只有当它在贸易谈判中举足轻重的情况下才可能成为双边或多边谈判的一种筹码。如果企业的科技实力比较弱,但却对这个国家的经济有重大影响,才有可能在 WTO 的框架内受到一定的保护,以防止对该国的国民经济发生破坏性影响,这是 WTO 在保护发展中国家利益方面的一条原则。我国在 1992 年就已取消了进口替代政策和采取进口替代措施限制进口的办法,不再以国内已能生产相同产品为理由不准同类产品进口。这一点对于我国农药在国际贸易谈判中的冲击将会随着"入世"的日益迫近而越来越大。所以,考量中国农药企业在"入世"后的处境时,对国际和中国农药企业自身的状况应有一个基本分析。

世界农药业与中国农药业的过去和现在

(一)世界农药科学技术和农药企业的发展历程概要

　　农药在世界上已经有大约 150 年的漫长发展历史,近代农药主要是在以电和化学的发展为特征的第二次技术革命时期(即 19 世纪 80 年代至 20 世纪 30 年代)发展起来的。在这段时期,化学领域内有机合成化学中的经典有机合成化学反应(均以反应的发明者命名,统称"人名反应")已被研究清楚,至今一直是各种有机合成包括农药合成在内的经典合成方法,这为 20 世纪 40 年代以后有机合成农药新时代的到来和迅猛发展奠定了重要基础。其实 Faraday 于 1825 年早已合成了六六六,Zeidler 在 1874 年已合成了 DDT。有机磷酸酯类化合物也早在 1874 年和 1904 年就已分别由德国米哈爱立斯和俄国阿尔布蜀夫合成,"阿尔布蜀夫反应"后来一直在有机磷杀虫剂合成中被广泛采用。19 世纪末美国已经成为国际上的农药研究和生产大国并已大量出口以无机农药为主的农药商品。在生物科学方面,作为触杀性杀虫剂毒理学基础的昆虫生理学早在 1888～1907 年就已进行了大量昆虫神经系统和神经元方面的详细研究。杀菌剂的毒理学研究则在 1882 年已由 Millardet 等植物病理学家率先开始。作为农药使用基本手段的农药喷雾器械行业也早在 19 世纪 80 年代即已诞生,如瑞士 Birchmeir 公司始建于 1876 年,1889 年已生产出第一台喷雾器(相当于我国现在仍在广泛使用的背负式手动喷雾器)。美国 Hudson 公司建于 1905 年,至今一直生产各种类型小型农药施药器械,也是一家大的跨国公司。1920 年飞机也已开始用于农药喷洒。

这些史实说明,到"二战"前后,农药作为一门科学及生产和应用技术已经形成了完整的科学体系、化学工业体系、农药毒理学体系、农用喷雾器械行业体系和使用技术体系。

另外,从国际农药企业的发展历程看,现在控制着国际农药市场的主要农药跨国公司大部分都已有一百多年的创业史。如日本的三井、三菱公司更是早在 17 世纪就已成立了商行,到 19 世纪中叶明治维新时期已经发展成为实力雄厚的康采恩。英国的前帝国化学公司(ICI)也是由分别建立于 1870～1890 年的三家化学公司和 1919 年的一家染料公司在 1925 年联合而成。其他各大公司也几乎都有类似的长远创业发展史,为后来农药的研究发展打下了坚实基础。

我国的农药科学技术从 20 世纪 40 年代才起步,而真正的发展是从 50 年代才开始,所以与国际农药科技发展相比差距很大。但是如果从现代农药(相对于以无机农药为主的近代农药而言,有人称之为"第二代农药")的发展来看,世界农药是从"二战"结束后开始进入有机合成农药新时代的,就此而论应该说各国都是在同一条起跑线上,虽然国际大农药公司在各方面都已有了雄厚基础。

然而日本的情况却值得我们引作平行借鉴。1945 年日本战败,国民经济已几乎完全陷于瘫痪,工业经济比战前下降了 90%

左右,农业经济下降了50%左右。当时日本政府的决策者看准了国际市场上对重工业产品和化学工业产品急剧增长的需求,成功地实施了产业结构和出口商品结构的重工业化和化学工业化,并充分利用了战后的有利国际形势和发展机会,从国外大批引进国际先进技术以促进国内的技术改造和产业结构优化,从而带动了国民经济的快速发展。1955~1970年,日本引进技术所支付的外汇大约为60亿美元,但若要自主发明这些技术则须花费1 800~2 000亿美元。所以日本早期成功地采用了"跟踪策略",用很小的支出在短短十几年内吸收引进了全世界用半个世纪所研究开发成功的几乎全部先进技术,在化学工业中农药也得到了同步快速发展。1950年前后住友公司就在大阪工厂开始了新农药的研究开发并首先合成了丙烯菊酯。1961~1972年仅11年时间,日本即已创制成功45种震撼国际农药市场的新型农药,如杀螟松、速灭杀丁、胺菊酯、速克灵等,参加创制的公司有15家之多,各有贡献。1972年住友公司又在宝冢市建立了占地4公顷的独立研究所,和一个占地10公顷的药效试验农场。迄今该公司已先后研究开发出20多个新农药品种。日本能以经济凋敝的战败之国,从1951年到1972年也只用了20年时间便成为重要的农药创制国和出口国,其中的原因和经验很值得我们认真分析思考和借鉴。

(二)中国的农药业

我国历史上开始涉足近代农药是在1922年,进口了美国的砷酸铅、砷酸钙和巴黎绿等并于1926~1931年开始试制砷酸铅、波尔多液、石硫合剂,1931年试制了第一台压缩式手动喷雾器。直到1941~1943年才出现几家病虫药械制造实验厂,生产少量无机杀虫杀菌剂和除虫菊加工等。1945/46年仿制DDT成功。到1950年全国农药产量也只有500吨左右。

我国的农药业是解放后在政府的鼓励和大力支持下才较快发展起来,而且直接进入了有机合成农药的新时代。正式大批量投产的有 DDT(1951)、六六六(1952),接着在 10 年之内又有溴甲烷、对硫磷、敌百虫、内吸磷、2,4-D 及其丁酯、五氯酚钠等多种产品相继投产,发展速度极快但均属于仿制。1960 年农药产量已猛增至 16 200 吨,初步形成了我国的农药生产工业,农药产量也跃居世界第三位。进入 20 世纪 90 年代,农药生产能力已达 50 万吨,年产量达 26 万吨左右,居世界第二位,成为世界农药生产大国,并已成为农药出口国,出口量约占农药总产量的 1/4。

但若从另外一个角度来观察,我国农药行业在国际上的竞争力是很弱的,原因有几方面。

1. 农药研究目前基本上还未摆脱跟踪仿制的模式

除了少数几种农药之外,我国绝大多数农药至今仍是仿制的。在 20 世纪 70 年代以前的特定国际环境下,采取跟踪仿制的手段是必要的。但自从国际关系开始解冻以后,燃料化学工业部在《1973~1980 年农药科学技术纲要》中明确提出了"奋发图强,自力更生,仿创结合,加强理论研究"的农药研究开发方针,之后已先后建立了南北两个新农药创制中心,许多农药研究单位也积极投入了新农药创制研究工作。然而自 50 年代以来近 50 年过去了,进展很小,如果同日本 1951~1972 年在创制新农药方面所取得的快速发展相比,差距是很大的。其他学科方面的情况也相似,从 1956 年开始,在国家计划指导下中国科学进入现代发展时期,并取得了许多重大成就,其中有些领域已接近或达到国际先进水平。"但是在总体上仍处于跟踪或模仿阶段,无一学科能领先世界潮流"(李喜先,《迈向 21 世纪的科学技术》,1997)。

如果从科学技术的水平来分析,20 世纪 50 年代我国在化学学科领域和化学工业水平以及生物科学水平方面未必不如日本,国际上出现的任何新农药我们很快就仿制成功并迅速投入生产,足以说明我国农药产业在科学技术跟踪仿制方面很成功。日本在战后重整国民经济的初期也采取了科学技术上的跟踪策略,但很快便能转入自主创新。为什么中国未能很快由"仿"入"创",这个问题值得深思。

2. 农药厂过多,重复建设,重复生产

(1)农药厂太多太小　我国已登记注册的大小农药厂家,1972年时已有200多个,生产农药80种,生产能力为40万吨。之后小农药厂很快发展,但经化工部的整顿,1983年已由456家调整到260家,生产农药100多种,生产能力达50万吨。但是到1991年厂家又猛增到500家,生产农药13.44万吨。市场开放以后农药厂越来越多,1993年达895家,1997年1 300家,1998年1 537家,1999年达1 713家,2000年据估计已达2 000多家。然而1991至2000年农药产量从25.3万吨增加到30万吨,即年产量仅增加了18.5%,而农药厂数量却猛增3倍。就按2000年一年计算,1 500家新生的农药厂平均每厂只分担了31吨农药的产量。如此分散的小"农药厂"群,加之"厂自为战",根本不可能形成中国的农药行业优势。表1分列了各地农药厂的数量和分布情况。1 713家农药厂中只生产1~2个产品的共843家,其中只生产单一品种的有569家,生产2个品种的有274家,见表2。

表1　我国各地农药厂数量及各省分布情况　(1998、1999)

省(市)	农药厂数量		省(市)	农药厂数量		省(市)	农药厂数量	
	1998	1999		1998	1999		1998	1999
江苏省	192	221	北京市	49	51	甘肃省	10	11
山东省	160	189	广　西	49	57	贵州省	10	18
河北省	129	132	山西省	49	53	云南省	9	12
河南省	125	140	湖北省	48	35	海南省	8	7
广东省	104	116	陕西省	44	56	内蒙古	8	7
浙江省	82	91	江西省	40	47	宁　夏	4	3
四川省	65	70	福建省	36	44	台湾省	4	4

省(市)	农药厂数量		省(市)	农药厂数量		省(市)	农药厂数量	
	1998	1999		1998	1999		1998	1999
湖南省	56	56	黑龙江	34	41	香港	3	2
安徽省	51	64	上海市	26	37	新疆	3	6
辽宁省	50	45	吉林省	22	24	青海省	1	1
天津市	49	53	重庆市	17	23	共计	1537	1713

表2　只生产1~2个品种的农药厂分布情况　(1998、1999)

省(市)	农药厂数量				省(市)	农药厂数量				省(市)	农药厂数量			
	1998		1999			1998		1999			1998		1999	
	1种	2种	1种	2种		1种	2种	1种	2种		1种	2种	1种	2种
山东省	55	18	72	19	广西	20	12	21	11	江西省	8	8	9	8
广东省	52	21	48	25	山西省	21	9	24	10	上海市	7	6	12	9
河北省	50	22	41	21	福建省	19	4	20	7	甘肃省	6	1	7	1
江苏省	44	23	54	28	天津市	18	10	16	9	海南省	4	2	3	0
河南省	39	18	31	16	安徽省	17	6	20	10	云南省	5	1	5	2
北京市	30	7	29	7	黑龙江省	16	3	17	7	贵州省	5	10	1	1
陕西省	27	10	19	12	湖南省	16	12	10	11	新疆	3	5	0	1
浙江省	24	11	19	10	湖北省	12	7	12	8	内蒙古				
四川省	23	13	25	18	吉林省	11	2	10	4	宁夏	1	0	2	1
辽宁省	22	10	18	10	重庆市	9	3	12	1	青海	1	1	1	1
总计	566	234	569	274										

注:表中的数字是只生产1个或2个品种的厂家数

在生产2个品种的厂家中还有相当一部分是同一种有效成分的两种不同规格的制剂或两种剂型。此外还有许多生产3种产品的厂家实际上多数也是用同一种有效成分配制成不同剂型,本文未作进一步详细调查统计。

可见,在1 713家农药厂中有49.21%的厂家只生产一种或两种农药,而且规模都很小。这样的过于分散的企业群体,在国际市场上很难具备竞争力。

(2)重复生产现象比较严重 我国有许多农药过多地重复生产:其一是同一种有效成分的重复生产,有12个农药品种在40家以上的农药厂重复生产,有些品种的重复生产厂家达103家,如多菌灵和甲胺磷。其次是同一种农药不同制剂和不同规格的商品重复生产,如多菌灵,杀虫单,百菌清烟剂等。表3列举一些主要农药的重复生产状况。此外还有许多农药的制剂彼此的有效成分含量差别极小,如阿维菌素有0.9%、1%和1.8%、2%等近似规格,氧乐·酮乳油有20%、25%、28%、30%等规格,甲对·高乐乳油有19%、20%、21%等规格的产品,类似的情况很多。从农药使用的角度看,若没有特定的必要用途,生产太多的含量差别很小的制剂是没有实际意义的,只会给用户带来许多不便,而且选购农药时容易造成混乱,配制药液时容易发生差错。

表3　我国部分农药重复生产的情况　　(1998)

农药名称	剂型和规格	剂型生产厂家数	按有效成分计的 生产厂家总数
多菌灵	80%可湿性粉剂	1	103
	50%可湿性粉剂	35	
	40%可湿性粉剂	6	
	25%可湿性粉剂	38	
	40%浓悬浮剂	11	
	60%盐酸盐可湿性粉剂	4	
	多菌灵原药	8	

续表 3

农药名称	剂型和规格	剂型生产厂家数	按有效成分计的生产厂家总数
敌敌畏	80%敌敌畏乳油	65	89
	50%敌敌畏乳油	24	
甲胺磷	50%甲胺磷乳油	79	103
	甲胺磷原药	24	
甲基对硫磷	50%甲基对硫磷乳油	66	88
	甲基对硫磷原药	22	
杀虫双/单	18%杀虫双水剂	46	97
	20%杀虫双水剂	1	
	杀虫单原药	24	
	3%杀虫双颗粒剂	7	
	3.6%杀虫双大粒剂	14	
	3.6%杀虫单颗粒剂	1	
	36%杀虫单可溶性粉剂	1	
	50%杀虫单可溶性粉剂	2	
	80%杀虫单可溶性粉剂	1	
氯氰菊酯	10%氯氰菊酯乳油	21	54
	5%氯氰菊酯乳油	22	
	氯氰菊酯原药	11	
氧化乐果	40%氧化乐果乳油	44	53
	氧化乐果原药	9	
氰戊菊酯	20%氰戊菊酯乳油	45	57
	氰戊菊酯原药	12	

农药名称	剂型和规格	剂型生产厂家数	按有效成分计的生产厂家总数
百菌清	2.5%百菌清烟剂	1	36
	10%百菌清烟剂	12	
	20%百菌清烟剂	7	
	28%百菌清烟剂	2	
	30%百菌清烟剂	8	
	45%百菌清烟剂	3	
	百菌清原药	3	

有人把中国企业多而散，各自为政，不能形成团队的现象形容为"武大郎开店"（陈惠湘，《中国企业批判》，1998）。据统计我国有大小企业近千万家之多，除少数已进入世界500强之列，没有一家可以同国际上跨国公司抗衡。农药企业方面全部农药厂家加在一起恐怕还不足以与某一家跨国公司抗衡。

(3)研究开发投入太少，资金和技术力量分散，未能形成技术团队

我国还是一个发展中国家，基础建设需要投入大量资金，在研究开发方面的投资目前还比较少。1997年度我国研究开发费用(R&D)总额相当于34.25亿美元，在46个对比国中排在第17位；在GDP中的比重为0.49%，排在第33位。均远低于7个工业大国。在GDP中的比重甚至低于韩国在70年代的水平(0.3%～0.75%，80年代已提高到1%)。至于一般跨国公司的研究开发投资则更高，仅公司农药部分的R&D投入就高达6.7%～11.9%。

我国科技成果转化率仅10%左右，专利技术实施率低于10%。这种情况一方面固然由于技术市场还不够成熟，缺乏运转

经验和良好的运作机制,但开发资金投入太少是重要原因之一。然而这里也有一个如何看待资金投入的问题。有相当多的企业家仅仅把科学和专利技术当作简单商品看待,并不是看作活的有生命力的可再生的知识资源,科学和专利技术实际上是向企业家提供了某种科学思维和科学技术的设计思想,在此基础上是可以不断地持续创新开发出更多更新的产品,甚至可能带来一次技术革命。接受技术专利转让若仅仅被当作是买来一种简单"商品",长此下去"就根本不能改变中国科学的模仿形态,从而也就不能改变中国技术的跟踪形态"(李喜先,同前)。如果企业家们能够这样来认知科学和专利技术,就必然会下决心加大技术投资力度。美国政府一份报告分析指出,美国企业之所以具有强大的竞争力,重要的一点就是企业家们敢于作风险投资,美国的风险资本公司在1982年就已多达130家,拥有26亿美元的风险资金,在当时世界各国中是最高的。1980年以后日本也迅速跟进。但重要的是企业家是否敢于使用这种风险资金。因为所有的科学技术在转变成实际生产力,产品进入市场成长期/成熟期之前的资金投入都属于风险投资,而是否敢于承担"风险",关键在于企业家本身对于新科学技术的意义和设计思路是否有比较深透的认知。

据统计,现在研发一种新农药平均约需耗资1.25亿美元,历时8～9年甚至更长时间才能进入市场成熟期。仅靠国家科研经费的支撑不可能解决研究开发新农药的需要。而且我国研究机构分散,各自为战,国家有限的资金分散使用,又不能形成目标明确配合严密的研究团队,在"单位所有制"的科技体制下实际上也无法形成强有力的人才和资金的集中管理,研究部门与生产厂家之间也没有形成长久而配合默契的牢固关系。由此看来,我国的农药创制之所以步履维艰,核心问题恐怕在于是否能够获得足够的风险投资和人才如何组成强大团队的问题。

3. 农药管理力度不够强,农药市场比较混乱

这集中表现在伪劣农药问题上,其中一部分是假冒农药,一部分是产品质量差的农药。尽管中国已经出台了相应的法规,但至今未能根绝,原因当然很多。这种状况非但不利于进入国际市场,也会严重打乱国内市场。从这个意义上说,并非 WTO 威胁中国的农药市场,而是我国农药行业自乱阵脚,"入世"后必然难以抵御国外农药的冲击。

这些年来混配农药的快速增长也是值得严重关注的问题。1992 年登记的混配农药品种只有 93 种,1995 年增加到 381 种,1997 年达到 904 种,而 1998 年多达 1 146 种,占 1 679 种登记农药的 68.25%。混合使用本来也是农药科学使用的一种方法,但是这里面包含着许多比较复杂的理论和技术问题、复配剂各组分与防治对象的有效期匹配问题、毒性和毒理学方面的问题以及混配制剂的技术经济价值问题等,比单剂农药要复杂得多,并非一个简单的药效对比和一项共毒系数所能概括得了的。限于篇幅本文不能展开讨论。这些年来混配制剂迅猛增长的主要原因之一恐怕是农药厂家误把"混配"当作农药增值的一种手段,而且在混配农药的商品命名上和广告用词上采用了极易对农民发生误导的名称和文字。许多农药只是在某些特定的条件下可以混合使用,没有必要加工成定型的制剂,否则就会造成其中某一组分的浪费,不仅增加了农民的经济负担,而且徒然加重了多组分农药对环境的压力。

中国农药行业如何应对入世后将面临的挑战

综上所述,我国农药行业的现状在 WTO 的全球一体化经济框架内的生存空间看来不是很宽松的。不过对于发展中国家来说,"入世"后还有大约 5 年的过渡时期,我们必须充分利用好这段宝贵时间做好调整提高和发展的准备工作,才能迎接入世后将面临的严峻挑战。

(一)进行企业整合

对我国农药行业来说这是一个根本性问题。在十五大报告中已经指出,我国经济改革应探索新的模式,其中,国家鼓励企业兼并、联合、实行强强重组、建立大企业集团,是很重要的一条。有人批评说:"中国现在的企业家有一种划地为牢的意识,实际上是封建割据的传统意识,也与过去提倡'小而全'的办企业方式有关,每个省、市都希望有自己的一整套企业。以至于中国现在有几百家啤酒厂,上千家白酒厂,上百家香烟厂,上千家化工厂(现在仅农药厂就已有近2 000家了——笔者注),再加上'地方保护主义',想生存比较容易,但是想发展不可能"(陈惠湘,同前)。但"入世"以后生存是否仍然容易,就难说了。这种情况多少有点类似于我国的汽车行业,"是我国的高关税保护使一些在公平竞争中根本无法生存的汽车企业得以苟活。"因此有关专家提出,中国汽车业的振兴之路是要实行兼并与联合。农药行业何尝不是如此。

看来,实行规模化大生产同样是农药行业的一条必由之路。但是,兼并与联合,实行企业整合,只能是企业本身的行为,不可能指望国家采取政府行为,十五大明确提出了"抓大放小"的经济体制改革策略,近千万家中小企业只能依靠市场规律使用经济杠杆通过市场淘汰去扩大企业规模,或者采取比较"文明"的方式互相融合。我们只能把希望寄托在一批具有高瞻远瞩胆略的企业家身上。这是一项十分艰巨而光荣的历史任务,只有这样中国的农药行业才有可能跻身于世界大农药行业之中。

(二)加强新农药创制的整体观念,大力培植一支新农药创制团队

我国花了近50年的时间才开始踏上创制新农药的道路,除了前文所评析的一些原因外,对农药科学缺乏整体观念也是很重要的问题。多年来我国农药行业中把新农药研制局限在化学化工技术方面,忽略了毒理学及其他相关学科在新农药创制中的重要性。

1974年燃料化学工业部在《我国农药工业概况报告》中就已指出,"我国已有农药科研机构20多个,专业研究人员千余人,但这些科研机构设置不合理,从事合成的人占80％以上,有些单位甚至只搞合成,其他工作跟不上"(赵锦英,1974)。美国 Zoecon 公司研究部的一份报告中也说,"若无各学科,包括化学家,生物学家,生物化学家,药物学家,毒理学家及其他专家进行多学科的共同奋斗,农药研究领域不可能取得成果。只有各学科很好地配合,协同工作,研究成功的机会才会增加"(Menn,1980)。日本研究开发的新型农药中,大部分都与毒理研究工作有密切关系。例如杀虫剂优乐得(buprofezin)是在发现杀菌剂富士一号对稻飞虱有抑制生育作用而开发出来的。在从放线菌发酵液中筛选杀菌剂时发现有药害,得到启发从而开发出除草剂双丙氨膦(bialaphos)。江藤通过对私造酒中的神经麻痹物质 TOCP 的研究得到启发而开发出有机磷杀虫剂水杨柳磷,等等。

在各大农药跨国公司中的研究开发部(R&D),集中了上述各方面的专家人才,在 R&D 的统一计划部署下紧密配合,才得以形成强有力的科研团队,较快地取得成果。这些成果又经过公司本部的药效试验场取得肯定结果之后,便迅速通过公司分布在世界各地的药效试验基地试验后登记注册和推广应用示范,因而能很快进入世界市场。

这样的团队化整体机制,看来只有在一个实力雄厚的大型企业中才可能实现。在我国现在这种开放搞活的大环境下,想通过跨单位跨部门"大力协同"的老办法,过去成效不大,今后恐怕更难奏效了。究竟如何突破旧框框开创新局面,还需要各方面来研究探讨。

(三)狠抓产品质量监管,保护和强化已有的市场

这也是十分重要的问题。我国已经掌握了大多数超过专利期农药的生产技术,而且已经有多种产品质量很好并已出口创汇。

随着一批农药将陆续超过专利期,今后还可能生产更多种此类农药。过专利期农药在当前国际农药市场上已有约 175 亿美元的市场份额,据估计 2005 年可能达 270 亿美元。所以我国仍可能争取占有一定的市场份额。目前印度已成为最大的过专利期农药生产出口国,出口的过专利期农药已有 34 种,而且已有几家公司在印度境外开设了事务所以加快出口速度(周卫平,2000),是我国农药出口业的一大竞争对手,因此我国农药行业必须面对这一现实。除了品种和产量外,产品质量也是市场竞争的重要条件之一。产品质量问题在国际市场上面临的挑战是十分严峻的,不合格的商品极易被挤出国际市场。但是在国内市场上则往往被轻视,因为我国的农村市场还不成熟,农民还缺乏自我保护意识和能力,特别是农药商品方面更容易受到欺蒙。这不仅是农民继续遭受损失的问题,而是我国的农药市场会继续受到破坏,我国农药行业的形象也会受到严重打击,对于我国农药行业面对"入世"的挑战极为不利。

现在我国参加世界贸易组织已经是指日可待。中国是世界上第二农药生产大国,当前只要下大力首先狠抓产品质量,彻底杜绝假冒伪劣农药流入市场,确保产品质量能同国际标准接轨,我国农药行业在国际农药市场中还是能有所作为的,对于进口农药的冲击波也会有较强的抵御能力,至少国内市场这一块是完全可以保持住的。但是如果不能确保产品质量,就不能不令人产生危机感了。这两种前景完全取决于中国农药行业本身。

西部大开发对中国农药与化学防治的期望[*]

中国的农业病虫草害化学防治面积每年已达 40 多亿亩/次。在西部大开发的新形势下,随着西部地区农业经济水平的迅速提高,全国化学防治面积还将进一步扩大,对农药的需求量也必将显著增加。西部 10 个省(自治区)的农药使用量(含山西省,不包括西藏自治区,按有效成分计,下同)为 30 854.7 吨,占全国用药量的 14%;但其播种面积却占全国的 29%,平均每公顷(均按播种面积计)用药量为 570.5 克。低于全国平均水平1 500克/公顷,只及 8 个经济发达省区平均用药量 3 098 克/公顷的 18.1%。西部 10 个省区之间用药量水平差异也极大:广西 1 431 克(略去小数及公顷面积单位,下同),云南 988 克,四川 792 克,陕西 591 克,宁夏 554 克,青海 532 克,新疆 475 克,山西 401 克,甘肃 268 克,贵州 245 克。这里不妨把日本等国家的情况作一参比:日本的平均用药量水平高达 11 640 克/公顷(8 400~14 000 克/公顷,根据不同资料来源),意大利和以色列的情况也大体相似。美国的较低,为 3 750 克/公顷,主要因为美国水稻种植面积很小,但也比我国的 1 500克/公顷高一倍多。这些虽然是 1992 年的统计数字,但这种状况至今还没有发生根本性的改变。

西部地区的病虫草害对当地的农业生产所造成的损失可能比其他地区更为严重。特别是有许多病虫害更容易成灾,如新疆的

---

* 《植物农药与药剂毒理学研究进展》,2002

可利用草地面积约 0.48 亿公顷,仅草地害虫在新疆就多达 600
种,除蝗虫危害严重外,其他害虫每年发生面积达 200 万公顷(魏
鸿钧,2000)。新疆的棉花面积约 70 万公顷,已成为我国棉花主
产区,棉蚜和棉铃虫等害虫连年造成很大损失(李国英等,1996)。
甘肃、青海、西藏、宁夏等地的地下害虫问题十分突出,甘肃省地下
害虫就有 360 多种,西藏的地下害虫占各种害虫数量的 50% 以上
(魏鸿钧等,2000),由此可以想见,我国的西部大开发必然会带动
西部地区农药需求量的大幅度上升,即便按达到全国平均水平
1 500 克/公顷来估测,其所需农药量也将接近于增加 1 倍左右。

入世后中国农业的高速发展更需要农药

联合国粮农组织(FAO)的历年统计资料表明,过去 100 多年
中,农药和化学防治法为世界农业生产做出了重大贡献,这已是公
认的史实。甚至连 DDT 也挽救了数以千万计疟疾患者的生命,
以至于 DDT 至今仍被联合国世界卫生组织(WHO)特许在疟区
使用,尽管在农业害虫防治上已被禁用。1949 年以来中国农业生
产量的大幅度增长虽然有众多因素,但同政府大力扶持发展农药
生产,采用化学防治法有效地控制了病虫害分不开。在全国病虫
害防治中,化学防治法约占全部防治面积的 90% 多。特别是一些
重大病虫害,如水稻螟虫、稻飞虱、棉花蚜虫和棉铃虫、小麦锈病和
小麦蚜虫、地下害虫,以及飞蝗、黏虫、禾谷类作物的种传病害等,
都曾多次暴发成灾,有些病虫几乎年年有灾情,至今仍然是粮棉生
产上的严重威胁。此外还有更多蔬菜、果树和经济作物上的重要
病虫害,造成我国农业生产的总体损失极大,对国民经济影响十分
严重。还有林业方面的病虫草害对我国的林业发展也有很大威
胁。仅森林防火带的建设这一项,如果全部采用化学除草法,所需
要的除草剂数量就几乎相当于我国现有的农药总产量(据原林业
部植保局,1996,宋长义,2000)。我国林地面积与农田面积相近,

但因为林木树冠庞大,同样的林地面积所需要的农药量要比农田大许多倍。森林不仅是林木工业发展的需要,还与全国生态环境保护、水资源保护、防洪、防止沙尘暴和阻止沙漠化有密切关系。

目前在国际范围内,只有化学防治法能够快速控制农林业生物性灾害的发生和蔓延成灾,因为农药和化学防治法在病虫害防治中实际上是一支"快速反应部队",这正是化学防治法的基本重要特点之一和重要性之所在,是任何其他防治方法所不可能具有的,也正是 100 多年来世界各国政府一直把农药作为重要生产资料的原因。而病虫灾害的重要特征正是蔓延迅速,而且有许多病虫在开始入侵为害时就已经对农作物造成经济损失,特别是食叶类蔬菜和水果,一旦发病或遭受虫害,其食用价值和商品价值就已经受损而无可挽回,如韭菜灰霉病、苹果食心虫等。林木也是如此,例如受小蠹虫、松材线虫病为害的松树,其木材使用价值即显著降低甚至不能成材。因此,要确保农林病虫害不造成重大损失,农业生产能够保持强劲的持续增长势头,农药与化学防治法是必不可少的手段。联合国粮农组织农业技术部的一份报告中也指出,在可以预见的将来,合成农药仍将保持其在世界有害生物防治中的重要地位(Friedrich,FAO,1996)。

没有可以完全取代农药和化学防治的方法

科学技术的发展无疑会产生许多新的技术以用于控制有害生物,例如生物防治、抗虫基因导入、绿色农业及有机农业等不使用化学农药的方法,但没有一种可以完全取代化学农药的方法。人们都很清楚,目前并没有任何其他方法能够完全取代化学农药来防治多达数千种的农林病虫草害,尤其是暴发性病虫害。有机农业更无能为力。如果为了不使用化肥农药而建议采用这种低产出高能耗的有机农业,要满足仍在快速增长的世界人口对农产品的迫切需求,就必须再开垦出 1.47 亿公顷的可耕地,但这种做法恰恰会严重破坏地球生态环境,与可持续发展策略背道而驰(Avery,同上)。

病虫草害防治方法,在化学和非化学的问题上还会继续探讨和争论,各种各样的试验也会继续进行下去,这是正常的学术研讨范围内的事,各种尝试都可以在实践中去加以检验。但如果现在就要越出学术研讨和试验的范围就断言化学的方法已经过时并建议用非化学的方法来取代,或建议用其他方法来取代,恐怕为时过早,也是不切实际的。而摆在人类面前必须立即着手解决的紧迫问题是,农业生产水平的发展速度如何能持续超过仍在继续的爆炸性人口增长速度。对中国来说,又如何面对入世后发达国家的高产农业对中国农业的冲击和严峻挑战,这已经是摆在中国农民面前的现实问题。现实问题的紧迫,不容许我们把公认行之有效的手段抛弃而去等待尚须实践来加以确认的新方法。

科学技术不断推动着化学农药的进步

任何科学技术都无例外地包含利和弊两方面,犹如影之随形,医药如此,汽车如此,农药也是如此。这些年来已经有太多的批评和否定化学农药的意见和建议,是否也可以换一个角度来审视化学农药?——所谓的化学农药的弊端是否可以采取高新技术来避免或防止?农药和化学防治法本身实际上是否也在不断进行着技术革新?海斯(Hayes,A.,当时的 GIFAP 主席)就在 1982 年国际植保大会(IPPC)的主题报告中根据工业化国家的科学技术发展情况预言:为了更好地发挥和提高化学农药的作用,消除某些弊端,农药和农药使用技术必将发生重大的技术革命。他的预言许多都已经被证实。例如把抗除草剂的基因植入作物,大水量喷雾向小水量细雾喷洒发展,提高农药在作物上的沉积效率以及相关的施药器械等。谢弗(Shaeffer,1980)当时更有一惊人预言:人们将可以在办公桌电脑上遥控飞机精确喷洒农药。如今,利用卫星定位系统(GPS)精确喷洒农药和化肥的技术已经可以办到,遥感系统可以精确判断地面 1 平方米面积内的病虫杂草为害情况和需要的化肥农药使用量。

实际上 100 多年来农药和化学防治技术一直在不断地进步之中,并在防止某些弊端的过程中不断取得进步和发展,科学无止境。除了化学农药本身一直在向低毒、高效和超高效、环境相容性农药发展,现在又正在把农药开发同生物工程相结合,可以预期必将取得重大突破。在农药使用技术方面也取得了一系列重要成功,例如 1970 年前后发明的静电喷洒新技术,当时被称为是农药使用技术方面的一场划时代革命。它不仅从农药雾滴行为的角度解决了雾滴的田外飘移污染问题,提出了全新的农药使用技术理论课题,并且极大地提高了农药在作物上的附着能力,显著提高了农药的有效利用率,大大降低了农药消耗量,1 公顷只需喷洒 1 500 毫升农药药液,而在作物上的沉积率可高达 90% 以上,把农药使用技术提高到了一个全新水平。有趣的是,这项技术革命却是由当时英国 ICI 农药化学公司使用技术研究开发部的 Coffee 所发明而并不是农业机械研究部门发明的。由此可以看出,一个高瞻远瞩的农药化学企业可以同时为农药使用技术进步做出多么巨大的贡献。又例如双流体雾化技术,风送式喷雾技术,对靶喷洒技术等,都大幅度提高了农药的有效利用率,提高了对环境的安全性。类似的事例不胜枚举。

这里我想提出一个值得中国农药企业注意的现象,国际上农药使用技术方面的许多重大进步和发展是由一些大农药化学公司的研究开发部(R&D)提出来的,原因是只有生产农药的公司最清楚他们的农药的性质及其可能产生的弊端,以及提高农药有效利用率的重要性,才会首先认识到改进农药使用技术的重要性和迫切性,因为只有他们深知这个问题会直接影响到他们花费巨额投资所研发出来的农药的市场命运和货架寿命。诺华公司的一个子公司 Birchmeir 植保机械公司研发的一种便携式低容量喷雾器 Birky 也是专门为发展中国家使用该公司的 30 多种除草剂而研制成功的。把施药器械的研究开发同农药的开发销售紧密捆绑在一起，这是又一成功尝试。以械促药，以药推械，形成了一种独特的营销格局，从而大大加强了公司的市场竞争能力。这很值得中国的农药企业思考和借鉴。

结语和希望

从以上所说的情况可以看出，化学农药和化学防治法至今仍然保持着蓬勃向上的发展势头。一方面是世界农业生产的高速发展不能没有化学农药的强大技术后盾，否则将无法解决迅猛增长中的世界人口对农产品的迫切需求；另一方面是化学农药本身也一直在进行着技术革命，新技术、新产品正日新月异地涌现，它完全可以通过现代高新科技解决农药使用中所发生的某些弊端。当然还有一个如何加强农药产品质量、商品流通渠道和使用管理立法的问题，在中国所发生的农药和农药使用问题，实际上是"人"的问题，是管理的问题，而不是"药"的问题。

希望对农药和化学防治少一些不切实际的批评指责和幻想，多一点积极的建议和实实在在的新技术注入。研究开发和利用植物源农药无疑是一条有希望的途径，它可以从两个方面为农药科学注入活力：一是新类型农药的发现；二是为新型农药提供模板分子。需要明确的是，植物源农药的研究也属于化学农药研究的范畴，因为最终必须查明其有效成分的化学结构并查明其毒理机制。而且最后也仍然必须采取化学合成的办法进行大规模工业化生产。

中国已经跨入世贸组织，机遇和挑战已经一起向我们扑来。希望我国的农药科学和化学防治技术能够在一个比较求实的科学氛围中得到稳健而快速的发展和进步，不要让一些不现实的主张乱了步伐以致错失了当前这千载难逢的良机。

让农药和化学防治技术为入世后的中国农业生产,为伟大的西部大开发事业做出更多更大的贡献。这是亿万农民的希望,也是国家利益所在。

农药的科学使用问题与农药应用工艺学*

屠豫钦 袁会珠 黄宏英 齐淑华

农药的使用技术是与农药同时诞生的,并随着农药的种类和用途的不断扩大而发展、深化。一种农药必须在药物学(包括剂型)、毒理学和使用技术 3 个方面经过全面研究和阐明,才具有实际应用价值。19 世纪 70 年代是采用泼洒法施药的(图 1),80 年代查明了波尔多液的杀菌作用原理以后,才发现由于泼洒法不能把黏的波尔多液均匀分布在葡萄植株上,使防治效果受到影响,从而激发了农药使用技

图 1　19 世纪的泼洒施药法
(Fisher 等,1986)

术的研究和发展,一种被称为 Vermorel 型的喷头很快便在法国应用并取得了良好效果(Lodeman,1896)。所以 McCallan(1967)

---

*　《植物保护学报》,1996 年,23 卷,第 3 期

如此评价:"波尔多液的开发成功促使了一门新型工业——农用喷雾机械制造业的诞生"。

20 世纪 40 年代以前是以无机农药为主的无机农药时代,姑且称之为第一代农药,1945 年美国商品农药产量约为 1 亿千克,其中砷酸钙和砷酸铅就占 0.44 亿千克,尚未包括氟、硫、铜等无机农药制剂(Shepard,1951)。无机农药的化学特征之一是没有脂溶性,对昆虫体壁和人、畜及鱼类的表皮没有显著的渗透性,一般不表现接触毒性,也不是神经毒剂,在生物圈中也不易发生药剂的生物富集现象。因此这一时期的农药对人类、有益生物和环境的冲击不大,农药使用技术问题主要集中在如何提高农药的植株上的沉积分布均匀性以及如何提高施药工作效率等方面。

20 世纪 40 年代以后,有机氯和有机磷等新一代高效杀虫剂问世,农药品种结构发生了很大变化,其主要特征就是从无机农药迅速向有机农药发展。到 60 年代末期有机合成农药在杀虫剂中已占 99%,杀菌剂中占 75%,除草剂中占 92%(Green 等,1977)。可以说,40 年代以后已进入了有机合成农药的新时代(有人称之为"第 2 代农药")。有机合成农药的一个突出特点是具有较强的亲脂性,油/水分配系数高,有很多甚至只溶于油和有机溶剂而不溶于水。这一点对于农药的毒理以及剂型结构都发生了重大影响,可概括为以下两方面:①作用方式。第一代农药中杀虫剂以胃毒作用为主,而有机合成杀虫剂绝大多数表现为触杀作用,少数兼具胃毒作用。高的油/水分配系数不仅有利于渗透昆虫体壁进入神经系统和脂肪体,也容易渗透人、畜和鱼类的表皮并进入神经系统和脂肪体。所以有机合成农药也同时产生了在生物圈中的生物富集现象和人、畜及有益生物中毒的问题。②使用方式。第一代农药加工剂型较少,主要是粉状干制剂,可喷粉也可加水喷雾。有机合成农药的物理化学性质决定了它可以加工成多种剂型,除粉剂外还可加工成油剂、乳剂、气雾剂、油雾剂等以油或有机溶剂为介质的剂型,甚至可以加工成烟剂。油或有机溶剂增强了农药的渗透性,有利于提高药效,但同时也提高了非靶标生物中毒的风险。

因此,40年代以后的半个世纪中除了继续深入研究农药的沉积分布效率以外,使用技术问题还涉及农药对非靶标生物以及环境的安全问题。必须研究和设计最完善的使用技术,以充分发挥农药的效率和效益并消除其不良副作用。这种需要推动了一门新学科——农药应用工艺学的形成。

农药应用工艺学(pesticide application technology)是研究提高农药有效利用率和施药效率,减轻或消除农药对环境的污染和对人、畜及有益微生物危害风险的一门综合性学科。这门新学科是在100多年的农药实际应用历程中逐渐形成的,是一门高度综合性的边缘学科。Matthews(1979)把这门学科的综合性表达如图2。这门学科的形成是基于以下几方面的研究工作。

(一)农药行为学

虽然19世纪末以来已有很多人对农药的运动性及其对药效的影响做了大量研究工作,直到1980年Hartley和Graham-Bryce的2卷巨著Physical Principles of Pesticide Behaviour问世全面论述了农药行为的科学原理。所谓农药行为包括两个方面。

1. 微观行为 微观行为,即分子水平的运动行为,包括农药分子对各种生物膜的渗透、在植物体内的输导和分布、对靶标部位的趋性及亲和性等。微观行为表达的就是农药的毒理和毒性问题,与农药的安全性和安全使用有直接关系,同时也是新农药分子设计的毒理学依据。农药的分子行为取决于分子的分布参数(包括分配系数、层析参数等)、极性参数、立体参数(包括克分子体积、分子量等)、电离常数、偶极矩、反应平衡常数以及其他有关参数。特定的农药分子所具有的特性参数是分子行为的物理化学基础,也是近年来农药的结构活性定量相关性研究(QSAR)的重要依

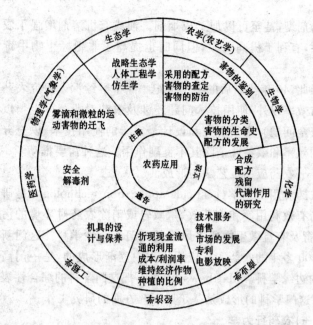

图 2　农药应用的多学科性　(Matthews, **1979**)

据。

2. 宏观行为　宏观行为是农药形成的雾滴和粉粒从喷洒机具喷出后在特定空间内的运动行为,以及到达生物体表面后在靶体表面的行为,即农药在进入生物体以前的全部行为。宏观行为取决于农药制剂的分散度(比表面积,或雾滴直径、粉粒细度)、物理性质(比重、容重、挥发性、电性、雾滴或粉粒的形状、动能及运动的末速度等)、作物株冠层内的气流运动、相对湿度以及其他环境条件,特别是靶标生物的形态和作物的田间群体结构特征对农药的宏观行为有极大影响。显然,农药的宏观行为与农药剂型和施药机具的机械性能密切相关。Young (1979)把农药的这种宏观运动行为用一个流程图来表达(图 3),这样,使人们对农药行为有了一个形象的了解。在 Hartley 和 Graham-Bryce(1980)的专著中对农药的行为做了详尽的描述和分析。

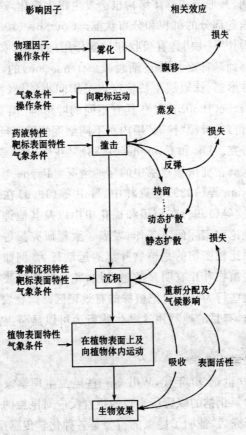

图 3　农药的宏观行为　(Young, 1979)

(二)作物的田间群体结构

农药的使用绝大多数是以病虫活动场所作为处理对象的,因此农药使用技术的重要研究内容之一就是农药在作物上沉积分布的行为,这涉及农药的宏观行为和作物群体结构及植株行为。各种作物的植株形态及田间群体结构差别很大,同一种作物从幼苗期到成株期,其形态和群体结构也会发生很大变化,这必然会影响农药在植株各部分的沉积和分布状况。Courshee(1967)把田间作物的群体看作"一块"具有吸收和过滤作用的物体,农药的沉积量从植株顶部到基部必然是逐渐衰减(attenuation)的,这种衰减过程则受植株形态、株冠层生长密度以及田间小气候(特别是气流)的影响。Bache(1980)首次在具有不同的叶形(叶面宽度)和叶势(叶片倾斜角)的模拟"株冠"层内对不同细度的雾滴行为进行了详细的模型研究。Uk 和 Courshee(1983)又在棉田中实际检测了飞机喷洒的雾滴在棉田株冠层中的穿透情况。Payne 等(1986)在麦田、Sun-Daram 等(1989)在森林中、Hall 等(1990)在茄子和苹果树上、屠豫钦等(1993)在稻田和棉花田中以及其他许多人也相继做了大量理论和实际研究工作,发表了大量研究报告。与农药使用技术关系比较密切的是植物叶部的运动行为,例如棉花叶片以及其他某些植物叶片有明显的趋光性,花生叶片昼张夜合的生物钟现象。这些行为往往会把植株的有效靶区暴露在农药的有效喷洒范围之内,有目的地利用这些生物行为可以显著提高农药的有效利用率。

(三)化学生态学

早在 19 世纪 90 年代,Will 等一些昆虫生理学家根据蜜蜂对含有奎宁和氯化钠的蜂蜜所表现的拒食反应对昆虫的化感行为进行了大量研究后,证明了昆虫的行为是各种化学传感反应的表现。到 20 世纪 80 年代初期 Bell 和 Carde 把这一领域的研究工作界定为昆虫化学生态学。化学生态学是覆盖全部生物学领域的基础科学之一。自然界的一切生命现象(包括生物行为)都是以一定的化学物质为基础的,所以化学生态学的研究是农药毒理学(包括环境毒理学)研究的基础,对于农药的科学使用有重要的指导意义。例如引诱剂(诱饵)、昆虫性外激素的利用可诱导害虫主动接触农药,从而减少用药量并防止对有益生物的误伤作用。

（四）使用技术和施药机具

早年的施药机具研究主要是为了把农药喷洒到作物上并提高工作效率，但后来的研究则进一步要求把它作为控制农药宏观行为的工具。离心式超低容量喷洒技术（ULVA）、控滴喷洒技术（CDA）和弥雾技术是20世纪50年代以来在农药喷洒技术上的重大突破，把传统的大水量粗雾滴喷洒改为低量细雾喷洒，使农药更容易被生物靶标捕获，从而大幅度提高了农药的有效利用率。后来开发的风送喷雾技术利用了气流对雾滴的导向作用使细雾滴的飘移问题得到控制。静电喷雾技术则利用机具赋予雾滴的电性使细雾滴更容易击中靶标。近年新发展的袖筒式喷杆喷雾机、循环喷雾机、泡沫喷雾机、光控间歇式喷雾机等都是为解决农药飘移问题及提高农药有效利用率所取得的重大技术进步。最近又研制出一种新型的背负式可充电半自动步行喷雾机（商品名称 EXPE-DITE），在手柄上带有一只微型电脑控制仪表，可根据操作人员的步行速度调节药液流量和喷幅，从而避免农药的过量使用。这是小型步行背负喷雾机的一个重要技术突破。这种技术对于提高以步行手动喷雾为主的我国农村的农药使用技术水平，将具有重大意义。

（五）农药的剂型

剂型研究也是农药科学使用研究所不可缺少的内容。早年的剂型加工只是对农药的一种"赋型"或为了提高药剂的附着能力。但近20年来在研究利用剂型控制农药的宏观行为方面发展很快，并取得了许多重大进步。例如控制释放技术（各种类型的缓释剂）、泡沫喷雾剂、包结剂、不易脱粉的水分散性粒剂、片剂、颗粒剂等，或可控制农药的释放速度，或可防止农药飞散污染环境或减少农药与人体接触的风险。近年来，对农药包装容器也做了许多研究开发，如水可溶性包装袋、挤压式自计量液体农药包装瓶

（squeeze bottle）和一种通用接口药瓶（DCD，可直接套接到具有一种喷雾控制阀 SMV 的手动喷雾器的手柄上，可完全防止药液与人体接触）等，可防止在农药喷雾液配制过程中发生接触中毒事故并提高农药计量的准确性。农药加工的非溶剂化也是近年来的一种重要发展趋势，对有机溶剂和填料的安全性要求已越来越严格。剂型开发必须建立在农药使用技术研究的基础之上才具有实际意义。

以上 5 个方面是现代农药应用工艺学的主要研究领域，每一领域还包括许多分支。在这一领域中进行研究工作的科学工作者包括物理和胶体化学、剂型加工、植保机械、化学保护、生态学、化学生态学、农药毒理和环境毒理学、农业气象学等各方面的专家，其文献广泛分布在各种相关的科学刊物中。我国在这个领域起步甚晚，力量还很薄弱。我国化学农药使用中长期存在的种种问题以及对于化学农药的种种批评，与农药应用工艺学的研究落后有很大关系。因此必须积极推动这门学科的发展，这不仅是提高我国农药科学使用水平的迫切需要，也是研究开发和推进我国农药事业向高水平发展的需要。

附　　录

(一)屠豫钦部分论文报告

[1] 屠豫钦. 六六六之分配色层分析法. 化学世界,1953 (7):277.

[2] 屠豫钦,黄瑞纶. 芝麻素的测定和中国十六种芝麻的芝麻素含量. 化学学报,1953(4),19:161.

[3] 屠豫钦. 毒理学研究须遵循马克思主义辩证法. 西北农学院学报,1956(2):105-112.

[4] 屠豫钦,秦夏卿. 石灰的质量对于石灰硫黄合剂质量之影响. 西北农学院学报,1957(4):77-86.

——[5] 屠豫钦. 硅酸钙对于石灰硫黄合剂合成过程之阻滞和破坏作用. 西北农学院学报,1957(5):87-90.

[6] 屠豫钦. 松脂的曝晒变性及其利用. 西北农学院学报,1958(4):75-82.

[7] 屠豫钦. 烟态硫. Ⅰ. 硫黄烟剂之配制及某些理化性状之观测. 西北农学院学报,1959(3):1-8.

[8] 屠豫钦. 农业药剂快速系统鉴定法的设计. 西北农学院学报,1960(1):11-17.

[9] 屠豫钦,魏岑,马谷芳,等. 烟态硫. Ⅱ. 硫黄烟剂大田使用时的烟云流动规律. 西北农学院学报,1960(3):1-13.

[10] 屠豫钦,冉瑞碧. 防治小麦锈病的新杀菌剂"九〇七" (氟硅酸). 化工部化工技术资料农药专业分册,1962·第2期.

[11] 屠豫钦. 农药的生态效应和农药的正确合理使用问题. 中国农业科学,1962,(11):35-39.

[12] 屠豫钦,魏岑. 从昆虫毒理学的学科范畴谈昆虫毒理学的发展方向. 中国农业科学,1963,(3):36-41.

[13] 屠豫钦. 六六六烟剂沉积率之比浊度分析法. 植物保护,1964(4):189-190.

[14] 屠豫钦,杨宝琴. 八种药剂对于棉蚜的田间药效比较试验. 农药技术报道,1965年第3期.

[15] 赵善欢,屠豫钦. 关于农药合理使用的几个问题. 植物保护,1965(4):157-160.

[16] 屠豫钦,杨宝琴,冉瑞碧. 氟乙酰胺——一种防治棉蚜的内吸药剂. 农业技术资料——农药专业分册,1966年第1期.

[17] 屠豫钦. 利用盐析法制备杀虫脒原粉小试总结之一. 西北大学学报,1974年第2期,62-73(杀虫脒短训班的学员参加了部分工作).

[18] 屠豫钦. 田间环境条件和植物吸水力与1059内吸药效的关系. 昆虫学报,1979,20(1):39-48.

[19] 屠豫钦,魏岑. 利用磷肥厂副产氟硅酸防治小麦锈病的研究,植物保护学报,1979,6(1):57-70.

[20] 屠豫钦,魏岑. 氟硅酸(脲)研究报告(专辑)中国农业科学院农药研究所,重庆,1979.

[21] 屠豫钦,魏岑. 氟硅酸(脲)药效试验部分资料汇编. 中国农业科学院农药研究所,重庆,1979.

[22] 屠豫钦. 他们在想什么? 世界农业,1981(3):18-20.

[23] 屠豫钦. 化学农药在植物保护中的作用-其现状和未来. 农药译丛,1981(3):1-5.

[24] 屠豫钦. 瑞士汽巴-嘉基公司农药使用技术研究概况. 出国参观考察报告,科技文献出版社,(81)033:23-32.

[25] 屠豫钦. 农药喷洒技术和喷洒质量与药效的关系. 植物保护,1982(2):43-44.

[26] 屠豫钦．农药使用技术研究的发展动向．世界农业，1983(3)：36-40.

[27] 张泽莹，邵美成，徐莜杰，唐有祺，屠豫钦．氟硅脲的晶体结构．科学通报，1982(11)：658-662.

[28] 屠豫钦．农药雾滴的形成和运动沉积特性与农药的使用技术．农药译丛，1983(2)：7-13.

[29] 屠豫钦，林志明，张金玉，高洪荣．水稻田农药使用技术研究 I．雾滴在稻叶上的沉积特性——叶尖优势．植物保护学报，1984(3)：189-198.

[30] 屠豫钦．从第十届国际植保大会看农药科学技术发展动向．世界农业，1984(7)：40-43.

[31] 屠豫钦，彭健，曹运红，魏岑，范贤林．百菌清烟雾片剂防治保护地黄瓜霜霉病初报．植物保护，1985，11(5)：13-15.

[32] Y. Q. Tu, Z. M. Lin, and J. Y. Zhang, The effect of leaf shape on the deposition of spray droplets in rice, Crop Protection (1986) 5(1)：3-7.

[33] 屠豫钦．水稻田几种常用喷雾法的药液沉积率测定．植物保护学报，1986，13(1)：59-64.

[34] 屠豫钦．略论我国农药使用技术的演变和发展动向．中国农业科学，1986(5)：71-76.

[35] 屠豫钦．化学防治法的技术革命．世界农业，1986(8)：41-44.

[36] Y. Q. Tu. NARROW-ANGLED SOLID CONE NOZZLE UTILIZED FOR IMPROVEMENT OF DEPOSITION CHARACTERISTICS OF SPRAY DROPLETS. The Third China- Japan Symposium on Pesticide. China. Beijing, 1986, 247-253.

[37] Y. Q. Tu. HANDIMIST-A NOVEL HAND-HELD

MISTBLOWER DEVELOPED IN CHINA. 11th ICPP, MA-NILA, 1987, Oct., p 8.

[38] 屠豫钦,曹运红,薛占强. 论农药使用技术水平与环境保护. 经济发展与环境——全国环境与发展学术讨论会论文集,1988,北京,254-257.

[39] 屠豫钦. 防治稻飞虱的两种新药剂——APPLAUD 和TREBON. 植保参考,1988(2):21-22.

[40] 朱文达,屠豫钦. 用杀虫双大粒剂防治水稻二化螟和三化螟的研究. 昆虫学报,1988,31(4):371-378.

[41] 屠豫钦. 农药的对靶喷洒技术在综合防治技术体系中的意义. 植物保护学报,1988,15(2):129-134.

[42] 屠豫钦. 从农药使用中的一些弊病谈起. 植保参考,1988(3):5-8.

[43] 屠豫钦. 农药使用技术规范化研究进展. 中国植保学会第五届年会暨学术讨论会论文集,1989,屯溪市,30-38.

[44] Tu Yu Qin. Implications of Biological and Pesticidal Behaviour in Chemical Control of Pests. Proc. The International Seminar of Recent Development in The Field of Pesticides and Their Application to Pest Control. 1990,Shenyang, 155-163.

[45] 屠豫钦. 棉田农药使用技术探讨. 植保参考,1990(6):9-10.

[46] 屠豫钦. 关于手动吹雾器的研究. 农业机械学报,1990,21(1):62-68.

[47] 屠豫钦. 农药剂型与农药的使用技术. 农药加工技术研讨会论文集,1991.9 :7-10.

[48] 屠豫钦. 防治温室大棚黄瓜病虫害的粉尘法施药技术. 中国蔬菜,1991(4):24-26.

[49] 屠豫钦. 提高农药有效利用率的策略. 植保参考,1992

(1):9-11.

[50]屠豫钦．论农药使用技术的科学管理．农药科学与管理,1992(3):1-2.

[51]屠豫钦．农药行为对防治效果的影响．植保参考,1992(6):6-9.

[52]屠豫钦．化学防治技术的研究进展．见于屠豫钦主编《化学防治研究进展》．新疆科技卫生出版社(K),1992,乌鲁木齐,1-23.

[53]屠豫钦．农药雾粒沉积特性与吹雾技术之开发．同上书,80-90.

[54]屠豫钦．农药的对靶喷洒技术及其意义．同上书,40-46.

[55]荣晓冬,屠豫钦．棉田农药喷洒技术的研究．同上书,131-145.

[56]玉霞飞,屠豫钦,李运蕃．粉尘施药法在保护地黄瓜上的粉粒沉积分布特性研究(Ⅰ)．同上书,207-211.

[57]屠豫钦．植物化学保护技术三十年．中国植物保护学会三十年大会论文集,1992,17-19.

[58]屠豫钦．关于小区药效试验中的农药定量喷洒问题．农药科学与管理,1993(1):9-11.

[59]屠豫钦,尹洵,孙希文,陈雪芬,潘勋,朱文达,荣晓冬．农药对靶喷洒技术研究初报．植物保护学报,1993,20(4):350-356.

[60]屠豫钦．杀虫剂的使用技术．见张宗炳,曹骥主编《害虫防治:策略与方法》,科学出版社,1990,北京,208-227.

[61]屠豫钦．稻田适宜采用的施药技术．见杜政文主编《中国水稻病虫害综合防治策略与技术》,农业出版社,1991,北京,242-252.

[62] 屠豫钦. 农药安全合理使用的重要性. 见王树林主编《农药安全知识》, 标准出版社, 1992, 北京, 14-23.

[63] 屠豫钦. 防止农药发生药害的原理和方法. 同上书, 47-55.

[64] 屠豫钦. 人畜农药中毒的途径及防止方法. 同上书, 25-32.

[65] 屠豫钦. 防止农药污染环境. 同上书, 33-46.

[66] 屠豫钦. 杀虫药剂的物理性质与药效. 见张宗炳、冷欣夫主编《杀虫药剂毒理及应用》, 化学工业出版社, 1993, 北京, 280-285.

[67] 屠豫钦. 抗药性与农药混配. 植保技术与推广, 1993(6):33-34.

[68] 屠豫钦. 关于棉铃虫的化学防治问题. 棉铃虫综合防治研讨会论文集, 中国科协, 1993, 北京, 11-16.

[69] 盛承发, 屠豫钦, 管致和. 解决我国棉铃虫问题的根本出路, 中国科学院院刊, 1994, 9(1):42-46.

[70] 屠豫钦. 我国农药与化学防治的现状及问题剖析. 1993年农药学术讨论会论文集. 化学工业出版社, 1994, 北京, 1-6.

[71] 屠豫钦. 铜素杀菌剂的技术经济效益评述及其合理使用. 植保技术与推广, 1994, 14(4):21-22.

[72] 屠豫钦. 城市害虫药剂防治中的施药技术问题. 第五届全国城市昆虫学术讨论会文集, 1995, 杭州华家池, 2-5.

[73] 屠豫钦(执笔). 科学无止境——化学农药仍将继续发展进步. 科技日报《绿色周刊》版, 1995.5.9.

[74] 屠豫钦, 李淑珍. 如何提高农药的有效利用率. 中国农村科技, 1995(3):17.

[75] 屠豫钦. 农药的生物筛选, 见陈万义, 薛振祥, 王能武编《新农药研究与开发》. 化学工业出版社, 1996, 北京, 121-142.

[76] 屠豫钦. 农药的应用开发. 同上书, 143-159.

[77] 屠豫钦, 袁会珠, 齐淑华, 等. 农药的科学使用问题与农药应用工艺学, 植物保护学报, 1996, 23(3):275-280.

[78] 屠豫钦. 关于农药喷粉法的问题. 植保技术与推广, 1996, 16(5):43-45.

[79] 屠豫钦, 袁会珠. 农药与化学防治法前景广阔. 农药, 1996, 35(5):6-9.

[80] 屠豫钦译评. 对农药的评价要立足于科学分析而不能依靠公众舆论和议会投票. 农药译丛, 1996, 18(3):1-3.

[81] 屠豫钦. 世纪之交的农药使用技术发展新动向. 植物保护, 1997, 23(3):41-44.

[82] 袁会珠, 屠豫钦, 李运蕃, 黄宏英, 齐淑华. 农药雾滴在吊飞昆虫不同部位的沉积分布初探. 植物保护学报, 1997, 24(4):369-370.

[83] 屠豫钦译评. 农药安全问题与各国立法动向以及农药和药械企业的贡献. 农药译丛, 1997, 19(2):37-42.

[84] 屠豫钦. 现代农药使用技术的发展动向对我国植保机械的要求. 1997年9月在中国农业机械学会耕作机械学会全国学术交流会上的报告.

[85] 屠豫钦. 农药和化学防治的"三 E"问题——效力、效率和环境. 农药译丛, 1998, 20(3):1-5.

[86] 屠豫钦. 农药行为与生物学效应. 现代科技综述大辞典(下), 1998, 北京出版社, 北京, 1884-1885.

[87] 屠豫钦. 农药剂型和制剂与农药的剂量转移. 农药学学报, 1999, 1(1):1-6.

[88] 屠豫钦. 天然源农药的研究利用——机遇与问题. 世界农药, 1999, 23(4):4-12.

[89] 屠豫钦. 关于农药与环境问题的反思. 农药科学与管

理,2001,22(3):32-34.

[90] 屠豫钦. 加入世界贸易组织前夕的中国农药行业. 世界农药,2001,23(6):1-7.

[91] 屠豫钦. 西部大开发对中国农药与化学防治的期望. 见张兴主编《植物农药与药剂毒理学研究进展》,中国农业科技出版社,2002,北京,1-4.

[92] 屠豫钦,陈万义. 中国农药科学五十年. 黄瑞纶先生百年诞辰暨中国农业大学农药专业成立 50 周年纪念大会纪念册,2002,北京,39-45.

[93] 屠豫钦. 农药学. 见石元春,张湘琴编,《20 世纪中国学术大典》,福建教育出版社,福州,2002,114-318.

[94] 屠豫钦. 农药取用时的计量器与农药安全问题. 农化市场十日讯,2003 年第 12 期,20.

[95] 屠豫钦. 正确认识化学农药的问题. 植物保护,2003,29(4):11-15.

[96] 屠豫钦. 有害生物化学防治中的科学使用技术问题. 中国烟草学报,2003,10(增刊):71-78.

[97] 屠豫钦,袁会珠,齐淑华,杨代斌,黄启良. 我国农药的有效利用率与农药的负面影响问题. 世界农药,2003,25(6):1-4.

[98] 屠豫钦. 论农药的宏观毒理学. 农药学学报,2004,6(1):1-10.

[99] 屠豫钦. 农药科学的发展与社会进步. 农药科学与社会进步研讨会论文集,2004,绵阳,1-8.

[100] 屠豫钦,王以燕. 卫生用农药剂型与施药器械的互作关系——在无锡卫生药械协会委员大会上的报告,2004.

[101] 王以燕,屠豫钦. 卫生用农药剂型研究开发方面的若干问题. 中华卫生杀虫药械,2004,10(6):341-345.

[102] 屠豫钦,王以燕. 农药的剂型问题与我国农药工业的

发展．农药,2005,44(3):97-102.

[103]屠豫钦．农业病虫害防治策略理念与农药使用的技术政策问题．中国科协老科技工作者协会中国农业专家讲师团,现代农业系列讲座文选(一),2006,171-199.

[104]屠豫钦．我国农药的有效利用率与农药的负面影响问题以及小规模农户的施药器械问题．在农业部植保机械及施药技术高层论坛上的报告,2006,北京.

[105]屠豫钦．试论我国农药剂型研究开发中的若干问题．中国农药,2007,3,3(1):25-27.

[106]屠豫钦．再论我国农药剂型研究开发中的若干问题．中国农药,2007,6,3(3):22-24.

[107]屠豫钦．三论我国农药剂型研究开发中的若干问题．中国农药,2007,8,3(4):17-20.

[108]屠豫钦．我国农药科学之现状与展望．植物保护,2007,3(5):22-26.

(二)屠豫钦著作

《农药的化学鉴定和药效测定》．北京:中国青年出版社,1959.

《农药新品种》．北京:中国农业出版社,1984.

《农药使用技术原理》．上海:上海科学技术出版社,1986.

屠豫钦主编．《农药科学使用指南》．北京:金盾出版社,1989.

陈万义、屠豫钦、钱传范合编．《农药与应用》．北京:化学工业出版社,1990.

屠豫钦主编．《化学防治技术研究进展》．乌鲁木齐:新疆科技卫生出版社(A),1992.

屠豫钦主编．《农药科学使用指南》(第二版)．北京:金盾出版社,1993.

《中国农业百科全书——农药卷》,第三分支农药剂型加工和使用技术主编. 北京:中国农业出版社,1993.

《简明农药使用技术手册》. 北京:金盾出版社,2003.

《农药使用技术图解-技术决策》. 北京:中国农业出版社,2003.

《农药科学使用指南》(第二次修订版). 北京:金盾出版社,2000.

屠豫钦、李秉礼主编.《农药应用工艺学导论》. 北京:化学工业出版社,2006.

《农药剂型与制剂及其使用方法》. 北京:金盾出版社,2007.

·致读者·

　　本论文集汇集的论文,原文稿中的中英文摘要、关键词以及文后引用的参考文献目录均已删除,以压缩篇幅。文中原有的文献号码上标均未取消。如有读者希望查阅有关引用文献,请查阅本书附录中的相关论文、报告出处查找原文。

金盾版图书,科学实用,
通俗易懂,物美价廉,欢迎选购

农药科学使用指南(第二次修订版)	28.00 元	服务指南 .... 39.00 元
简明农药使用技术手册	12.00 元	植物生长调节剂应用手册 .... 6.50 元
农药剂型与制剂及使用方法	15.00 元	植物生长调节剂在粮油生产中的应用 .... 7.00 元
农药识别与施用方法(修订版)	10.00 元	植物生长调节剂在蔬菜生产中的应用 .... 9.00 元
生物农药及使用技术	6.50 元	植物生长调节剂在花卉生产中的应用 .... 5.50 元
教你用好杀虫剂	7.00 元	植物生长调节剂在林果生产中的应用 .... 10.00 元
合理使用杀菌剂	6.00 元	植物生长调节剂与施用方法 .... 7.00 元
怎样检验和识别农作物种子的质量	3.50 元	植物组织培养与工厂化育苗技术 .... 6.00 元
北方旱地粮食作物优良品种及其使用	10.00 元	植物组织培养技术手册 .... 16.00 元
农作物良种选用 200 问	10.50 元	化肥科学使用指南(修订版) .... 22.00 元
旱地农业实用技术	14.00 元	科学施肥(第二次修订版) .... 7.00 元
高效节水根灌栽培新技术	13.00 元	简明施肥技术手册 .... 11.00 元
现代农业实用节水技术	7.00 元	实用施肥技术 .... 5.00 元
农村能源实用技术	10.00 元	肥料施用 100 问 .... 6.00 元
农田杂草识别与防除原色图谱	32.00 元	施肥养地与农业生产 100 题 .... 5.00 元
农田化学除草新技术	9.00 元	酵素菌肥料及饲料生产与使用技术问答 .... 5.00 元
除草剂安全使用与药害诊断原色图谱	22.00 元	
除草剂应用与销售技术		

配方施肥与叶面施肥
　（修订版）　6.00 元
作物施肥技术与缺素症
　矫治　6.50 元
测土配方与作物配方施
　肥技术　16.50 元
亩产吨粮技术（第二版）　3.00 元
农业鼠害防治指南　5.00 元
鼠害防治实用技术手册　12.00 元
赤眼蜂繁殖及田间应用
　技术　4.50 元
科学种稻新技术　8.00 元
提高水稻生产效益 100
　问　6.50 元
杂交稻高产高效益栽培　6.00 元
双季杂交稻高产栽培技
　术　3.00 元
水稻农艺工培训教材　9.00 元
水稻栽培技术　6.00 元
水稻良种引种指导　22.00 元
水稻杂交制种技术　9.00 元
水稻良种高产高效栽培　13.00 元
水稻旱育宽行增粒栽培
　技术　4.50 元
水稻病虫害防治　7.50 元
水稻病虫害诊断与防治
　原色图谱　23.00 元
香稻优质高产栽培　9.00 元
黑水稻种植与加工利用　7.00 元
超级稻栽培技术　7.00 元
超级稻品种配套栽培技
　术　15.00 元

北方水稻旱作栽培技术　6.50 元
现代中国水稻　80.00 元
玉米杂交制种实用技术
　问答　7.50 元
玉米高产新技术（第二次
　修订版）　12.00 元
玉米农艺工培训教材　10.00 元
玉米超常早播及高产多
　收种植模式　6.00 元
黑玉米种植与加工利用　6.00 元
特种玉米优良品种与栽
　培技术　7.00 元
特种玉米加工技术　10.00 元
玉米螟综合防治技术　5.00 元
玉米病害诊断与防治　11.00 元
玉米甘薯谷子施肥技术　3.50 元
青贮专用玉米高产栽培与
　青贮技术　4.50 元
玉米科学施肥技术　8.00 元
怎样提高玉米种植效益　9.00 元
玉米良种引种指导　11.00 元
玉米标准化生产技术　9.00 元
玉米病虫害及防治原色
　图册　17.00 元
小麦农艺工培训教材　8.00 元
小麦标准化生产技术　10.00 元
小麦良种引种指导　9.50 元
小麦丰产技术（第二版）　6.90 元
优质小麦高效生产与综
　合利用　7.00 元
小麦地膜覆盖栽培技术
　问答　4.50 元

小麦植保员培训教材	9.00 元	大豆病虫害诊断与防	
小麦条锈病及其防治	10.00 元	治原色图谱	12.50 元
小麦病害防治	4.00 元	大豆病虫草害防治技术	5.50 元
小麦病虫害及防治原色		大豆胞囊线虫及其防治	4.50 元
图册	15.00 元	大豆病虫害及防治原色	
麦类作物病虫害诊断与		图册	13.00 元
防治原色图谱	20.50 元	绿豆小豆栽培技术	1.50 元
玉米高粱谷子病虫害诊		豌豆优良品种与栽培技	
断与防治原色图谱	21.00 元	术	4.00 元
黑粒高营养小麦种植与		蚕豆豌豆高产栽培	5.20 元
加工利用	12.00 元	甘薯栽培技术(修订版)	5.00 元
大麦高产栽培	3.00 元	甘薯生产关键技术 100	
荞麦种植与加工	4.00 元	题	6.00 元
谷子优质高产新技术	4.00 元	彩色花生优质高产栽培	
高粱高产栽培技术	3.80 元	技术	10.00 元
甜高粱高产栽培与利用	5.00 元	花生高产种植新技术	
小杂粮良种引种指导	10.00 元	(修订版)	9.00 元
小麦水稻高粱施肥技术	4.00 元	花生高产栽培技术	3.50 元
黑豆种植与加工利用	8.50 元	花生病虫草鼠害综合防	
大豆农艺工培训教材	9.00 元	治新技术	9.50 元
怎样提高大豆种植效益	8.00 元	优质油菜高产栽培与利	
大豆栽培与病虫害防治		用	3.00 元
(修订版)	10.50 元	双低油菜新品种与栽培	
大豆花生良种引种指导	10.00 元	技术	9.00 元
现代中国大豆	118.00 元	油菜芝麻良种引种指导	5.00 元
大豆标准化生产技术	6.00 元	油菜农艺工培训教材	9.00 元
大豆植保员培训教材	8.00 元	油菜植保员培训教材	10.00 元

以上图书由全国各地新华书店经销。凡向本社邮购图书或音像制品,可通过邮局汇款,在汇单"附言"栏填写所购书目,邮购图书均可享受 9 折优惠。购书 30 元(按打折后实款计算)以上的免收邮挂费,购书不足 30 元的按邮局资费标准收取 3 元挂号费,邮寄费由我社承担。邮购地址:北京市丰台区晓月中路 29 号,邮政编码:100072,联系人:金友,电话:(010)83210681、83210682、83219215、83219217(传真)。